小故事 大历史

一本书读完

科学发现的历史

崔佳◎编著

中华工商联合出版社

图书在版编目(CIP)数据

一本书读完科学发现的历史 / 崔佳编著. — 北京：
中华工商联合出版社,2014.11
(小故事,大历史)
ISBN 978 – 7 – 5158 – 1127 – 7

Ⅰ. ①一… Ⅱ. ①崔… Ⅲ. ①科学发现 – 普
及读物 Ⅳ. ①N19 – 49

中国版本图书馆 CIP 数据核字(2014)第 244703 号

一本书读完科学发现的历史

作　　者：崔　佳
责任编辑：于建廷　效慧辉
封面设计：映象视觉
责任印制：迈致红
出版发行：中华工商联合出版社有限责任公司
印　　刷：天津市天玺印务有限公司
版　　次：2014 年 12 月第 1 版
印　　次：2024 年 2 月第 2 次印刷
开　　本：710mm × 1000mm　1/16
字　　数：500 千字
印　　张：24
书　　号：ISBN 978 – 7 – 5158 – 1127 – 7
定　　价：98.00 元

服务热线：010—58301130
销售热线：010—58302813
地址邮编：北京市西城区西环广场 A 座
　　　　　19—20 层,100044
http://www.chgslcbs.cn
E – mail：cicapl202@ sina. com(营销中心)
E – mail：gslzbs@ sina. com(总编室)

工商联版图书
版权所有　盗版必究

凡本社图书出现印装质量问题,
请与印务部联系。
联系电话：010—58302915

序言

"我 7 岁那年，看了一本科学发现的历史书，从那时候起，我就立志要当一名科学家，虽然那时我连科学家的确切定义都不知道。"这是 2007 年诺贝尔生理学或医学奖获得者、87 岁的美国人奥利弗·史密斯教授在上海的演讲。

何止史密斯教授，世界上有很多成功人士，都是看着科学发现的故事长大的，这些书籍潜移默化地影响了他们的一生。

这本《一本书读完科学发现的历史》也将影响你的人生道路。

本书汇集了人类科学发现的探索，选取了上百个科学发现的故事，这些故事不仅可以帮助我们理解那些重要的科学规律，更能培养我们的科学精神。

从远古人类第一次发现火的作用起，科学的发现就伴随着人类的生活。

中国的科学发现历史悠久，先秦时期就出现了青铜器，尔后又出现了冶铁术，这些科学发现都大大地提高当时的生产力，而后晒盐术和丝绸的发明，以及陶器的出现，让中国人的生活丰富多彩起来

真正意义上的科学发现开始于欧洲文艺复兴时期，那是个科学发现的大时代，涌现了一大批科学家。譬如哥白尼、布鲁诺、伽利略、开普勒等人，他们勇敢地与宗教势力作斗争，对科学的发展做出了巨大贡献。

让人类体验到科学发现带来的好处，是蒸汽机的发明，这让现代工业开始了长足发展，人类开始进入了工业文明，我们的生活有了巨大的变化。

从此以后，我们人类进入了科学发现的新纪元。

电的发明，把人类引向了光明，没有电就没有人类现代的文明社会。

人类揭开了人体的奥秘。新解剖学的兴起，不仅使人类清楚地了解了自己的身体构造，而且还为挽救无数人的生命做出了重要贡献。

发现了世界上万有引力，任何两个物体之间都存在吸引作用，这种万有引力，普遍存在于宇宙万物之间。

电磁感应现象的发现，是电磁学中最重要的发现之一，它对电工技术、电子技术

以及电磁测量等方面都有极大的帮助。

大陆漂移说的提出，解释了海陆的分布、演变和地壳运动，解决了人类一直不清楚的地球现有的大洋大洲状况的问题。

青霉素的发现与研究成功，成为医学史上的一个奇迹。青霉素的出现开创了抗生素治疗疾病的新纪元。

人类登上月球。美国的"阿波罗"11号飞船首先成功地进行了载人登月飞行，美国的航天员踏上了月球，在月球四百多亿年的漫长历史中第一次留下了人类的足迹。

核能的运用，使我们依赖的能源又增加了新的家族成员，它可以保护我们地球的资源，保护我们的环境，促进经济的发展。

元素周期律的发现，是19世纪的一个重大发现，门捷列夫的名字和业绩负有世界赞誉，从此以后，全世界的科学家在化学工程研究中，都离不开门捷列夫的元素周期律。

进化论的发现，告诉我们地球上的物种是在遗传、变异、生存斗争和自然选择中从简单到复杂，由低等到高等不断发展变化的。

人类发现了显微镜，在显微镜下，我们看到了另一个微观的世界，不仅仅得到了更多的惊奇，而且带来了许多实用价值。

航天技术的发展，使人类有了一种新型的航天运输工具，既能像火箭那样垂直起飞，进入轨道后，又能像飞船那样运行，进入大气层后，又能像普通飞机那样飞行，而回到地球时，又能普通飞机一样在机场上降落。

计算机技术以及互联网的发明，使人类的距离拉得更近，地球变成了真正意义上的"地球村"，我们的生活变得更加便利。

科学发现的过程就像是一首交响乐，不断有新的高潮出现，让欣赏他的人欲罢不能，爱因斯坦就说过，"科学发现体现了思想领域中最高的音乐神韵。"

那么，科学发现到底都有些什么吸引人的故事，都有哪些不为人知的细节，我们就打开这本书吧，让我们随着本书的精彩内容，一起进入人类科学发现的隧道，跟随科学家去开始一场科学的旅程吧。

❊❊❊ 目 录 ❊❊❊

第一篇　远古人类的科学发现

第二篇　古代人类的科学发现

兴时期的一些哲学家和科学家。

第三篇 近代科学发现

占统治地位的"生命力论"发起了第一次冲击，动摇了"生命力论"的根基。维勒和他合成的尿素也受到科学界的瞩目，他的成就永载史册。

创立起来的，但是它萌发、孕育的历史却源远流长，至少可追溯到两千多年前。

理，还可以利用测定激素来诊断疾病。

核聚变和核裂变有什么不同？可控核聚变发电同现在的核电站是不是一回事？磁浮列车为什么能浮起来做高速运动？第五代计算机和目前的计算机差别在哪里？要回答这些问题，还要从超导现象说起。

维生素在生物体中需要量虽然不大，却是绝对不可缺少的物质。对人体来说也是这样，一旦缺少某种维生素，就会引起某些疾病。

在运输频繁的江河上，为了能使船舶通过大坝，一般会在大坝的旁边修建船闸。船闸就是应用了连通器的原理。

太阳的能量大部分是以光谱的形式进行传递的。这些能量，使地球上的生命得以存在，使地球成为孕育生命的摇篮。

质量守恒定律是自然界的基本定律之一，也就是说在任何与周围隔绝的体系中，无论发生何种变化或者过程，其总质量始终保持不变。

人们所见到和听到的闪电雷鸣是由于带有电荷的雷云与地面的突起物接近时，它们之间产生了激烈的放电。

相对论拓宽了人类的视野，让人们在一个更广泛的意义上认识时间与空间。

按照原子论的学说，各种原子没有质的区别，只有大小、形状和位置的差异，这些原子始终处于永不停息的运动之中，它们以各种不同的方式相互结合，从而构成五颜六色的大自然。

从起初的波动说、微粒说到后来取得绝大多数人认同的光的波粒二象性。在这个过程中，人们重新认识了光。

对大气环流的认识使人类更好地认识了天气。

化学武器是指在战斗中利用毒剂来杀害敌方有生力量的武器，是一种大规模的杀伤武器。

第四篇　现代科学发现

核能将是我们可以依赖的能源——能够可靠地提供电力，保护环境，并促进经济的发展。

是从宏观上阐述地球上层发生的各种构造运动的学说。

又能从太空进入大气层后，像普通飞机那样进行机动飞行，像普通飞机一样在机场上降落。

灾变中进化的生物／348

1994年7月16日至22日，一颗彗星断裂成21个碎块（其中最大的一块宽约4千米），以每秒60千米的速度连珠炮一般向木星撞去。这次彗木相撞使天文学家们激动不已，它可能是望远镜发明以来，人类所能观察到的第一次大规模天体相撞。

光导纤维的发现／350

光导纤维是一种能传光的纤维材料，主要应用于光纤通信领域。光导纤维通信是现代远距离有线通信的主要方式之一。

激光的发现／352

激光有很多优点，无论在日常生活中，还是在科研、国防等领域，激光技术都有广泛的应用。

附录：科学发现大事记／359

第一篇　远古人类的科学发现

　　远古人类对火的使用是人类文明的转折点。火的使用使人类能吃上烹煮过的食物，从加热的食物中摄取了大量的蛋白质和碳水化合物，人类因此不断繁衍生息。火不但为人类带来了温暖，而且增强了人类的生存能力，人类从此踏上了对自然的探索之路。

火是人类进化发展的关键

　　用火照明，黑夜将不再可怕；用火来烘烤食物，食物会更加美味；用火把吓退猛兽，人类的安全更有保障……对早期人类来说，火的发现和使用具有重要的意义，正是因为发现并学会使用火，人类的文明才进入了一个崭新的阶段。那么火到底是如何被我们的祖先发现并使用的呢？它在人类的进化过程中到底有什么作用呢？

开始用火

　　人类的祖先——类人猿，300万年前在浓密的非洲雨林中生活。他们和今天的猴子一样栖身于树木上，他们不能用语言交流，也不能直立行走，但他们的智商已经超过同时期的其他动物。一个夏天，雷雨交加，森林里燃起了熊熊大火，他们在树上发现地上的所有动物都害怕火光，一见火光就四处逃散。然而火势太大，森林也在燃烧，很不安全，为了活命他们就从树上跳了下来。然而，在夜晚他们感受到了火的温暖，找到了一丝亲切感。可是，大火毁掉了他们的家——森林，他们找不到以前常吃的果实，也找不到可以吃的小动物了。他们发现遍地都是烧焦的动物尸体，饥饿迫使一个类人猿去撕扯那些被火烤熟的动物的肉，他发现这种肉比生吃的动物肉要好得多，就赶紧跑回去向首领汇报情况。在首领的带领下，他们第一次尝到了美味，并感谢大火对他们的恩赐。他们开始尝试用那些还没有熄灭的火炭来烤熟食物，并发现有火的时候，就不会有猛兽来袭击，于是不断往火堆里添加木材，使它一直燃烧不熄。

▲雷电常常在自然界引起森林大火

火对人类进化的作用

　　火的使用给早期类人猿带来了极大的方便，其中最大的作用就是能够提供熟食。熟食使食物中的营养更易于吸收，缩短了消化过程，而且也使以前不宜食用的植物和动物，尤其是鱼类变得更美味了。这就扩大了食物的来源，对人类的身体和大脑的发育产生了非常重要的作用。

　　几十万年至几万年前，类人猿大多是居住在山洞中，火可以驱散洞穴中的潮气，可以减少疾病的发生的可能性，大大降低了死亡率，延长了类人猿的寿命。同时，火也给黑暗的洞穴内带来了光明，给晚间的烤肉、分配食物、准备第二天的活动带来了方便。另外，洞穴外的火堆还可以吓跑趁黑夜来袭击类人猿的猛兽，大大增强了自我保护的能力，增加了生存的可能性。

火的使用除了改善了猿人的生活质量、给类人猿以更多的安全感之外，也大大扩展了他们的生活空间。有科学研究表明，正是火的利用才使猿人成为非、亚、欧三洲的旅行者。生活于热带和亚热带的类人猿向温带和寒带的缓慢迁徙，从而使他们摆脱了人口增长或原居住地区食物来源减少带来的危机。

随着火的使用，类人猿的生活水平有了质的提高，他们的血液已大部分流向大脑，停留在身体里的血液早已所剩无几，再也顾及不到皮肤上生长的体毛，体毛除转移到头部等用血量较大的地方，其他的都已退化了。为了保障裸露的皮肤，人类开始以动物的皮毛代替已经刚被淘汰的体毛，衣服的起源可能也由此开始。

据科学资料记载，大约几万年前，灵长类动物种群中的最后一次演化分离就是人类与黑猩猩之间产生的进化分离。从那以后，人类伴随着其调控基因的改变，转录因子基因的表达模式发生了很大的变化。而在其他灵长类动物中，都没有这种改变。究竟是何种外界环境或生活方式的改变导致基因表达产生如此迅速的变化呢？科学家们认为，问题的关键在于火的使用，这是人类与动物最根本的区别。

在所有灵长类动物当中，唯有人类烹饪食物，在烹饪过程中，也许存在某种物质，它改变了人体生化反应条件，这种反应条件的改变可以帮助人体最大限度地吸收营养，同时排除动植物食物中的自然毒素。

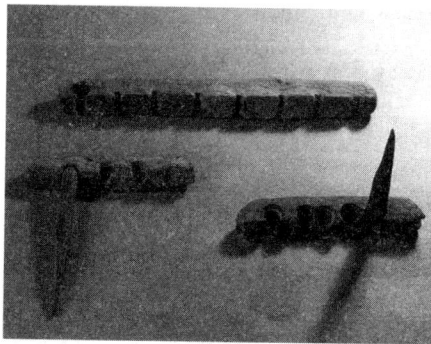

▲原始人钻木取火的工具

无论从哪个角度来看，火的发现和使用都是人类进化过程中的一个关键性的突破。火不仅能增强类人猿抵御自然灾害、开发自然资源的能力，而且对他们身体的生长发育和思维语言的发展都起到了至关重要的作用。

燧人氏钻木取火

火的好处和作用被早期人类发现，并开始使用。可是转移火种却非常不便，于是人类开始研究保存火种与人工取火的方法。在我国最流行的传说就是燧人氏钻木取火的故事。

大约10万年前，一个部落的首领叫燧人氏，他经常带领人们到山上去打猎。有一次，不知什么原因，山林里突然发生了一场大火。大火熄灭后，留下许多被烧死的动物尸体。燧人氏捡起一只山鸡尝了尝，"嗯，味道真是美极了，比生青蛙好吃多了。"他又把刚抓的一只青蛙拿到还没有熄灭的火堆上烘烤，结果发现味道真的不错。于是，他让大家把这些烧熟的飞禽走兽，捡回家去吃。熟肉吃完之后，他们只好又去打猎，重新吃生肉，喝生血。这时，人们都觉得生肉不如熟肉好吃，他们期盼这山林里能再燃起一次大火，这样他们就可以吃到香喷喷的熟肉了。

一天，从天上飞来一只大鸟。大鸟飞到燧人氏的面前停下来，对他说："你不是希望得到火种吗？太阳宫里就有，我可以带你去找。"燧人氏听后十分高兴，就骑到大鸟的背上，向太阳宫飞去。他到达太阳宫时，太阳公主对燧人氏说："你是人间的帝王，太阳宫里有很多宝贝，你可以随便挑，你想要什么，我就给你什么。"燧人氏说："我只要火。"太阳公主说："我这里有一块会生出火的宝石，就送给你吧。"燧人氏接过这块宝石，高兴地谢过太阳公主，又骑上大鸟飞回到人间。就这样，许多天过去了，燧人氏等了很久也没看见宝石生出火花来，燧人氏急不可耐了。他气愤地说："太阳公主骗我。这宝石生不出火来，这东西没什么用！"说着就一把抓起宝石，狠狠地向大石头上砸去。只听到"嘭"的一声响，顿时火花四溅。燧人氏突然明白过来了，只有用宝石去撞击石头，才能擦出火花来啊。他又反复尝试了一下，击石的方法的确可以得到火种。

▲原始人在居住的山洞取火的场景再现

从此，人们学会击石取火，再也不吃生肉，喝生血。火给人们的生活带来很多好处和方便。燧人氏击石取火给人类造福，人们都感谢他，敬仰他。据说，燧人氏死后，人们为他修建一座大墓，直到今天还保存着。

其实，按照科学解释，应该是早期人类在生产劳动过程中，发现有些物体相互撞击可以产生火花，慢慢地发现了钻木取火的道理，由此掌握了取火的主动权。

服饰是人类走向文明的转折

俗语说："人靠衣装马靠鞍。"这从一定程度上反映出服饰对于人类的重要性。服饰是人类所特有的劳动成果，它既是物质文明的结晶，又具精神文明的内涵。服饰从产生之初，人类就将自身的生活习俗、色彩爱好、物质生产、审美情趣，以及宗教观念、文化心态蕴含于服饰之中，从而形成了服饰文化精神文明的内涵。

人类脱离裸体状态

按《旧约全书》中的传说描述，亚当和夏娃起初是裸体的，其后因听信蛇的蛊惑，偷吃了禁果，从而知道了羞耻，所以扯下无花果叶遮蔽下体。这是服饰的最初状态。这种"遮羞"的行为，是人类文明中才会有的行为。因此，这种从裸体状态过渡到着装状态的过程就是人类从原始时代跨入文明时代的过程。《旧约全书》的传说只是一种佐证，但是对于原始人的各种研究表明，人类在原始时代向文明时代转变的过程中，服饰的出现，是一个转折。

服饰产生的原因，通常认为有以下三种说法：

1. 为了抵御寒冷

在远古时代，面对一些异常寒冷的天气时，人类无法保护自己的身体。后来，人类偶然发现，服饰可以抵御难以忍受的极端寒冷，这是服饰的最基本的作用，也是服饰产生的原因。

2. 为了人身安全

原始人经常需要打猎和进行争斗，在争斗过程中，披上兽皮可以保护身上易受攻击的部位。有时为了需要，他们还可以用兽皮对自己进行掩护。这是原始人为了生存对服饰的另一种应用。

▲原始人最初可能以兽皮御寒

3. 为了祭祀祈福

爱德华·麦克诺尔在《世界文明史》中提道："有充分证据说明克鲁马努人有高度发达的神灵界观念……他们在身上着色、纹身和佩戴饰物说明了这一点。"由此可见，在远古时代，服饰也用来进行有关神灵的活动。

服饰所具有的文化意义

服饰对于文明具有诠释的作用，正是因为有了服饰，人类的文明才真正得到了诠释。例如对于每一个社会中的人，服饰都是展示他的外观形象的主体。通过服饰，可以显示出个人的文化、修养、素质、品格。服饰是社会的一面镜子，可以反映出整个社会的文化观念和文明内涵。同时，作为一种社会文化现象，服饰不可避免地受到社会文化的冲击。社会文化不断地为服饰增添新的内容，创造新的内涵，服饰就在与社会文化的作用与反作用中不断的变革发展。

中国古代对于服饰的记载

《王制》："东方曰夷，被发纹身，有不火食者矣。南方曰蛮，雕题交趾，有不火食者矣。西方曰戎，被发衣皮，有不粒食者矣。北方曰狄，衣羽毛穴居。有不粒食者矣。"

《山海经·西山经》："西王母其状如人，豹尾虎齿而善啸，蓬发戴胜。"

《后汉书·南蛮西南夷列传》："哀牢夷者……种人皆刻画其身，象龙尾，衣皆着尾。"

《九歌》："灵衣兮被被，玉佩兮陆离。一阴兮一阳，众莫知兮余所为。"

服饰所具有的这种文化意义使得服饰带有鲜明的民族性、地域性特点。现举藏族服饰的例子来说明，藏族生活在地势高，气候寒冷，自然条件恶劣的世界屋脊上，以牧业、农业为主，这就决定了藏族服装基本特征是宽大暖和、厚重保温。为了适应逐水草而居的流动性牧业生产，藏族服饰逐渐变成了大襟、束腰，在胸前留一个突出的空隙（酷似袋子），每当外出时可以存放糌粑、饭碗、酥油、茶叶，甚至可以放诱饵，天气炎热或在土地上劳作时，根据需要可露出右臂或双臂，将袖系于腰间，调节体温，需要时再穿上，不必全部脱穿，非常方便，到了晚上睡觉的时候，解开腰带，脱下双袖，铺一半盖一半，就变成了一个温暖的大睡袋，可谓一物多用。

胡服骑射

▲中国古式长袍

"胡服骑射"指战国时期，赵国的武灵王大力推广西方和北方民族的服饰，并倡导赵国人民学习骑射。胡服骑射的目的是通过对于服饰的改革最终达到强盛国家的结果。

赵武灵王即位的时候，赵国正处在国势衰落时期，赵国眼看着要被别国兼并。赵国经常与北方游牧民族接触。赵武灵王看到胡人在军事服饰方面有一些特别的长处，譬如他们穿窄袖短袄，生活起居和狩猎作战都比较方便，作战时用骑兵、弓箭，与中原的兵车、长矛相比，具有更大的灵活机动性。为了增强国力，赵武灵王提出了"着胡服""习骑射"的主张，决定采胡人之长弥补中原之短。然而"胡服骑射"的命令未下达之前，就遭到了许多皇亲国戚的坚决反对。赵武灵王心怀将西北少数民族划入自己版图的决心，冲破保守势力的樊篱，毫不犹豫地颁布了"胡服骑射"的命令。赵武灵王带头穿上胡服去会见群臣，从而使"胡服骑射"的命令贯彻下去了。胡服在赵国军队中装备齐全后，赵武灵王就开始训练将士，让他们学着胡人的样子，骑马射箭，转战疆场，并结合围猎活动进行实战演习。

在赵武灵王的亲自教习下，赵国的生产能力和军事能力大大提高，在与北方民族及中原诸侯的抗争中占据了很大优势。从胡服骑射的第二年开始，赵国的实力就逐渐增强了。后来赵国打败了经常侵扰赵国的中山国，而且夺取了林胡、楼烦等地，将北方上千里的疆域纳入赵国的领土，并设置云中、雁门、代郡行政区，直到今河套地区都成了赵国的管辖范围。

▲ 胡服骑射纪念雕像

赵武灵王"胡服骑射"是我国古代军事史上的一次大变革，被历代史学家传为佳话。

修建居所使人类更加文明

从原始人群到氏族公社，人类的祖先，生活状态是怎样进化的？古人想象出许多与远古原始人的生活状况相关的传说，其中就有关于原始人住所的。原始人的生产工具非常简单，周围经常会有许多野兽出没，原始人的安全随时随地都会受到它们的威胁。后来，他们看到鸟儿在树上筑巢，野兽就爬不上去了。原始人就学习鸟儿的方法，在树上垒起了小屋，但是树上的小屋难以遮风挡雨，也不是很安全的，随时会有掉下来的危险。后来人们变得聪明了，就慢慢尝试在地面上修建房屋，这就使人类的生存条件大大改善。

居所是人类生存的需要

史书上说，上古时人类少而禽兽多，人类居住在地面上，经常遭受禽兽的攻击，每时每刻都存在着伤亡危险。在恶劣环境的逼迫下，部分人类开始往北迁徙。他们来到了今山西和陕西一带，看到鼠类动物在黄土高原的山坡上打洞，再联想到如果人类居住在这种洞里，再用石头或树枝挡住洞口，这样就会变得安全多了。可是，北方气候更加寒冷，许多人更愿意生活在有危险的南方，也不肯向北方迁徙。

▲上古时人类居所复原图

史书上还记载大约距今 5 万年前的时候，有巢氏出现了。传说他出生在九嶷山以南的苍梧，曾经到过仙山游历，遇到了仙人指点后获得了超凡的智慧。他看到鸟类在树上筑巢，便受到了启发，最先建造了"巢居"。他告诉人们用树枝和藤条在粗壮的树干上建造房屋，房屋的四壁和屋顶都用树枝遮挡得密不透风，既遮风挡雨，又可抵御禽兽的侵袭，人们从此不再过那种心惊胆战的生活了。

人们非常感激这位发明巢居的人，便推选他为当地的部落酋长，尊称他为有巢氏。有巢氏被推选为部落酋长后，为大家办了许多好事，名声很快传遍中华大地。各部落的人都认为他德高望重，有圣王的才能，一致推选他为总首领，尊称他为"巢皇"，也就是部落联盟总部的大酋长。

固定的居所促进了文明的发展

传说有巢氏成为酋长后，把都城迁到了北方圣地石楼山，石楼山位于今山西吕梁市兴县东北。接着有巢氏命人在山上挖了一个洞，他就住在山洞里处理政务，所以后人就把石楼山称为有巢氏的皇都。因为有了相对固定和安全的住所，人类的生产的规模和人口的数量都有了重大突破。有巢氏时期，人类社会组织逐步进入到母系氏族公社阶段。

当时的社会活动主要是男子打猎和捕鱼，女子采集野菜和挖掘块根。此时，人类的婚姻形式已经发生了很大的变化，不仅禁止兄弟姐妹之间的通婚关系，而且同一族团内部的同辈男女也禁止通婚了。男子只能选择其他族团的女子为"妻"，女子只能选择其他族团的男子为"夫"，也就是甲族团的一群男子（或女子）可以和乙族团的一群女子（或男子）成为夫妻，这就是母系氏族社会的族外群婚。族外群婚只准许甲（乙）族团

▲原始人居住过的土穴

的一群男子夜里到乙（甲）族团和那里的一群女子过性生活，第二天早晨这些男子就得回到本族团去，不准许留在女子所在的族团。而女人一生都不准许离开本族团。这种族外群婚相对于血缘群婚，显然已经有了很大的进步。

远古人类居所的发展

原始人类最初居住在山洞、树洞等天然居所之中，以后又有在树上搭巢而居的情况。天然住所的利用，在一定程度上使人们免遭野兽的侵袭，但是风雨和潮湿仍严重地影响着人们的健康。

随着社会生产力的发展，从旧石器时代晚期人类开始建造人工住所。当时由于人们依然过着居无定所的生活，所以最初的人工居所非常简陋，易建易拆，便于迁移。进入新石器时代，随着农业生产的发展，人们开始过定居生活，住所也逐渐固定化。人们根据不同的地理环境，修建了不同形式的居室。北方多采用土木结构的穴居、半穴居建筑形式，这些建筑充分考虑到了取暖、透光、通风、防潮等方面，人类可以在内烧煮食物，储藏食物，饲养家畜。南方大部分是有干栏建筑，以顺应南方气候炎热、雨量频繁、地势低洼、蛇虫较多的地

有巢氏名称及其来历

有巢氏，又叫"大巢氏"。《始学篇》记载："上古皆穴处，有圣人教之巢居，号'大巢氏'。"《通志·三皇纪》记载："厥初，先民穴居野处，圣人教之结巢，以避虫豸之害，而食草木之实，故号'有巢氏'，亦曰'大巢氏'。"《中国远古和原始社会的传说及近代考古学的发现》记载："有巢氏，又名'大巢氏'，因教民巢居而得号。"

理特点。这些最初的居所建筑，对人类的卫生保健是十分有益的，同时也促进了群体生活的发展，逐步形成了部落。

语言是交流的工具

　　语言是人类的创造，只有人类有真正的语言。虽然有些动物也可以发出声音，也可以用声音进行交流，但是这种交流是偶然并且不规律的，并不能称其为语言。语言是思维工具和交流工具。它同思维有密切的联系，是思维的载体和表现形式。语言是一种符号系统，它是以语言的含义为内容，以语言的发音为外壳，以词汇和语法为材料，构筑成的一个体系。

语言的产生

　　人类语言大约出现于五万年前，这时候的人类已经经过了三个阶段的进化，从手巧的人、直立的人进化到智慧的人，人类的智力达到了一定的程度。同时，人类的器官也相应的随之进化，可以发出语音。智力和器官的相应准备工作都已完成。于是，语言产生了。

　　语言的作用，是人类社会形成后交流的需要。所以，它出现在人类社会形成之后。人类社会是伴随着人类的出现而形成，人类一产生，人类社会也随之出现，因为人类不可能单独脱离动物界，而是以"原始人群"的形式脱离动物界的，"原始人群"内部需要交流，随着活动的日益复杂，从简单的鸣叫逐渐发展为成音节的语言。最早的语言便这样产生了。

　　在中国，据考古学家、古人类学家的研究，在距今70至20万年前的"北京人"时就已经有了简单的语言。中国的语言发展到今天，经历了从古到今的阶段，从文言文到白话文。如今我们学习使用的都是普通话，但是文言文是我国文化历史上的璀璨瑰宝。

▲语言是原始人交流的工具

语言的种类

　　在人类产生之初，人们并不会用语言进行交流。人类的活动只是单个个体的活动，没有分工合作。而没有分工合作的原因，是没有有效的交流方式。交流可以通过很多的方式，但是语言是交流的基础，没有语言，难以做到充分有效的交流。

　　人类交流所应用的语言要彼此了解，但是由于生存地点和环境的不同，人类的语言多种多样。据德国出版的《语言学及语言交际工具问题手册》记载，现在世界上已查明的有 5651 种语言，而且，这个数字还在增加中。在这与 5651 种语言中，其中4200 种左右得到人们的承认，成为具有独立意义的语言，其余约 500 种语言为人们所研究。另外，约有 1400 多种还没有被人们承认是独立的语言，或者认为它们是正在衰亡的语言。如澳大利亚有 250 多种语言仅被 4 万多人使用，而使用这些小众语言的澳大利亚土著民族还不得不使用英语，长期以来，这些语种便渐趋衰亡。在美国同样也有很多正在衰亡的语言，如北美印第安人有 170 种语言，其中许多种语言如今只有一小部分人使用，而且仅限于口头交谈。

一种得到普遍认可的对语言的分类方法是：

1. 印欧语系

印欧语系是最大的语系，下分日耳曼、伊朗、拉丁、波罗的海、斯拉夫、印度等语族。世界上除了亚洲（不含南亚各国）外，各大洲大部分国家都采用印欧语系的语言作为母语或官方语言。其使用人数大约 40 亿，占世界人口的 70%。

2. 汉藏语系

汉藏语系是仅次于印欧语系的第二大语种。使用人数大约 15 亿。下分汉语和藏缅、壮侗、苗瑶等语族，包括汉语、藏语、壮语、苗语、缅甸语、克伦语、瑶语等，还包括阿尔泰各语族，如西阿尔泰语族、东阿尔泰语族。西阿尔泰语族包括突厥诸语言以及前苏联境内的楚瓦什语，东阿尔泰语族包括蒙古语以及前苏联境内的埃文基语。

3. 非太语系

非太语系包括除欧亚语系、南北美洲以外其他各国的语言。非洲及太平洋诸国采用这种语言。

4. 人造国际语系

人造国际语是人们解决互相交往中语言障碍的一个方法。在当今全球化的趋势下，更需要有一种国际通用的语言，实现人们的互相交流。第一个在国际上获得较大影响的

▲早期的文字产生是语言发展的飞跃

人造语，是由德国教长施莱耶（Schleyer）于 1879 创造的沃拉普克语（Volapuk）。1887 年，波兰人柴门霍夫创造了世界语、世界大同语。除了沃拉普克语，大同语和世界语之外，其他影响较大的人造语有伊多语、英特林瓜语、格罗沙语、欧盟语、西方语、诺维亚语等。

只有人类语言才是真正意义上的语言

有些动物能模仿人类发音，但不是真正的语言。人类语言的创造性是它与动物语言区别的根本标志。具体来说，动物语言与人类语言的差别主要有以下几点：

1. 人类语言清楚明确，动物语言囫囵一团，很难被分析透彻。

2. 人类语言的语音语义结合具有随意结合性特点，动物语言没有这个特点。

3. 人类语言结构具有双层性，可以用有限的语言单位，如词组组成无限的句子，动物的语言没有双层性。

4. 人类语言具有与外界交流的特性，它是一种开放交流的系统，虽然音位数量有限，可是经替换与组合，可以构成无限的句子。这种开放交流性还体现在语言是随着社会的进步而进步的，新词汇不断产生，吸收其他民族的词语，一些社会现象的消失，语言中相应的词语也会隐匿或消失。动物的语言没有这种变化。

5. 人类语言具有传授性，即人类语言是可以被传授的，人类想掌握何种语言是可以通过后天学习的。动物的语言则是天生的，不需要学习。

6. 人类语言不受时间、地点的限制，它可以讲述过去的事情，也可以描绘未来的图景。动物语言则受到时间和地点的限制。

平等交换的出现

在最初的远古时代，人类没有货币，人们之间的交换一般都是物物交换，这种物物交换体现了原始人最朴素的物品价值观。但是随着生产力的提高，随着社会的发展，产品的数量越来越多，种类越来越丰富。物物交换越来越不能满足人类的需要，在这种情况下，人们迫切需要寻找一种替代物来取代物物交换。在这种情况下，精致的贝壳走进了人们的视野。贝壳作为一种一般等价物出现在了人们的生活中，从此人们基本上告别了物物交换，精致的贝壳使得人们有了平等交换。

货币的起源

中国古代货币体系经历了近三千年的发展与演变，可谓源远流长。在货币产生之前，物物交换是人们之间获得商品的主要途径。

随着商品交换的发展，物物交换显得过于死板。人们慢慢发现如果市场上有一种商品是大家都愿意接受的，那么这种商品就成为原始实物形态的一般等价物，即我们所说的实物货币。在古代，第一个被作为实物货币出现的物品就是贝壳。贝壳、贝币可以说是我国使用时间最早而且延续时间最长的一种实物货币，直到明朝末期和清朝初期，云南民族地区还在沿用这种货币。贝壳成为货币的条件有：一，本身有实用的功能（如其装饰品的用途）；二，具有天然的单位；三，坚固耐用；四，便于携带。古代人使用的贝币，是用绳索穿成一串，所以一串就是一单位。贝币最早的货币单位为"朋"，即十枚成一串，两串为一朋。在我国古代的甲骨文中，"贝""朋"两个字常

▲原始的贝币与磨制工具

常连在一起，贝字的含义与现在的"财"字差不多。现在的中国文字中，与货币有关的很多字，比如财、贵、贫、贱等，都是以"贝"字作偏旁，这也从另一个侧面反映出贝壳作为货币的属性。

货币的种类

最早的货币——贝壳出现在中国古代的商代。商朝人使用的货币是贝类，有海贝、骨贝、石贝、玉贝和铜贝。铜贝的出现，说明商代已经有了金属铸造的货币。

天然海贝出现于公元前21世纪至前2世纪，海贝一般在海洋沿岸可以见到。在中国新石器时代晚期，天然海贝成了中国最早的货币，被广泛用于商品交换。用海贝串成的饰品，象征着财富与地位，在中原地区普遍使用，后来逐渐被金属货币取代，单位为"朋"，每拾枚币为"一朋"。在先秦时期，贝同时具有币和饰的双重作用。在古代，印度洋、太平洋沿岸的孟加拉、印度、缅甸、泰国等也把海贝作为货币。

▲早期的铜币

人工贝类出现于公元前16世纪~前2世纪中国商周时期，商品经济不断发展，货币的需求量不断增大，为弥补自然货币流通不足而仿制的玉贝、骨贝、陶贝、石贝等，被统称为人工贝类货币。它们形态大抵仿照自然海贝，其交换价值，约等于或稍低于天然货贝。

另外还有骨贝、玉贝、陶贝、铜贝、包金贝等贝类货币。骨贝、玉贝、陶贝出现于公元前16世纪至前2世纪，铜贝出现于公元前11世纪。

包金贝也出现于公元前11世纪，即商代中晚期。当时，随着社会的发展，人类掌握了冶炼技术，于是便出现了金属贝类货币，形仿天然海贝，有金贝、银贝、铜贝等类别。用青铜浇铸的无文铜贝，是我国最早出现的金属铸币。

中国古代历代钱币特征

中国的货币不仅历史悠久而且种类繁多，形成了独具一格的货币文化。

在商代，贝壳已经开始当作货币使用了。随着商品经济的进一步发展，天然的贝壳作为货币变得供不应求了，于是出现了人工贝币，如骨贝币、蚌贝币、石贝币等。到了商代晚期，出现了铜质的金属贝币。

春秋战国时期，贝币完全退出了历史舞台。各地区因社会条件和文化差异产生了不同的货币，主要有齐燕地区的刀币、黄河流域的布币、楚国地区的蚁鼻钱和三晋两周地区的环钱。

秦半两铜钱秦灭六国后，废除各国的布币、刀币等旧币，将方孔半两钱作为法定货币，中国古货币的形态从此固定下来了，一直沿用到清末。

汉承秦制，并允许民间自铸货币。西汉的铜钱仍然是用其重量来命名的，但重量与名称渐渐地不符了。西汉的铜钱主要有三种：半两、三铢、五铢。西汉末年，王莽摄政和新朝统治时期，托古改制，十余年间就进行了四次大的币制改革，王莽钱名目等级繁杂，其币制改革以失败告终。东汉所铸的钱，都是五铢钱。

三国魏晋南北朝时期，金属货币的流通范围逐渐缩小且币值不一，形制多样，出现了重物轻币的现象。三国时期的曹魏实行了实物货币的政策；魏明帝时恢复铸行五铢钱，形制与东汉时期的五铢相似；蜀汉和东吴实行大钱，属币主要有：直百、直百五铢等，吴币主要有：大泉五百、大泉二千、大泉当千等。西晋成立后主要沿用汉魏旧钱，兼用谷帛等实物；东晋成立之初则沿用吴国旧钱，后来出现了五铢小钱，相传是吴兴沈充所铸，所以又称"沈郎五铢"。十六国期间的成汉李寿铸了中国最早的年号钱"汉兴"钱；南北朝时期的社会十分动荡，币值混乱，私铸现象严重。北朝从北魏开始，钱文逐渐摆脱纪重局限，逐步向年号钱制过渡。

隋朝的建立，使中国混乱的货币趋向于统一，隋文帝开皇三年铸行了一种合乎标准的五铢钱，并禁止旧钱的流通。开元通宝唐武德四年铸行的年号钱——开元通宝，以前的纪值纪重钱币一去不复返，代之的是宝文币制（主要是通宝、元宝和重宝）。开元通宝是唐朝三百年的主要铸币，另外还铸有乾封重宝、乾元重宝、大历元宝、建中通宝、咸通玄宝及史思

现存的贝币

在太平洋的一些岛屿和许多非洲民族中，以一种贝壳作为货币流通，它叫"加乌里"。它的流通范围很广，有非常高的价值，例如用六百个"加乌里"便可以换到一整匹棉布。

明所铸顺天元宝、得壹元宝等。五代十国政治分裂割据，改朝换代像走马灯一样，各国以铸恶钱来增强自身实力，以达到削弱他国力量的目的，故钱币甚多，但质量不高。

宋代的铸币业在数量和质量上都超过了前代，是铸币业比较发达的时期，成为继王莽钱之后的又一个发展高峰。宋朝的货币以铜钱为主，南宋以铁钱为主。北宋以后的年号钱才真正开始盛行，几乎每改年号就铸一种新钱，钱文有多种书体，同时白银亦取得了重要的地位。北宋时期出现了世界上最早的纸币——交子，其后陆续出现了其他纸币：会子和关子，而且拥有越来越重要的地位。此外，记炉钱、记年钱、对子钱、记监钱应运而生。宋徽宗赵佶的瘦金体御书钱堪称一绝。辽国是由契丹族建立的国家，起初使用中原地区的货币，后来自铸币，以汉文作为钱文，所铸的钱币多为不精。西夏曾铸行过两种文字货币，一种是西夏文，叫"屋驮钱"；一种是汉文钱，形制大小与宋钱相似。西夏的钱币铸制精整，文字精美。女真族所建立的金国，曾统治过中国北方的广大领土，其所铸钱币种类繁多，除了铜钱外，还使用纸币，且以汉文作币文。南宋对金国的钱币影响较大。

元明清时期钱币和以前有所不同。在元代，纸币在流通中成了主要的货币，铜钱的地位减弱，与此同时白银的流通量占有很大的比例。元朝的统治者信奉佛教，因此铸行一些小型的供养钱、庙宇钱供寺观供佛之用。

▲古代铜钱

明代大力推行纸币——钞，明初只用钞不用钱，后来改为钱钞兼用，但明代只发行了一种纸币——大明宝钞。在明代白银成为法定的流通货币，大额交易多用银，小额交易用钞或钱。明代共有十个皇帝铸过年号钱，因避讳皇帝朱元璋之"元"字，明代的所有钱币统称"通宝"，忌用"元宝"。清朝的钱币以白银为主，小额交易往往用钱。沿袭两千多年前的传统的清初铸钱，采用模具制钱；到了清朝后期则仿效外国，用机器制钱。清末，太平天国攻进南京后，亦铸铜钱，其钱币受宗教影响较大，称为"圣宝"。至此，封建社会中的钱币形式就全部都出现了。

制陶术开辟了新纪元

　　陶器是指以粘土为胎，经过手捏、轮制、模塑等方法加工成型后，在800℃~1000℃高温下焙烧而成的，坯体不透明，有微孔，具有吸水性，叩之声音不清。陶器所表现的内容多种多样，动物、楼阁以及日常生活用器无不涉及。制陶术的出现，开辟了人类发展史上的新纪元。

人类文明发展的重要标志

　　陶器是人类开始第一次利用天然物，按照自己的意志，创造出来的一种崭新的东西。人类用粘土加水混合，制成各种器物的形状，使之干燥，用火焙烧，产生质的变化，形成陶器。陶器的发明大大地改善了人类的生活条件，翻开了人类利用自然、改造自然的新篇章，具有重大的划时代意义，开辟了人类发展史上的新纪元。

　　据考古研究发现，一般是先有农业，然后才出现陶器。制陶术的出现，无疑应归功于妇女。因为在古代性别分工原则的支配下，妇女是家里的主人，经常从事这些活动，她们最有可能创造发明出陶器。从现在云南景洪傣族妇女慢轮制陶中可以论证这种假说。

▲古代的彩陶及其内部材料

中国早期的制陶术

　　对于中国早期的制陶术，我们主要通过一些陶器的类型来对其进行了解，它们主要有彩陶、黑陶、白陶和印纹陶之分。

　　1. 彩陶

　　仰韶文化半坡类型彩陶是最远古的彩陶，该彩陶于1953年首次发现于陕西西安市半坡村，因而得名。彩陶的出土地主要分布于甘肃东部和陕西关中地区。陶器以卷唇盆和圆底的盆、钵及小口细颈大腹壶、直口鼓腹尖底瓶为典型器物，造型比较单纯。据放射性碳素断代，这些彩陶的年代为公元前4800至前4300年。其制作方法是将陶器烧好后描绘朱、黄、白、黑等彩色纹饰，因而色彩易脱落。彩陶的具体制作方法分轮制和模制两种，以轮制居多。轮制的主要工具有竹刮、石球、转轮、木拍等，主要技艺流程包括舂土、筛土、拌沙、渗水、安装转盘、制坯、打坯、干燥、准备烧陶、烧陶等环节。

2. 黑陶

黑陶出土于新石器时代晚期的大汶口文化、龙山文化、屈家岭文化和良渚文化等遗址。黑陶又分夹砂、泥质和细泥三种，其中以细泥薄壁黑陶制作的水平最高，有"黑如漆、薄如纸"的美称。这种黑陶的陶土经过淘洗，轮制，胎壁厚仅 0.5 至 1 毫米，再经打磨，烧成漆黑光亮，有"蛋壳陶"之称。黑陶的烧制温度需要达到 1000℃。在黑陶烧制的最后一个阶段，需从窑顶慢慢加水，木炭熄灭后产生的浓烟会把黑陶慢慢熏黑，从而形成了陶器的黑色。黑陶的出现，是继彩陶之后中国新石器时代制陶业发展的又一个高峰。

3. 白陶

白陶起源于新石器时代，至商代因制作技术的提高，原料的淘洗更加精细，烧制火候的掌控恰到好处，因而使所烧器物更加纯净可爱。白陶是用高岭土烧制而成，质地洁白细腻，器形多为生活用品，有壶、卣、簋等。其纹饰主要模仿青铜器的装饰纹样，如云雷纹、曲折纹、兽面纹、饕餮纹、夔纹等，其装饰方法有刻纹和浅浮雕两种。

4. 印纹陶

印纹陶是在陶胚未干之前，用印模在做好的陶坯上的所定部位，按印上所需的花纹后进行烧制的陶器。依其烧制温度的低高，又分为印纹软陶和印纹硬陶。前者又有泥质与细砂质之分，多呈红褐、灰白、灰等色，多流行于新石器时代晚期至商代以前；后者因烧制时温度较高，故胎质坚硬，呈灰色，系在新石器时代仰韶文化鱼纹彩陶盆上发展起来，其出现年代约在商代以后，制作方式为手制、模制和轮制。

中国远古时代的陶器

考古发现已经证明中国人早在新石器时代（约公元前 8000—2000 年）就发明了制陶术，陶器的出现是中国新石器时代的主要特征之一。

中国已发现的最早的陶器是距今约 10000 年新石器时代早期的残陶片。河北保定市徐水区南庄头遗址发现的陶器碎片经鉴定为 10800 年至 9700 年的遗物。此外，在广西桂林甑皮岩、江西万年县、广东英德市青塘等地发现了距今约 10000 年至 7000 年的陶器碎片。

1973 年在河北武安磁山首次发现而得名的磁山文化中的陶片，据放射性碳素测定，距今 7900 年以上。1973 年首次发掘于浙江余姚河姆渡而命名的河姆渡文化出土了大量的陶器，据放射性碳素测定，距今 7000 年左右。河姆渡文化的陶器多数为黑陶，早期盛行刻画花纹，造型比较简单。1921 年在河南渑池县仰韶村的新石器时代遗址发现了大量设计精巧、做工精美的彩陶，据放射性碳素测定，这些彩陶已经有 6000 年以上的历史了。

第二篇 古代人类的科学发现

　　科学技术的萌芽，起源于人类的生产劳动。距今300多万年前的早期人类已经开始使用天然木头和石块作为工具。工具的使用标志着原始技术的萌芽，也开启了人类社会的历史。在漫长的社会发展中，人类通过生产和生活实践，逐渐提高了认识自然和改造自然的能力，不断取得科学上的进步，并积累了丰富的科学知识。

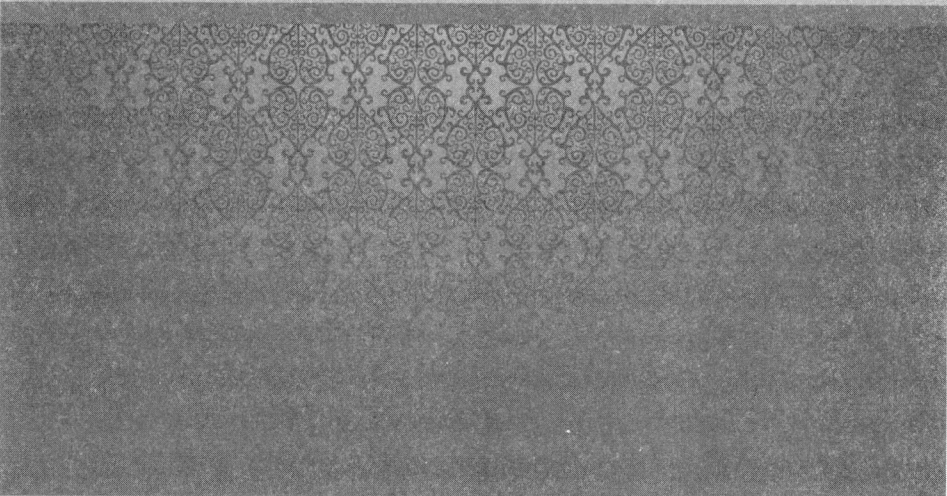

毕达哥拉斯定理

毕达哥拉斯是科学史上最重要的人物之一，他的思想不仅影响了柏拉图，而且一直影响到文艺复兴时期的一些哲学家和科学家。

著名的"毕达哥拉斯定理"

毕达哥拉斯生于小亚细亚西岸的萨摩斯岛。据说毕达哥拉斯早年拜访过泰勒斯，并游历埃及，之后他又游历巴比伦和印度。后来，他在意大利南部的科罗托那建立了一个集政治、宗教、数学于一体的秘密组织——毕达哥拉斯学派。这个学派的成员遍布希腊各地，后来这个学派在政治斗争中遭到破坏，毕达哥拉斯逃到意大利东南角的特伦顿，最终被杀害，终年80岁。他死后，他的学派还继续存在了两个世纪之久。

这个学派非常重视数学，企图用数来解释一切。他们宣称，数是宇宙万物的本原，万物即数，研究数学的目的并不在于实用，而是为了探索自然的奥秘。他们对数学看法的一个重大贡献，是有意识地承认并强调数学上的东西，如数和图形，是思维的抽象，同实际事物或实际形象是截然不同的。毕达哥拉斯学派将算术和几何紧密联系起来。

毕达哥拉斯学派最大的贡献在数学方面，最著名的就是"毕达哥拉斯定理"，该定理在中国称为勾股定理，即直角三角形斜边的平方等于两直角边的平方和。关于对毕达哥拉斯定理的证明，现在人类保存下来的最早的文字资料是欧几里得所著的《几何原本》，该书第一卷中记载："直角三角形斜边上的正方形等于两直角边上的两个正方形之和"。其证明是用面积来进行的。

实际上，毕达哥拉斯学派从事得更多的是数学问题本身的研究。以毕达哥拉斯学派为代表的古希腊数学是以空间形式为主要研究对象，以逻辑上的演绎推理为主要的理论形式。而毕达哥拉斯定理的发现，实际上导致了无理数的发现，尽管毕达哥拉斯学派不愿意接受这样的数，并因此形成了数学史上所谓的第一次数学危机，但是毕达哥拉斯学派的探索仍然是功不可没的。

尽管许多古老文明很早就发现了诸如"勾三、股四、弦五"这样的直角三角形的特例。不过毕达哥拉斯定理的证明，还应归功于毕达哥拉斯。传说，他在得出此定理时曾宰杀了100头牛来祭科学女神缪斯，以酬谢神灵的启示。

毕达哥拉斯学派

毕达哥拉斯学派认为，对几何形式和数字关系的沉思能达到精神上的解脱，而音乐则被看作是净化灵魂从而达到解脱的手段。有许多关于毕达哥拉斯的神奇传说，如他在同一时间会出现在两个不同的地方，被不同的人看到；还有传说，当他过河时，河神站起身来向他问候："你好啊，毕达哥拉斯。"

如果有人要想加入毕达哥拉斯学派，就必须接受一段时期的考验，经过挑选后才被允许去听坐在帘子后面的毕达哥拉斯的讲授。只有再过若干年后当他们的灵魂因为受音乐的不断熏陶和经历贞洁的生活而变得更加纯净时，才被允许见到毕达哥拉斯本人。他们认为，经过纯化并进入和谐即数的神秘境界，可以使灵魂趋近神圣而从轮回转生中得到解脱。

毕达哥拉斯学派在哲学上与印度古代哲学有类似之处。比如，他们都把整数看作是人和物的各种性质的决定因素，整数不仅从量的方面而且在质的方面支配着宇宙万物。他们对数的这种认识和推崇，促使他们热衷于研究和揭示整数的各种复杂性质，以期来左右和改变自己的命运。

▲毕达哥拉斯像

他们对整数进行了分类，如整数中包含有奇数、偶数、质数、亲和数及完全数等等。毕氏信徒们认为，数具有象征性的含义。毕达哥拉斯学派是一个具有神秘色彩的宗教性组织，但是他们对于数学的研究确实作出了重大的贡献。由于华达哥拉斯的讲授都是口头的，按照他们的习惯，对于各种发现或发明都不署个人的姓名，而是都归功于其尊敬的领导者，所以很难辨别他们的研究成果究竟是谁完成的。

毕达哥拉斯学派后来在政治斗争中遭到失败，毕达哥拉斯逃到塔林敦后，最终还是被杀害了。他死后，他的学派的影响仍然很大，又延续了 200 年之久。

发现地心体系的托勒密

天文学是自然科学中最早独立发展的学科之一，古希腊的天文学也曾取得了很大的成就。从泰勒斯到毕达哥拉斯，再到亚里士多德，再到阿基米德，几乎每一个人在天文学上都有自己的宇宙论。从古希腊开始即有两种学说分歧，一种是主张地球绕着太阳转，一种主张太阳绕着地球转，其中地心说一直占据主导地位，宣扬地心说的最著名人物就是托勒密。

托勒密的《天文学大成》

我们应该对著名天文学家托勒密致以崇高的敬意，因为正是他的那些著作，才使我们对西方古代科学的发展有今天这样的了解。托勒密的主要著作是《大综合论》，

▲托勒密像

这是一部划时代的巨著。不幸的是，原著已不复存在，我们只能从 9 世纪出版的、改名为《天文学大成》的阿拉伯译文中，找到托勒密的一些论点。全书共 13 卷，概括地介绍了当时所知道的全部天文学知识。可以毫不夸张地说，它实际上是一部天文学的百科全书。一直到 17 世纪初的 1000 多年中，这本书都是天文学家们必读的经典著作。

《天文学大成》中提出了地心说宇宙体系。托勒密的观点主要是地球静止不动居于宇宙的中心。每个行星和月亮都在"本轮"上匀速转动，而本轮中心又在"均轮"上绕地球转动，只有太阳直接在均轮上绕地球转动。地球与各个均轮的圆心有一定距离的偏离。水星和金星的本轮中心始终位于日地连线上，这一连线一年绕地球转一周。火星、木星、土星到它们各自的本轮中心的直线始终与日地连线平行，它们每年绕各自的本轮中心转一周。所有恒星都位于最外的固体球壳"恒星天"之上，并随"恒星天"每天绕地球转一周。日、月、行星也随"恒星天"每天绕地球转一周，于是各种天体每天都要东升西落一次。

经不起检验的地心体系

托勒密适当地选择了各个均轮与本轮的半径的比率、行星在本轮和均轮上的运动

速度以及本轮平面与均轮平面的交角来加以证明，使得按照这一体系推算的行星位置与观测相合。在当时观测精度不高的情况下，地心体系大致能解释行星的视运动，并据此编出了行星的星历表。可是，随着观测精度的提高，按照这一体系推算出的行星位置与观测的偏差越来越大。他的后继者不得不进行修补，在本轮上再添加小本轮，以求与观测结果相合。

尽管如此，该体系还是经不起实践检验，因为这一体系没有反映行星运动的本质。在欧洲，教会将托勒密的地心体系作为上帝创造世界的理论支柱，在教会的严密控制下，人们在1000多年中未能挣脱地心体系的桎梏。16世纪中叶，哥白尼提出了日心体系，并为后来越来越多的观测事实所证实，地心体系才逐渐被摒弃。

世界领先的割圆术

中国古代数学在三国、两晋时期侧重于理论研究，其中赵爽与刘徽为数学研究的主要代表人物。刘徽创造了许多数学原理并严加证明，然后应用于各种算法之中，使后人在知其然的同时又知其所以然。

古代数学的代表人物

赵爽是三国时期吴国人，在中国历史上他是最早对数学定理和公式进行证明的数学家之一，其学术成就主要体现在对《周髀算经》的阐释上。在《勾股圆方图注》中，他还用几何方法证明了勾股定理，其实这已经体现了"割补原理"的方法。用几何方法求解二次方程也是赵爽对中国古代数学的一大贡献。

刘徽是三国时期魏国山东人，出生在公元 3 世纪 20 年代后期。他在长期精心研究《九章算术》的基础上，采用高理论，精计算，潜心为《九章》撰写注解文字。他的注解内容详细、丰富，并纠正了原书留下来的一些错误，并发表了大量新颖的见解。在求圆面积公式时，在当时计算工具非常简陋的条件下，他开方即达 12 位有效数字。他在注释《九章》"方程"章节 18 题时，共用 1500 余字，反复消元运算达 124 次，无一差错，答案正确无误，即使作为今天大学代数课答卷亦不逊色。

《九章算术》

《九章算术》是中国古代的第一部数学专著，是算经十书中最重要的一种。该书内容十分丰富，系统总结了战国、秦、汉时期的数学成就。同时，《九章算术》在数学上还有其独到的成就，该书不仅最早提到分数问题，而且首先记录了盈不足等问题，该书的"方程"章还在世界数学史上首次阐述了负数及其加减运算法则。但是《九章算术》没有作者，它是一本综合性的历史著作，是当时世界上最先进的应用数学的记录，它的出现标志中国古代数学已经形成了完整的体系。

刘徽的割圆术

有了刘徽的注释，《九章算术》才得以成为一部完美的古代数学教科书。在其著作的《九章算术注》中，刘徽发展了中国古代"率"的思想和"出入相补"原理。用"率"统一证明《九章算术》的大部分算法和大多数题目，用"出入相补"原理证明了勾股定理以及一些求面积和求体积公式。为了证明圆面积公式和计算圆周率，刘徽创立了割圆术。

有了割圆术，也就有了计算圆周率的理论和方法。圆周率是圆周长和直径的比值，简称 π 值。π 值是否正确，直接关系到天文历法、度量衡、水利工程和土木建筑等方面的应用，所以精确计算 π 值，是数学上的一个重要任务。

在刘徽以前，已有许多人计算过 π 值。最早的 π 值是 3，后来又发展到 3.1547 或 10。但如何求得，从未有人进行科学的阐明。刘徽建立的割圆术，是在圆内接正六边形，然后使边数逐倍增多，他说："割之弥细，所失弥少，割之又割，以至于不可割，则与圆合体而无所失矣。"从圆内接正六边形出发，依次计算出圆内接正 12 边形、正 24 边形、正 48 边形，直到圆内接正 192 边形的面积，然后使用现在所称的"外推法"，得到了圆周率的近似值 3.14，这个圆周率数据是当时世界上的最佳数据，纠正了前人"周三径一"的说法。

"外推法"是现代近似计算技术的一个重要方法，但刘徽的研究遥遥领先于西方发现了"外推法"。刘

▲ 刘徽像

徽的割圆术是求圆周率的正确方法，奠定了中国圆周率计算长期在世界上领先的基础。这是因为，圆内接正多边形无限多时，其周长极限即为圆周长，面积即为圆面积。古希腊数学家阿基米德曾提出圆周长于内接圆内多边形而小于圆外切多边形周长，算出了 3.14 < π < 3.16 的数值。但阿基米德用的是归谬法，避开了无穷小和极限，而刘徽应用了极限的概念，且只用圆内接正多边形的面积计算，而省去了计算圆外切正多边形的面积，从而取得了事半功倍之效。

在割圆的过程中，要反复用到勾股定理和开平方。为了开平方，刘徽提出了求"微数"的思想，这与现今无理根的十进小数近似值完全相同。求微数保证了计算圆周率的精确性。同时刘徽的"微数"也开创了十进小数的先河。

癌症的发现

　　癌症是现代医学的一大难题，曾经有人将它看成是"医学的失败"。癌症就是平时所说的恶性肿瘤。人体除了毛发和指甲外，其他任何组织和器官都可能发生癌变。目前世界上每年数以百万计的人死于癌症，令人不寒而栗，甚至谈癌色变，闻癌生畏。

古代对癌症的记载

　　人类究竟是从什么时候发现癌症的，已很难追溯了。人们只能从古人留下的文字记载中，探索与癌症斗争的历史。

　　中国古代医学中关于肿瘤的发现和记述不仅最早，而且内容丰富。在殷墟甲骨文中就有"瘤"字出现。两千多年前的《周礼》中记载有关治疗瘤的专科医生，称为"疡医"。受这一影响，日本和朝鲜至今仍将肿瘤学科称为"肿疡学"。此后，从《黄帝内经》到各家论著，许多都有关于肿瘤的记述，内容涉及极为广泛，从对肿瘤的命名到肿瘤的病因，从临床表现到治疗措施，都有明确的记载。

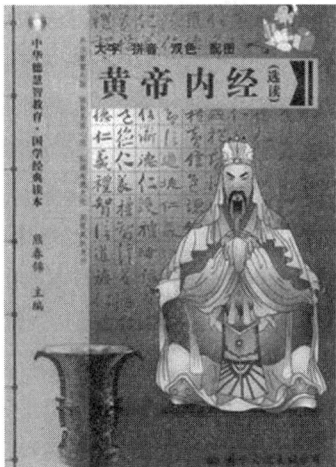

▲黄帝内经书籍

　　良性肿瘤，中国古代医学多称"瘤"，如血瘤、骨瘤、脂瘤等。恶性肿瘤命名较复杂。古语中的"岩"与"癌"通用，特别是乳房中长出的高低不平、坚硬如石的肿块就被形象地称作"乳岩"，即现在的乳癌，其他还有"肾岩"、"舌菌"、"茧唇"等。

　　为什么会出现癌肿呢？古老的中医学认为，人体正气不足，阴阳失调，邪气便有机可乘，就可能发生癌肿。至于临床表现的记述，更为形象具体。如"咽喉生肉、层层如叠，渐渐肿起，不疼，多日乃有窍，出臭气，逆废饮食。"显然，这是咽喉部位的恶性肿瘤。

　　宋代的医学论著中，已开始使用"癌"字，并对癌作了记述。明代医书《医学正传》中已对乳癌作了更具体的描述："乳癌有核，肿结如鳖，棋子大，不痛不痒，五七日方成疮……如成疮之后，则如岩穴之凹，或如人口有唇……"此种表现和现在的乳癌基本相同。

　　此外，关于肿瘤的预后、治疗措施的记述也很多。如"喉旁结肿发紫如浮萍，症属喉菌，极难调治"；"初帝且有瘤疾，使医割之"；除手术治疗外，还有用中医辨证施治等方法。

古埃及医学家大约在公元前1500年就记载了有关肿瘤的症状，但大多只限于体表的肿物和不能治愈的溃疡，其中有些记载无疑就是我们现在所熟知的癌肿。真正发现癌肿，并进行科学记述的，当推被称为医学之父的古希腊著名医学家希波克拉底。

大约公元前460年，希波克拉底出生于爱奥尼亚地区柯斯岛的一个医生世家。柯斯是一个有着悠久医学传统的小岛，医生在那里受到特别的尊重。希波克拉底从小就受到良好的教育。据说他到处求学，是智者高尔吉亚的学生。成年之后，他便在希腊各地为人治病，曾提出著名的"体液学说"。由于他在医学方面的杰出贡献，雅典城特别授予这位外邦人以雅典荣誉公民的称号。希波克拉底的最大贡献是将医学从原始巫术中拯救出来，以理性的态度对待生病、治病。他不仅以医术高超著称，而且以医德高尚为人称道。特别值得一提的是，希波克拉底及其领导下的内科医生们，最先发现了发生在乳腺、胃和子宫等处的肿瘤现象。

希波克拉底根据多年的研究，首先将这类难以治疗的疾患定名为癌（Cancer），Cancer是从希腊词Crab（蟹）引申而来的。希波克拉底选用这一词，可能是因为有些乳腺癌类似蟹爪那样四处突起，扩张到邻近组织，或者由于患者所遭受的疼痛，好似蟹螯刺伤那样难忍。为了消除肿瘤，他曾尝试过用烧红的铁去烙，犹如今天用电光凝固肿瘤和激光炭化肿瘤的方法一样治疗癌症。

时间过去了500年，希腊医学集大成者盖伦在希波克拉底贡献的基础上，系统总结了希腊医学自希波克拉底以来的成就，创立于自成体系的医学理论，把癌症的问题提到新的理论高度，同时他提出一种分类方法。他的分类方法，与现在我们将肿瘤分为良性肿瘤和恶性肿瘤的分类方法基本一致。

现在，人们似乎感到患癌症的人越来越多，因癌症死亡的人在逐渐增加，这更加剧了人们的恐慌。随着近代医学和科学技术的发展，医学家发现，肿瘤在生物界普遍存在而且种类繁多。如植物中常见的冠瘿病肿瘤、创伤性肿瘤，烟草类中的遗传肿瘤等。在动

▲医学家盖伦

物中，从鱼、蛙到小鼠，常见的有表皮样癌、腺癌、神经母细胞癌等。当然，人体的癌症就更多了。

癌症的诱因

那么，癌究竟是怎么引起的呢？1775年，英国的内科医生波特首先提出癌与环境的关系。他发现凡是从小当童工清扫过烟囱的人，成年后容易得皮肤癌，特别是得阴

囊癌的人很多。他分析得出结论，煤烟中可能有致癌物质。

1855 年，德国病理学家维尔和指出，所有疾病，包括癌症，归根结底都是细胞的疾患。因为他发现癌症多发生在溃疡和裂伤周边，并认为慢性刺激是癌产生的诱因之一。

1895 年，德国科学家发现从事苯胺染料作业的工人，膀胱癌的发病率很高。研究证明，苯胺染料危害并不很大，而是中间产物萘胺等有很强的致癌性。据此，有人认为在两千年以前盛极一时的罗马帝国，后来衰败灭亡的原因可能与铅有关。因为古罗马人习惯用铅制炊具或酒器，食物和酒接触时可能产生了致癌的中间产物。

生物实验证明，人类生活中所遇到的许多化学物质、有毒的化工废料以及杀虫剂等，都可能引起细胞产生病变，从而诱发癌症。

近代科学研究中发现，除了环境因素，不良的生活习惯也是导致癌症的一个重要原因。如印度西南海岸的人有一种嚼槟榔子烟的习惯，结果当地人口腔癌的发病率很高。

日本和冰岛都是胃癌发病率较高的国家。原来，日本人最爱吃盐腌的食物，冰岛的居民却喜欢吃熏制食品。盐本身虽无致癌性，但若与亚硝胺类致癌物相遇，则可增强亚硝胺类的致癌性。

吸烟是许多人茶余饭后的一种嗜好。大量资料表明，吸烟与很多种癌都有密切的关系。科学家对美国、英国、加拿大三国 100 万以上的人群进行了 7 次大规模对比观察，就肺癌发病率来说，吸烟者为不吸烟者的 10.8 倍。从肺癌的年死亡率来看，不吸烟者每 10 万人患癌症，其中仅 12.8 人死亡，每日吸烟 10 支以下者上升到 10 万人患癌症，其中有 95.2 人死亡，每天吸烟 20 支以上者高达 10 万人患癌症，其中有 235.4 人死亡，比不吸烟者高 18.4 倍。吸烟是引起喉癌，甚至胃癌的重要因素。

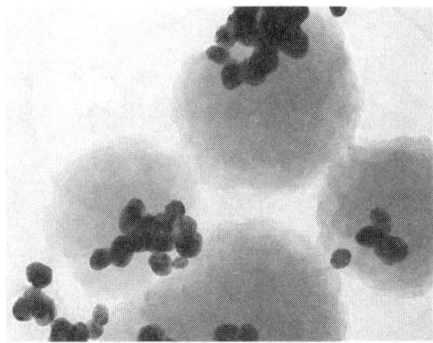

▲ 癌细胞

科学家在探讨细胞出现癌变的诱因时发现，细胞中的癌基因则是人体内部致癌的元凶。医学研究证实，癌基因不仅存在于癌细胞中，正常细胞内也有。人一出生，体内细胞中就含有与膀胱癌、结肠癌和肺癌有关的基因。这些基因对人体早期的成长，曾发挥过有益的作用。它们平常沉默"按兵不动"，一旦细胞分裂调控失常，它们就会像"脱缰之马"无节制地分裂，从而转变为癌细胞。

治癌方法

癌症患者的死亡率虽然高达 50%，但科学家认为，在所有的恶性肿瘤中，1/3 可以预防，1/3 可以治愈，有 1/3 在发现时虽已属于晚期，但也能通过积极治疗，减轻患者的痛苦，延长生命。

世界众多科学家在发现癌、探索癌的起因和实质的过程中，也努力寻求预防和治疗癌症的方法。手术治疗是最古老的方法，然而也是目前最有效的一种方法。这在古医书中早已有记载。当肿瘤在局部生成尚未扩散时，将其彻底切除，斩草除根。对许多癌症，如乳腺癌、子宫癌、胃癌等等，在其初期施行摘除，效果是比较好的。

放射性治疗也是治疗癌症的一种有效方法。自 1895 年法国科学家发现 X 射线以后，人们发现这种射线不仅有透射作用，而且对细胞生长有抑制和杀灭的作用。1899 年，有人开始用 X 射线治疗皮肤癌取得了一定的效果。1901 年到 1903 年，又先后有人用镭 88 治疗深层恶性肿瘤，使瘤体大大缩小，生长滞缓。20 世纪 50 年代开始使用高技术的电离辐射，这才真正显示出放射方法的巨大威力。

> **白血病**
>
> 白血病是一类造血干细胞恶性克隆性疾病。克隆性白血病细胞因为增殖失控、分化障碍、凋亡受阻等机制在骨髓和其他造血组织中大量增殖累积，并浸润其他组织和器官，同时也使正常造血受抑制。临床可表现为不同程度的贫血、出血、感染发热以及肝、脾、淋巴结肿大和骨骼疼痛。

1923 年，奥托王尔布格医生利用外援性天门冬酰胺静脉注射，治疗白血病、淋巴肉瘤，缓解了病情，开创了化疗的先河。1940 年女性激素被用于治疗前列腺癌，1942 年氮芥用于治疗淋巴肉瘤，随后更为有效的药物被用于化疗。

20 世纪 70 年代中期，英国医生劳莱尔和米斯特采用细胞杂交的方法，在实验室将一个小鼠骨髓瘤细胞与另一个小鼠正常脾细胞杂交，杂交后的细胞能分泌非常纯的特异抗体，被称为单克隆。单克隆能凭借肿瘤抗原识别癌细胞，因而对癌的早期诊断有很重要的价值。随后出现的单克隆抗体"导弹"疗法，对肝癌等一些较难治的癌症起到了很好的效果。

令人高兴的是，最近科学家们发现，用一类名为细胞分化因子的药物，能有效地诱导某些癌细胞转化为正常细胞。1987 年，美国纽约市斯罗安—凯特琳癌症研究中心，试验用一种细胞分化因子治疗癌症患者时表明，这种药的确能促使癌细胞"改邪归正"，成为对机体无害的健康细胞，而且其副作用与传统治疗方式相比也微乎其微。试验还证明，癌细胞一旦"改邪归正"，也不会"死灰复燃"，因为癌细胞的转化是永久性的。

此外，免疫疗法、冷冻疗法、干扰素、中草药等治癌方法不断被发现和创新出来，特别是抗癌新军——抑素的发现，为治疗癌症开辟了新的途径。

青铜器开启的新时代

青铜器主要指先秦时期用铜锡合金制成的器物，简称"铜器"，包括炊器、食器、酒器、铜镜、车马饰、兵器、带钩、水器、乐器、工具和度量衡器等。青铜器主要在新石器时代晚期至秦汉时期流行，以商周时期的器物制作最为精美。青铜器的出现在人类历史上具有划时代的意义。

青铜器的历史

考古发掘表明，华夏的祖先早在新石器时代的晚期就已经掌握了冶铜的技术。一些文物为此提供了佐证，譬如 1973 年在陕西临潼姜寨的仰韶文化遗址中发现了一半圆形残黄铜片，距今已有六七千年的历史。1975 年在甘肃东林家马家窑类型遗址中发现了一件用范铸造的青铜刀，是迄今为止发现的中国最早的一件青铜器物，距今有大约五千年左右的历史。这些是早期青铜器的发展情况，青铜器最为繁荣的时期是夏、商、周这三个朝代，大约在公元前二十一世纪至公元前三世纪，历时 1700 多年，这一时代被称为"青铜时代"。青铜器在这三个朝代最初出现的是小型工具或饰物，夏代开始有了青铜制的容器和兵器。商代早期青铜器具有独特的造型。商朝中期，青铜器品种极大的丰富，在青铜器上出现了铭文和精细的花纹。青铜器发展的鼎盛时期是从商晚期到西周早期，这个时期的青铜器器型多种多样，风格浑厚凝重，铭文逐渐加长，花纹富丽繁杂。在这之后，青铜器开始追求自然简单的风格，胎体开始变薄，纹饰也逐渐简化。春秋晚期至战国，由于铁器的推广使用，铜制工具越来越少。秦汉时期，随着瓷器和漆器进入日常生活，铜制容器品种减少，装饰简单，多为素面，胎体也更为轻薄。这就是青铜器发展所经历的大致过程。

▲ 古代青铜尊

青铜器的用途

青铜器的造型精美，种类多样。在古代，青铜器是很重要的器物，青铜器大多作为工艺美术品、容器、礼器使用。

1. 作为工艺美术品使用的青铜器。

青铜器出现的最初就是欣赏之用。作为工艺美术品，商朝的青铜器加工已达到很高的水平，商朝青铜器的装潢和工艺十分精湛，栩栩如生，形象逼真，且形态各异。在器形和纹饰的构成上，商朝青铜器上运用了对称、连续等富有装饰性的艺术手法，用变化多样的曲线、弧线，构成各种形象的浮雕、线刻。无论器形整体还是纹饰部分，都能体现浑朴、庄重和精致、瑰丽的风格，但同时也营造了一种威严、神秘的氛围，体现了奴隶主阶级的阶级意识和审美取向。到了春秋战国时期，作为工艺美术品的青铜器发展进入了崭新的阶段，其设计简练，背景平滑，开槽与凹凸均有致，且出现了加盖的壶鼎、镶嵌的珠宝器物。青铜器上的雕饰和着色已呈现立体发展的趋势，实饰与虚饰相间，器物上出现了壶嘴和球体装饰物。

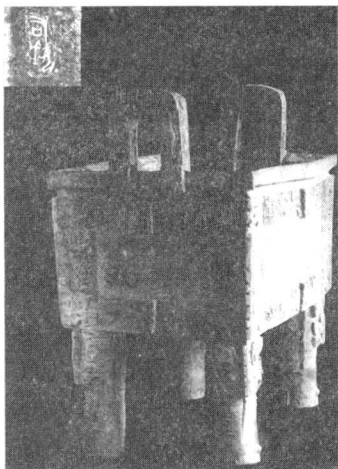
▲ 名扬海内外的司母戊鼎

2. 作为容器使用的青铜器。

除了欣赏之用，青铜器也有着它本身应用的属性。在奴隶社会中，青铜器是奴隶主日常生活的用具。青铜器作为容器包括了炊食器和盛酒器。炊器主要有鼎、鬲。鼎相当于现在的锅，煮或盛放鱼、肉用。大多是圆腹、两耳、三足，也有四足的方鼎。鬲用来煮饭，一般为侈口、三空足。盛食器主要有簋、豆。簋相当于现在的大碗，盛饭用，一般为圆腹、侈口、圈足、有二耳。豆用来盛肉酱一类食物，上有盘，下有长握，有圈足，多有盖。盛酒器有壶、卣、尊。壶有圆形、扁形、方形和瓠形等不同形状。卣一般形状为椭圆口、深腹、圈足，有盖和提梁，腹或圆或椭或方，也有制成圆筒形、鸱鸮形或虎食人形。尊形似瓠，中部较粗，口径较小，也有方形的。

3. 作为礼器使用的青铜器。

青铜礼器被奴隶主贵族在祭祀、宴飨、朝聘、征伐及丧葬等礼仪活动中使用，其可以象征使用者的身份等级和权力大小，因此青铜礼器作为立国传家的宝器而备受重视。青铜礼器可分为食器、酒器、水器和乐器四大类。

（1）青铜食器包括鼎、鬲、甗、簋、簠、盨、炖、豆等。其中盛肉的鼎是最重要的礼器。西周中晚期形成列鼎制度，即用形状花纹相同而大小依次递减的奇数的成组鼎来代表贵族的身份。据《春秋公羊传》何休注，天子用9鼎，诸侯用7鼎、卿大夫用5鼎、士用3鼎或1鼎。在考古发现中，奇数的列鼎往往与偶数的盛黍稷的簋配合使用，即9鼎与8簋相

▲ 精美的青铜器

配、7 鼎与 6 簋相配等。

（2）青铜酒器包括饮酒器爵、觯、觥和盛酒器尊、卣、壶、罍、罍、瓿等。

（3）青铜水器包括盘、匜等，主要用于行礼时盥手以表虔敬。

（4）青铜乐器包括铙、甬钟、钮钟、镈、鼓等。

青铜器出现的历史意义

青铜器的出现，在人类历史上具有伟大的意义。春秋战国时代是中国历史上一个伟大的变革时代，是中国由奴隶制社会向封建制社会的转型期。从文化的发展来看，春秋各国的兼并和大国的争霸促进了各民族、各地区文化的相互交流与融合，并出现了百家争鸣的辉煌景观。春秋战国时期的科学技术也取得了令人瞩目的成就，从而带动了青铜器的发展。这些青铜艺术品从一个侧面向人们展示了春秋战国时代在科学、文化艺术领域的新成就和造物文化的新风貌，预示着一个新文明时期的到来。

春秋早期青铜器的形制与纹饰基本上仍然承袭了西周晚期的特征，但是，随着社会的发展，青铜器也有了长足的进步。在形制上，这一时期的青铜器从传统礼器向生活用器过渡，摆脱了商周时代阴森恐怖的纹饰风格，神秘的宗教色彩也逐渐消失了，继而出现的是轻松自由的风格，出现了大量以现实生活为题材、带有主体色彩的图像，而且制作出了许多精美绝伦的青铜工艺品。

青铜器无疑是人类文明发展史上的一颗璀璨的明珠。

冶铁术与铁器时代

在自然界中，铁的分布极其广泛，它是地壳的重要组成元素之一。自然界中，天然的纯铁几乎是不存在的。铁矿石的熔点较高，又不易还原，所以人类对铁的利用较铜、锡、铅、金等要晚。天空中落下的陨铁是铁和镍、钴等金属的混合物，含铁量较高，是人类最早发现和使用的铁。在埃及和西南亚的一些文明古国最早发现的铁器，都是由陨石加工而成的。铁器时代的到来，标志着社会生产力的显著提高，也说明人类征服自然能力的提高。

冶铁术的起源

1. 世界冶铁术的起源

西亚各地发现的铁器可以早到公元前 30 世纪中叶，距今约 4500 年。公元前 12 世纪前后地中海地区铁器的使用日益普遍。中亚多数地区在公元前 20 世纪末或公元前 20 与公元前 10 世纪之交开始了早期铁器时代。彩绘灰陶文化大约早于公元前 11 世纪或更早。印度的彩绘灰陶文化阶段，铁器的制作水平有了很大的提高，在阿特兰基海勒遗址中发掘出的 135 件铁制品中，有家具、家用器物和其他手工业工具，还有用于战争或狩猎的武器。原苏联中亚地区的居民学会冶铁后，

▲古人开采铁矿的遗址

铁器也很快被应用于日常生活和狩猎与战争的各种领域。古花拉子模地区的阿米拉巴得文化进入早期铁器时代不晚于公元前 10 世纪。弗尔干纳盆地一支较为发达的早期铁器时代文化是楚斯特文化，在这一文化的达尔弗尔津特佩遗址出土有早期的炼铁的矿熔渣。楚斯特文化的年代在公元前 20 世纪与公元前 10 世纪之交。

2. 中国冶铁术的起源

河南三门峡上村岭虢国贵族墓地出土一件玉柄铁剑，经鉴定，其铁剑是目前中原地区发现的年代最早的人工冶铁制品，其年代相当于公元前十四世纪前后。山西天马曲村的晋文化遗址中发现了三件铁器，出自遗址第四层的一件铁器残片，大概是早到春秋早期偏晚，约为公元前 8 世纪；出自于第三层的一件较为完整的铁条和一块铁片，大约是春秋中期出现的，约为公元前 7 世纪。这三件铁器经过金相学研究发现，两件

▲古代铁犁

残铁片，金相组织均显示为铸铁的过共晶白口铁，这是迄今为止中国最早的铸铁器。春秋时期中原铁器仍十分罕见，只在陕西凤翔、甘肃灵台、甘肃永昌、江苏六合、河南淅川、长沙杨家山、长沙识字岭、长沙龙洞坡、湖南常德、山东临淄发现过这一时期的铁器。

到了战国时期，中原的冶铁术发展迅速，铁器已作为生产工具、武器等消费品普遍使用。近年来，在晋中、晋南和晋东南等多个地区的大型平民墓地中挖掘出了战国时期的700多件铁器。在对包括三晋地区在内的全国二十多个省市出土的约公元前3世纪的共计4000件铁器的制作技术进行研究后，得出的结论是三晋地区是出土公元前3至5世纪铁器最多的地区，这里是战国时期中国的一个冶铁中心。

冶铁促进生产工具的改革

恩格斯高度评价冶铁技术时说："铁已在为人类服务，它正是历史上起过革命作用的各种原料中最后的和最重要的一种原料。""铁使更大面积的农田耕作，开垦广阔的森林地区，成为可能；它给手工业工人提供了一种其坚固和锐利非石头或当时所知道的其他金属所能抵挡的工具。"所以冶铁技术的发明，标志着人类社会发展史上新阶段的来临。

冶铁术极大的提高了生产力。社会生产力水平提高的标志是生产工具改进。铁器坚硬、锋利，胜过木石和青铜工具。铁器作为工具来进行使用，显然比从前的木石和青铜工具有了质的飞跃和提高，这也说明人类征服自然的能力提高。铁器时代的到来，标志着社会生产力的显著提高。

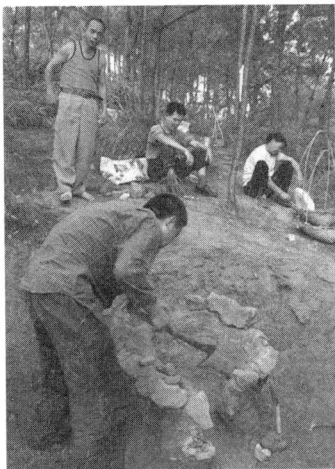

▲发掘古代的冶铁遗址

冶铁促进生产关系的变革

冶铁最初出现在原始社会，商代中期，中华民族的先祖们已经掌握了一定水平的锻铁技术。在西周以后的春秋战国时期，黄河流域开始了由奴隶社会向封建社会的过渡。新的生产关系促进了生产力的发展，冶铁成了一项重要的新兴手工业，各诸侯国相继使用了铁制生产工具，把农业生产的效率大大向前推进了一步。生产工具的发展无疑促进着生产关系的变革。随着生产关系的发展，封建制的新生产关系代替了奴隶制的旧生产关系。而这种大量的生产工具由石器、铜器改为铁器的改革，极大地推动了社会生产力的发展。这是从奴隶社会进到封建社会的革命因素。

而冶铁术本身也在不断的经历着变革和发展。中国冶铁业西周时开始使用铁器。春秋战国时期，发明了铸铁柔化处理技术，是世界冶铁史的一大成就，比欧洲早两千多年。西汉时冶铁业分为官营和私营。西汉时，煤成为冶铁的燃料，人们发明了淬火技术；东汉时，杜诗发明水排，使中国冶铁水平长期领先世界。宛和巩是西汉时著名的冶铁中心。隋唐时期普遍采用了切削、抛光、焊接等工艺。辽和金的冶铁业水平较高。明朝中后期，广东佛山冶铁业，一天出铁3000—3500千克。

在西南亚和欧洲等地区，直到十四世纪炼出生铁之前，一直采用块炼法炼铁。冶炼块炼铁，一般是在平地或山麓挖穴为炉，装入高品位的铁矿石和木炭，点燃后，鼓风加热。当温度达到1000℃左右时，矿石中的氧化铁就会还原成金属铁，而脉石成为渣子。由于矿石中的其他未经还原的氧化物和杂质不能剔除，只能趁热锻打挤出一部分，但是仍然会有较多的大块杂质留在铁里。由于冶炼温度不高，化学反应速度较慢，要取出固体产品就需要扒炉，所以产量低，费工多，劳动强度也大。

后来，为了提高冶炼水平，人们开始强化鼓风和加高炉身，炼炉逐渐从地坑式发展为竖炉。炉身加高后，炉内上升的煤气流与矿石接触的时间变长了，能量的利用率有了一定的提高。鼓风强化一方面使气体压力加大，穿透炉内料层的能力增强，因而允许增加炉身高度；另一方面是燃烧强度提高，直接提高了炉内温度。这些都促使产量提高。

在农业文明时代，冶铁业的发展是生产力进步的明显标志，它有力地推动着社会的变革和进步。

晒盐促进工业的发展

　　盐作为居家过日子的开门七件事之一，它对于人们的生活来说不可或缺。远古时期的盐是通过晒制来取得。

晒盐的过程

　　晒盐需要在盐田中进行。盐田分成水区（大蒸发池）、坪仔（小蒸发池）、埕格仔（结晶池）三大部分。水区分五段十格，坪仔分三段六格，埕格仔分三段二十四格。盐工将约三度（波美浓度）的海水引入水区，用蒸发的方式增加海水的浓度，再一段一段向前推，经过五段后大概变成十度左右，再用水车（即龙骨车，后来改为风车，现在改用抽水机）抽至坪仔（坪仔高于水区）继续蒸发海水。待坪仔里的海水的浓度增加到二十五度时，导入埕格仔使其结晶成盐。从引进海水至结晶成盐，其时程并非完全相同，需视天气而定，天气好速度快，天气不好则较慢。

▲晒盐池

改造晒盐工具

　　晒盐不同于其他的一些行业，从引进海水至结晶成盐这一整个晒盐过程的时程要视天气而定，甚至可以说是靠天吃饭。相对于不可操控的气候来说，人们能够控制的是自己创造和改进工具的能力，因此，勤劳智慧的人们开始在工具上进行大力改造，以此来增加盐的产量。起初，晒盐通常用的是"缸爿坦"。

　　所谓"缸爿坦"，就是用一片一片缸爿（陶片）拼成的盐坦（盐坦指盛放海水的盐田）。后来，慢慢地有人开始用黑膜垫底结晶新工艺，黑膜垫底结晶新工艺是指将黑膜铺在盐坦上，再引海水在上边晒盐，由于黑膜具有较好的吸热性，可以提高盐的产量，这种盐坦盐民们就叫"黑膜坦"，现在为盐民所应用的基本上均为"黑膜坦"。我国一些北方地区的海盐产地，起初是在露天的盐场上晒盐的。这种露天盐场完全依赖于气候的变化，然而对天气的变化人们是束手无策的，所以这种盐场的产盐量也会相对较低。经过一系列的科技创新发展后，现在，北方盐区塑料薄膜苫盖结晶池已能达到1.01万公顷，占现有结晶面积的47.79%。"黑膜坦"的使用，是晒盐工具的另一个进步。

促进其他产业的发展

烧碱和人工合成纯碱这两种工业是耗盐工业，需要大量的工业用盐。目前，生产1吨纯碱需要消耗 1.8 吨盐，中国这两项工业对盐的需求将随着经济的增长而增长。因此，发展晒盐产业是促进这两个相关产业发展的有利保障。还有两个相关产业对盐的需求也很大，分别是高速路防冻除冰和水处理。目前，我国还没有相关的应用。但是暴风雪通常会迫使中国北方的高速路关闭，在中国日益依赖高速路网的情况下，高速路防冰和除冰将变得必要，这将是盐类的使用量的一项巨大的需求。而盐业的发展，无疑会促进这两个相关产业的发展。

中国的盐业现状

全球盐消耗量大约为 22.5 亿吨/年。其中化工行业消耗 60%，食用盐占 30%，防冻除冰用盐占 10%。在中国，化工行业消费了国内盐业供应的 87%，剩下的用作食盐。现在中国的盐业生产主要依靠晒盐，即把海水或者天然盐水在封闭蒸发塘中结晶得到的真空盐，此外还有开采内陆盐湖的地下矿物沉积盐和湖盐。

在中国北方地区主要采取海水晒盐的方式，主要的省份是河北、辽宁、江苏、天津和山东。矿产和人口比较密集的地区主要是真空盐的生产，主要有四川、湖北、云南、江西和江苏等省。内蒙古、青海和新疆主要是湖盐的生产。

海水煮盐的由来

古籍记载，炎帝（一说神农氏）时的宿沙氏开创用海水煮盐，史称"宿沙作煮盐"。其实，宿沙氏是传说中的一个人物，实际上用海水煮盐，可能是生活在海边的古代先民在长期的摸索和实践中创造出来的制盐方法。煮盐的方法可能是由宿沙氏进行了推广普及，后人也就将采制海盐的发明权送给了宿沙氏。

丝绸织出的华丽服装

中国是世界上最早开始养蚕缫丝织绸的国家，在很久以前，中国就通过丝绸之路把丝绸传遍世界，丝绸也成为了中国的重要符号。

丝绸的发展

传说5000年前，黄帝的妻子嫘祖发明了养蚕，以后便开始教民种桑养蚕，缫丝织绸。养蚕织绸慢慢从黄河流域传到长江流域，然后再传遍全国各地。在中国天南地北的许多地区，流传着与蚕有关的动听传说。

在湖南的苗族地区，传说几千年前有人在深山开荒，发现树上挂着一个个白色、黄色的蚕茧，摘下来带到家中，不小心落到沸水锅里，用竹竿去挑，茧没有捞上来，而引出一缕丝来，又细又长。后来，他们又知道让茧发蛾，生卵留种的方法，下次又可以自己养蚕、缫丝，从此有了蚕业。

在云南纳西族的东巴文中记载着"冬天孵幼虫，春天养家蚕，夏天浸茧抽出丝，秋天用丝织锦缎"。唐代鉴真和尚东渡日本，有一次遇狂风漂流到海南岛，发现当地一年竟养8次蚕，并能织出漂亮的织物。

桑树原产我国中部，至少已有4000年的栽培历史。在商代，甲骨文中已出现桑、蚕、丝、帛等字形。到了周代，采桑养蚕已

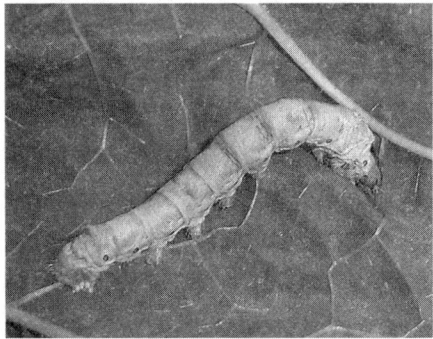

▲蚕

是常见的农活。春秋战国时期，桑树已成片栽植。如今，桑树的栽培范围更加广泛。现在，我们在丝绸制品上看到的B、C、D、E等英文编号，就是不同丝绸产地的标记。从吐丝、结茧，再到对鲜茧的烘干、缫丝、织造、染整等几道工序，而后生成丝绸，再经过设计人员的设计、加工等，一件丝绸制品才算完成。当我们穿着华美的丝绸礼服，感受丝绸带来柔软顺滑的同时，也许不会想到它背后有一个庞大的工程。

一条普通的丝绸围巾，需要67克/平方米的斜纹绸0.66平方米，而制造这些绸缎则需要生丝56克，相当于蚕茧460克，再追溯源头，就是需要240条蚕，并且给它们提供5平方米的桑园。1000条蚕从蚁蚕到吐丝结茧，要吃掉大约20千克的桑叶，才能吐出0.25千克的蚕丝。

对世界的影响

蚕、茧、丝，不仅演绎了"春蚕到死丝方尽"的一生，也成就了中国丝绸亘古至今的璀璨。丝绸不仅和我们的生活息息相关，甚至成为中国文化不可或缺的一部分。在浩若烟海的中国古典诗词里，也有很多诗篇是以蚕桑丝绸为题材的。早在2500年前，《诗经》中就写道"爰求柔桑"。而描写养蚕织绸的《陌上桑》从汉朝的乐府一直流传到今天的语文课本上。连诗仙李白也因此咏叹"秦地罗敷女，采桑绿水边"。总而言之，丝绸对中国产生了重大影响。

从西汉张骞开辟了丝绸之路的2000年来，中国的丝绸织品就从长安出发，源源不断地运往地中海沿岸，最西还到达过罗马。

公元5世纪，东罗马皇帝查士丁尼为了摆脱波斯人高价垄断中国丝绸的局面，曾打算与埃塞俄比亚联合，绕过波斯，从海上去印度购买丝绢，东运罗马。波斯人知道后，以武力威胁埃塞俄比亚，阻止他们充当中间人。查士丁尼无奈，又请近邻的突厥可汗帮助从中调解，不料波斯王不但不听调解，还毒杀了突厥可汗的使臣。于是，公元571年，东罗马联合突厥可汗攻伐波斯，战争长达20年之久。这就是西方历史上闻名的"丝绢之战"。

> **丝绸之路**
>
> 公元前139年，汉武帝派博望侯、张骞携带丝绸等物出使西域，不但开辟了亚洲大陆与地中海之间的贸易通道，而且开拓发展了海路交通，这一闻名遐迩的陆上、海上丝绸之路对促进东西方的文化交流和经济繁荣，对蚕、桑、丝、帛技术的广泛传播发挥了关键的作用。
>
> 汉代的"丝路"从关中的长安开始，穿过河西走廊和新疆的塔里木盆地，跨越帕米尔高原，然后经过安息（古波斯）到达西亚，最后抵达大秦（古罗马），全长7000多千米。不仅商人沿着这条"丝路"做丝、绢的贸易，朝廷也常常以中国的锦、绣、绮等赠于外国的君王和使节，它在历史上促进了亚、非、欧各国与中国的友好往来，增进了文化交流。

音律与乐器

法国人类学家莱维·斯特劳斯曾经这样说过："如果我们能够解释音乐的话，就能找到一把通向所有人心灵的钥匙。"音乐是一种可以深入人心灵的艺术，音律与乐器能给人类带来丰富的精神享受。但是，音乐对人类的作用不只是在心理上，更有在物理上的重要作用。

音乐的产生

美国心理学家斯卡特利在1986年曾做过一次有趣的实验，他请一位音乐家到动物园给动物演奏不同的音乐。结果他发现蝎子听到音乐后便使劲地舞动双螯，并能随其曲调的起伏相应地改变兴奋程度；大蟒仰着脑袋随着音乐左右摇摆；黑熊屹立静听；狼则恐惧嚎啼。

可见，音乐可以引起普通动物的反应，对早期人类而言更是如此。早期人类在生产生活过程中因为工具或物体的碰撞，产生悦耳的声响，给他们带来兴奋的感觉，久而久之，他们就有意识地去敲击某些器物，使之产生一定的韵律，逐步产生的真正意义上的音乐。

▲ 音乐是原始部落各项仪式上不可缺少的元素

音乐与情感

公元前3世纪，荀子的《乐论》就比较全面地论述了音乐与情感的关系。荀子指出："故乐行而志清，礼修而行成，耳目聪明，血气和平，移风易俗，天下皆宁，美善相乐。"他揭示了音乐对人的感知觉、性情气质、意志及审美理想的影响。古希腊时期的亚里士多德曾通过模仿解释了音乐如何影响人们的性格和意志。他说："音乐直接模仿，即表示'七情六欲'亦即灵魂所处的状态——温柔、愤怒、勇敢、克制及其对立面和其他特性。因此，人们聆听模仿某种感情音乐时，也就充满同样的感情。如果长期聆听具有浓厚悲伤感情的音乐，就会被塑造成情绪低下、萎靡不振的性格。反之，常听激昂、振奋色彩的音乐就会变成情绪高昂性格开朗的人。"在日常生活中，我们也能切实感受到音乐对人们情绪的影响。节奏鲜明的音乐使人振奋和鼓舞；旋律优美的乐曲能使人们心旷神怡；轻松愉快雄壮的进行曲会使人感到热血沸腾，产生勇往直前的力量。许多音乐医学专家的研究还注意到，不同的音调表现出不同的作用，E 调表示安定，D 调表示激烈，C 调表示温和，B 调表示哀怒，A调表示高亢，G 调表示烦躁，F 调表示低沉。此外，亚里士多德认为 C 调最适合于陶冶青年人的情绪和性格。国外有人曾选用 290 种名曲，先后对 2 万人进行测试，结果证明每种乐曲都能引起听者的情绪变化。其变化的程度与被试者的欣赏能力高低成正比。

音乐是一种情感的艺术。音乐形象通过音响作用于人的听觉，产生强烈的情感冲击力，使听众产生联想和想象，进一步引发心灵的共鸣，音乐之所以能够触动人心的原因就在于此。在所有的艺术形式中，音乐是最长于抒发情感、最能拨动人心弦的艺术形式。人们喜爱音乐的原因，就是为了寻求快乐，享受音乐带来的轻松与美感，释放个人的情愫，从而获得一种愉悦的心情。音乐是一种最没有国界的艺术，有时比科学更加精彩。优美的音乐旋律，不但能使不同肤色、性别和年龄的人屏气凝神，而且能使不同经历、感受的人获得精神上的愉悦和放松。有时音乐甚至能使其他动植物，莫名其妙地异常兴奋起来。音乐真是无与伦比，因为她能在有声无息中，让人幸福地成长。音乐所带给人精神上的享受是美妙并且无可替代的。

音乐的种类

音乐在大体上分为以下几个种类：

1. 古典音乐

古典音乐指以一种西方音乐传统创造，常使用确定的格式（比如交响乐）且不用电子乐器演奏的一种音乐类型。古典音乐通常引人深思，并且历久弥新。

2. 流行音乐

流行音乐指结构短小、内容通俗、形式活泼、情感真挚，并被广大群众所喜爱，广泛传唱或欣赏，流行一时的甚至流传后世的器乐曲和歌曲。

3. 蓝调音乐

蓝调音乐是美国早期黑奴抒发心情时所吟唱的 12小节曲式，演唱或演奏时大量蓝调音（Blue Notes）的应用，使得音乐上充满了压抑及不和谐的感觉，这种音乐听起来十分忧郁（Blue）。

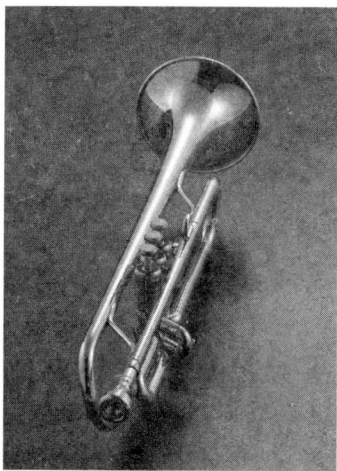

▲ 现代乐器

4. 摇滚乐

摇滚乐是一种简单、有力、直白，具有强烈的节奏的音乐，与青少年精力充沛、好动的特性相吻合。

5. 爵士乐

爵士乐实质是美国的民间音乐。欧洲教堂音乐、美国黑人小提琴和班卓传统音乐融合非洲吟唱及美国黑人劳动号子形成了最初的"民间蓝调","拉格泰姆"和"民间蓝调"构成了早期的爵士乐。

6. 现代音乐

现代音乐是对 20 世纪初以来的各种音乐流派的总称。

透镜的科学原理

凸透镜、凹透镜在我们的生活中有着很大的用处，让我们多个角度看这个世界。另外，用眼过度导致近视的时候我们会戴眼镜，随着年龄的增长，长辈们眼花了的时候也会戴眼镜。这不同的眼镜有着什么样不用的原理呢？它们是怎样帮助我们更清楚地看清万物的呢？

透镜的种类

透镜大体上可以分为两大类，凸透镜和凹透镜，它是由透明物质（如玻璃、水晶等）制成的一种光学元件。其结构是两个球面，或一个球面一个平面的透明体。中央部分比边缘部分厚的叫凸透镜，有双凸、平凸、凹凸三种；中央部分比边缘部分薄的叫凹透镜，有双凹、平凹、凸凹三种。所以细分来看的话，透镜共六种。

透镜的原理

透镜是根据光的折射规律制成的。凸透镜的中央部分比较厚。薄凸透镜有会聚作用故又称聚光透镜，较厚的凸透镜则有望远、会聚等作用。

凹透镜镜片的中央薄，周边厚，呈凹形，亦称为负球透镜。凹透镜对光有发散作用。凹透镜在光疏介质中使用时，能对入射光束起发散作用，故又称发散透镜。它也是利用光的折射规律，只是镜片的构造不同，就产生了不同于凸透镜的效果。

眼睛是如何看见物体的

周围的物体发出的或反射的光进入人眼，我们才能看见物体。眼球分别由瞳孔、晶状体、视网膜、视神经组成。瞳孔是光线进入眼睛的通道，它可以扩大或缩小，调节进入眼内的光量。晶状体是透明的水晶体，就像凸透镜一样可以成像。物体成像在视网膜上。视网膜上有许多感光细胞，能感知光的强弱和色彩。视神经和大脑相连，把视网膜上的信号报告给大脑，就能看到物体了。物体通过晶状体成像在视网膜上，我们才能看清楚。所以在没有光的情况下，我们是无法看见物体的。

就像弹簧长时间被拉伸，可能就不能恢复到原来的状态一样，如果长时间看近处的物体，晶状体凸度总是比较大，牵引晶状体的肌肉总是处于紧张状态，日子久了，肌肉就会疲劳，失去调节能力。等再看远处的物体时肌肉不能放松，晶状体凸度不能变小成像就会模糊，这就形成了近视眼。所以近视眼是晶状体变厚造成的，晶状体变厚，折光能力变强，光线经晶状体折射后落在视网膜前方，形成模糊的像。而凹透镜能使光线变得发散，发散后的光线经晶状体折射后正好落在视网膜上，这样就可以形成清晰的像。

▲老花镜

近视是现在中小学学生中一种普遍存在的现象。统计资料表明，小学生目前的近视率为36%，中学生的近视率为71.6%，其中高中生为81%，而且还有上升的趋势。近视给我们的学习、生活带来了许多不便，所以我们要学会预防，注意保护好我们的眼睛。

老花眼是一种自然的生理老化现象，随着调节力下降，从四十岁左右开始，无论有无近视或远视均会发生老花眼，表现为将阅读物放远些才能看清楚，到一定时候需用透镜帮助看清。由于老花眼与近视眼矫正的原理是相反的，所以应该带上凸透镜就能看清物体了。

透镜在生活中的应用

凸透镜对光有会聚光线作用，在生活中有很广泛的应用。生活中利用它的有远视眼镜、望远镜、照相机、投影仪、放大镜、显微镜等。利用凸透镜成放大、倒立、实像，可运用在放映机，幻灯机。利用凸透镜成倒立、缩小、实像，可运用在照相机（同眼睛看见物体的原理一样）。放大镜和老花镜一样，都是利用凸透镜成正立、放大、虚像。凹透镜可以使光线发散的，就像上面刚提到的，凹透镜可以做近视镜。它也参与显微镜、望远镜等的制作。

门镜也就是我们常说的"猫眼"，是由两块透镜组合而成。当我们从门内向外看时，外面的是凹透镜，我们面前的也就是里面的是凸透镜。凹透镜的焦距极短，它将室外的人或物成一缩得很小的正立虚像，此像正好落在凸透镜的第一焦点之内，凸透镜起着放大镜的作用，最后得到一个较为放大的正立虚像，此像恰好在人眼的明视距离附近。这样对于门外的情况，屋内的人就可以看得清楚了。

但是如果从外看里面也能这样看得很清楚，那我们的家就感到很不安全，也就没有必要安装"猫眼"了。其实在外面向里面看，也就是倒看时，外面的是凸透镜，贴近眼睛的

注意科学用眼

1. 在读书写字时，要注意"三个一"，即眼睛离书本一尺、胸离桌子一拳、手离笔尖一寸；2. 走路或乘车时不要看；3. 不要躺着或趴着看；4. 劳逸结合，用眼时间不要过长，应每隔50分钟左右休息10分钟。学生下课后要到教室外进行望远活动。5. 看电视时，每小时应休息5—10分钟，眼与屏幕的距离一般为3—5米。室内要有一定的照明，避免耀眼。看完电视后最好做一下眼保健操，改善眼睛的疲劳状态。

是凹透镜，室内的景物，通过会聚光线的凸透镜后的折射光束本应生成倒立的实像，但在尚未成像之前就落到发散的凹透镜上，由于焦距极短，最后得到的正立虚像距凹透镜很近，只有 2 厘米到 3 厘米，又由于门镜的孔径很小，室外的人不得不贴近凹透镜察看，这样，人眼与像之间的距离，也只不过 2 厘米到 3 厘米，这个距离远小于正常人眼的近点，因此，对于室外的人来说，室内是不能窥见的。若装上此镜，对于家庭的防盗和安全，能发挥一定的作用。

透镜让我们用不同的角度看这个精彩的世界，看到它更精彩的一面。

显微镜下的世界

人眼能看到的范围很有限，科技的进步让我们借助显微镜可以看到另一个微观世界。在显微镜下，人们得以深入观察物体的微细结构，发现了更多的惊奇。那么显微镜是如何让我们看得更清楚的呢？

显微镜的发展史

我们先来了解一下显微镜的发展历史。世界上最早的显微镜大约出现在 16 世纪末。据史料记载，1590 年的一天，荷兰朱德尔堡的眼镜商汉斯·简森看着儿子查卡里亚斯·简森在自己的店铺里玩弄镜片。他偶然间把两片凸镜玻璃片放到了一个金属管子里，并拿起管子观看街道上的建筑，他们发现建筑物增大了许多倍，感到非常惊讶。

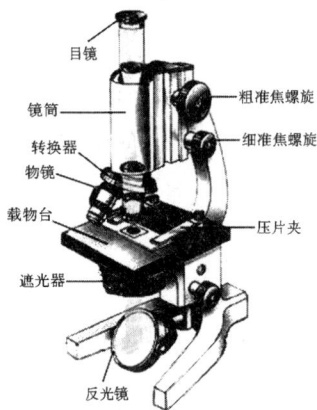

▲ 显微镜的结构图

老简森以一个商人的敏感性认真思索，反复实践，用大大小小的凸镜玻璃片做各种距离不等的配合，终于发明了世界上第一台显微镜。詹森虽然是发明显微镜的第一人，却并没有发现显微镜的真正价值。显微镜没有在研究中得到应用，所以詹森的发明并没有引起世人的重视。

但在时隔90多年后，荷兰人列文虎克又研究成功了显微镜，他是第一个观察到细菌等微生物的人。从那时起，显微镜开始真正地用于科学研究试验。列文虎克这个令世界震惊的小人物，1632 年出生于荷兰德夫特一个普通工匠家庭，而后成为荷兰著名微生物学家。在他 90 多年的生涯中，对显微镜的研究表现出极大的热情。多次反复的试验，他终于又研制出多台更精制、完美的显微镜。同时，他运用自制的显微镜，第一次发现了血液里的血液细胞和生物王国中神奇多彩的微生物世界。他制造及收集了 250 多个显微镜和 400 多个透镜，最高可放大 200 倍到 300 倍。列文虎克从 1673 年开始一直记录一系列显微镜下的观察结果，并将结果寄给了伦敦的英国皇家学会。然而，他的研究成果并没有对当时的医学界产生多大的影响，但后来他的研究成果终于得到了世人的认可。从此，在他的研究成果的基础上，微生物学这一关系着人类生命与生活的重要学科，迈入了迅猛发展的新世纪。

显微镜的简介

了解了显微镜的发现和应用的历史，让我们来简单介绍显微镜的分类。显微镜是由一个透镜或几个透镜的组合构成的，用于放大微小物体成为人的肉眼所能看到的光学仪器。显微镜分光学显微镜和电子显微镜两种。

光学显微镜的种类很多，主要有荧光显微镜和暗视野显微镜两种。现在的光学显微镜可把物体放大 1600 倍，分辨的最小极限达 0.1 微米。荧光显微镜是以紫外线为光源，使被照射的物体发出荧光的显微镜。暗视野显微镜使照明的光束不从中央部分射入，而从四周射向标本，从而具有暗视野聚光镜。

首先装配完成电子显微镜的是德国柏林的克诺尔和哈罗斯卡，这种显微镜用高速电子束代替光束。因为电子流的波长比光波短很多，所以电子显微镜分辨的最小极限达 0.2 纳米，放大倍数可达 80 万倍。电子显微镜是根据电子光学原理，用电子束和电子透镜代替光束和光学透镜，使物质的细微结构在非常高的放大倍数下成像的仪器。1963 年开始使用的扫描电子显微镜更可使人看到物体表面的微小结构。现在电子显微镜最大放大倍率超过 300 万倍，所以通过电子显微镜就能直接观察到某些重金属的原子和晶体中排列整齐的原子点阵。

显微镜的构造

普通光学显微镜的构造主要分为机械、照明和光学三部分。光学显微镜的光学部位是显微镜的主要结构。物镜是决定显微镜性能的最重要部件，安装在物镜转换器上，接近被观察的物体，故叫做物镜或接物镜。目镜安装在镜筒的上端，它靠近观察者的眼睛。光器位于标本下方的聚光器支架上，主要由聚光镜和可变光阑组成，也叫集光器。反光镜是一个可以随意转动的双面镜，直径为 50 毫米，一面为平面，一面为凹面，主要作用是将从任何方向射来的光线经通光孔反射出来。平面镜反射光线的能力较弱，是在光线较强的时候使用；凹面镜反射光线的能力较强，是在光线较弱的时候使用。

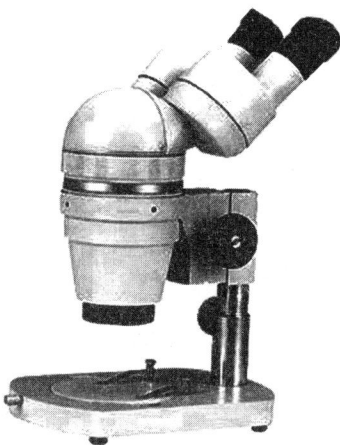

▲工业用显微镜

电子显微镜镜筒中最重要的部件是电子透镜。它用一个对称于镜筒轴线的空间电场或磁场使电子轨迹向轴线弯曲形成聚焦，被称为电子透镜是因为其作用与玻璃凸透镜使光束聚焦的作用相似。现代电子显微镜大多采用电磁透镜，这样就由很稳定的直流励磁电流通过带极靴的线圈产生的强磁场来使电子聚焦。这样一来，电子显微镜才能让我们看得更清楚。

人体的奥秘

　　人体解剖学是一门研究人体形态和构造的科学，隶属于生物科学的形态学范畴。在医学领域，它是一门重要的基础课程，其任务是揭示人体各系统器官的形态和结构特征，各器官、结构间的毗邻和联属，其对临床医学具有非常重要的意义。新解剖学的兴起，不仅让人类更清楚地了解自己的身体构造，更为挽救无数人的生命作出了重要贡献。可是现在，且不说是一般的人，即使是医科大学生，恐怕都很少有人详细了解人类解剖知识的艰难发展历程。

人体解剖学兴起的背景

　　在西方，由于长期受宗教思想和传统观念的影响，人体解剖一直被教会严厉禁止。直到文艺复兴期间，各种科学研究蓬勃开展，人们又一次开始审视自然界，而不是简单地接受以古代理论或迷信思想为基础的知识，人体解剖实践也日益受到人们的尊重。正是在这样的大背景下，新解剖学才有了发展的沃土。

安德烈·维萨里及新解剖学的创始

　　安德烈·维萨里与哥白尼齐名，是科学革命的两大代表人物之一，他是著名的医生和解剖学家，近代人体解剖学的创始人。1514年安德烈·维萨里生于尼德兰布鲁塞尔的一个医学世家。在幼年时代，他就喜欢阅读有关医学方面的书籍，在阅读医书的过程中他受到很大的启发，并立志当一名医生。青年时代的维萨里来到比利时布拉班特省的城市卢万，进入卢万大学深造，后又到法国巴黎大学求学，但是处在欧洲文艺复兴高潮时期的巴黎大学的医学教育却十分落后，学校仍将盖仑的著作奉为经典，宗教思想依旧统治着医学界。年轻的维萨里对这种状况感到极为不满。他勤奋好学，在自学过程中掌握了很多解剖学知识，而且积累了这方面的经验，所以他曾一针见血地指出了盖仑解剖学中的一些错误和教学过程中的缺陷，下定决心改变这种教育状况。于是他挺身而出，亲自动手做解剖实验。他的行动，得到了同学们的赞扬和支持。当时和他一起做实验的还有他的同学塞尔维特。他们经常用解剖过程中的事实材料针对盖仑的某些错

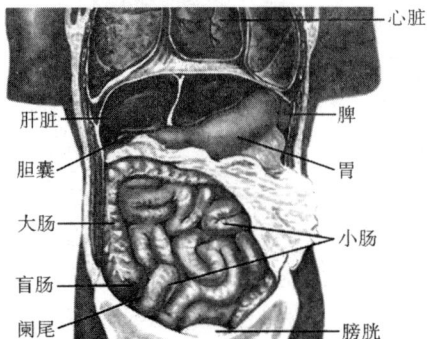

▲人体解剖图

（图标注：心脏、肝脏、胆囊、大肠、盲肠、阑尾、脾、胃、小肠、膀胱）

误观点展开争论，并给予纠正。维萨里实在是通过异常艰苦的代价，才获得这一深切的感受和知识，并逐步完善了科学的解剖学理论。他建立的解剖学为血液循环的发现开辟了道路，成为人们铭记他的丰碑。

《人体构造》是新解剖学建立的标志

1543 年，安德烈·维萨里在瑞士的巴塞尔出版了著作《人体构造》一书。在这部伟大的著作中，维萨里冲破了以盖仑为代表的旧权威们臆测的解剖学理论，以大量、丰富的解剖实践资料，对人体的结构进行了精确的描述。他在书中写道："解剖学应该研究活的、而不是死的结构。人体的所有器官、骨骼、肌肉、血管和神经都是密切相互联系的，每一部分都是有活力的组织单位。"这部著作的出版，澄清了盖仑学派主观臆测的种种错误，从而使解剖学步入了正轨。可以说，《人体构造》一书是科学的解剖学建立的重要标志。

1564 年，在一次航行途中维萨里不幸遇难，死于地中海的赞特岛。1565 年，《人体构造》第二版印刷，不到半个世纪，这本书已经被人们广泛接受，成为欧洲医科学校的通用教材。

科学史把解剖学分成三个时期，在维萨里之前，解剖仅是为了解决例如疾病或者刑事案件上的某一个具体疑问而进行，维萨里使解剖成为了解人体正常生理机制的科学。在维萨里的宏观解剖以后，由于显微镜的发明，出现了微观解剖的新时期。

奠定力学基础的发现

在科学发展史上，伽利略被推崇为近代物理学的开山鼻祖，科学史学家们认为正是他和以后的惠更斯等人为牛顿建构力学大厦准备了材料，奠定了基础。科学史学家们都认为伽利略是那个时代最伟大的科学家，无怪乎他被当时的人们称为"当代的阿基米德"。

两个铁球同时落地

比萨是意大利北部一座美丽的海滨城市。1564 年 2 月 15 日，在这座小城里诞生了一个男孩，他就是近代物理学的开山鼻祖——伽利略。

伽利略从小聪明好学。上学的时候，总爱向老师提各种各样的问题，老师们见了他实在是又喜欢，又害怕。因为他提出的种种问题，常常把老师问得张口结舌。

▲ 伽利略

到了大学时期，伽利略成为一个善于思考、有独立见解的青年。那时候，在大学里，亚里士多德的思想被奉为金科玉律。如果学生对老师的说法有什么怀疑，老师只要一句话："这是亚里士多德说的。"学生们便不敢再生怀疑。而伽利略却与众不同，凡事他都要弄个明白。伽利略家境贫寒，父亲见他读书这样不守"规矩"，就让他中途辍学了。

好在伽利略从小养成了独立思考和刻苦钻研的习惯，他被迫退学后，就在家里自学，研究他一心喜欢的数学和物理学。四年以后，由于他在数学和物理学方面的非凡造诣，被他的母校聘请回去当教授。这位 25 岁的教授，可不像其他教授只知道背诵亚里士多德的著作，他提出科学需要细心的观察和精确的实验。那时，物理学上有一条亚里士多德提出的经典定律，

亚里士多德说，如果让两件东西同时从空中落下，必定是重的先落地，轻的后落地。可是伽利略却认为物体落下来的速度跟它自身的重量是没有关系的。当伽利略提出自己的想法时，别人都把他当作一个不知天高地厚的疯子。于是，他决定做一次实验，让人们来个亲眼目睹。

实验地点选在比萨城内有名的斜塔。那天，塔下人头攒动。伽利略身后跟着他的助手，两手各提着一个铁球，其中一个足足是另一个的 10 倍重。还有一位作为监督的

教授，他们一起登上了塔的顶层。伽利略和助手各持一个铁球，从顶层的阳台上探出身去，而后由那位教授发令，两人同时撒手，让铁球落下。只见两球齐头并进，刹那间咣当一声，同时落地了。塔下的人们，一下子都蒙住了。校长和许多教授都不敢相信眼前的事实，有人竟诬蔑说这是伽利略施的魔法。伽利略觉得没有必要与他们争辩，只是一字一句地说道："我要告诉诸位：这个实验说明，物体从空中自由落下时不管轻重，都是同时落地。也就是说，物体无论轻重，它们的加速度是相同的。"

伽利略宣布的，是物理学上一条极重要的定律：自由落体定律。它导致了此后一系列重大的科学发现。

单摆等时性原理的发现

其实，在这个重大发现之前的五六年前，伽利略已经有了一项功不可没的伟大发现，并且创立了单摆定律。

摆的等时性原理指的是摆动的周期与摆的长度的平方根成正比，而与摆锤的重量无关。伽利略发现的这一规律，就是物理学上的单摆等时性原理。1667 年，荷兰物理学家惠更斯运用这一定律，制造了世界上第一座有钟摆的时钟，开创了钟表科技这一新的领域。到了今天，摆的等时性原理不仅被运用到时钟上，还可以用于计数脉搏、计算日食和推算星辰的运动等方面。同时，还可以根据此周期公式，利用单摆定律测定各地的重力加速度。

关于伽利略创立单摆定律，还有一个小故事。

1582 年，伽利略 18 岁，正在比萨城的一所学校学医学，准备将来有一天成为一名医生。这个职业也许不合他的意，他看起来学得并不是十分投入，而是迷恋着许多不可思议的自然现象，经常陷入各种各样的胡思乱想之中。又是一个礼拜天，伽利略像往常一样，随同学们一起去比萨大教堂做礼拜。

教堂里跪满了信徒，大家屏息静气地听着主教演讲，十分沉寂。突然，外面刮进一阵风，吹得教堂顶端悬挂的一盏吊灯来回摆动。摆动的吊灯链条发出嘀嘀嗒嗒的声音，在肃穆的教堂里显得格外清脆。伽利略不由得抬头看了一眼吊灯，这一看不要紧，引起了他的极大兴趣，他目不转睛地观察吊灯的摆动，早已忘记主教的演讲。伽利略究竟发现了什么呢？

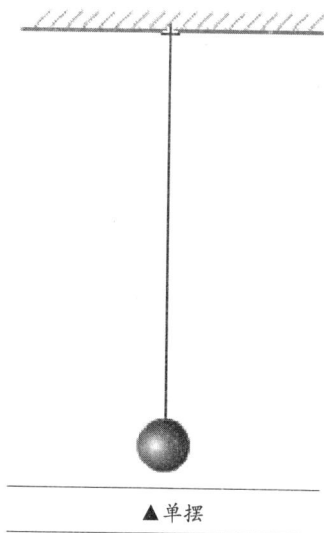

▲单摆

原来，伽利略发现吊灯的摆动会随着风变小，而且越来越微弱。这是很正常的自然现象，然而，伽利略却看出了特别的东西。他觉得虽然吊灯摆动的振幅小了，但是所需时间似乎没有变化。这样想着，伽利略开始检验自己的观察结果，他用右手指按在左手腕的脉搏上，透过测量脉搏的跳动来观察吊灯的摆动次数。要知道脉搏跳动是十分规律的，据此，伽利略得出了一个令人惊奇的结果：不论吊灯摆动的幅度多大，每摆动一次所需用的时间的的确确是相同的。这个结果让伽利略大吃一惊，简直如遭雷击一般。多少年来，人们对于摆动一直尊奉一条规则，那就是亚里士多德提出的"摆动幅度小，则需要的时间少"这样的定律。现在，伽利略却意外发现摆动的振幅与时间之间没有这种关系，这是伟大的发现还是感觉的错误？伽利略一刻也坐不住了，他不等礼拜完毕，爬起来迅速跑回家。

回到家后，伽利略迫不及待地进行了试验。他找来一只沙钟，准备好笔、墨水、纸张，以备记录各种实验数据。为了精确地得到试验数据，他还请了自己的教父来帮忙。

伽利略对教父说："我有一个伟大的发现，请您帮忙。"教父看到他准备的材料，以为他又要进行什么奇怪的试验，便说："好吧，不知道这次你要试验什么？"

伽利略对教父说了自己在教堂里发现的问题，然后说想要证明摆动和时间的关系问题。教父听了，划着十字说："伟大的亚里士多德已经对这个问题进行了明确的阐说，难道他错了吗？孩子，你要进行的可是一项太冒险的试验了。"伽利略自然清楚自己挑战的是什么，但他毫不迟疑，说服教父，开始了试验。他和教父拿着长度相同的绳子，每根绳子的一端都挂着相等重量的铅块，他们将绳子分别系在柱子上，然后伽利略手拿两个铅块，分别将绳子拉到离垂直线不同的位置上，同时放开手里的铅块。于是，绳索开始自由摆动，他和教父分别记录不同铅块的摆动情况，然后将结果进行比较。

加速度

加速度是物理学中的一个物理量，是一个矢量，主要应用于经典物理中，一般用字母 a 表示，在国际单位制中的单位为米每二次方秒（m/s^2）。加速度是速度变化量关于发生这一变化所用时间的比值，描述速度的方向和大小变化的快慢，是状态量。

经过反复多次试验，伽利略发现，两根绳索来回摆动的次数总数是一样的。也就是说，不管两根绳索的摆动幅度如何，它们需要的时间相同。由此，伽利略发现了摆动的规律，提出了著名的"摆的等时性原理"，推翻了一千多年来亚里士多德关于摆动的错误定论。

为经典物理学奠基

伽利略的思想非常活跃，在他的青年时代，就表现出了非凡的学习能力和创造能力。伽利略勤奋好学，后来因为经济贫困离开了大学，之后就独立钻研古代的原子论、欧几里得几何学、阿基米德和亚里士多德的物理学名著。伽利略真正拉开近代科学序幕的是他的重物实验。

伽利略对运动的基本概念，包括重心、速度、加速度等都作了深入的研究，并给出了严格的数学表达式，尤其是他提出了加速度的概念，这在力学史上是一个具有里程碑意义的成就。有了加速度的概念，力学中的动力学部分才能建立在科学的基础上，而在伽利略之前，只有静力学部分有定量的描述。

伽利略为了通过试验严密论证物理规律，就在分析试验中引入了数学方法、逻辑论证相结合的科学研究方法。例如，为了说明惯性，他曾设计一个无摩擦的"理想实验"导出了惯性定律：在一定点O悬挂一个单摆，将摆球拉到离竖直位置一定距离的左侧A点，释放小球，小球将摆到竖直位置的右侧B点，此时A点与B点处于同一高度。若在O的正下方C用钉子改变单摆的运动路线，小球将摆到与A、B两点同样高度的D。伽利略指出，对于斜面会得出同样的结论。他将两个斜面对接起来，让小球沿一个斜面从静止滚下，小球将滚上另一斜面。如果无摩擦，小球将上升到原来的高度。他推论说，如果减小第二个斜面的倾角，小球在这个斜面达到原来的高度就要通过更长的距离。继续使第二个斜面的倾角越来越小，小球将滚得越来越远。如果把第二个斜面改成水平面，小球就永远达不到原来的高度，而要沿水平面以恒定速度持续运动下去，因此得出这样的结论：一个运动的物体，假如有了某种速度以后，只要没有增加或减小速度的外部原因，便会始终保持这种速度——这个条件只有在水平的平面上才有可能，因为在斜面的情况下，朝下的斜面提供了加速的起因，而朝上的斜面提供了减速的起因，由此可见，只有在水平面上运动才是不变的。

这样，伽利略便第一次提出了惯性概念，并第一次把外力和"引起加速或减速的外部原因"即运动的改变联系起来。与前述的匀加速运动实验结合在一起，伽利略提出了惯性和加速度这个全新的概念，以及在重力作用下物体作匀加速运动的全新的运动规律，为牛顿力学理论体系的建立奠定了基础。

这种新的惯性概念，推翻了1000多年以来亚里士多德学派认为物体运动靠精灵或外界迂回空气推动的说法，也澄清了中世纪含糊的"冲力"说。这是人类长期以来研究机械运动的理论成果，并且得到了当时"地动说"支持者们的拥护。

惯性定律

一切物体在没有受到力的作用的时候，总保持静止状态或匀速直线运动状态。这就是牛顿第一定律。

伽利略虽然没有明确地写出惯性原理，可是表明了这是属于物体的本性的客观规律，在研究其他物理问题时，他熟练地运用了它。然而他未能摆脱柏拉图关于行星作圆运动的观点，相信"圆惯性"的存在，因此未能将惯性运动概念推广到一切物体运动上。完整的惯性原理是在伽利略逝世后两年由笛卡尔表述的。

伽利略设计的实验虽是想象中的，但却是建立在可靠的事实的基础上。把研究的事物理想化，就可以更加突出事物的主要特征，化繁为简，易于认识其规律。伽利略进行科学实验的目的主要是为了检验一个科学假设是否正确，而不是盲目地收集资料，归纳事实。伽利略的这种自然科学新方法，有力地促进了物理学的发展，他因此被誉为是"经典物理学的奠基人"。

伽利略发现了惯性定律，自然而然就导引出了"相对性原理"。伽利略这样论证：在不长的时间内，可以认为地球表面上每一个点都在做匀速直线运动，位于地球上的物体将与地球表面该点有相同的速度，根据惯性原理，物体将保持这一速度。他做了一个试验，在一条行驶的船的桅杆上，丢下一粒石子，在石子下落的过程中，船已经离开了刚才的位置，可是石子还是会落在桅杆的脚下，而不是落在桅杆的后面。之所以发生这种现象的原因，是在开始下落的时候就具有了和船一样的速度。在下落的过程中，石子和船的速度保持了同一方向。这个原理就是"伽利略相对性原理"，爱因斯坦认为这一原理是狭义相对论的先导。

伽利略在力学方面的贡献是多方面的。伽利略还提出过合力定律、抛射体运动规律。在他晚年写出的力学著作《关于两门新科学的谈话和数学证明》中有详细的描述。在这本不朽的著作中，除动力学外，还有不少关于材料力学的内容。例如，他阐述了关于梁的弯曲试验和理论分析，正确地断定梁的抗弯能力和几何尺寸的力学相似关系。他指出，对长度相似的圆柱形梁，抗弯力矩和半径立方成比例。他还分析过受集中载荷的简支梁，正确指出最大弯矩在载荷下，且与它到两支点的距离之积成比例。伽利略还对梁弯曲理论用于实践所应注意的问题进行了分析，指出工程结构的尺寸不能过大，因为它们会在自身重力的作用下发生破坏。

在伽利略的研究成果得到公认之前，物理学以至整个自然科学只不过是哲学的一个分支，没有取得自己的独立地位。当时，哲学家们束缚在神学和亚里士多德教条的框框里，他们苦思巧辩，得不出符合实际的客观规律。伽利略敢于向传统的权威思想挑战，不是先臆测事物发生的原因，而是先观察自然现象，由此发现自然规律。他摒弃神学的宇宙观，认为世界是一个有秩序地服从简单规律的整体，要了解大自然，就必须进行系统的实验定量观测，找出它的精确的数量关系。他以系统的实验和观察推翻了以亚里士多德为代表的、纯属思辨的传统的自然观，开创了以实验事实为根据并具有严密逻辑体系的近代科学。因此，他被称为"近代科学之父"。他的工作，为牛顿的理论体系的建立奠定了基础。

▲伽利略望远镜

伽利略发现了新宇宙

在母校担任教授的伽利略当众做了自由落体实验之后，得罪了那帮顽固教授，不能再在比萨大学待下去了。在朋友们的帮助下，他来到了学术气氛比较自由的威尼斯帕多瓦大学任教。有一天，他听说有个荷兰的眼镜商人，把两片凸凹镜片叠在一起，制成了一个能放大 3 倍的望远镜，他很感兴趣，就着手研究其中的原理。然后，又根据光学原理，制作出一架能放大 30 倍的望远镜。

1609 年 8 月 21 日下午，天气晴朗，海风习习。伽利略拿着这架望远镜，带着一群人，登上了威尼斯城的钟楼。"请诸位看看，海上可有船只？"随着伽利略的话声，大家朝亚德里亚海湾极目望去，只见碧波万顷，海天一色。海上并无一帆一船。这时，伽利略举起那架一尺来长的圆筒望远镜，朝海上望去，然后说道："海上有两只三桅大船正向我们驶来。"说完，把望远镜递给随行而来的人们，大家一一举镜远望，都把那两艘鼓帆而来的商船看得清清楚楚。

伽利略手中的这架望远镜，其实是划时代的天文仪器，他研制望远镜的目的，正是为了观察天象，进行天文研究。以后，遇到夜空晴朗，他会经常用这架望远镜遥望太空。他用这架望远镜发现了太阳上的黑子，月球表面的平原、高山，木星的 4 个小卫星，发现了银河是由许许多多的恒星组成的。他的一系列发现轰动了欧洲。人们说，哥伦布发现了新大陆，伽利略发现了新宇宙。

行星运动规律的发现

　　17世纪初期，正当伽利略使哥白尼学说声威大震之时，欧洲大地上传出了一条特大新闻，德国天文学家约翰内斯·开普勒发现了行星运动的三大定律，使哥白尼创立的"日心说"从科学上向前推进了一步。

百思不解的开普勒

　　开普勒是文艺复兴时期的德国天文学家，他是哥白尼之后的第二位天空使者。他于1571年12月27日生于德国的威尔德斯达特镇，他的诞生使哥白尼创立的"日心说"又增加了一位发展者，正是他后来的发现架起了哲学和科学的桥梁，点燃了"万有引力"发现的导火线。开普勒幼年时，贫寒的家庭无力供他上学，一直靠奖学金求

▲ 开普勒

学。开普勒进入图宾根神学院后，特别是当他的老师米夏埃尔·马斯特林教授常常在演讲中提到哥白尼，使他崇拜神往，于是他开始学习哥白尼有关天体运行的理论和著作。

　　1594年，开普勒被推荐到奥地利格拉茨教会学校任数学教师。这时政治局势已显露出变化的端倪。一场反宗教改革的运动早已在巴伐利亚掀起，士的里亚这个格拉茨教会学校的所在地显得格外平静。事实上，教会派别之间的内部思想斗争却是越来越激烈。耶稣教团成员和新教牧师相互责难，议论纷纷，使他这位天性平和的人感到厌倦。于是，他便专心研究写作《宇宙的奥秘》，不倦地研究了天文学的三个问题，即"行星轨道的数目，大小及运动"。

　　1595年7月19日，他终于有了伟大的发现："可用地球来量度所有其他轨道。一个十二面体外切地球，这十二面体就内接于火星的天球。一个四面体外切火星轨道，这个四面体就内接于木星天球。一个立方体外切木星轨道，这个立方体就内接于土星天球。现在把一个二十四面体放入地球轨道，外切这个二十四面体的天球就是金星。把一个八面体放入金星轨道，外切这个八面体的天球就是水星。"他马上着手阐明这一想法，写成《宇宙的奥秘》初稿。为了出版这本小册子，他费尽心机。当时的开普勒在学术界默默无闻，还是小字辈，出版商都不相信他。所以，只好返回家乡求助老师马斯特林教授。1596年，这本书终于出版了，并载

入了法兰克福书目之中，但书上印着的不是"开普勒"，而是"勒普劳斯"，这使开普勒的苦恼接踵而至。

家庭生活的不幸，小女儿的夭折，在科学领域中也见不到多少曙光，又经常受到占星术思辨苦恼的折磨，使开普勒百思不解，陷入了悲愤痛苦之中。黑暗中，突然一线希望之光照在他的头上，他被丹麦大天文学家第谷·布拉赫请到了布拉格鲁道夫二世的宫里。

早在1597年，第谷就曾邀请过这位年轻的素不相识的地方数学家到万斯贝克去，那时开普勒正在那儿逗留。在这之前，开普勒曾把自己的早期著作《宇宙的奥秘》寄给他。现在第谷又以亲切的言辞重复了他的邀请，并要给开普勒以帮助。"我并不是因为您遭受厄运而请您来此，而是出于共同研究的愿望和要求请您来此。"他在信中写道。确实，开普勒早就等待这第二次邀请了。这两位科学家不谋而合的思想，终于使开普勒与第谷相会，前者成为后者的助手。

▲鲁道夫二世像

两个人的相遇

开普勒和第谷的会面乃是欧洲科学史上最重大的事件。这两位个性殊异的人物的相会，标志着近代自然科学两大基础——经验观察和数学理论的结合。正是由于这两位科学家的融合，取长补短，才使开普勒在浩淼的宇宙中发现了行星运动的三大定律。

开普勒的《宇宙的奥秘》在纯先验思辨的基础上推导出了宇宙的结构，而第谷的功劳则主要来自经验方面。第谷的宇宙体系是介于托勒密体系和哥白尼体系之间的折中体系，他把地球设想为月球轨道和太阳轨道的静止中心，其余的五个行星则围绕太阳旋转，这一体系在天文学史上没有什么重要的价值。重要的是他进行了几十年之久的精密天文观察，他的技术在当时是相当高超的。在观测、研究星空方面得到国王的支持和赏识，国王出重金在哥本哈根和赫尔辛基海峡之间的赫芬岛上，为第谷建立了当时世界上最大、最先进的观天堡，可是第谷不知道怎样正确地使用这些观天堡。第谷虽不同意《宇宙的奥秘》中的"日心说"，但他十分钦佩开普勒的数学知识和创造天才。

1600年2月的一天，正当第谷坐在贝那特克宫中盼望他的未来助手时，忽然闻讯开普勒到达布拉格的消息，他真是喜出望外。国王恩赐给第谷的贝那特克宫离布拉格仅有8千米左右，开普勒已经得不及了，急着要立刻见到开普勒。2月4日晚上开普勒到达贝那特克宫，这才发现第谷和开普勒的性格完全相反，这样的两个人共同生活，朝夕相处，谈何容易，免不了要发生争执和不愉快。好在他们有着相似的命运，是命运把这两个当时最伟大的大文学家连到了一起。布拉格不但是开普勒的避难地，也是第谷的避难地。

第谷也是不幸的，他的施主丹麦王弗里德里希死后没有几年，他就被人从赫芬岛上驱逐出来了，他只救出了他的极其珍贵的仪器，而为了观察星星所建立的巨大建筑物却不是被拆除，就是倒塌得狼狈不堪。这件事使他很快就变老了，开始用疑惑的眼光看待周围的世界，不愿意公布他的天文观察记录。他是一位顽固专横的师傅，要求助手绝对服从自己，这一点开普勒是很难做到的。

求知欲旺盛的、天才的开普勒，极想把第谷确定了的行星轨道的正确数值和他自己设想的模型对照一下，但第谷最初并不想让他真正地分享他的成果，只是有时在谈话中他才偶尔漫不经心地谈到一些无关要旨的事情，"今天他提到了一个行星的远地点，明天提到另一个行星的交点。"直到开普勒立下字据，保证严守秘密时，他才得到了火星的观察数据。于是，开普勒夜以继日地研究，希望得到一个幸运的结果。他知道，只有这样才能得到其他的观察数据。然而，要想实现一个愿望可不是易事，必须付出相当大的代价。他经年累月，不知度过了多少个不眠之夜，终于完成了火星的理论研究，改变了整个天文学。正是这颗行星的运动使他最后探索出了天体的秘密，要不然他可能永远也解不开这个谜，从此使开普勒放弃了关于行星做圆周运动的旧思想，主张它们是在椭圆轨道上运行，太阳则位于这些椭圆的一个焦点上。

▲ 第谷

开普勒逐渐适应了第谷的性格，这个比第谷小25岁的年轻人，一直受到贫困的烦扰，始终为自己的温饱奋斗着。他经常会得到第谷的关怀。在开普勒病倒的时候，第谷派人给他送钱，帮他及时就医。不久后，第谷筹划了一项大计划，想和开普勒一起开始着手大规模的天文计算工作。事实上，这项工作是确定行星的运行规律，但为了尊崇国王，便命名为《鲁道夫星行表》。

发现行星运动三定律

第谷在刚开始进行这项大计划时，在短期的重病后突然离开了人世。第谷临终前对开普勒说："我一生都在观察星表，我要得到一种准确的星表，我的目标是一千颗星……我希望你能把我的工作继续下去，我把我的一切资料都交给你，愿你把我观察的结果发表出来，你不会使我失望吧？"开普勒含泪站在第谷的床前，沉痛地说："我会！"开普勒知道应该怎样感激这位老人。

开普勒没有让第谷失望，1627年，《鲁道尔夫星行表》在乌尔姆出版了，第谷的名字载入了科学史册。第谷逝世后，国王的顾问巴尔维茨前来看望开普勒，并根据国王的命令委派开普勒管理已故丹麦天文学家的仪器，并完成他未竟的事业。他利用第谷留下的大量的天体观测资料，进行了仔细的分析研究。

火星轨道的计算使开普勒的研究方法发生了根本性的变化。过去他是空想宇宙体系的结构，现在他"汗流浃背，气喘如牛地跟踪着造物主的足迹"，就是说把他的研究颠倒了一下，依靠天体来研究几何学，从此，他开始设想建立一种没有假设的天文学。

当时，不论是地心说还是日心说，都认为行星作匀速圆周运动。但开普勒发现，火星并非作匀速圆周运动。经过 4 年的观察和苦思冥想，他发现火星的轨道是椭圆形，于是得出了开普勒第一定律：火星沿椭圆轨道绕太阳运行，太阳处于两焦点之一的位置。随着火星椭圆形轨道的发现，火星运动的计算全面展开了。开普勒通过计算发现，火星运动的速度是不匀速的，当它离太阳较近时运动得较快，离太阳远时运动得较慢，但从任何一点开始，向径（太阳中心到行星中心

▲第谷建立的汶岛天文台

的连线）在相等的时间所扫过的面积相等。这就是开普勒第二定律（面积定律）。但是，开普勒关于火星运动的著作《新天文学》在历尽艰辛和迟延后，直到 1609 年夏天才正式出版，该书还指出，两个定律同样适用于其他行星和月球的运动。这本著作是现代天文学的奠基石。

然而，早已放弃了自己天文学野心的国王顾问滕格纳尔却没有认识到开普勒的伟大成就，即使当时一些著名的天文学家也是这样。开普勒看到自己的著作遭到许多人的轻视和误解，一直保持沉默，但他丝毫没有失去信心，把一切希望都寄托在另一个追求科学真理的人身上，这个人的正确评价对开普勒的两大定律能够得到世人的认可是至关重要的，他就是帕多瓦大学数学教授伽利略。早在格拉茨时，开普勒就想和伽利略建立联系，他把《宇宙的奥秘》寄给了伽利略。那时，伽利略就觉察到他是哥白尼宇宙体系的信徒和保卫者，认为开普勒是他"探寻真理的一位朋友"。

1610 年 3 月 15 日，国王顾问瓦克尔·冯·瓦肯费尔斯坐车经过开普勒的寓所。"开普勒！"他坐在车上喊，"伽利略在帕多瓦用一个双透镜望远镜发现了四颗新行星。"开普勒听完十分激动。不久之后，他就得到了伽利略发现的详细情况。当得到《星球的使者》后没几天，他就起草了一封祝贺信送给伽利略。此后开普勒一再努力，终于得到了一架望远镜，使他能够用自己的眼睛来检验伽利略的发现。他把观察结果写进了一本小册子《论木星卫星》，为伽利略的发现提供了最好的旁证。

1619 年，正当世界历史迈出不可抗拒的一步的时候，科学也向前走进了一个新阶段。德国乃至欧洲爆发了流血战争，宗教战争一直持续着，科学和神学的斗争也时刻没有停止。正是这年，开普勒著成《宇宙谐和论》。这部著作凝聚着他十多年的心血，以及长期繁杂的计算和无数次的失败，它不仅是第一次系统地论述了近代科学的法则，而且完成了古典科学的复兴，标志着天文学发展到了新的高峰，使开普勒创立的行星运动的第三定律（周期定律），即行星绕太阳公转运动的周期的平方与它们椭圆轨道的半长轴的立方成正比的理论得以问世。

开普勒创立的行星运动三大定律，使天文学进入了一个新的阶段，为牛顿发现万有引力定律奠定了基础。

然而，这位伟大的科学家一生是在经济困苦和操劳跋涉中度过的。1630 年 11 月 15 日，他在贫病交困中寂然死去。在他墓前的石碑上刻着："我欲测天高，现在量地深。上苍赐我灵魂，凡俗的肉体安睡在地下。"这是开普勒离世前写下的两行诗。

血液循环的发现

　　每个人都拥有固定量的血液，这些存在于人体内的血液是如何循环的呢？几千年来，人们一直不断地试图了解。这是因为血液循环对人类的意义非常重大，离开了血液循环，人类必将无法生存。

血液循环概述

　　血液循环对人体非常重要，但是直到 1628 年，人们才提出了血液循环的准确概念。当时，英国的哈维根据大量的实验、观察和逻辑推理，提出了血液循环是指心脏节律性的搏动推动血液在心血管系统中按一定方向循环往复地流动。血液循环的主要功能是完成体内的物质运输。在人体内循环流动的血液，可以把营养物质输送到全身各处，并将人体内的废物收集起来，排出体外。当血液从心脏流出时，会将养料和氧气输送到全身各处；当血液流回心脏时，又将机体产生的二氧化碳和其他废物，输送到排泄器官排出体外。

　　血液循环对于一个正常人而言，是绝对不能停止的。血液循环一旦停止，体内一些重要器官的结构和功能将受到损害，尤其是对缺氧敏感的大脑皮层，只要大脑中的血液循环停止 3 ~ 4 分钟，人就会丧失意识；血液循环停止 4 ~ 5 分钟，半数以上的人会发生永久性的脑损害；停止 10 分钟，即使不是全部智力毁掉，也会毁掉绝大部分，并且机体各器官组织将因失去正常的物质转运而发生新陈代谢障碍。

　　血液循环的形式是多样的。循环系统的组成有开放式和封闭式，循环的途径有单循环和双循环。人类的血液循环分为体循环和肺循环。血液由右心室射出经肺动脉流到肺毛细血管，在此与肺泡进行气体交换，吸入氧并排出二氧化碳，静脉血变成动脉血，然后经肺静脉流回左心房，这一循环为肺循环。肺循环的路径是，右心室→肺动脉→肺中的毛细管网→肺静脉→左心房。

　　血液由左心室射出经主动脉及其各级分支流到全身的毛细血管，在此与组织液进行物质交换，供给组织细胞氧和营养物质，运走二氧化碳和代谢产物，动脉血变为静脉血，再经各级静脉汇合成上、下腔静脉流回右心房，这一循环称为体循环。体循环的路径是，左心室→主动脉→身体各处的毛细管网→上下腔静脉→右心房。

　　人类血液循环的整体路线是，左心室→（此时为动脉血）→主动脉→各级动脉→毛细血管（物质交换）→（物质交换后变成静脉血）→各级静脉→上下腔静脉→右心房→右心室→肺动脉→肺部毛细血管（物质交换）→（物质交换后变成动脉血）→肺静脉→左心房→最后回到左心室，接着进行下一轮循环。

《内经》关于血液的记载

《内经》"素问说"：血管是储藏血液的，血液在血管中不断地流行着，它流行的路径，由于血管在体内是环形生长着，因此血液亦呈环形流动，没有片刻休止。血液为什么能流行不停呢？因为心脏在不断地冲激。人们在左乳下可以看到有跳动的情况，这就是血液能够流动的发源地。

血液循环的发现

我国古代对血液循环最早的记载是《内经》，《内经》中有"心主身之心脉"、"诸血皆属于心"的说法。古希腊的医生、解剖学派创始人赫罗菲拉斯在解剖人体时最早发现了血管，并第一个区别了动脉和静脉。他指出，动脉有搏动，静脉没有搏动。古希腊的著名解剖学家埃拉西斯特拉特在肉眼所能及的范围内，详细观察了动脉和静脉在人体全身的分布，甚至注意到了微血管的状态。他对心脏和血管系统的观察研究，给后人留下了宝贵的资料。古罗马医学家盖仑提出了血液运动的理论。他提出后的1000多年，人们都把他的这种血液理论奉为真理。叙利亚大马士革的医学家纳菲提出一种血液小循环（肺循环）理论，即血液在此的流程是，右心室→肺动脉→肺（交换空气）→肺静脉→左心室。意大利文艺复兴时期的著名画家达·芬奇发现了血液的功能，他认为血液对人体起着新陈代谢的作用，血液把养料带到身体需要的各个部分，再把体内的废物带走。到了17世纪，英国科学家威廉·哈维找到了血液流通的途径，心脏里的血液被推出后，一定进入了动脉，而静脉里的血液，一定流回了心脏，动脉与静脉之间的血液是相通的，血液在体内是循环不息的。至此，我们才真正揭开了人类血液循环的秘密。

浮力的发现

　　轮船在如今生活中已经很常见了，我们乘坐轮船漂洋过海，游览隔海相望的很多国家。那么如此笨重的轮船可以浮在水上，但是一个铁块放到水里，转眼就会沉入海底，你知道这是为什么吗？轮船的最大载重量是如何计算的呢？浮力定律是如何发现的呢？

浮力定律的发现

　　我们都会有这样的经验，当人在水里游泳时，会感到水对身体有一种向上托起的力，在水里提起一个重物，似乎它的重量比在陆地上变轻了。这就是浮力，它的发现者是古希腊的阿基米德。阿基米德帮助国王鉴定皇冠是不是纯金的时，他冥思苦想终于用浮力原理查出金匠欺骗了国王。他还利用数学计算，确定了王冠中掺了银子，而且算出了所掺银子的多少。更为重要的是，阿基米德发现了浮力原理，即水对物体的浮力等于物体所排开水的重量。这个故事告诉我们，阿基米德已经得出了"比重"概念，并用实验方法确定了一些物质的比重，从而纠正了阿基米德之前，人们把重量看作正比于它的体积的错误观念。而这位古希腊科学家更被后人视为"理论天才与实验天才合于一个的理想化身"，文艺复兴时期，达·芬奇等人都曾以他为楷模。

▲古人利用浮力造船运物

浮力定律的原理

　　浮力是指浸在液体（或气体）中的物体受到液体（或气体）对它向上托的力。产生原因是液体对物体的上、下的压力差。其方向为竖直向上。阿基米德原理的含义是，浸在液体里的物体受到向上的浮力，浮力大小等于物体排开液体所受重力。即 $F_浮 = G_{液排} = \rho_液 g V_排$。其中 $V_排$ 表示物体排开液体的体积。原理的使用范围为气体和液体之中。

浮力定律使钢铁轮船漂浮

　　铁块在水中会沉下去，是因为铁的密度大于水的密度，它排开水的重量小于它自身的重量。但根据阿基米德原理，当轮船所排开水的重量等于或大于它的自重，它就会浮起来。可以这样理解，从体积的角度入手，将铁块做成空心的就可以使它排开水的体积大很多。如果当轮船排开的水的重力等于或大于船的重量时，船就会浮起来。轮船虽然是钢铁做的，但是轮船只是一个钢壳子，与轮船内的空气等较轻的物质平均下来，单位空间内的质量，也就是整体密度要小于水，所以能在水面上浮起。物体浮沉的浮力定律，改写了人类一直用木材造船的历史。

▲ 现代轮船

浮力的利用

中国在理论上虽没有多少浮力定律的建树，但中国古代文献中也有许多巧用浮力的记载。三国时期曹冲称象的故事早已为人所知。根据宋代费衮的《梁溪漫志》中的记载，怀丙所用的打捞沉入河底的铁牛的方法与现代的沉箱打捞技术无大差别。

正是因为浮力定律的广泛应用，钢铁轮船开始出现，并且万吨轮等也在工业上发挥着重要的作用。现在人们仍然用这个原理计算物体比重和测定船舶载重重量等。

凸轮的应用

凸轮在我们日常生活中的应用不太广泛。凸轮是一个机械装置，具有曲线轮廓或凹槽的构件，它作用原理是通过机械的回转或滑动件（如轮或轮的突出部分），把运动传递给紧靠其边缘移动的滚轮或在槽面上自由运动的针杆，或者它从这样的滚轮和针杆中承受力。凸轮的这种特性使得它可以应用在农业、工业等方面。

凸轮的分类

在通常的用途中，凸轮一般可分为盘形凸轮、移动凸轮和圆柱凸轮三类。

盘形凸轮中，凸轮为绕固定轴线转动且有变化直径的盘形构件。

移动凸轮中，凸轮相对机架作直线移动。

圆柱凸轮中，凸轮是圆柱体，可以看成是将移动凸轮卷成一圆柱体。

凸轮的工作原理

凸轮的工作原理并不复杂。凸轮通常作连续等速转动，从动件根据使用要求设计使它获得一定规律的运动。凸轮具有曲线轮廓或凹槽，有盘形凸轮、圆柱凸轮和移动凸轮等，其中圆柱凸轮的凹槽曲线是空间曲线，因而属于空间凸轮。从动件与凸轮作点接触或线接触，有滚子从动件、平底从动件和尖

▲古代的水车就是利用凸轮的工作原理

端从动件等。尖端从动件能与任意复杂的凸轮轮廓保持接触，可实现自由运动，但其尖端容易磨损，适用于传力较小的低速机构中。要使从动件与凸轮始终保持接触，就可采用弹簧或施加重力的措施。具有凹槽的凸轮可使从动件传递确定的运动，是一种确动凸轮。一般情况下，凸轮是主动的，但也有从动或固定的凸轮。多数凸轮是单自由度的，但也有双自由度的劈锥凸轮。凸轮机构结构紧凑，最适用于要求从动件作间歇运动的场合。它与液压和气动的类似机构比较，运动可靠，因此在灌溉、自动机床、内燃机、印刷机和纺织机中得到广泛应用。这些是凸轮应用的主要方面。

凸轮可以帮助改变灌溉喷水的形状

灌溉是凸轮一个很常见的应用方面。灌溉中的喷灌指以喷洒方式灌溉农田的方法。

由动力机带动水泵从水源（水塘、井、渠）取水并加压，通过管道输送到田间，再通过喷头向空中散成细小的水滴，均匀洒布在灌溉的土地上，也可利用高处水源的自然落差，进行喷洒。与地面灌溉相比，喷灌的优点是节约用水，可避免土壤的冲刷和深层渗漏，而且不受地形的限制，适合所有农作物灌溉，还可防霜冻。随着喷灌的进一步发展，还可与施肥、喷洒农药同时进行。

我国目前通常使用圆形喷灌机来进行喷灌，但是圆形喷灌有一个很大的弊端，就是只能灌溉圆形的面积，边角用其他方法补灌。为了能让所有的土地都可以被喷灌形状所覆盖，只能让一部分水喷洒到边界以外，这就造成了很大的浪费。但是，凸轮的应用使这个问题得到了很好的解决。凸轮的应用使一种非圆形喷洒域的喷头产生了，这可以改变传统的圆形喷洒形状，使土地的各个部分都可以被喷洒到。非圆形喷洒域喷头可以克服圆形喷洒域喷头在不规则地形和喷洒域边界处难以布设的问题，圆形喷洒域喷头在喷洒域边界处为了避免漏喷而将水喷洒到边界以外，造成水的浪费问题也可以得到相应解决。这种非圆形喷洒域喷头是在原喷头的基础上加入了凸轮。喷头在摇臂式喷头基座上安装凸轮盘，通过凸轮传动使安装在喷嘴前方的碎水螺钉随着喷头的转动而上下移动，实现周期性碎水，从而周期性改变喷头射程，喷洒出各种形状，使得灌溉更有效率，更能节约水资源。

凸轮有助于改进灌溉系统

灌溉系统是灌区引水、输水、配水、蓄水、退水等各级渠沟或管道，及相应建筑物和设施的总称。在中国，传统的灌溉系统是固定管道式喷灌。固定管道式喷灌指将干支管都埋在地下或者将支管铺在地面，但在整个灌溉季节都不移动。这样的灌溉系统可靠性高，使用寿命长，但是浪费水资源，浪费人力、物力。凸轮的应用使这一传统的灌溉系统得到了极大的提高。

在应用凸轮的基础上，现在已经开发出了一种移动式灌溉系统，它很好地弥补了这一缺陷。这个新的灌溉系统是以滴洒杆系统为基础。这些灌溉滴洒杆不使用常用的分配头，取而代之的是专用分配头。这个专用的分配头通过凸轮转子泵来加压。在加压的同时，水将由同一个凸轮泵输送到水箱中，这样就可以节省一条加压水供应线。新灌溉系统的排放速度通过调节泵的凸轮旋转速度来完成。水流流过滴洒软管，然后滴落在地面上，或者通过喷头喷洒到地面上。用这种系统进行灌溉，可以做到更好的地面覆盖情况。使用这种新的灌溉系统，可以节约大量的水资源，可以大幅度提高农作物的产量。

发现气候的秘密

　　气候和天气是既有联系又有区别的两个概念,那么气候是怎么回事呢? 气象上一般认为,一个地方的气候是指该地多年常见的和特有的天气状况,既包括经常出现的正常天气状况,也包括个别年份偶然出现的异常天气状况。

　　气候与人类的关系非常密切,这一点尤其反映在粮食生产上。譬如,20世纪30年代,北美由于干旱,造成谷类作物连续几年歉收。1972年,苏联也由于干旱,造成谷类作物的严重短缺。最近几年,埃塞俄比亚连年干旱,造成饥荒和居民迁徙。这表明气候对人类有何等巨大的影响!

气候的形成

　　一个地方气候的形成,是由许多因素综合作用的结果,这些因素大致可分为辐射因素、环流因素、地理因素,以及人类活动对气候的影响。这些因素并不是孤立的,而是互相联系着的。

　　1. 辐射在气候形成中的作用。

　　太阳辐射是大气中物理、化学过程和现象的最主要的能源,所以它是气候形成的基本因素。不同地区的气候差异以及各地气候的季节交替,主要是太阳辐射在地球表面分布不均及其随时间变化所致。天文气候所表明的地面温度随纬度和季节分布的情况,虽然反映了世界气候分布的基本轮廓,但却是非常粗糙的。这是因为地面温度在极大程度上决定于辐射差额、热量收支、海陆分布、地形起伏、地表干湿、大气透明程度,以及云量等。也就是说,气候不但随纬度有所变化,而且会因距海远近、地势高低、云量多寡的不同而有差异。

　　2. 环流在气候形成中的作用。

　　某地气候不仅决定于辐射因素,还要受到大气环流的影响。譬如,经常受到热带海洋气团影响的地方,其气候特征表现为暖湿多雨,反之经常受到极地大陆气团影响的地方,表现为干冷少雨。在赤道低压带,东北信风和东南信风汇合于此,发生强烈的辐合上升运动,因此这个地区全年多雨,无干旱季节。在副热带高压带,空气下沉压缩增温,天气晴朗干燥,世界上的沙漠、半沙漠大多

▲太阳辐射是最主要的能源

分布在这个地区。极地是冰洋气团的源地，冬季主要受反气旋控制，其边缘地区经常受气旋活动的影响，不时出现低云、降雪、大风和雪暴等恶劣天气。夏季反气旋减弱，气旋活动增强，冰雪融化，水汽增多，常有低云、雾和降水。

3. 海陆分布在气候形成中的作用。

▲温度变化缓慢的海洋

海洋和大陆对太阳辐射的反射能力是不一样的，海洋的平均反射率比大陆小，因此海洋上单位面积吸收的太阳能比大陆多。另外，海洋有一定的透明度，部分太阳辐射可透射到水下一定的深度，在 10 米深处太阳辐射能仍可达海面的 18%。而陆面仅集中于地表（不到 1 毫米深度）。

海陆的辐射能力也不一样，在相同的温度下，海面放射的辐射能要比陆地小些。水的比热远比土壤和岩石大。当海陆吸收同样的热量时，陆地的温度上升 2°，而海洋只上升 1°，所以陆地的升温和降温都比海洋快，比海洋多。这就造成了陆地温度变化急剧，而海洋温度变化缓慢。

综上所述，由于海、陆性质的差别，形成了海洋性气候和大陆性气候。海洋性气候的特点是，夏季较凉爽，冬季较温和，秋温高于春温，温度年变化和日变化都比较小，雨量充沛，云量多，日照时数少。大陆性气候的特点是，夏季炎热，冬季寒冷，春温高于秋温，雨量少，温度年变化和日变化都比较大，云量少，日照时数多。极端的大陆性气候就是沙漠气候。

4. 洋流对气候的影响。

什么是洋流呢？它是大洋中大范围有规律的海水水平流动，洋流也称海流。洋流有冷洋流（或称寒流）和暖洋流（或称暖流）之分。暖洋流是指从低纬度流向高纬度的洋流，水温比流经的地方高，如黑潮、墨西哥湾流。冷洋流是指从高纬度流向低纬度的洋流，水温比流经的地方低，如亲潮、加利福尼亚寒流。洋流能把低纬热量输送到高纬，缓和了高、低纬度间的温差。洋流不仅影响某些海域及其沿岸地区的温度，而且影响该地区的降水及其他天气现象，也就是说，洋流对某些地区的气候有重大的影响。

我们看看世界最大暖洋流——墨西哥湾流对北大西洋沿岸气候的影响。墨西哥湾流像一条巨大的暖水管道经过西北欧，直通北冰洋。据估算，湾流每秒钟向挪威沿岸输送的热水量达 400 万吨，这就使挪威成为高纬地区最温暖的国家，沿海冬季从不结冰，最冷月气温也在 0°C 以上。即使在北极圈内，大陆上也是郁郁葱葱、森林密布，常绿针叶林北界可达北纬 70° 左右，这是世界上森林分布的最北界。

洋流对某地气候的影响，有时会因洋流反常，使常年干旱的地方变成大雨倾盆，造成灾害。例如，当埃尔尼诺暖流异常地从赤道沿厄瓜多尔和秘鲁沿岸南下时，使沿岸海水的温度升高，原来冷水性的浮游生物和鱼类因不适应而大量死亡，腐烂的鱼类尸体使海水变色，并放出大量的硫化氢，臭气熏天，这就是有名的海洋之灾，人们称之为埃尔尼诺现象。当埃尔尼诺现象出现时，同时带来大量的降水，常使沿岸地区洪水泛滥成灾，甚至出现全球性气候反常。

5. 地形对气候的影响。

地形对气候的影响很重要，尤其是高大山脉和大高原，它们对气候的影响程度和范围可以与海陆分布的影响相比。它们不仅本身具有山地、高原的独特气候特征，而且还影响到邻近地区的气候。

高原上空大气层薄，水汽和二氧化碳含量少，白天太阳辐射强，增温剧烈，夜间大气的保温作用弱，造成气温昼夜变化趋于极端。例如，有人在帕米尔高原（3600—4400 米）8、9 月间观测到 25℃以上的日变化。在西藏高原北部 12 月份观测到 17℃左右的日变化。盆地在白天受太阳辐射照射，因通风条件差，热量聚集在盆地中，不易流散，故增温剧烈。在夜间，盆地四周冷空气下沉，盆地被冷空气占据，故降温剧烈，因而盆地昼热夜冷，气温日较差大。

高山因高耸地伸展在空气中，加上通风条件好，气温日变化与自由大气相近，比同纬度的平原气温变化小。例如，泰山、华山和它们附近平原上的济南、西安相比，山峰的气温日较差比平原要小 4℃。

气候的分类

世界各地的气候是多种多样的，各具特点，几乎找不出两个地方的气候是完全相同的，但从气候形成的主要因素和基本特点来看，还是可将世界各地的气候进行比较和分类，以便了解世界气候的总面貌，并可作为利用气候资源和改造自然的依据。目前国际上对世界各地的气候有三种分类方法，即气候带与气候型分类法、柯本气候分类法和弗隆气候分类法。

1. 气候带和气候型分类法。

最早，古希腊学者亚里士多德以南、北回归线和南北极圈为依据，把地球上分为五个气候带，这就是天文气候带，也称太阳气候带或数理气候带，它们的名称和范围是：南北回归线之间为热带，南回归线和南极圈之间为南温带，北回归线和北极圈之间为北温带，北极地区为北寒带，南极地区为南寒带。这五带占全球面积分别是热带 40%，南北温带 52%，南北寒带 8%。气候带是最大的气候区域单位。在同一气候带内，气候的基本特征大致相似，但在同一气候带内的不同地区，由于海陆位置、地形起伏等差异，各个地区的气候仍有一定的区别。根据这些区别，还可在气候带内再划分出若干的气候型。

2. 柯本气候分类法。

柯本以气温和降水两个要素为基础，并联系各种植被类型，把世界气候分为 5 个气候带和 11 个气候型，并以字母表示。

热带多雨气候带，以字母 A 表示，该带最冷月平均气温在 18℃ 以上，年雨量在 750 毫米以上，生长高大的热带植物。

干燥气候带，以字母 B 表示，该带气候干旱，蒸发量超过降水量，按干燥程度可分为两型，草原气候和沙漠气候，分别以 Bs 和 Bw 示之。

暖温气候带，以字母 C 表示，该带夏季热，冬季不太冷，最冷月平均温度在 18℃ 到 −3℃，降水量多于干燥带，根据降水的季节分配，该带可分为三个气候型：暖温常湿气候用字母 Cf 表示，暖温冬干气候以字母 Cw 表示，暖温夏干气候（地中海气候）以字母 Cs 表示。

寒冷气候带以字母 D 表示，该带夏季凉爽，冬季严寒而漫长，最热月气温在 10℃ 以上，最冷月气温在 −3℃ 以下。该气候带以降水季节分配分为两型：寒冷常湿气候以字母 Df 示之，寒冷冬干气候以字母 Dw 表示。

极地气候带以字母 E 表示，该带全年寒冷，最热月温度在 10℃ 以下，降水量很少，为森林分布的北部边界，在本带内无乔木生长。该气候带根据最热月温度的高低可分为两型：苔原气候以字母 ET 表示，冰原气候以字母 EF 表示。

以上即为柯本划分的 5 个气候带和 11 个气候型，其中某些气候型还可细分，并给以相应的字母符述。

3. 弗隆气候分类法。

弗隆划分气候主要依据世界风带和降水分配，其主要气候类型如下：

（1）赤道西风带。该气候带常年温润。

（2）热带。该气候带夏季多雨，冬季受信风控制，夏季多赤道西风。

（3）副热带干燥带。该气候带干旱盛行，受信风或副高控制。

（4）副热带冬雨带（地中海型）。该气候带冬季多雨，夏季多信风，冬季多中纬度西风。

（5）温带西风带。该气候带全年有雨，中纬度多西风。

（6）副极地带。该气候带年降水量少，夏季多中纬度西风，冬季多极地东风。

（7）北方带（南半球无，限于北半球陆上）。该气候带夏季多雨，冬季少雪，夏季多中纬度西风，冬季多极地东风。

（8）极区带年降水量少，夏雨冬雪，多极地东风。

气候的变化

自地球形成至今的约 50 亿年里，地球气候发生过巨大的变化，特别是冰期的发生和消失。气候变化可分为地质时期的气候变化和历史时期的气候变化，以及近代的气候变化。

1. 地质时期的气候变化。

它指的是人类历史以前漫长时期里的气候变化。这一时期的气候状况，只能根据间接的标志进行研究，常用的有动植物化石、地层中的沉积物，以及冰川遗迹等。如高大的乔木化石代表夏季月份温度达到10℃以上的气候，树木具有明显的年轮，那就表示该地具有季节变化的温带森林气候，岩盐与石膏沉积表明过去曾有干燥气候，地层中有冰碛物，说明曾发生过冰川等。

通过对间接标志的广泛分析，证实地球的气候曾有过几次大冰期。冰期到来时，极地冰盖扩展，地球的气温下降，其中最近的三次大冰期，即震旦纪大冰期（距今约6亿年前）、石炭—二叠纪大冰期（距今约3—2亿年前）和第四纪大冰期（距今约200万年前开始）。

2. 历史时期的气候变化。

它是指最近几千年的气候变化。竺可桢根据考古资料和历史记载，把我国近五千年来的气候变化分为四个温暖时期和四个寒冷时期。第一个温暖时期，大约从公元前3000年到公元前1000年，那时黄河流域的气候比现在暖和潮湿。第一个寒冷时期，大约从公元前1000年到公元前850年。这时期，汉水两次结冰。第二个温暖时期，大约从公元前770年到公元初。这时期，象群栖息北限移到淮河流域及其以南。第二个寒冷时期，大约从公元初到公元600年。这时期，淮河结冰。第三个温暖时期，大约从公元600年到公元1000年。这时期，象群只出现在长江以南，如浙江省衢州市衢江区和广东、云南等地。第三个寒冷时期，大约从公元1000年到公元1200年。这时期，太湖曾出现全部结冰状况。第四个温暖时期，大约从

▲在历史上，风景如画的洞庭湖曾多次结冰

公元1200年到公元1300年。到了第三个寒冷时期，因气候寒冷，无竹子生存很多生产活动被取消了，而到了第四个温暖时期，又在原来的地区重新设屯，说明气候转暖。第四个寒冷时期，大约从1400年到1900年，这时候，太湖、洞庭湖和鄱阳湖曾数次结冰，长江也几乎封冻。由上所述可见，温暖期愈来愈短，温暖程度愈来愈低，而寒冷期愈来愈长，寒冷程度愈来愈强。

3. 近代的气候变化。

20世纪初到20世纪40年代曾出现全球性的增暖现象，其中以高纬地区增暖最明显。1919年至1928年间巴伦支海水面温度比1912年至1918年高出8℃，巴伦支海在20世纪30年代出现过许多年以前根本没有的喜热性鱼类。1968年冬，原来隔着大洋的冰岛和格陵兰竟被冰块连接起来，出现了北极熊从格陵兰踏冰走到冰岛的罕见现象。

世界气温的这种变化趋势，在我国也有明显的反应。20世纪初到20世纪40年代，我国气温总趋势是增暖的。从20世纪40年代末到现在，我国气温的总趋势是下降的。

气候变化的原因

气候为什么会变化呢？这是一个为世人所瞩目的问题。许多学者提出了不少假设或理论试图解释气候变化的可能原因。但由于这个问题的难度较高，所以关于气候变化的原因和机理至今还不甚清楚，尤其是地质时期的气候变化还停留在假设阶段。但有一点是可以肯定的，对气候变化有影响的因素大致有天文因素、地理因素、大气环流因素和人类活动因素等。

> **岁差现象**
>
> 岁差现象是指地球自转轴的进动，造成春分点沿黄道向西缓慢移动的现象。春分点绕黄道一周大约需21000年，这样万年以后北半球的冬季移至远日点（现在是近日点），而夏至移至近日点（现在是远日点），因而将使冬夏的温差更显著。

1. 地球公转运动的变对气候的影响。

它包括地球公转轨道偏心率的变化、岁差现象和黄赤交角的变化。这些变化会导致地球上获得的太阳辐射能的变化，从而影响了地球上的气候。地球公转运动变化的周期很长，因而它只是对长周期的地质时期气候变化才可能显示其重要性。

2. 太阳辐射能量的变化对气候的影响。

辛昔森认为，太阳是一个变光恒星，它的辐射输出量是有变化的，其一次完整的循环变化需要10万年到100万年。他指出，太阳辐射量增强期和下降期是冰川发育时期即冰期，太阳辐射量在极大和极小期是冰川退缩时期即间冰期。

3. 太阳活动对气候的影响。

太阳活动表现在黑子、光斑、耀斑、日珥、射电等变化现象。太阳活动有时剧烈，有时宁静。当活动剧烈时，太阳辐射和粒子辐射都增大，因而强烈地影响着地球的物理现象。表征太阳活动强弱的方法很多，最常用的是太阳黑子相对数（简称黑子数），又称沃尔夫数。太阳活动的周期性变化与气候变化有密切的关系。例如我国1949年出现的一些大范围水、旱、寒的年份，往往出现在黑子相对数极值年附近。又如我国大范围冷暖时期的转换存在11年的周期变化。

4. 海陆分布的变化对气候的影响。

在地质时期，由于地壳运动，地面起伏很大，海陆分布巨变。例如被称为世界屋脊的青藏高原，在古代却是一片汪洋大海，试想其对气候的变化产生多大的影响。

▲阿贡火山

5. 地极移动对气候的影响。

地球两极的位置，在地质时期也在缓慢地移动着。由于地极移动，使得某些地方的纬度变高，更接近两极，气候变冷；另一些地方纬度变低，气候变暖。例如，斯匹次卑尔根现在位于北纬79°，是寒冷气候，在3亿年前则位于北纬24°，是热带气候。又如科伦坡现在位于北纬7°，是热带气候，在8亿年前则为寒带气候。

6. 火山活动对气候的影响。

近年来，随着对火山活动与气候关系的研究，越来越多的事实表明，火山活动也是气候变化的主要原因之一。1883年著名的喀拉喀托火山大爆发后，次年日本东北地区的农作物歉收，这一年也是日本各地年平均气温最低的一年。1963年8月阿贡火山爆发，喷出的火山灰高达平流层，年底火山灰还到了南极上空。由于火山灰引起的大气混浊，致使世界各地都看到了异常的晚霞和其他的大气光象。

7. 大气环流对气候的影响。

在气象上，表示环流变化的方法是不少的，其中常用的悬环流指数或称西风指数，它是选用北纬35°和北纬55°之间海平面的气压差来表示的。当这个差值大时，纬向环流占优势；差值小时，经向环流占优势。如果在很长时期内经向环流和纬向环流的持续时间，出现频率大大超过正常的情况，则必然会引起气候的异常。

8. 人类活动对气候的影响。

人类活动对气候的影响主要表现在几个方面：下垫面性质改变对气候的影响；某些大气成分改变对气候的影响；人为热释放对气候的影响。人类活动对气候的影响在城市气候中表现尤为突出，前述几种人类活动是城市气候形成的重要因素，它使市区气候与郊区气候发生显著的差异，如城市空气污染严重、日照弱、风小、雾多、降水多、气温比郊区高。

杠杆原理的发现

当我们搬东西挪不动的时候，会想到用一根棍子去撬一下。仅仅一根棍子，就可以使我们的力量陡然增大，因为有了支点的这根棍子已经成为了杠杆。这个看似简单的动作中隐含的就是杠杆原理。这个原理有什么含义呢？这个原理在生活中有什么用处呢？

杠杆原理的提出

一根很普通的棍子怎么就成为了杠杆呢？其实很简单，一根硬棒，在力的作用下能绕着固定点转动，这根硬棒就是杠杆了。跷跷板、剪刀、扳子、撬棒等，都是杠杆。所以生活中有着很多的杠杆。

▲杠杆的巨大作用

杠杆原理是如何发现的呢？古希腊科学家阿基米德首先把杠杆实际应用中的一些经验知识当作"不证自明的公理"，然后从这些公理出发，运用几何学通过严密的逻辑论证。

这些"不证自明的公理"是：在没有重量的杆的两端离支点相等的距离处挂上重量相等的物体，杠杆将平衡；在没有重量的杆的两端离支点不相等距离处挂上相等重量，距离远的一端将下倾；在没有重量的杆的两端离支点相等的距离处挂上重量不相等的物体，重的一端将下倾。

正是从这些生活中的公理出发，在"重心"理论的基础上，阿基米德发现了杠杆原理，即"二重物平衡时，它们离支点的距离与重量成反比"。阿基米德在《论平面图形的平衡》一书中最早提出了杠杆原理。

杠杆原理的含义

杠杆原理也称作"杠杆平衡条件"。欲使杠杆保持平衡，作用在杠杆上的两个力（动力点、支点和阻力点）的大小跟它们的力臂成反比，即动力 × 动力臂 = 阻力 × 阻力臂。从上式可看出，要使杠杆达到平衡的话，动力臂是阻力臂的几倍，那么动力就是阻力的几分之一。

所有的杠杆是不是都能达到省力的目的呢？杠杆的支点不一定要在中间，满足下面三个点的系统基本可以称为杠杆：支点、施力点、受力点。杠杆的平衡不仅与动力和阻力有关，而且与力的作用点及力的作用方向有关。在使用杠杆时，为了省力，就应该用动力臂比阻力臂长的杠杆；如想省距离，就应该用动力臂比阻力臂短的杠杆。因此使用杠杆可以省力，也可以省距离。但是，要想省力，就必须多移动距离；要想少移动距离，就必须多费些力。要想又省力而又少移动距离，是不可能实现的。这就要结合我们的实际需要，看看是要省力还是省距离，从而选择不同的杠杆。

阿基米德对杠杆的应用

古希腊科学家阿基米德还进行过力学方面的研究，并将其运用于杠杆和滑轮的机械设计。他还曾经为保卫国家奉献自己的"神力"。

在保卫叙拉古免受罗马海军袭击的战斗中，阿基米德曾用秘密武器把罗马人阻于叙拉古城外达3年之久。经过这场大战，罗马人损兵折将，白白丢了许多武器和战船不说，最不能理解的就是连阿基米德的面都没见到。那阿基米德到底造出了什么让罗马人大败而归呢？原来他制造了一些特大的弩弓——发石机。如此大的弓只靠人力是根本拉不动的，阿基米德正是运用了杠杆原理。将弩上转轴的摇柄用力扳动，那么与摇柄相连的牛筋就会拉紧许多根牛筋组成的粗弓弦，拉到最紧绷的时候再突然一放，弓弦就带动载石装置，石头会被高高地抛出城外，可落到1000多米远的地方。他就是这样借助杠杆的神力战胜了敌人。

生活中的杠杆

生活中的杠杆的应用有很多，有省力的杠杆应用，也有改变用力方向的杠杆应用。

第一种杠杆例如剪刀、钉锤、拔钉器……杠杆可能省力可能费力，也可能既不省力也不费力。这要看力点和支点的距离，力点离支点愈近就愈费力，愈远则愈省力；还要看重点（阻力点）和支点的距离，重点离支点越远就越费力，越近则越省力；如果重点、力点距离

▲用杠杆撬动大树

支点一样远，如定滑轮和天平，只是改变了用力的方向，就不省力也不费力。

第二种杠杆例如榨汁器、开瓶器……这种杠杆力点一定比重点距离支点近，所以永远是省力的。

杠杆原理并不是简单地使用一根棍子来撬东西，比如水井上的辘轳，它的支点是辘轳的轴心，重臂是辘轳的半径，它的力臂是摇柄，摇柄一定要比辘轳的半径长，打起水来才能省力。再如自行车的链盘，虽然从外表看不出来有"杆"，但是通过前后链盘的半径比，同样有省力而距离要多的道理。在日常生活中，杠杆有非常普遍的应用。

大气压强的发现

　　抽水机能使水的走势改变，水不再往低处流，这是利用了大气压强的原理。去过高原的人都知道，用普通的锅在高原上是做不熟米饭的，这也和大气压强有关，那么大气压强是如何形成的呢？我们在生活中该如何利用大气压强呢？

大气压强的形成

　　解释大气压强形成的原因前，先来认识一下我们的地球。地球周围包着一层厚厚的空气，通常把这层空气的整体称为大气。它主要是由氮气、氧气、二氧化碳、水蒸气和氦、氖、氩等气体混合组成，它的总厚度达1000千米。这些气体上疏下密分布在地球的周围，就像浸在水中的物体都要受到水的压强一样，所有浸在大气里的物体都要受到大气作用的压强。大气压强简称大气压或气压，就是指大气对浸在它里面的物体产生的压强。

抽水机的工作原理

　　抽水机把水从低处提到高处的，利用的是大气压强的作用。抽水机又名"水泵"，在生活中比较常见，主要有活塞式和离心式两种。

　　离心式水泵是由水泵、动力机械与传动装置组成。它广泛应用于农田灌溉、排水，以及工矿企业与城镇的给水、排水，水泵为我们的生活提供了便利。

　　在离心式水泵启动前，需要往泵壳内灌满水，来排出泵壳里的空气，这样就能使泵内中心部分的压强小于外界的大气压强。当起动后，叶轮在电动机的带动下高速旋转，泵壳里的水也随叶轮高速旋转，同时被甩入出水管中。这时叶轮附近的压强减小，大气压使低处的水推开底阀，沿着进水管泵壳，进来的水又被叶轮甩入出水管，这样一直循环下去，就不断把水抽到了高处。但当离心泵启动时，若泵里存在空气，由于空气的密度很低，旋转后产生的离心力很小，因而叶轮的中心区所形成的低压不足以使液位低于水泵进口的液体进入泵内，不能输送流体，从而不能把水提到高处。

▲抽水机模型

　　活塞式抽水机是利用活塞的移动来排出空气，这时内外的气压差而使水在气压的作用下上升，从而水被抽出。当活塞压下时，排气阀门打开，而进水阀门关闭；当活塞提上时，进水阀门打开，排气阀门关闭，在外界大气压的作用下，水从进水管通过进水阀门从上方的出水口流出。这样，活塞在圆筒中不停地运动，就能不断地把水抽出来，为我们的生活所用了。

生活中的应用

生活中有很多应用到大气压强的例子。比如茶壶的密封较好，茶壶嘴小，倒水时，空气不易进入，壶内压强较外面小，不平衡，故水不易倒出。如果留一个小孔，倒水时，内外压强平衡，水就能倒出了。还有用胶头滴管吸取药液时，用手指捏扁胶头，排出里面的气体，压强减小，松开手指时，药液被大气压挤入管内。生活中的很多例子，都是应用了这个原理，只是我们没有留意而已。

输液时也会用到大气压强的原理。我们输液时，护士在把针头刺入静脉前，调节器是关闭的。针头刺入静脉时，由于人体静脉附加压强大于调节器以下至针头内药液的压强，所以静脉内的血液冲入管内。护士看到有血液冲出，可判断针头已刺入静脉。此刻，护士会迅速打开调节器和绑在手臂上的橡胶管，药液的压强大于人体静脉内的压强，药液就很快进入了静脉。

沸点与大气压

实验表明，一切液体的沸点，并不是固定不变的。它们都是在气压减小时减小，气压增大时增大。平时所说的水的沸点是100℃，是指在标准大气压下。随高度增加，大气压会逐渐减小，所以水的沸点随之降低。如果在海拔8848米的珠穆朗玛峰顶，水是很难达到100℃的，因而在高山上烧饭要用不漏气的高压锅。这样锅内水的沸点高于100℃，因为高压锅内的气压高于标准大气压。这样不但饭熟得快，还可以节省燃料。高压锅利用的就是大气压与沸点的关系。

太阳黑子和耀斑的发现

从望远镜的照片上，我们可以看到太阳上的一些有趣现象，而且它们能对地球产生一定的影响。现在让我们来看一看太阳黑子和太阳耀斑。太阳黑子是在太阳的光球层上发生的一种太阳活动，是太阳活动中最基本、最明显的一种。太阳黑子虽然颜色较深，但是在观测情况下，与太阳耀斑同样清晰、同样显眼。太阳色球层有些局部亮区域，我们称它为谱斑，它处于太阳黑子的正上方。有时谱斑的亮度会突然增强，这就是我们通常说的耀斑。

太阳的黑子

一般认为，太阳黑子实际上是太阳表面一种炽热气体的巨大漩涡，温度大约为4500℃，因为其温度比太阳的光球层表面温度要低 1000 到 2000℃（光球层表面温度约为 6000℃），所以看上去像一些深暗色的斑点。

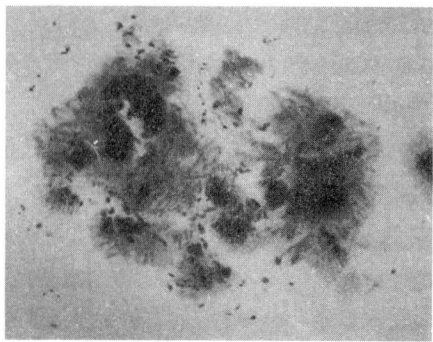
▲太阳黑子

简单来说，太阳黑子是太阳表面因温度相对较低而显得"黑"的局部区域。黑子是由本影和半影构成的，本影就是特别黑的部分，半影不太黑，是由许多纤维状纹理组成的。太阳黑子很少单独活动，一般成群出现在太阳表面，天文学家又将其称为"黑子群"。黑子的形成周期短，形成后几天到几个月就会消失，新的黑子又会产生。

当大黑子群数量增多时，就预示着太阳上将有剧烈的变化，会对地球的磁场产生影响，主要是使地球的南北极和赤道的大气环流作经向流动，从而造成恶劣的天气，使气候转冷。严重时，会对各类电子产品和电器造成损害，并在地球的两极地区引发极光。

太阳黑子是太阳活动的重要标志，其活动存在着明显的周期性，周期平均为 11.1 年。在周期开始的 4 年左右时间里，黑子不断产生，越来越多，活动加剧，在黑子数达到极大的那一年，称为太阳活动峰年。在随后的 7 年左右时间里，黑子活动逐渐减弱，黑子也越来越少，黑子数极小的那一年，称为太阳活动谷年。国际上规定，从1755 年起算的黑子周期为第一周，然后顺序排列。1999 年开始为第 23 周。

人类发现太阳黑子活动已经有几千年了，中国是世界上最先发现黑子的国家，早在中国古代，当时的中国人就已发现了黑子的存在。

中国公元前140年前后成书的《淮南子》中记载的："日中有踆乌"，这是世界上最早的太阳黑子记录。《汉书·五行志》中对前28年出现的黑子记载更为详细："河平元年，三月乙未，日出黄，有黑气大如钱，居日中央。"

从汉朝的河平元年，到明朝崇祯年间，大约记载了100多次有明确日期的太阳黑子的活动。在这些记载中，人们对太阳黑子的形状、大小、位置甚至变化，都有详细的记载。

19世纪40年代，德国的一位业余天文学家发现了太阳黑子10年至11年的周期变化规律。通过长期的观测，人们还发现太阳黑子在日面上的活动随时间变化的纬度分布也有规律性。一开始，几乎所有的黑子都分布在±30°的纬度内，太阳活动剧烈时，它往往出现在±15°处，并逐步向低纬度区移动，在±8°处消失。在上一个周期的黑子还没有完全消失时，下一个周期的黑子又出现在±30°纬度附近。如果以黑子的纬度为纵坐标，以时间为横坐标，绘出的黑子分布图很像蝴蝶，因而称作"蝴蝶图"。

太阳是地球上光和热的源泉，它的一举一动，都会对地球产生各种各样的影响。黑子既然是太阳上物质的一种激烈的活动现象，所以对地球的影响也很明显。研究地震的科学工作者发现，太阳黑子数目增多的时候，地球上的地震也会增多。地震次数的多少，也有大约11年左右的周期性。植物学家也发现，树木的生长情况也随太阳活动的11年周期而变化。黑子多的年份树木生长得快，黑子少的年份会生长得慢。

> **太阳黑子对身体的影响**
>
> 更有趣的是，黑子数目的变化甚至还会影响到我们的身体，人体血液中白血球数目的变化也有11年的周期性，而且一般人在太阳黑子少的年份，感到肚子饿得较快，小麦的产量较高，小麦的蚜虫也较少。

太阳耀斑

耀斑是太阳黑子形成前在色球层产生的灼热的氢云层。耀斑释放的能量极其巨大，其巨大的能量来自磁场。太阳耀斑是一种最剧烈的太阳活动。因为其发生在色球层中，所以也叫"色球爆发"。其主要观测特征是，日面上（常在黑子群上空）突然出现迅速发展的亮斑闪耀，其寿命仅在几分钟到几十分钟，亮度上升迅速，下降较慢。特别是在太阳活动峰年，耀斑出现频繁且强度增大。

1859年9月1日，两位英国的天文学家分别用高倍望远镜观察太阳。他们同时在一大群形态复杂的黑子群附近，看到了一大片明亮的闪光发射出耀眼的光芒。这片光掠过黑子群，亮度缓慢减弱，直至消失。这就是太阳上最为强烈的活动现象——耀斑。由于这次耀斑特别强大，在白光中也可以见到，所以又叫"白光耀斑"。白光耀斑是极罕见的，它仅仅在太阳活动的高峰时才有可能出现。耀斑一般只存在几分钟，个别耀斑能长达几个小时。耀斑是先在日冕低层开始爆发的，后来下降传到色球。用色球望远镜观测到的是后来的耀斑，或称为次级耀斑。

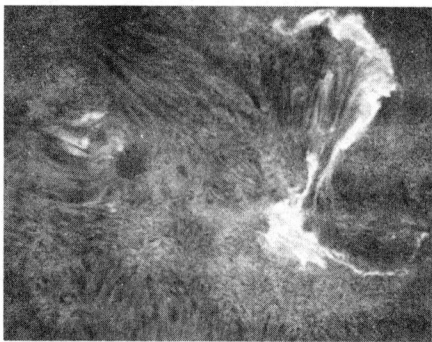
▲太阳耀斑

耀斑按面积分为4级，由1级至4级逐渐增强，小于1级的称亚耀斑。耀斑的显著特征是辐射的品种繁多，不仅有可见光，还有射电波、紫外线、红外线、X射线和γ射线。耀斑向外辐射出的大量紫外线、X射线等，到达地球后，就会严重干扰电离层对电波的吸收和反射作用，使部分或全部短波无线电波被吸收掉，短波衰弱甚至完全中断。

别看它只是一个亮点，一旦出现，简直是一次惊天动地的大爆发。这一增亮释放的能量相当于10万至100万次强火山爆发的总能量，或相当于上百亿枚百吨级氢弹的爆炸。而一次较大的耀斑爆发，在一二十分钟内可释放1026焦耳的巨大能量，除了日面局部突然增亮的现象外，耀斑更主要表现在从射电波段直到X射线的辐射通量的突然增强。

耀斑对地球空间环境造成很大的影响。耀斑爆发时，发出大量的高能粒子到达地球轨道附近时，将会严重危及宇宙飞行器内的宇航员和仪器的安全。当耀斑辐射到地球附近时，与大气分子发生剧烈碰撞，破坏电离层，使电离层失去反射无线电电波的功能。无线电通信尤其是短波通信，以及电视台、电台广播，会受到干扰甚至中断。耀斑发射的高能带电粒子流与地球高层大气作用，会产生极光，并干扰地球磁场而引起磁暴。

此外，耀斑对气象和水文等方面也有不同程度的直接或间接影响。正因为如此，人们对耀斑爆发的探测和预报的关切程度与日俱增，正在努力揭开耀斑迷宫的奥秘。

光斑不仅出现在光球层上，色球层上也是它活动的场所。当它在色球层上"表演"时，活动的位置与在光球层上露面时大致吻合。不过，出现在色球层上的不叫"光斑"，而叫"谱斑"。实际上，光斑与谱斑是同一个整体，只是因为它们的"住所"高度不同而已，这就好比是一幢楼房，光斑住在楼下，谱斑住在楼上。

日心说的提出

宇宙的中心究竟是什么？这是一个让人类争论了很久的问题。在最初，人类始终坚信地球是宇宙的中心。这和当时科技的不发达，人类眼界过窄有关。随着科学知识的发展，人类终于发现，宇宙的中心是太阳，日心说自此提出。这一学说的确立，让人类加深了对宇宙的了解。

日心说的含义

日心说，也称为地动说，是关于天体运动的学说，和地心说相对立，它认为太阳是宇宙的中心，而不是地球。日心说由哥白尼提出，日心说的提出推翻了长期以来居于统治地位的地心说，实现了天文学的根本变革。

关于天体运动，哥白尼主要有以下学说：他认为地球有三种运动，一种是在地轴上的周日自转运动，一种是环绕太阳的周年运动，一种是用以解释二分岁差的地轴的回转运动。同时哥白尼在他的《天体运行论》一书中认为天体运动必须满足以下七点：1. 不存在一个所有天体轨道或天体的共同的中心；2. 地球只是引力中心和月球轨道的中心，并不是宇宙的中心；3. 所有天体都绕太阳运转，宇宙的中心在太阳附近；4. 地球到太阳的距离同天穹高度之比是微不足道的；

▲围绕太阳公转的几大行星

5. 在天空中看到的任何运动，都是地球运动引起的；6. 在空中看到的太阳运动的一切现象，都不是它本身运动产生的，而是地球运动引起的，地球同时进行着几种运动；7. 人们看到的行星向前和向后运动，是由于地球运动引起的。

哥白尼的日心说产生最大的意义不在于指出宇宙的中心是太阳，而是在于指提出了宇宙论原理的精神，也称为哥白尼精神，这种精神认为地球在宇宙中没有任何特殊地位，只是一颗普通的星球。

日心说出现前占主导地位的地心说

在日心说出现以前，地心说占到主导地位。由于古代人缺乏足够的宇宙观测数据，以及怀着以人为本的观念，因此他们误认为地球就是宇宙的中心，而其他的星体都是绕着地球而运行的。地心说（或称天动说），正是这样一种认为其他的星球都环绕着地球而运行，地球是宇宙的中心的一种学说。

古希腊的托勒密发展完善了地心说，且提出了本轮的理论用来解释某些行星的逆行现象，即这些星体除了绕地轨道外，还会沿着一些小轨道运转。后来，天主教教会接纳此为世界观的"正统理论"。人类住在半球型的世界中心的世界观，从13世纪到17世纪左右，成为天主教教会公认的世界观。

地心说是人类对宇宙认识的一大进步，因为地心说承认地球是"球形"的，并把行星从恒星中区别出来，着眼于探索和揭示行星的运动规律。尽管地心说把地球当作宇宙中心是错误的，但是地心说建立起了世界上第一个行星体系模型。

日心说与哥白尼

在15世纪时，人们普遍相信1500多年前希腊科学家托勒密创立的宇宙模式即为地心说。

托勒密认为地球是宇宙的中心且静止不动，日、月、行星和恒星均围绕地球运动，而恒星远离地球，位于太空这个巨型球体之外。但是许多数据和观测结果表明行星运行规律与托勒密的宇宙模式并不十分吻合。

▲ 美丽的星空

哥白尼逐渐对这一学说产生了怀疑，而后在长达近20年的时间里，哥白尼不辞辛劳日夜测量行星的位置，以试图重新得到一个结论。但其测量获得的结果仍然与托勒密的天体运行模式没有多少差别。哥白尼开始转变思维来分析这些数据，他惊喜地发现太阳的周年变化始终不明显。这意味着地球和太阳的距离始终没有改变。如果地球不是宇宙的中心，那么宇宙的中心就是太阳。由此他联想到如果把太阳放在宇宙的中心位置，那么地球就该绕着太阳运行。以这种假设为基础，哥白尼在1506年至1515年间写成了"太阳中心学说"的提纲——《试论天体运行的假设》，但是由于害怕教会的惩罚，哥白尼在世时并不敢公开他的发现。《试论天体运行的假设》直到1543年他临终时才出版。并且引起了轩然大波，直到在60年后，这一学说最终被另外两位科学家约翰·开普勒和伽利略·伽利雷证明是正确的。

发现银河

"飞流直下三千尺，疑是银河落九天。"中国古代文化视银河为天河，把注意力扩大到河东和河西的牛郎织女两个星座，想象编造出牛郎织女的爱情故事。美好的爱情中偏偏出现个王母娘娘，从中作梗，女子们没有力量反抗，只好通过鹊桥相会和"乞巧"的方式，获得精神上的寄托和安慰。唐朝顾况的《宫词》中便有一句"水晶帘卷近秋河"，这里的"秋河"说的就是银河。

银河系的发现

银河系的发现经历了漫长的过程。望远镜发明后，伽利略首先用望远镜观测到银河系，发现银河系是由恒星组成的。而后，赖特、康德、朗伯等认为，银河和全部恒星可能集合成一个巨大的恒星系。18世纪后期，赫歇尔用自制的反射望远镜开始恒星计数的观测，以确定恒星系统的结构和大小，他断言恒星系统呈扁盘状，太阳离盘中心不远。他去世后，其子继承父业，继续进行深入的研究，把恒星计数的工作扩展到南天。

20世纪初，天文学家把以银河为表观现象的恒星系统称为银河系。卡普坦应用统计视差的方法测定恒星的平均距离，结合恒星计数，得出了一个银河系模型。在这个模型里，太阳居中，银河系呈圆盘状，直径8千

▲壮丽的银河系

秒差距，厚2千秒差距。沙普利应用造父变星的周光关系，测定球状星团的距离，从球状星团的分布来研究银河系的结构和大小。他提出的模型是，银河系是一个透镜状的恒星系统，太阳不在中心。沙普利得出，银河系直径80千秒差距，太阳离银心20千秒差距，但这些数值太大，因为沙普利在计算距离时未计入星际消光。

20世纪20年代，银河系自转被发现以后，沙普利的银河系模型得到公认。银河系是一个巨型棒旋星系（漩涡星系的一种），Sb型，共有4条旋臂，包含两千亿颗恒星。银河系整体作较差自转，太阳的自转速度约220千米/秒，太阳绕银心运转一周约2.5亿年。银河系的目视绝对星等为-20.5等，银河系的总质量大约是我们太阳质量的1万亿倍，大致10倍于银河系全部恒星质量的总和。这是我们银河系中存在范围远远超出明亮恒星盘的暗物质的强有力证据。

关于银河系的年龄，目前占主流的观点认为，银河系在宇宙大爆炸之后不久就诞生了，而科学界认为宇宙大爆炸大约发生于 137 亿年前。所以，我们银河系的年龄大概在 145 亿岁左右，上下误差各有 20 多亿年。另一说法是银河直径约为 8 万光年。

银河系在天空上的投影像一条流淌在天上闪闪发光的河流，所以古称银河或天河。一年四季都可以看到银河，只不过夏秋之交能看到银河最明亮壮观的部分。

银河系的结构

银河经过的主要星座有：天鹅座、天鹰座、狐狸座、天箭座、蛇夫座、盾牌座、人马座、天蝎座、天坛座、矩尺座、豺狼座、南三角座、圆规座、苍蝇座、南十字座、船帆座、船尾座、麒麟座、猎户座、金牛座、双子座、御夫座、英仙座、仙后座和蝎虎座。银河在天空明暗不一，宽窄不等，最窄处只有 4°到 5°，最宽处约 30°。北半球来说，作为夏季星空的重要标志是从北偏东平线向南方地平线延伸的光带——银河，以及由 3 颗亮星，即银河两岸的织女星、牛郎星和银河之中的天津四星所构成的"夏季大三角"。夏季的银河由天蝎座东侧向北伸展，横贯天空，气势磅礴，极为壮美，但

▲河外星系

只能在没有灯光干扰的野外（极限可视星等 5.5 以上）才能欣赏到。冬季的银河很黯淡。2009 年 12 月 5 日，美国发表了绘制的最新红外银河系全景图，该图像是由 80 万张斯皮策太空望远镜拍摄的图片拼凑而成，全长 37 米。

银河系是太阳系所在的恒星系统，包括一千二百亿颗恒星和大量的星团、星云，还有各种类型的星际气体和星际尘埃，它的总质量是太阳质量的 1400 亿倍。在银河系里大多数的恒星集中在一个扁球状的空间范围内，扁球的形状好像铁饼。扁球体中间突出的部分叫"核球"，半径约为 7 千光年。核球的中部是"银核"，四周是"银盘"。在银盘外面有一个更大的球形，那里星少，密度小，称为"银晕"，直径为 7 万光年。

银河系的物质约 90% 集中在恒星内。银河系的恒星种类繁多，按照恒星的物理性质、化学组成、空间分布和运动特征，可以分为 5 个星族。最年轻的极端星族 I 恒星主要分布在银盘里的旋臂上，最年老的极端星族 II 恒星则主要分布在银晕里。恒星常聚集成团，除了大量的双星外，银河系里已发现了 1000 多个星团。银河系里还有气体和尘埃，其含量约占银河系总质量的 10%，气体和尘埃的分布不均匀，有的聚集为星云，有的则散布在星际空间。20 世纪 60 年代以来，在银河系发现了大量的星际分子，如一氧化碳、水等。银河系的核心部分，即银心或银核，是一个很特别的地方。它发

出很强的射电、红外、X 射线和 γ 射线辐射，其性质尚不清楚。那里可能有一个巨型黑洞，据估计其质量可能达到太阳质量的 250 万倍。目前，对于银河系的起源和演化，知之尚少。

1971 年，英国天文学家林登·贝尔和马丁·内斯分析银河系中心区的红外观测和其他性质，指出银河系中心的能源应是一个黑洞，并预言在银河中心应可观测到一个尺度很小的发出射电辐射的源，并且这种辐射的性质应与人们在地面同步加速器中观测到的辐射性质一样。三年后，这样的一个源果然被发现了，这就是人马 A。

大麦哲伦星系

大麦哲伦星系是银河系众多卫星星系中质量最大的一个，距离地球约 179000 光年，位于剑鱼座方向，平均直径约为 15000 光年。该星系中没有明显的亮星，超新星 1987A 就是在此星系中爆发的。其与银河系的关系大约就是月球与地球的关系，它是银河系的附属星系，与银河系有引力作用。

人马 A 有极小的尺度，只相当于普通恒星的大小，发出的射电辐射强度为 2×10（34 次方）尔格/秒，它位于银河系动力学中心的 0.2 光年之内。它的周围有速度高达 300 千米/秒的运动电离气体，也有很强的红外辐射源。已知所有的恒星级天体的活动都无法解释人马 A 的奇异特性，因此人马 A 似乎是大质量黑洞的最佳候选者。但是由于目前对大质量的黑洞还没有结论性的证据，所以天文学家们谨慎地避免用结论性的语言提到大质量的黑洞。我们的银河系大约包含两千亿颗星体，其中恒星大约一千多亿颗，太阳就是其中典型的一颗。

螺旋星系 M83，它的大小和形状都很类似于我们的银河系。银盘外面是由稀疏的恒星和星际物质组成的球状体，称为银晕，直径约 10 万光年。旋臂主要由星际物质构成。银河系也有自转。太阳系以每秒 250 千米的速度围绕银河中心旋转，旋转一周约 2.2 亿年。银河系有两个伴星系，即大麦哲伦星系和小麦哲伦星系。与银河系相对的称之为河外星系。

金字塔竖起的科技丰碑

说起作为四大文明古国之一的古埃及，人们自然而然地会想到金字塔。金字塔其实是古埃及国王——法老的陵墓，这种陵墓自下而上逐渐缩小，像一座塔似的。由于它的外形很像我们汉字中的"金"字，所以中国人称它为"金字塔"。现在我们说金字塔，是以最有名的胡夫金字塔为代表的。

胡夫金字塔

胡夫是公元前 2590 年至前 2568 年在位的古埃及国王。他继位后就着手为自己建造陵墓，他强迫所有的埃及人都要服役。他把全埃及的劳动者每 10 万人编成一班，每班服役 3 个月，轮流替换。

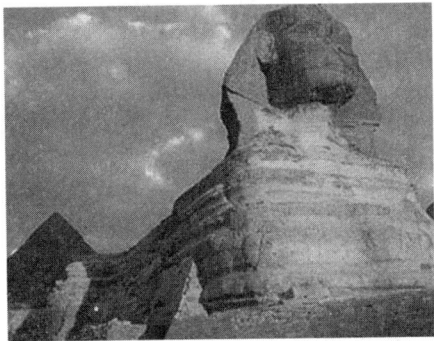

▲ 胡夫金字塔

工程开始后，一部分工人被派到山里的采石场去运石头。他们先把石头从采石场运到尼罗河的东岸，再装上船运到河的西岸，然后从西岸运到工地上去。如此巨大笨重的石头，当时的埃及人只能用最原始的方法，把石头放在木橇上，靠人力或牲畜来拉。可是，载着笨重石块的木橇在不平整的地上是走不了的，于是，花了 10 年的时间修筑了一条运石头的石路。在修路的同时，另一部分工人开凿金字塔的地下墓室和地下通道。等这些工作都结束后，开始砌金字塔。大金字塔本身的工程是非常艰巨的，经常有 10 万人忍受着炎炎烈日的暴晒，在监工皮鞭的驱使下劳动着。这样，前后整整用了 30 年，才将金字塔建成。

胡夫金字塔原高 146.5 米，底面是正方形，每边长 230 多米，也就是说绕金字塔一周，几乎要走 1 千米的路程。塔身由 230 万块大小不等的石块砌成，平均每块重达 2.5 吨。这些石块之间没有任何水泥之类的黏着物，而是一块石头叠在另一块石头上。石头磨得非常平整，直至今日，人们都无法用一把锋利的铅笔刀插入石块之间的缝隙。那么，在 4000 年前，没有起重机，甚至连一根铁杆也没有，这么多沉重的石块又是怎样叠起来的呢？

科学家们研究分析后猜测，很可能是先在地面上砌好一层，然后堆起一个和这层一样高的土坡，人们顺着倾斜的土坡把石块拉上第二层，砌好一层就把土坡加高一层，金字塔有多高，土坡就有多高。塔建成后，再把高大的土坡铲平，以使金字塔显露出来。

胡夫金字塔不仅以其外形的宏大雄伟著称于世，而且更以它内部的复杂精细而令人惊叹不已，无怪乎后人把它列为古代世界的七大奇迹之首。

金字塔是古埃及奴隶们血汗的结晶，也是一座古代科学技术的纪念碑。首先，当时还处于原始奴隶制社会的古埃及，能够动用如此巨大的力量从事非生产性劳动，这是现在的人们也难以想象的。其次，金字塔的角度、面积和体积等都有严格的要求，必须经过精确的计算才能建成，这反映了当时的数学和力学已经达到了相当高的水平。

关于金字塔的神话

历代法老都为自己修建金字塔，这个传统在古埃及的历史上延续了1000多年。后来，由于人民起义和频繁的盗墓活动，法老们也就逐渐放弃了建造金字塔的念头。也许有人会问，那么当初法老们为什么热衷于建造金字塔呢？这就要讲到一个神话。

据说，在上古时期，埃及有一个名叫奥西里斯的法老，他的母亲是天神，父亲是地神。奥西里斯多才多艺，他教会人们种地、做面包、酿酒、开矿和冶炼，深得民心。但是他的弟弟塞特十分嫉妒他。

胡夫是谁？

胡夫是古王国第四王朝（公元前2613年至2494年）的第二位法老，是法老斯尼夫鲁和赫特弗瑞丝的儿子，赫特弗瑞丝的父亲是第三王朝的最后一位法老。胡夫名字的意思是"赫努姆神保护我"。法老是古代埃及奴隶主贵族的领袖，相当于国王，可能是世界上最早的独裁者之一。胡夫在位的时间说法不一，最普遍的说法是23年（公元前2590年至2568年）。文献对于胡夫的记载有很大的矛盾，在他统治期间，他的权利不容挑战，希腊历史学家认为他是"可憎的暴君"，但在埃及他通常被认为是一位贤明的君主。胡夫的性格及其治理国家的方式在当今的文献记载中很难查到，但有证据表明他强化了祖先创建的帝国，并强化了祖先精心打造的政治权利。胡夫是埃及最强大的法老之一。

有一天，塞特邀请哥哥共进晚餐，还找了许多人作陪。进餐时，塞特让人抬出一只美丽的箱子，对众人说："谁要是能躺进这只箱子，就把它送给谁！"那些同谋的客人怂恿奥西里斯试一试，等他刚躺进去后，塞特一伙就关上了箱子加了锁，把它扔进了尼罗河。

奥西里斯被害后，他的妻子四处寻找，终于找回了丈夫的尸体。塞特得知消息后，又连夜偷走了尸体，把它分解成块，扔在各处。奥西里斯的妻子又把尸体的碎块找到，各自就地埋葬。

奥西里斯的儿子阿拉斯长大后，打败了塞特，替父亲报了仇。他和母亲一起，把奥西里斯的尸体碎块从各处挖出来，拼凑起来。据说，后来在神的帮助下，奥西里斯复活了，成了阴间的法老，统治着另一个世界。

以后，每一个埃及法老死后，都要模仿这个神话的情节重演一番。先是装模作样地"寻尸",接着便是洁身,然后由医生解剖尸体,将死者的脑浆和内脏取出,填进桂皮、乳香等香料,然后照原样缝好,再把尸体浸在一种防腐液里。70天后,把尸体取出晾干,裹上麻布,外面涂上树胶,避免接触空气,这就是被称为"木乃伊"的干尸。最后,再把"木乃伊"装进石棺,送进金字塔。那金字塔就是法老们心中自己死而复生后统治世界的宫殿。他们正是为了维持自己"永久的统治",才劳民伤财地修建金字塔的。

金字塔是古代科技的丰碑,躺在那里面的"木乃伊"也同样是古代科技的瑰宝。

首先,它反映了古埃及的外科医学、解剖医学已经达到相当高的水平。其次,它表明古埃及已经掌握了非常高超的防腐术,即使与现代的防腐处理技术相比,也是毫不逊色的。

▲木乃伊

法老们祈求长生不老,当然想要健康,这也促进了医学的发展。可以这样说,金字塔和木乃伊,既是古埃及残酷的奴隶社会的历史见证,也是古埃及文明和科技进步的真实反映。

人类史上的第一部太阳历

历法，就是人们用来计算年、月、日的规则和方法。当今世界上通用的历法，叫"公历"。"公历"是从欧洲介绍到中国来的，所以我们以前也把"公历"叫做"西历"。其实，公历并不产生于西方的欧洲，而是产生于东方的文明古国埃及。

人类史上的第一部太阳历

我们知道，尼罗河自南向北贯穿埃及全境，大约在1万年前的新石器时代，埃及人的祖先就生活在尼罗河两岸了。埃及气候炎热，雨水稀少。好在尼罗河定期泛滥，每年6月尼罗河的河水上涨，7月至10月是泛滥期，洪水夹带着大量的腐殖物灌满了久旱的土地，随后洪水退去，留下一层肥沃的淤泥。勤劳智慧的埃及人民掌握了这个规律，利用尼罗河泛滥创造的条件，进行农业生产。人们在11月进行播种，到来年有3月到4个月作物就能成熟。当然，这期间少不了繁重的人工灌溉。

埃及人民为了发展农业生产，做到不违农时，这就需要准确地计算年、月、日，也就是说需要一部适用的历法。他们在长期的实践中积累了许多经验，比如把历年尼罗河泛滥的时间刻在杆子上，时间一长，就刻下了好多的记号，然后加以比较。他们奇怪地发现，每次泛滥的间隔期总在365天左右。埃及人也不断地观察天象，他们发现天狼星与太阳同时从东方的地平线上升起，每一个周期也是365天，因此古埃及就把一年定为365天。据说，在公元前4241年6月的某一天早晨，当尼罗河大潮的潮头到达孟斐斯（现开罗附近）时，正好天狼星与太阳从地平线上同时升起，于是这一天就被定为一年的起点。埃及人将一年分为12个月，每月30天，年终加5天作为岁末节日。

这就是古埃及人所创造的人类历史上的第一部太阳历。尽管他们取得的这项成就，除了靠他们已经掌握的一点天文知识外，更主要的是靠了尼罗河的定期泛滥。但无论怎样，从今天看来，古埃及人的这项伟大创造确实令人感到惊讶。

与通常所说地球绕太阳公转一周的回归年时间365天5时48分46秒相比较，古埃及的太阳历只差了1/4天，这在当时已经足够先进了。但是，1年相差1/4天不觉得，

▲尼罗河风光

但 4 年就要差 1 天，120 年就要差 1 个月，730 年就要差半年。也就是说历法只是 12 月，而事实上应该是第二年的 6 月，寒暑正好颠倒了过来，要改变这种错误，必须再过 730 年。

尼罗河

尼罗河是一条流经非洲东部与北部的河流，与中非地区的刚果河以及西非地区的尼日尔河并列非洲最大的三个河流系统。尼罗河全长 6670 千米，是世界上最长的河流。虽有来自巴西的学者宣称亚马孙河的长度更胜一筹，但尚未获得全球地理学界的普遍认同。尼罗河有两条主要的支流，白尼罗河和青尼罗河。发源于埃塞俄比亚高原的青尼罗河是尼罗河下游大多数水和营养的来源，但是白尼罗河则是两条支流中最长的。

聪明的埃及人在使用这部历法的过程中，很快察觉到了这个问题，这是非加以纠正不可的。因为历法的出入，会给农业生产和日常生活带来种种不便。不过，要重新制定历法却不是那么容易的。古埃及人就让掌管历法的僧侣每年做些临时的调整和补救。其实，我们只要想一想，人类几千年来不断修订历法，直至今天全世界通用的"格里高利历"，也不是尽善尽美的。且不说各月份的天数规律性不强，更主要的是每经过 3000 多年，会有 1 天的误差，所以，我们没有理由不说，古埃及的历法是古埃及人对人类的一个重大贡献。

格里高利历

公元是"公历纪元"的简称，是国际通行的纪年体系，以耶稣基督的生年为公历元年（相当于中国西汉平帝元年）。

"公元"产生于基督教盛行的六世纪。当时，为了扩大教会的统治势力，僧侣们把任何事情都附会在基督教上。公元 525 年，一个叫狄欧尼休的僧侣，为了预先推算七年后（即公元 532 年）"复活节"的日期，提出了所谓耶稣诞生在古罗马国王戴克里先在位（古罗马的狄奥克列颠纪元）248 年前的说法，并且主张以耶稣诞生之年作为起算点的纪元，这个主张得到了教会的大力支持。公元 532 年，教会把狄奥克列颠纪年之前的 284 年作为公元元年，并将此纪年法在教会中使用。到 1582 年，罗马教皇制定格里高利历时，继续采用了这种纪年法。格里高利历是纯粹的阳历的一种，最初用于计算"复活节"。由于格里高利历的阳历精确度很高，而为国际通用，所以被称为公历。所谓"公元"，就是公历纪元或西元纪年。

现在由于公元纪年的通用和标准化，为避免非基督徒的反感以及文化、意识形态上的争议，英语中越来越常用"B. C. E."和"C. E."来分别代表"公元前"和"公元后"；"C. E."是"Common Era"的缩写，意为"公元"，而"B. C. E."是"Before the Common Era"的缩写，意为"公元前"。

人类第一次实测子午线

公元724年4月末的一天，将近正午时分。唐代京都长安城的丽正殿书院的院子里人头攒动，因为这里将要进行一次"立表测影"天文测量，而主持这项测量的人是著名的高僧一行。由于"立表测影"是难得见到的盛况，所以吸引了许多人的注意，人们还可以借此一睹高僧一行的风采。

高僧一行

一行是这位高僧的法名，他的俗名叫张遂。张遂小时候就勤奋好学，尤其喜欢研究天文学和数学。到了青年时代，他的求知欲望更强了。有时，为了搞清楚一个疑难问题，常常不辞辛劳，到很远的地方去向有学问的人请教。

当时，在长安城南，有一座规模宏大的道观——立都观。观内的藏书有万卷之多，观内还有一位学问很高的道长，叫尹崇。冲着这两条，好学的张遂就成了那里的常客。尹崇很喜欢这位好学的青年人，两人很快就成了朋友。张遂经常向尹崇讨教知识，又从尹崇那里借阅了许多藏书，学问的长进非常快。

有一次，张遂向尹崇借阅一部《太玄经》。这是西汉时的大学问家扬雄的哲学书，非常深奥难懂。几天后，张遂读完了这部书，还写了一篇心得文章《义决》，并根据自己的理解绘制了一幅《大衍玄图》。当张遂去还书时，尹崇很是惊讶，说："这部书我曾经读了一年多，还没有完全读通，你怎么只读了几天就不再钻研下去了呢？"张遂回答说："我已经把书读完

▲ 高僧一行

了，并且写了心得，画了一幅《大衍玄图》，正想请您指教呢！"说着把文章和画递给了尹崇。尹崇看了文章和图，连声称赞张遂是"颜回再生"。颜回是孔子最有才华的学生，后来人们就把才华出众的青年比作颜回。从此，张遂作为一个青年学者的名声，很快便在长安城里传开了。

那时正是女皇武则天当政。武则天的侄子武三思野心勃勃，一心想继承皇位，所以平时结交名流，想借此来抬高自己的名望和身价。张遂出了名，自然成了武三思拉拢的对象。张遂是个正直的青年，不愿卷入皇室权力斗争的漩涡，为了躲避权贵的纠缠和迫害，便跑到河南嵩山脚下的嵩岳寺出家当了和尚，拜嵩岳寺主持高僧普寂为师，

取法名为"一行"。一行每天除了学习佛经，打坐修行外，就是自学天文、数学。普寂越来越觉得这个弟子非同一般，于是就对他说："一行，我看你是个人才，不是我教得了的，为了让你增长见识，将来有更大的成就，你还是出去游学吧！"

张遂拜别了师父，按他的指点到浙江天台山国清寺去拜师学习。两三年里，一行读完了国清寺收藏的《周髀算经》《九章算术》《海岛算经》《孙子算经》《夏侯阳算经》《张丘建算经》《缀术》《缉古算经》等珍籍。直到公元710年，才重新回到嵩岳寺。

《太玄经》

《太玄经》，汉代扬雄撰，也称《扬子太玄经》，简称《太玄》、《玄经》。《四库全书》为避康熙皇帝玄烨之名讳，改为《太元经》。《太玄经》以"玄"为中心思想，糅合儒、道、阴阳三家思想，成为儒家、道家及阴阳家的混合体。扬雄运用阴阳、五行思想及天文历法知识，以占卜形式，描绘了一个世界图示，提出"夫作者贵其有循而体自然也"、"质干在乎自然，华藻在乎人事"等观点。《太玄经》含有一些辩证法观点，对祸福、动静、寒暑、因革等对立统一关系及其相互转化情况均做了阐述。

一行的天文贡献

就在一行在国清寺埋头攻读的时候，唐朝的政局发生了重大的变化，先是武则天病死，接着是唐中宗李显被毒死。公元710年，李旦即位，不久就让位于李隆基，这就是唐明皇。唐明皇是个有为的君主，登基后连连下求贤诏书，加上张遂的祖先曾对朝廷有功，张遂便被征调进京，极受唐明皇的器重，让他负责改革历法，制造天文和计时仪器。公元724年，一行奉命领导了一次全国规模的天文测量。各支测量队奔赴天南地北，观察日影、星辰的变化，并把测得的数据及时送回长安，由张遂汇总计算。

一天，张遂正在长安城外的天文台仰观星空，被他派到河南阳城的一支天文测量队的队长南宫，匆匆赶回京城来见张遂。原来，张遂交给他的测量任务中有一项要求，就是测量各地不同的"北极高度"。因为地球是圆的，各地地平线与北极星连线的角度不同，肉眼看到的北极星的高度也就不同。怎样测算这个角度呢？南宫不能解决这个问题，特地赶回来向张遂请教。张遂听完南宫的话说："这几天，各队都派人来京，向我提出同样的问题。我反复思考后，做成了这把尺子，取名'复矩'，也许可以解决这个难题。"说着，他从怀中取出"复矩"来。原来这是一把直角拐尺，角间有一弧形刻度，角顶有丝线，系着一个铜锤。一行抬头找准了北极星，然后将拐尺举起，长的一边对准自己的眼睛，同时指向北极星，这时铜锤自然下垂，垂线与短边的夹角大

▲唐明皇李隆基

小可以从弧上刻的度数一目了然。张遂指着这个夹角说："这就是地平线与北极的夹角，根据这个夹角，北极的高度就很容易算出来。"

实际上，张遂发明的"复矩"不仅能测出北极高度，而且这个度数同时就是北半球的纬度。因为地球是圆形的，子午线穿过南北两极，当人站在北极时，北极星正好在人的头顶，与地平线垂直成90°。如果站在赤道时，看北极星与地平线几乎重合，呈0°角。沿着子午线走，北极星的高度也就逐渐变化。用"复矩"可以测量纬度，更重要的是，有了纬度的数据就可以计算出整个子午线的长短。张遂通过实测后，计算出每度弧长132.03千米，与现代用科学仪器测出的每弧度长111.2千米相比，当然不很精确，但张遂毕竟完成了人类第一次实测子午线。据历史记载，在张遂之后的90年，也就是814年，阿拉伯人才在幼发拉底河平原上进行了一次子午线的实测。

张遂在天文学上的贡献是多方面的，他还是世界上第一个发现恒星运动的人。这比西方天文学家发现恒星运动现象要早1000多年。公元727年，他在刚刚修完《大衍历》后，不幸染病身亡，当时这位伟大的天文学家只有45岁。

1977年7月，中国科学院紫金山天文台把新发现的并被国际上承认的4颗小行星以4位中国古代科学家的名字来命名，其中一颗就是以张遂的名字命名的。让张遂留在浩渺寰宇，观苍天，察星宇，是他的心愿，也是后人对他最好的纪念。

笛卡尔坐标

也许，人们都讨厌到处结网的蜘蛛，因为它给人们行路带来诸多不便。然而，有许多人对它却情有独钟。传说，小小蜘蛛竟给 17 世纪法国著名数学家、哲学家笛卡尔以启示，促使他创立了解析几何学。

解析几何的创立

小小蜘蛛竟给 17 世纪法国著名数学家、哲学家笛卡尔以启示，促使他创立了解析几何学。让我们先暂且不说这个蜘蛛的故事，还是先从 17 世纪 20 年代的科学史说起吧。

在经历了漫长的中世纪之后，随着生产力的发展，资本主义逐渐兴起。它将最终取代封建主义，尽管宗教势力疯狂地反扑，但毕竟不能阻挡历史前进的车轮。到 17 世纪前，近代科技史上的黑暗时期已经过去，随着新航线的开辟，引发了一场商业革命。资产阶级开始崛起，欧洲各国广泛地开展了文艺复兴运动，造成了经济繁荣的局面，于是出现了以培根为代表的新唯物主义哲学观。在这种哲学观的指导下，科学得到了发展，商人纷纷出资办学校，资助学会，促进了科学队伍的壮大。

▲ 笛卡尔

笛卡尔就出生在这个时期。1596 年 3 月 21 日，他出生在法国土伦的一个律师家庭，优裕的家庭环境，使他从小受到了良好的教育。他在欧洲最著名的教会学校——拉弗莱什公学中，打下了扎实的数学基础。后来，笛卡尔离开了军队，游历了丹麦、德国、意大利等国，他开阔了视野，更坚定了学术研究的决心。从 1628 年起，他移居荷兰专门从事研究。

有一次，笛卡尔生病躺在床上，无所事事，突然发现天花板上有一只蜘蛛爬来爬去，这引起了他的极大兴趣。他仔细观察蜘蛛围绕着天花板、墙角在织网。看着悬在半空的蜘蛛，笛卡尔忽然叫起来："有了！"突然的叫声，引来了家人，问他出了什么事？

原来，这段时间笛卡尔正在研究用代数法解几何问题，寻找如何把几何中的点与代数结合的途径，可是他百思不得其解。但当他看到这只蜘蛛时，就想到能不能用两角墙边的交线与墙及天花板的交线，来确定悬在半空的蜘蛛的位置呢？这一发现，竟然像服了一帖特效药一般，笛卡尔顿时感到病好了许多，于是从床上爬了起来，在纸上画了起来。他画了蜘蛛网拉出的几条线，又画出悬挂半空中蜘蛛的线，终于他寻找到一种用三条互相垂直的线组成的坐标，来测定蜘蛛的位置（点），就这样笛卡尔终于解决了一个难题。从此以后，他又长期从各个角度来证明这一发现（后人称这种坐标为笛卡尔坐标）。终于，他在数学领域里创立了一门新的学科——解析几何学。

笛卡尔的哲学观

笛卡尔在科技方面的成就不仅仅是创立解析几何学，他在天文学和哲学方面也取得了巨大的成就。1633年，他写成了一本《论世界》的书，书中他重申了哥白尼的"日心说"，但迫于当时教会的势力，为了不让这本书出版时受阻，他在做了修改之后定名为《科研方法指导论》，于1637年出版。到1644年，他的哲学著作《哲学原理》写成出版了。连同他在1642年写的另一本哲学著作《哲学的沉思：上帝、精神、肉体》，笛卡尔成了当时法国唯物主义派哲学的代表人物。

笛卡尔的哲学观，实际上是代表了当时新兴的资产阶级的要求，他特别强调哲学对于科学的指导作用，他说："人们可以找到一种实用的哲学，来代替那种在学校里传授的哲学，依靠它，我们认识水、火、空气、星辰、天界和一切其他环绕我们的物体的力和作用……这样我们就成为自然界的主人翁和占有者了。"这种哲学观，显然比康德、黑格尔的唯心主义哲学观大大前进了一步。当然，由于时代的局限，笛卡尔的哲学观有着资产阶级的软弱性和不彻底性，这主要表现在他力图寻找一种科学与宗教矛盾能调和的途径。因此，他的哲学观把物质世界与精神世界分开，把灵魂与肉体分开。

但尽管如此，在世界科技史上，笛卡尔仍有着举足轻重的地位，他的学术和思想一直影响着后人。特别是笛卡尔哲学，对牛顿的影响极大，它是牛顿哲学的主要基础。牛顿后来的研究方法，吸取了笛卡尔与培根的长处，从这个意义上来讲，笛卡尔可以说是牛顿攀登科学高峰的人梯之一。

笛卡尔的故事

1617年到1626年，笛卡尔参军，在军队里当文书，但他始终不懈地钻研数学。参军的第二年，当时他们的部队驻扎在荷兰共和国的一个小镇上。一天，笛卡尔在镇上闲逛，看见一群人围在布告栏前议论纷纷，他也挤了进去，可惜他看不懂上面写的字，于是就用法语问别人。没料到正巧碰上了一位学院院长，那位院长见了眼前这个冒失的小伙子，就同他开玩笑说："你想知道布告上写着什么吗？这可要有个条件，两天之内你必须把正确的答案告诉我。"笛卡尔点了点头。那位院长告诉他，镇上在进行一场数学竞争，布告上便是题目，谁获第一，谁就可以荣获全镇数学家的称号和一大笔奖金。第二天，笛卡尔做出了全部题目。当答案送到那位院长手中时，院长惊讶极了，原来这位貌不惊人的军人竟又简洁又清楚地做对了全部竞赛题目，夺得了桂冠。想不到这次意外的数学竞赛，笛卡尔与那位院长，著名的数学教授结下了不解之缘。两个人经常在一起研究数学，这为日后笛卡尔成为数学家打下了基础。

地球生命起源的发现

地球从诞生到现在，约有50亿年的历史。早期的地球是炽热的，那时候地球上没有生命存在。地球上的生命是怎样起源的？这是现代自然科学尚未完全解决的重大问题。关于地球生命起源有很多假说，其中得到科学界的广泛承认的是化学起源说。

地球生命起源的化学起源说

化学起源说认为，地球上的生命是在地球温度逐步下降以后，在非常漫长的时间内，由非生命物质经过非常复杂的化学过程，一步一步地演变而成的，这个过程分为四个阶段。

第一阶段，从无机小分子物质生成有机小分子物质。

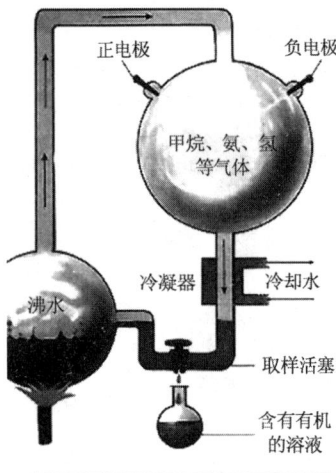

▲米勒设计的实验装置

在原始的地球上，火山活动非常频繁，从火山喷出的气体成为原始地球大气的主要部分，成分大致有甲烷、氨、水蒸气、氢、硫化氢等。地球原始大气在宇宙射线、闪电等的作用下，自然合成了氨基酸、核苷酸、单糖等比较简单的有机小分子物质，这些有机小分子物质在雨水的带动下汇集到原始地球的海洋中。

化学起源说的第一阶段已经得到实验的证实。1953年，美国科学家米勒把甲烷、氨、水蒸气、氢等成分混合放在一个密闭的容器里，这个容器内装有两个电极，米勒通过两个电极放电产生电火花，模拟原始地球大气中的闪电。经过一个星期持续不断的实验，在密闭的容器内合成了多种有机小分子，其中包括5种氨基酸。这个实验证明，在原始地球大气中，完全可以由无机小分子物质合成有机小分子物质。

第二阶段，从有机小分子物质生成有机大分子物质。

在原始海洋中，汇集了大量的氨基酸、核苷酸、单糖等有机小分子物质。这些有机小分子物质，经过长期积累和相互作用，在适当条件下（如吸附在黏土上），通过缩合作用或聚合作用形成了原始的蛋白质分子和核酸分子。已经有科学家模拟原始地球海洋的条件，合成了类似蛋白质和核酸的物质，但这些蛋白质和核酸与现在的蛋白质和核酸相比，有一定的差别，所以，原始地球上的蛋白质和核酸的形成过程是否和化学起源说的第二阶段相同,还不能肯定。但这已经为科学家研究生命起源提供了很有价值的线索,这起码证明有机大分子物质能够在原始地球上由有机小分子物质合成。

第三阶段,从有机大分子物质组成有机多分子体系。

蛋白质和核酸等有机大分子物质在原始地球海洋中越积越多,浓度不断增大,在一定条件下(如水分的蒸发、黏土的吸附作用),这些有机大分子物质经过浓缩、分离,形成最外层包有界膜、与外界相对隔离的有机多分子体系,这种有机多分子体系能够与外界环境进行简单的物质交换活动。苏联学者奥巴林通过实验表明,将蛋白质、多肽、核酸和多糖等放在适当的溶液中,它们能自动浓缩、聚集成许多球状小滴,这些球状小滴能表现出合成、分解、生长等现象。

第四阶段,从有机多分子体系演变为原始生命。

这是生命起源过程中最复杂、最具有决定意义的阶段。目前,科学家还不能在实验上验证这个阶段。但科学家推测,在有机多分子体系内,在蛋白质和核酸这两大主要成分的相互作用下,有机多分子体系最终会演变成具有原始新陈代谢作用并且能够进行繁殖的原始生命。

此后,原始生命就进入了生物的进化阶段。

1965年9月,我国人工合成结晶牛胰岛素获得成功。胰岛素是一种蛋白质,经鉴定,我国人工合成的结晶牛胰岛素在结构、性质、结晶形状等方面和天然牛胰岛素完全相同。这是世界上首次人工合成蛋白质获得成功,标志着人类在认识生命、揭示生命奥秘方面迈出了一大步。

生命的进化

生物经历了一个从低级到高级、从简单到复杂的过程,这个过程就是生物的进化过程。生物的进化过程具体是怎样的?关于这个问题的答案,最重要的是达尔文的自然选择学说。

达尔文自然选择学说的主要内容有四点,即过度繁殖、生存斗争(也称生存竞争)、遗传和变异、适者生存。

过度繁殖是指地球上的生物普遍具有很强的繁殖能力。例如,如果一株一年生植物一年结两粒种子,则20年后,这株植物的后代可达100万株!再如,一对鲫鱼一年可繁殖3000条小鲫鱼,每对小鲫鱼一年又可繁殖3000条小鲫鱼,到第三年,这对鲫鱼的"重孙"代的理论总数可达67.5亿条!

生存斗争是指生物的繁殖能力非常强,实际上每种生物的后代能够生存下来并发

宇生假说

关于地球上的生命起源,还有宇生假说。宇生假说认为,地球上最早的生命或构成生命的有机物质来自于宇宙中的其他天体。1969年9月,科学家在坠落于澳大利亚麦启逊镇的一颗陨石中发现了18种氨基酸,其中6种氨基酸是构成生物的蛋白质分子所必需的。科学家还在宇宙空间中发现了大量的星际有机分子。这些发现为宇生假说提供了依据。宇宙中的有机分子会通过某种途径(如陨石与地球相撞)被带到地球上后,渐渐在地球上演变为原始生命。

育长大的数量却很少，这主要是过度繁殖引起的生存斗争的缘故。生物赖以生存的资源是有限的，例如有限的食物、有限的空间等，生物个体必须通过斗争来争夺有限的资源，这种斗争既包括生物个体之间的斗争，也包括生物个体与自然条件（如干旱、寒冷等）之间的斗争，这种斗争就是生存斗争。在生存斗争过程中，会有大量的生物个体死亡，只有少量的生物个体能够生存下来。那么什么样的生物个体能够生存下来呢？这就涉及生物的遗传和变异。

生物的遗传和变异是普遍存在的。例如，猫繁殖的后代总是猫，这是生物的遗传。但同一对雌、雄猫所繁殖的子代猫之间、子代猫与亲代猫之间在性状上总会有所差别，这是生物的变异。每种生物的每个子代个体所发生的变异是多种多样的。例如，在同一对雌、雄猫所繁殖的子代猫中，这个子代猫可能发生一种变异，那个子代猫可能发生另一种变异。发生何种变异的生物个体能够生存下来呢？这就涉及适者生存。

适者生存是指生物普遍具有变异性，但有的变异对生物的生存自利，有的变异则对生物的生存不利，具有有利变异的生物个体，容易在生存斗争中获胜而生存下来，具有不利变异的生物个体，就容易在生存斗争中失败而死亡。例如，在干旱少雨的地方，一株植物繁殖了两个发生变异的后代，其中第一个后代的变异是叶子更宽大，第二个后代的变异是叶子更窄小。叶子更宽大会导致植物因叶子的蒸腾作用而更快地失去水分，这不利于植物在干旱少雨的地方生存。叶子更窄小则导致植物因叶子的蒸腾作用而更慢地失去水分，这有利于植物在干旱少雨的地方生存，所以第二个后代更容易生存下来，第一个后代就容易因失水过多而死亡。

达尔文把在生存斗争中适者生存、不适者被淘汰的过程称作自然选择。自然选择过程是一个长期的、缓慢的、连续的过程。每种生物的每个子代个体所发生的变异是多种多样的，即生物的变异是不定向的，自然选择则是定向的，只有能够适应自然环境的变异类型才能生存下来。

▲达尔文头像

在生物进化过程中，人类也起到一定的影响作用。人们在日本内海发现一种数量很大的蟹，这种蟹的背部有图案，图案和古代日本武士的面孔非常相似。这是为什么呢？通过历史考究人们找到了答案。

1185 年 4 月，因争夺皇位继承权，当时日本的平家武士集团和源氏武士集团之间在日本内海坛野里发生过一场海战，平家武士集团的名义领袖是当时年仅 7 岁的日本天皇安德。结果是平家武士集团几乎全军覆没，年仅 7 岁的安德被皇太妃丹井抱着投海自尽，仅有 40 多个宫廷侍女幸存下来。这 40 多个宫廷侍女与战场附近的渔民结婚，她们所生育的后代则规定每年 4 月 24 日为坛野里海战的纪念日。直到今天，坛野里附近的人们仍在每年 4 月 24 日举行纪念活动。

那这与背部刻有武士面孔图案的蟹有什么关系呢？毫无疑问，这种蟹不是一直就有的，而是在某个时候碰巧产生的。假定在过去的某个时候，在坛野里附近的海中，有一种蟹的背部恰好具有一种图案，这种图案和武士的面孔很相似，那么这种蟹被渔民捕捉后，由于当地特定的历史，渔民会把它放回海里，以纪念坛野里所发生的令人悲哀的海战。即使在坛野里海战之前，渔民也会把它放回海里，因为日本在古代的时候就很崇尚武士精神，其他普通的蟹则会被人们毫不犹豫地吃掉。这样，由于人的作用，这种蟹及其后代的生存机会就比普通蟹大许多，于是这种蟹就越来越多。上述这种过程被称为"人工选择"过程，这种蟹现在的学名叫关公蟹，日本俗称武士蟹。

人工选择更多地被人们用在野生生物的改造和驯化上。比如，水稻、小麦、家猫等生物不是一直就有的，而是人类在野生稻、野生麦、野生猫的基础上改造和驯化而来的。

地球的历史已有将近 50 亿年，地球上生命起源于大约 38 亿年前，人类起源于大约 300 多万年前，人类文明则起源于大约 5000 年前，所以，在地球生物进化的漫长过程中，我们人类只是在最后期起到一定的作用。

认识地震

地震是对人类危害最大的地质灾害，目前，人类对地震的中长期预报已有一定的可信度，但短临预报的成功率较低。

地质灾害

地质灾害是在自然或人为因素的作用下形成的对自然环境、人类生命财产造成破坏和损失的地质现象，主要类型有地震、山体崩塌、山体滑坡、泥石流、地面塌陷、火山喷发等地质现象。

▲泥石流

地震是地球内部介质，局部发生急剧的破裂，产生地震波，在一定范围内引起的地面振动的地质现象，是地球上经常发生的一种自然现象，古代称地动。地震发生时，最基本的现象是地面的连续振动，主要是明显的晃动。山体崩塌是较陡的斜坡上的岩土体在重力的作用下突然脱离母体，崩落、滚动并堆积在坡脚的地质现象。山体滑坡是斜坡上的岩土体在重力的作用下沿着一定的软弱面或软弱带整体向下滑动的地质现象。泥石流是山区特有的一种地质现象，是由于降水而形成的带有大量泥沙、石块等固体物质的特殊流体。地面塌陷是地表岩土体在自然或人为因素的作用下向下陷落，并在地面形成塌陷坑的地质现象。火山喷发是地壳深处的呈熔融状的岩浆，在压力的作用下从地壳的薄弱处冲出地表而形成的地质现象。

地震

相对而言，无论在深度上还是在广度上，在地质灾害众多类型中，地震对人类的危害最大。地震包括三要素，分别是发震时刻、震级和震中。

发震时刻就是地震发生的时间。震级是表示地震强弱的量度，是以地震仪测定的地震活动所释放的能量的多少而确定的，用字母 M 表示。目前，我国使用的震级标准是国际通用的里氏分级表，共分为 9 个等级。震级小于里氏 3 级的地震称弱地震，震级等于或大于里氏 3 级、小于或等于里氏 4.5 级的地震称有感地震，震级大于里氏 4.5 级、小于里氏 6 级的地震称中强地震，震级等于或大于里氏 6 级的地震称强地震，强地震中震级等于或大于里氏 8 级的地震称巨大地震。震级每相差 1 级，地震所释放的能量就相差 32 倍。

地震波发源的地方称震源。地面上离震源最近的一点，也就是震源在地面上的垂直投影点，称震中。震中到震源的深度称震源深度。通常把震源深度小于 60 千米的地震称浅源地震，震源深度在 60—300 千米之间的地震称中源地震，震源深度在 300 千米以上的地震称深源地震。地震的震源深度越浅，对地面的破坏越大，但波及的地面范围越小。破坏性地震一般是浅源地震，如 1976 年 7 月 28 日发生的唐山地震的震源深度为 12 千米，震级为里氏 7.8 级，遇难人数超过 20 万。

某一地区发生地震时，在一段比较短的时间内往往会发生一系列地震，其中震级最大的一个地震称主震，主震之前发生的地震称前震，主震之后发生的地震称余震。同震级地震对同一地方造成的破坏不一定相同，同一次地震对不同地方造成的破坏也不一定相同，因此，人们使用地震烈度衡量地震的破坏程度。影响地震烈度的因素有震级、震源深度、与震源的距离、地面状况、地层构造等。一次地震只有一个震级，但可划分出多个地震烈度不同的地区。如果把一次地震比作是一次炸弹爆炸，那么震级好比是炸弹的装药量，地震烈度好比是炸弹对不同点的破坏程度。我国把地震烈度划分为 12 度。发生在 1976 年 7 月 28 日的唐山地震的震级为里氏 7.8 级，震中的地震烈度为 11 度，受该地震影响，天津的地震烈度为八度，北京的地震烈度为六度，石家庄的地震烈度为 4 至 5 度。

在地球上，地震活动频繁的地区连成的带状区域称地震带。全球有两大地震带，一是环太平洋地震带，分布在太平洋周围，像一个巨大的环，把太平洋与大陆分隔开。二是地中海至喜马拉雅地震带，包括两支，一支从地中海向东到达中亚，然后至喜马拉雅山，再向南经我国横断山脉、缅甸，呈弧形转向东，最后至印度尼西亚；另一支从地中海向东到达中亚，然后向东北延伸，最后至亚洲东北部的俄罗斯堪察加。

地震的成因及预防

根据地震的成因，地震分为构造地震、火山地震、塌陷地震、诱发地震和人工地震五种：

构造地震指由于地下深处岩石破裂、错动，把长期积累的能量急剧释放出来，以地震波的形式传播出去，从而引起的地震。构造地震发生的次数最多，约占全世界地震总数的 90% 以上，破坏力也最大。

火山地震指由火山活动引起的地震。只有在火山活动区才可能发生火山地震，火山地震约占全世界地震总数的 7% 左右。

> **我国的地震带**
>
> 我国有 23 条地震带，主要分布在五个地区。这五个地区分别为：一是台湾及其附近海域；二是西南地区的四川西部、云南中西部、西藏；三是西北地区的甘肃河西走廊、青海、宁夏、天山南北麓；四是华北地区的太行山两侧、汾渭河谷、阴山、燕山、山东中部、渤海湾；五是东南沿海的广东、福建等地。我国的台湾位于环太平洋地震带上，四川、云南、西藏、青海等省区位于地中海至喜马拉雅地震带上。

塌陷地震指由岩洞或矿井塌陷而引起的地震。塌陷地震的规模较小,次数也很少,仅发生在岩洞密布的地区和矿区。

诱发地震指由水库蓄水、油田注水等引发的地震。诱发地震仅在某些特定的水库库区和油田地区发生。

人工地震指核弹爆炸、常规炸药爆破等人为因素引起的地震。

发生地震时,震中的人们要做好自救,其方法现列举如下:

1. 室外的人要尽量躲到开阔、平坦的地方,尽量远离建筑物和其他容易倒塌的物体,尽量离开车内,但不可四处乱跑。

2. 室内的人如果来不及逃离室内,就要尽量躲到卫生间等比较小的房间,或尽量躲到容易形成支撑的地方,如床沿下、坚固的桌脚、承重墙墙角等,尽量不要站到阳台上和窗户边,也不要在强烈震动时向室外跑,更不可跳楼,同时要尽量关闭燃气阀门、切断电闸。

3. 尽量远离供电线路、容易破碎的物体如玻璃制品、容易坠落的物体如吊灯和其他比较危险的物体。

4. 要尽量躲到靠近水源和食品的地方。

5. 一旦被倒塌物困住,不要心慌,更不要乱动,要尽量保存体力,并轻缓地向外界发出求救信号,如用石块轻轻敲打易发出声响的物体。如果周围有水和食物,要节约使用,要利用周围一些坚固物小心地对周围进行加固,防止倒塌物的再次塌陷伤害自己。

得到地震预警后,在地震来临前,人们要做好以下预防措施:

1. 加固房体。

2. 固定好室内柜橱、冰箱等大件物体,防止这些物体倾倒。

3. 在玻璃上粘贴胶布,防止玻璃碎片飞溅伤人。

4. 室内柜橱的门应加固,防止柜橱内的物体因柜橱门被震开而掉落下来伤人。

5. 不要把电视机、花瓶、钟表等容易破碎的物品和缸、坛等质量较大的物品放置或悬挂在室内较高处,室内物品的摆放应按照"重在下、轻在上"的原则。

6. 在卫生间等比较小的房间内和容易形成支撑的地方如床沿下、坚固的桌脚、承重墙墙角等处放置水、食品、药品、袖珍收音机、电筒、干电池、衣物等物品,以备万一被倒塌物困住时使用。

地震来临前是有征兆的,总会引起地下和地上的物理、化学等变化,如地下水变化、天气变化、地磁场变化、动植物异常反应等,对这些变化进行综合研究,对获取的数据进行处理分析,就可以对发震时刻、震级和震中进行预报。

由于地震成因的复杂性和发震的突然性,以及当前科学技术水平的限制,地震预报目前还是一个世界性难题,还停留在半经验半理论阶段,尚无一个可靠途径和手段能准确预报所有破坏性地震。目前,人类对地震的中长期预报已有一定的可信度,但短临预报的成功率较低。

第三篇　近代科学发现

　　17世纪至18世纪，欧洲的自然科学取得了突飞猛进的发展，一场科学革命正在孕育，从而引起了知识、思维方式乃至社会的根本变革。在近代世界科学发展史上，发生了一系列有重大影响的科学革命事件，对世界科学的发展产生了深远而有意义的影响。

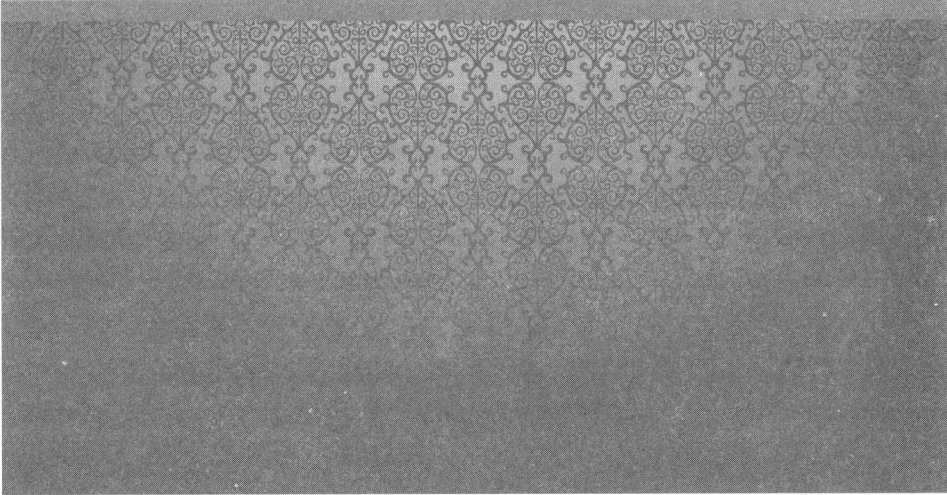

关于地球的发现

　　1452 年 4 月 15 日，在意大利佛罗伦萨城附近的芬奇小镇上，一个男婴呱呱坠地了，他就是 15 世纪欧洲文艺复兴时期的代表人物，伟大的画家、自然科学家、工程师、建筑师、雕塑家达·芬奇。时代需要伟人，时代也造就了伟人。达·芬奇就是这样的一个伟人，他不仅给人类贡献了诸如《最后的晚餐》、《蒙娜丽莎》一类的稀世绘画珍品，而且还在一个完全不同的自然科学领域里显示出非凡的才华。达·芬奇对地层里的发现，对后人研究地球形成的过程起到了很大的帮助。

达·芬奇的地质思想

　　达·芬奇在反复研究了阿尔卑斯山脉中流水的侵蚀破坏作用，认为砾石是河流巨大挖掘作用的产物，山是水作用于地表形成的。他还指出从山上冲刷下来的泥土被河流搬运到海中，会使海底升高，海水退却。达·芬奇这些对侵蚀、搬运、沉积作用的描述，记载在他 1508 年出版的《笔记》中。尽管这些见解我国科学家早在四五百年以前就已经提出，但在当时的欧洲却还是第一次见到。达·芬奇还认为，海陆的轮廓是慢慢地变化着的，正像我们现在看到的那样，现在的变化可以用来了解和说明以前的变化。达·芬奇是地质学研究中最先提出现实主义方法的人。

　　更重要的是，1517 年，达·芬奇从意大利北部一项运河工程中挖出来的层状岩石中，发现了许多海洋生物的贝壳。他正确地认识到，"当贝壳还在海岸附近的海底时，来自河流的泥沙将贝壳覆盖并渗入贝壳的内部，在泥沙变成岩石的过程中，这些海洋生物的遗体也就变成为贝壳化石了。"他驳斥了化石是由于行星的影响而在山丘上形成的说法。他得出的结论是："化石是过去生物的遗体与海底堆积物一起石化了的东西，以后由于地壳的运动而被带到了高处。"

　　达·芬奇还注意到，上面岩层和下面岩层中所含的化石种类是不完全一样的。这一发现非常重要，可以说这是达·芬奇的地质思想中最可贵的一点。因为按照这种思想推测下去，就能比较容易认识到上面的岩层和下面的岩层是在不同的时代生成的，而它们所含化石的差别也正说明生物的种类是随时代的不同而不断变化的。

多才多艺的斯坦诺

　　一个多世纪以后，丹麦又出了位多才多艺的人物，他叫斯坦诺，1638 年生于哥本哈根，1664 年获得医学博士学位。后来，他长期居住在当时文艺复兴运动的中心意大利，先后担任过帕多瓦大学的教授、托斯卡纳省督军的私人医师、佛罗伦萨玛丽亚诺瓦医院的解剖学专家、罗马天主教堂的牧师等。

斯坦诺在科学研究上的成就是多方面的。当然，我们最感兴趣的是斯坦诺在地质学方面的贡献。他对大自然有浓厚的兴趣，经常同几位知己到意大利的托斯卡纳地区进行地质考察。他研究过这个地区成层状沉积岩的形成、变化和性质，观察到山脉可能是由火山活动、断层出现、地壳褶皱、高地侵蚀等原因引起。1669年，他把他的观察研究成果写成了一篇论文《天然固体中的坚硬物》。

斯坦诺根据岩石的性质和成因把它们分成两类，一类是"初始岩石"，另一类岩石由初始岩石变来，是初始岩石经过日晒雨淋、流水冲刷等破坏作用变成泥沙，泥沙再经搬运、沉积而形成。此外，他还通过

▲斯坦诺

地质考察认识到，每一个岩层都有上下两个层面，这两个层面的初始状态应该是水平的。如果我们现在看到的层面是倾斜的，那就说明这个岩层在形成之后已经发生过变动。其次，他还认为每一个岩层本来都应该有范围相当广的延伸面，若是我们今天看到的岩层由于受到地形的阻隔而中断，那就可以认为它在形成之后遭到过破坏。所有这些今天看来似乎是顺理成章的事，在当时来说却是超越时代的地质思想。

斯坦诺把意大利托斯卡纳地区的地质发展历史分成了六个阶段。

第一个阶段是这个地区被海水淹没，沉积而生成不含化石的初始岩石；第二个阶段海水退去，该地区变成陆地，在这块古陆下面，由于水和地下火的作用，出现了若干空洞；接着是第三个阶段，地下空洞由于承受不了上面的压力而崩坍，于是造成地表面高低不平，初始岩层产生倾斜；第四个阶段是这个地区又遭海水入侵，这次沉积的结果是形成了含有化石的岩层；第五个阶段，该区再次成为干燥的陆地，地表广泛受到河流的侵蚀，地下再次出现一个个空洞。第六个阶段，地下空洞照例发生崩坍，地表终于成了现在这样的山河面貌。

在上述六个阶段地壳变动和山脉形成的过程中，斯坦诺特别强调了流水的侵蚀作用，以及由于这种侵蚀作用形成的地下空洞崩坍所造成的影响。从现在的观点来看，地下岩洞是确实存在的，它们的崩坍也确实会对上面岩层的形状乃至地面的地形地貌产生影响，但是这种现象不很普遍，影响也没有那么大，所以它不是发生地壳变动的根本原因。

但是，我们仍然应当对期坦诺的工作给予高度评价，感谢他给我们带来了"地层层序论"。他首先通过观察确定了现在地下岩层的情况，然后根据所掌握的有关这些岩层的具体事实（如上下层序、含化石与否、产状变化等），按照从新到老的顺序（在层状岩石未发生褶皱或断裂的情况下，总是先形成的岩石在下，时代较老，后形成的

岩石在上，时代较新）确定了托斯卡纳地区的地质演变历史，在叙述时则按照从老到新的顺序进行。毫无疑问，这是对一个区域的地质历史所做的科学分析，这是前无古人的。

布丰提出最可贵的"第一个"

说到这里，我们不能不提一下布丰。他是 18 世纪法国的一位大博物学家，同达·芬奇和斯坦诺一样，地理、地质也不是布丰的"本行"，布丰曾任法国皇家植物园园长，他的最大兴趣是研究自然博物史。他每天都要在植物园的帐篷里工作几个小时，数十年如一日。他是进化思想的先驱，主张生物物种可变，倡导生物转变理论，提出"生物的变异基于环境的影响"原理。他还提出"缓慢起因"的主张，认为可用已知的现在解释未知的过去。

博物学家布丰

布丰（1707—1788 年）法国博物学家，生于蒙巴尔，先后学过法律和数学，曾在英国学习过一年数学、物理学和植物生理学。回国后，他翻译出版了牛顿的《流数》和黑尔斯的《植物静力学》。1739 年，他被任命为皇家植物园主任。1753 年，他当选为法国科学院院士，此后又先后被选为英国皇家学会会员、德国和俄国的科学院院士。

在布丰生活的时代，波兰天文学家哥白尼的日心说早已提出并得到普遍承认，德国哲学家康德和法国科学家拉普拉斯提出了关于太阳系起源的星云假说，德国学者莱布尼兹又在《原始地球》一书中提出地球形成的冷却说，这就使当时的科学家们有可能对地球的形成和演变作出某些科学的推论。布丰在 1749 年发表了《地球的理论》，认为地球起源于太阳与彗星碰撞出来的炽热碎块，以后这个碎块在做旋转运动中变成为球形，这就是地球。30 年后他又发表《自然世代》，书中描述了地球的演化历史。他把地球的演化历史划分成 7 个代：地球和其他行星形成；随着冷却固结，形成地球内部的岩石和地表的玻璃质物质；大洋普遍出现，贝类动物随之出现；海水退却，出现植物和鱼类，火山活动频繁；大型兽类出现；大陆塌陷，造成大陆块分离；人类出现。他从初始地球是炽热的熔融岩浆状态的假说出发，推算出地球冷却到今天的状态需要经历 75000 年。

现在，我们的地球科学家已经普遍放弃了初始的地球是熔融状态的说法，地球的演化历史也不是 7 个代，它的年龄远远不止 75000 年。但是，我们仍然不能忘记，布丰正是第一个提出地球具有自己的形成过程和演化历史的科学家。

大气压力的发现

我们生活在地球上，地球的四周包围着厚厚的大气。这些大气具有重量，并且向我们施加压力，这是一个显而易见的现象。然而，人们却感觉不到，因为气压已经成为生活中的一部分。只有了解了气压，才能对我们生活的环境有更清楚的了解。

气压概述

气压是指大气对浸在它里面的物体产生的压强，也就是从地球表面延伸至高空的空气重量，使地球表面附近的物体单位面积上所受的力。地面上空气的范围极广，常称为"大气"。离地面200千米以上，仍有空气存在。这层厚厚的空气主要是由氮气、氧气、二氧化碳、水蒸气和氦、氖、氩等气体混合组成的。它的密度很不均匀，上疏下密地分布在地球的周围。所有浸在大气里的物体都要受到大气作用于它的压强，就像浸在水中的物体都要受到水的压强一样。尽管大气的平均密度很小，但如此高的大气柱作用于地面上的压强仍然很大。人体在大气内对受到的气压压迫毫无感觉，这是因为人体的内外部同时受到气压的作用，而且恰好相等。

那么如此强大且与人类生存密不可分的气压到底是怎样产生的呢？大气压强产生的原因主要有以下两种解释。第一种解释认为，由于地球对空气的吸引作用，空气压在地面上，要靠地面或地面上的其他物体来支撑，支持着大气的物体和地面受到大气压力的作用。单位面积上受到的大气压力，就是大气压强。第二种解释认为，从分子动理论可知，气体的压强是大量分子频繁地碰撞容器壁而产生的。单个分子对容器壁的碰撞时间极短，作用是不连续的，但大量分子频繁地碰撞器壁，对器壁的作用力是持续的、均匀的，这个压力就是大气压强。

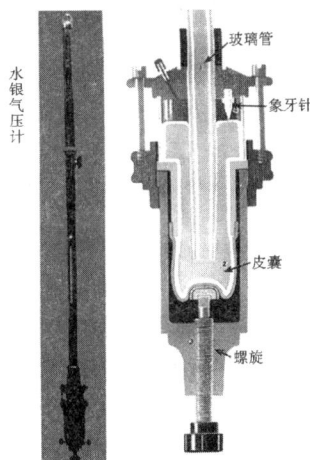

▲测量气压的水银气压计

气压并不是一成不变的，它会随着诸多因素的改变而改变。气压的大小主要与海拔高度、大气温度、大气密度等有关。气压大小与高度成反比，它随着高度的提升而下降，其关系为每提高12m，大气压就下降1mmHg（1毫升水银柱）或者每上升9m，大气压降低100Pa。除以上因素外，气压也有日变化和年变化。气压日变化幅度较小，一般为0.1千帕至0.4千帕，并随纬度增高而减小。一天中，气压有一个最高值和一个最低值，分别出现在 9 时至 10 时和 15 时至 16 时，还有一个次高值和一个次低值，分别出现在 21 时至 22 时和 3 时至 4 时。一年之中，冬季比夏季的气压高。我们通常把 1.01325×10^5 Pa 的大气压强叫做标准大气压强，它相当于 760mm 水银柱所产生的压强。

托里拆利简介

托里拆利，意大利物理学家、数学家。1608 年 10 月 15 日出生于贵族家庭，幼年时就表现出卓越的数学才能，20 岁时到罗马，在伽利略早年的学生卡斯提利指导下学习数学，毕业后成为他的秘书。1641 年他写了第一篇论文《论自由坠落物体的运动》，发展了伽利略关于运动的想法。经卡斯提利推荐做了伽利略的助手，伽利略去世后接替伽利略作了宫廷数学家，1647 年 10 月 25 日，39 岁的他过早去世。

气压的发现

气压的发现主要归功于两个实验：托里拆利实验和马德堡半球实验。

托里拆利实验测出了大气压的大小。他一只手握住玻璃管中部，在管内灌满水银，排出空气，用另一只手的食指紧紧堵住玻璃管开口端，把玻璃管小心地倒插在盛有水银的槽里，待开口端全部浸入水银槽内时放开手指，将管子竖直固定，当管内外的水银液面的高度差约为 76 厘米时，它就停止下降，这时读出水银柱的竖直高度，即为一个大气压的压强。

其后的马德堡半球实验说明，空气不仅是有压力的，而且这个压力还很大。在三个世纪以前，德国的马德堡市曾公开做了一个实验，发明抽气机的奥托·格里克将两个直径为 37 厘米的空心铜半球合起来，使之密不漏气，然后用抽气机把铜球里的空气抽掉。在每个半球的环上各拴上四匹壮马，同时向相反的方向拉铜球，两个半球无法分开。最后，用了 20 匹大马，随着一声巨响铜球才一分为二。

酸碱指示剂的发现

波义耳的一生是实验的一生，他牢牢地把握实验这种基本方法，深入到化学的内在实质研究中，使化学确立成为一门学科。由于波义耳在科学上的卓越成就，被人们称为"英国科学界的明星"。

实验决定一切

波义耳是英国化学家、物理学家，1627 年 1 月 25 日出生于爱尔兰的利斯莫尔的贵族家庭。幼年的波义耳就聪慧过人，接受了非常好的教育。17 岁的时候，他的父亲被共和派的军队杀死。波义耳不喜欢空谈，主张"实验决定一切"。父亲去世以后，在姐姐的资助下，波义耳在斯泰尔桥办了一个堪称世界一流的实验室，这个实验是一座大楼，楼上是卧室和图书室，图书室每周都有从伦敦送来的新书；楼下是大小不等的实验室，陈放着加热炉、天平、玻璃仪器等。波义耳实验室开始主要是研究空气的性质，所以被人戏称为"无形学院"。

波义耳对空气的物理性质作了系统的研究。他用实验论证了空气是有重量和弹性（当时波义耳称之为弹力）的物质；论证了压强对水的沸点的影响，指出当使周围的空气稀薄时热水就能沸腾起来；论证了细管中液体的上升是和大气压力无关的，这与当时的观点截然相反；论证了真空中虹吸失效；还研究了空气的比重、折射率等等。波义耳还发现了气体的体积与压强的反比关系，在历史上建立起力学运动以外的第一个定量的自然定律，即著名的波义耳定律，现称为波义耳—马略特定律，这是波义耳对物理学作出的杰出贡献。

▲化学家波义耳

波义耳对化学的最大贡献是在理论上。化学主要来源于炼金术，到 15、16 世纪化学才摆脱了炼金术的束缚，但是依然从属于医学和冶金，并没有独立成为一门学科。波义耳根据自己的试验经验总结提出，化学应该成为一门独立的科学。

当时欧洲盛行燃素说，波义耳也开始探索燃烧的奥秘。他在一个容器中抽去空气，将硫磺洒在一块烧红的铁板上，硫磺熔化后冒烟，如果这时再导入空气就会产生蓝色的火焰。同时，他还将点燃的蜡烛放进没有空气的容器中，发现蜡烛会立即熄灭。于

是，波义耳就认为空气的存在是燃烧所必需的条件。他还发现如果把金属放在空气中加热会使重量增加，这跟传统的燃素说所说的燃烧是物质放出燃素不相符合。波义耳的这些通过实验得出的结论，为后来拉瓦锡推翻燃素说、创立氧化说，奠定了坚实的基础。

在历史上早有所谓的四元素说，那是古希腊哲学家亚里士多德提出来的。亚里士多德认为万物都是由土、水、气和火四种元素组成的，它们既不能产生，也不能消灭，永恒地存在着。而所谓的元素性质则是人们感觉到冷、热、干、湿等。后来，帕拉切尔苏斯提出所谓的三要素说，认为万物由盐、硫和汞以不同的比例组成，但这只是对亚里士多德的四元素说作出的修补罢了。

通过实验，波义耳认为物质是由无数细小致密、不能用物理方法分割的微粒构成，粒子运动的分离和结合导致了各种化学变化。波义耳还一针见血地指出，无论四元素说还是三要素说都是错误的，应是自己所指出的那样，即"元素乃是具有确定的性质，实在的、可观察到的实物，是不能用一般化学方法再分解的实物"。现在看来，波义耳的元素定义与单质的定义相近，元素的正确定义应是具有相同核电荷数的同一类原子的总称。波义耳在当时能勇于批判四元素说和三要素说，并提出元素的微粒说和较为确切的元素定义已属难得。这是认识上的一个突破，使化学第一次明确了自己的研究对象。

波义耳的元素定义的提出，激发了人们寻找元素的热情。虽然现在我们回过头去看波义耳对元素的定义不过是单质，他认为盐、水根本不是元素，反之炼金术士们认为不是元素的铜、铁、锌、碳倒是真正的元素。这在很大的程度上启迪了后来的化学家们，因此这个概念在整个科学史上都具有里程碑的意义，标志着人类对物质的认识进入了一个新阶段。

正因为波义耳不喜欢空谈，主张"实验决定一切"，他经常用实验的方法探索学术问题，所以波义耳被称为分析化学的鼻祖。

有一天，波义耳正在蒸馏硫酸亚铁制备硫酸，一不小心硫酸溅到了紫罗兰花上，他赶忙用水冲洗，但令人惊讶的是紫罗兰竟变成了通红色。难道酸真的会使紫罗兰变色吗？

酸碱指示剂

用于酸碱滴定的指示剂，称为酸碱指示剂，是一类结构较复杂的有机弱酸或有机弱碱，它们在溶液中能部分电离成指示剂的离子和氢离子（或氢氧根离子），并且由于结构上的变化，它们的分子和离子具有不同的颜色，因而在pH不同的溶液中呈现不同的颜色。

通过实验，波义耳找到了答案，酸不仅会使紫罗兰变色，而且姜黄、石蕊浸液等遇到酸碱都会变色，利用这一点就可以区分溶液的酸碱性。波义耳把姜黄、石蕊这类东西称为酸碱指示剂，迄今300年来人们还在应用这一发现。

波义耳不仅发明了指示剂，而且提出了朴素的关于酸碱的定义和中和理论。他把能使试液变成一定颜色的物质叫做酸或碱，如将石蕊试液变红的一类物质叫做酸，变蓝的一类物质叫做碱，而且酸和碱相遇会失去各自原有的特性并生成水。

此外，波义耳还发现氨水跟铜盐作用会生成深蓝色，盐酸和硝酸银生成白色氯化银沉淀，石灰能与硫酸生成白色硫酸钙沉淀，以此可用于检验。他还创立了用减压蒸馏法来分离物质，将天平引进化学实验来测定物质的纯度等。

波义耳的化学著作

波义耳一生致力于实验，他留下了《怀疑派化学家》、《关于实验颜色和考察》、《空气发光》、《天然矿泉水实验简编》等不朽的化学名著。

1661年，波义耳出版了名著《怀疑派化学家》。他反对当时"点金术"派的"元素"观，提出了接近于近代的化学元素的概念，波义耳为化学元素作出了科学而明确的定义："它们应当是某种不由任何其他物质所构成的或是互相构成的、原始的和最简单的物质。"区分了化合物和混合物。

他把实验方法引入化学研究中，主张化学要建立在大量的实验观察基础上，对物质的化学变化要进行定量研究，从而开创了分析化学的研究。他最早引入了"分析化学"这个名称。恩格斯对他给予了高度的评价，指出"波义耳把化学确立为科学"。

波义耳在一些著作里还介绍了包括指示剂制作和变色实验、酸碱中和、磷的提取和性质以及火柴制作等内容。值得一提的是，在《天然矿泉水实验简编》中，波义耳还做了许多定量实验，如对矿泉水成分进行分析等，这是非常值得称道的！

波义耳虽终身致力于科学研究，却是个有神论者，晚年曾设置波义耳讲座，专门反对无神论。1691年12月30日这颗明星陨落，终年64岁，他终身未娶。

帕斯卡定律的发现

帕斯卡定律指的是在封闭容器中，静止流体的某一部分发生的压强变化，将毫无损失地传递至流体的各个部分和容器壁，压强等于作用力除以作用面积。所有的液压机械都是根据帕斯卡定律设计的，所以帕斯卡也被称为"液压机之父"。

游戏中的帕斯卡定律

有一个有趣的笑话，一群伟大的科学家去世后在天堂里玩捉迷藏游戏，他们追来藏去，玩得很开心。下一个轮到爱因斯坦抓人了，他按照规则闭上眼睛，从1数到100，然后睁开眼睛准备抓人。这时，他发现科学家们都藏起来了，而牛顿却站在原地，一动不动。爱因斯坦毫不迟疑，径直走过去，拉住牛顿的衣服笑着说："牛顿，我抓住你了。"牛顿并不躲闪，而是平静地说："不，你没有抓到牛顿。"爱因斯坦一惊，问道："我抓住了你，你不是牛顿又是谁?"牛顿抬手指脚下，说："你看我脚下是什么?"爱因斯坦顺着他的手指的方向看去，看到牛顿站在一块长宽都是一米的正方形的地板砖上。他想了想，仍然深感不解，不明白这代表了什么道理。牛顿却笑了，慢条斯理地说："我脚下是一块1平方米的方砖，我站在上面就是牛顿/平方米，所以你抓住的不是牛顿，你抓住的是帕斯卡。"爱因斯坦一听，哭笑不得。

故事中的帕斯卡便是率先论述液体压强的传递问题的人了。后人为纪念帕斯卡，就用他的名字来命名压强的单位，简称"帕"。1帕斯卡=1牛顿/平方米。

▲帕斯卡像

发现规律的帕斯卡

在日常生活中，我们经常看到这样一种现象，当一条水龙带中没有水时，带子是扁的。而一旦水龙带接到自来水龙头上灌进水时，就变成圆柱形了。如果水龙带上扎了几个眼，情况就不妙了，水会从小眼里喷出来，喷向四面八方。水本来是在带子里向前流的，为什么能把水龙带撑圆呢?又为什么会喷出四面八方的水呢?

几百年前的法国，有一位年轻人对此产生了好奇心。他叫帕斯卡，父亲是一位数学家，因此他从小就接受了良好的数学教育，对于数学、物理都产生了浓厚的兴趣。帕斯卡喜欢思索，爱问为什么，他从水龙带的变化中提出了疑问："莫非水不是只往前流，而是对四面八方都产生作用力？"带着这个疑问，帕斯卡投入到实验中，他制造了一个球，取名"帕斯卡球"。这个球是一个壁上有许多小孔的空心球。球上连接一个圆筒，筒里有可以移动的活塞，把水灌进球和筒里，向里压活塞，水便从各个小孔里喷射出来，成了一支"多孔水枪"。从这个实验中，帕斯卡得出结论，液体能够把它所受到的压强向各个方向传递。水龙带灌满水以后变成圆柱形，就是因为水龙带里的水把自来水里的压强传递到了带壁的各个部分的结果。细心的帕斯卡进一步观察，看看球中喷出的水柱哪个更远。观察的结果却是每个孔里喷出水的距离都差不多远。也就是说，每个孔受到的压强都相同。经过反复多次试验，帕斯卡确定了自己的观察结论，总结出液体传递压强的基本规律，这就是著名的帕斯卡定律。

帕斯卡提出的帕斯卡定律，奠定了流体力学的基础。帕斯卡定律指的是在封闭容器中，静止流体的某一部分发生的压强变化，将毫无损失地传递至流体的各个部分和容器壁，压强等于作用力除以作用面积。根据帕斯卡定律，在水力系统中的一个活塞上施加一定的压强，必将在另一个活塞上产生相同的压强增量。

发现微积分

早在公元 1665 年，英国牛顿的一份手稿中就已有流数术的记载，这是最早的微积分学文献，其后牛顿分别在 1711 年、1736 年发表的《无穷多项方程的分析》、《流数术方法与无穷级数》等著作中进一步发展流数术，并建立微积分的基本定理。

微积分的发现

微积分是 17 世纪世界数学史上的一个重要发现。这个时期，欧洲的社会经济迅猛发展，资本主义工业的大型生产使力学在科学中的地位越来越重要。于是，一系列力学问题以及与此相关的问题便呈现在科学家们面前，这些问题也就成了促使微积分产生的因素。归结起来，大约有四种主要类型的力学问题：

第一类是研究运动的时候直接出现的，也就是求即时速度的问题；

第二类是求曲线的切线问题；

第三类是求函数的最大值和最小值问题；

第四类是求曲线长、曲线围成的面积、曲面围成的体积、物体的重心、一个体积相当大的物体作用于另一物体上的引力等问题。

17 世纪的许多著名数学家、天文学家、物理学家都为解决上述几类问题做了大量的研究工作，如法国的费尔马、笛卡尔、罗伯瓦、德扎格，英国的巴罗、瓦里士，德国的开普勒，意大利的卡瓦列利等人都提出了许多很有建树的理论，为微积分的创立做出了贡献。

17 世纪下半叶，在前人工作的基础上，英国大科学家牛顿和德国数学家莱布尼茨分别在自己的国家里独自研究和完成了微积分的创立工作，虽然这只是十分初步的工作。他们的最大功绩是把两个貌似毫不相关的问题联系在了一起，这两个问题分别是切线问题和求积问题，其中切线问题是微分说的中心问题，求积问题是积分学的中心问题。

为近代数学奠基的牛顿

虽然在牛顿之前，已有不少数学家从事过微积分的奠基性工作，但作为无穷小量分析所涉及的观点和方法，以及由此组成的一门以独特的算法为特征的新

▲卡瓦列利

学科的发现仍然要归功于牛顿。正如美国数学家克莱因所说："数学和科学中的巨大进展，几乎总是建立在几百年中作出的一点一滴贡献的许多工作之上的，需要一个人来走那最高最后的一步，这个人要能足够敏锐地从纷乱的猜测和说明中清理出前人有价值的想法，有足够的想象力把这些碎片重新组织起来，并且足够大胆地制订一个宏伟的计划。在微积分中，这个人就是伊萨克·牛顿。"

1666 年，在担任数学教授之前，牛顿已经开始关于微积分的研究，他受到了沃利斯的《无穷算术》的启发，第一次把代数学扩展到分析学。牛顿起初的研究使用的是静态的无穷小量方法，像费尔马那样把变量看成是无穷小元素的集合。1669 年，牛顿完成了第一篇有关微积分的论文《无穷多项方程的分析》。这篇论文当时在他的朋友中间散发、传阅，直到 1711 年才正式出版。牛顿在论文中不仅给出了求瞬时变化率的一般方法，而且证明了面积可由求变化率的逆过程得到。

▲伊萨克·牛顿

接着，牛顿进行微积分研究第二阶段的工作，研究变量流动生成法，认为变量是由点、线或面的连续运动产生的，因此他把变量叫流量，把变量的变化率叫流数。牛顿这阶段的工作成果，主要体现在成书于 1671 年的一本论著《流数法和无穷级数》。书中叙述了微积分的基本定理，并对微积分思想作了广泛而更明确的说明，但这本书直到 1736 年才出版。在书中，牛顿还明确表述了他的流数法的理论依据："流数法赖以建立的主要原理乃是取自理论力学中的一个非常简单的原理，即数学量，特别是外延量都可以看成是由连续轨迹运动产生的，而且所有不管什么量，都可以认为是在同样方式下产生的。"

他又说："本人是靠另一个同样清楚的原理来解决这个问题的，这就是假定一个量可以无限分割，或者可以（至少在理论上说）使之连续减小，直至比任何一个指定的量都小。"牛顿在这里提出的"连续"思想以及使一个量小到"比任何一个指定的量都小"的思想是极其深刻的。

牛顿进行微积分研究的第三阶段用的是最初比和最后比的方法，否定了之前自己认为的变量是无穷小元素的静止集合，不再强调数学量是由不可分割的最小单元构成，而认为它是由几何元素经过连续运动生成的。他也不再认为流数是两个实无限小量的比，而是初生量的最初比或消失量的最后比，这就从原先的实无限小量观点进入了量的无限分割过程，即潜无限观点上去。这是他对初期微积分研究的修正和完善。

牛顿在流数术中所提出的中心问题是：已知连续运动的路径，求给定时刻的速度（微分法），已知运动的速度求给定时间内经过的路程（积分法）。牛顿认为任何运动存在于空间，依赖于时间，因而他把时间作为自变量，把和时间有关的固变量作为流量。不仅这样，他还把几何图形——线、角、体，都看作力学位移的结果，因而一切变量都是流量。

所谓"流量"就是随时间而变化的自变量，如 x、y、s、u 等，"流数"就是流量的改变速度，即变化率。牛顿所说的"差率"、"变率"就是微分。与此同时，他还在 1676 年首次公布了自己发明的二项式展开定理。牛顿利用它还发现了其他无穷级数，并用来计算面积、积分、解方程等等。

牛顿指出，"流数术"基本包括三类问题：

第一类问题、已知流量之间的关系，求它们的流数的关系，这相当于微分学；

第二类问题、已知表示流数之间关系的方程，求相应的流量间的关系，这相当于积分学。牛顿意义下的积分法不仅包括求原函数，还包括解微分方程；

第三类问题、"流数术"的应用范围包括计算曲线的极大值、极小值，求曲线的切线和曲率，求曲线长度及计算曲边形面积等。

牛顿已完全清楚上述第一与第二两类问题中的运算是互逆的运算，于是建立起微分学和积分学之间的联系。牛顿在 1665 年 5 月 20 日的一份手稿中提到了"流数术"，因而有人把这一天作为微积分诞生的标志。

万有引力的发现

17 世纪早期，人们已经能够区分很多力，比如空气阻力、摩擦力、人力、电力和重力等。而思考苹果落地的牛顿发现了帮助我们认识万物关系的万有引力，首次将这些看似不同的力准确地归结到一个概念里，而且这个概念简单易懂，覆盖面广。他给当时和我们现今的时代带来了深刻的变化。牛顿是如何思考这个问题的呢？万有引力定律的内容又是什么呢？

万有引力的发现

1666 年，艾萨克·牛顿还只是剑桥大学圣三一学院三年级的学生，那年他 23 岁。黑死病席卷了整个欧洲，夺走了很多人的生命。大学被迫关闭，像牛顿这样热衷于学术的人只好返回安全的乡村。在乡村的生活里，一些问题一直包围着牛顿，比如驱使月球围绕地球转动的力量是什么？地球围绕太阳转，月球为什么不会掉到地球上呢？地球为什么不会掉到太阳上呢？牛顿正坐在姐姐果园里的树下思考这些问题，突然听到"咚"的一声，一个苹果从树上落到草地上。他急忙认真观察着第二个苹果落地的情形。第二个苹果从外伸的树枝上落下，在地上反弹了一下，

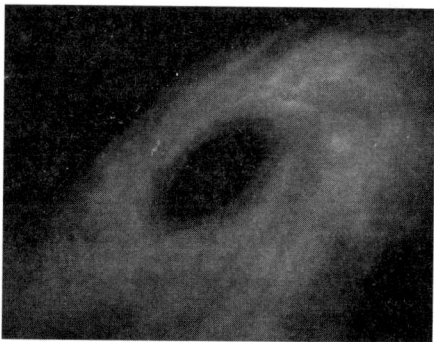

▲宇宙万物的运动规律离不开万有引力原理

之后又静静地躺在草地上了。落地的苹果虽不能提供给牛顿那个问题的答案，但却启发了这位年轻的科学家思考一个新问题，为什么苹果会落在地上呢？苹果能落地，而月球却不会掉落到地球上，它们之间难道有什么不同之处吗？

第二天早晨，天气晴朗，牛顿看见小外甥正在玩小球。他手上拴着一条皮筋，皮筋的另一端系着小球。他先慢慢地摇摆小球，然后越来越快，最后小球就径直抛出。这给了牛顿很大的启示。牛顿猛然意识到月球所进行的运动和小球刚才的运动极为相像。小球受到两种力量的作用，分别是皮筋的拉力和向外的推动力。同样，也有两种力量作用于月球，即重力的拉力和月球运行的推动力。苹果落地也受到了重力的作用。之后牛顿进行了深入的研究终于有了新的发现，重力不仅仅存在于行星和恒星之间，而是一种普遍存在的吸引力。任何两个物体之间都会有这种吸引力的作用。万有引力就是普遍存在于宇宙万物之间的这种吸引作用。

万有引力发现的意义

牛顿的万有引力定律涵盖面广，但却简单易懂。苹果落地，人有体重，月亮围绕地球转，所有这些现象都是由相同原因引起的。牛顿的万有引力定律不仅说明了行星运动的规律，而且指出在木星、土星的卫星中存在相同的运动规律。根据万有引力定律，他还成功地预言并发现了海王星。另外，他还解释了地球上的潮汐现象和彗星的运动轨道。在万有引力定律被发现后，研究专家们才真正把研究天体的运动建立在力学理论的基础上，从而创立了天体力学。万有引力定律的发现对科学的发展产生了极大的影响。

万有引力与日常生活

万有引力在生活中有很多的表现。我们常说的"水往低处流"，是自然界中的一条客观规律，其原因是水受重力影响由高处流向低处。生物对外界的刺激能产生相应的反应，这在生物上叫应激性。比如地面生长的植物根向地生长，茎背地生长，这正是生物对重力的适应。树叶枯萎时会落到地上也是受重力作用的影响。

我们所生活的环境也与万有引力有着密切的关系。大气层是人类生活和万物生长所必不可少的，而正是地球对大气的引力作用才使大气层紧紧地包围在地球周围而不会飘逸而去。若没有万有引力，地球周围就不会有大气层，也不会有刮风、下雨、下雪等各种自然现象。地球对月球的万有引力提供月球绕地球转的向心力，星际物质之间的万有引力导致星体的形成，人造地球卫星靠万有引力维持在轨道上绕地球转。在平时参加的跳高运动中人们必须要先有一段距离的起跳，因为人民需要在起跳的过程中克服重力做功，没有这个过程人们是不可能跳那么高的。由于月球表面的重力加速度大约是地球表面加速度的六分之一，所以同一个运动员在月球上跳起的高度大约为地球上的六倍。

居住海边的人每天都有机会看到潮涨潮落。人们把海水这种周期性的涨落称为潮汐。这也是因为月球和太阳对海水的吸引力才产生的。海水随着地球自转本身也在旋转着，这是受到离心力的作用。同时海水还受到太阳、月球等其他天体的吸引力。因为离地球最近的是月球，所以月球对海水的引力就相对较大。这样海水在离心力和吸引力这两个力的共同作用下，就形成了引潮力。由于地球、月球在不断的运动之中，它们与太阳的相对位置就处在周期性的变化中。这种周期性变化也就导致引潮力也在周期性变化，并周期性地发生了潮汐现象。

总而言之，万有引力在我们的生活中无处不在。

业余数学家发现的大定理

当 $n > 2$ 时，$x^n + y^n = z^n$ 没有正整数解，这就是数学上著名的"费马大定理"，由科学家费马在 17 世纪提出。费马提出这个定理时，就声称已经解决了这个问题，但是没有公布结果，于是留下了这个数学难题中少有的千古之谜。几百年以来，无数数学家为此绞尽脑汁，始终得不到准确的答案。即使现代电子计算机发明以后，也只能证明当 n 小于等于 4100 万时，费马大定理是正确的。

费马留下的世纪难题

1610 年，费马生于法国南部博蒙·德·洛马涅一个富裕的家庭。良好的教育和富裕的家庭环境，让他自然而然地选择了律师这一人人羡慕的职业。等到 30 岁返回家乡的时候，他不仅是律师，而且已经是当地的议员了。

虽然没有太多的政绩，但费马的正直却是公认的，他不受贿、不勒索，温和敦厚，受到了几乎所有人的喜爱。也许正因此，他很快得以擢升，长时间担任法官，甚至担任过议会首席发言人、天主教联盟主席等职。当时，为了保持法官的公正，是不鼓励他们外出社交的。不过这对费马来说，正好可以让他将所有的空闲时间用于钻研他最喜爱的数学。尽管从未受过任何专业教育，但对数学强烈的兴趣让他成为了 17 世纪最伟大的数学家。

在费马的一生中，他极少发表自己的作品，就算是发表，一般也是隐姓埋名。直到他去世后，他的长

▲ 费马

子萨缪尔将他的著作结集出版，人们才知道，原来这位温和的法官同时也是一位不出世的天才数学家。他的费马大定理，也是他在阅读巴歇校订的丢番图《算术》时，在卷二命题八的一条页边做出的批注中提出，直到 1670 年他的长子出版巴歇的书的第二版时，将此批注同时出版，这条定理才走入人们的视线。

解决难题的怀尔斯

一经出版，费马大定理立刻成为世界上最著名的数学问题，无数的数学家都希望能够证明它。20 世纪初，一位德国工业家佛尔夫斯克用其遗产 10 万马克设立了一个奖项，给予世界上头一个能解决费马最后定理之人，但一直没有人能够解决这个问题。直到1993年6月21日，英国剑桥大学牛顿数学研究所的研讨会正式发表报告，声明困扰数学界几个世纪的费马大定理已解决了。这个报告立即震惊了整个数学界，也吸引了多年来关注此事的社会大众的注目，成为大家谈论的焦点。

解决这个问题的数学家名叫怀尔斯，他发表声明后，发现证明中存在瑕疵，于是又和学生花了14个月的时间加以修正。1994年9月19日，他们终于交出完整无瑕的解答，数学界的梦魇到此结束。

1997年6月，怀尔斯在德国哥廷根大学领取了佛尔夫斯克奖。此奖项的金额10万马克经过多年时间，只值5万美金左右了。尽管如此，怀尔斯已经名列数

▲怀尔斯

学青史，永垂不朽了。

化石层序律的发现

从 17 到 19 世纪，经过各国科学家二三百年坚持不懈的努力，人们对于地球的演变历史总算有一个比较清楚的认识了。一提起历史，人们就会想到那一本本厚厚的古代历史文献。地球也把自己的演变历史记载了下来，不过不是记载在历史文献上而是用它自己的"文字"记载在地下的岩石上。

化石里的奥秘

岩石分为火成岩、沉积岩、变质岩三类，其中以成层状的沉积岩"记载"地球演变历史的作用最大，难怪很多地质学家都把它比喻为地球史这本"天书"中的"书页"。

早在 11 世纪，阿拉伯学者阿维森纳和我国著名学者沈括，就谈到过沉积岩和它的成因。沉积岩的前身是沉积物，沉积物不仅有岩屑、土末，还有通过化学反应生成的物质和生物的骨骼等。随着它们厚度的不断增加，压力和温度升高，经过成百上千万年的漫长岁月，这些物质终于逐渐脱水胶结而变成坚硬的岩石——沉积岩。沉积岩在地壳岩石的总量中只占 5%，但在地表的分布面积却占 75%。人们平时看到的页岩、砂岩、石灰岩等都是沉积岩。

如果层状的沉积岩形成后没有经受太大的地质作用以致褶皱倒转，那么它们总是越下面的地层年代越老，越上面的地层年代越新，这就是"地层层序律"。人们根据这些地层所在的位置，便能确定它们形成时间的先后。沉积岩的一个特征是大多含有动植物的化石。如果说一层层的沉积岩是记载地球历史这部"天书"的"书页"，那么"书页"上的"文字"便是化石。

▲北宋科学家沈括

公元前几世纪的古希腊学者就发现并记述了化石，中国古代学者发现的化石更多，其中包括贝类、鱼类、石燕、三叶虫等。沈括不仅首次提出化石的科学概念，揭示化石的成因，并用化石来推论古地理和古气候。比如 1080 年前后，他在今陕西延川看到地层里有很多完整的竹笋化石，埋在地下十几尺深，而当时延川已不出产竹子，沈括据此推论，在过去很古的时候，这里的气候与当时不同，很可能是又低又湿，适

宜竹子的生长。

历史上生活过的生物只有在偶然的机会，通过沉积、泥陷、封闭、冷藏、火山灰覆盖、洞穴堆积等途径才能形成化石。有些化石能大量同时形成，但大多数的化石是零散分布的。每 1 万个生物遗体能形成化石的顶多只有一个，而且已经形成的化石，有的由于埋藏不妥而重新被破坏，有的由于地壳运动而变得支离破碎，有的因为暴露在地面而被风化剥蚀殆尽，还有的由于遭到地下岩浆的侵入而化为乌有，结果能保存下来的化石，尤其是完整、清晰的化石，实在是寥寥无几。

经过长时期的努力，被发现的化石越来越多。1753 年，著名的瑞典生物学家林奈对所发现的化石进行了分类，分成笔石、植物化石、蠕虫化石、昆虫化石、鱼化石、爬行类化石、鸟化石、哺乳动物化石八类。

对于地质学家来说，化石的吸引力可不是在于它看着好玩或新奇，沈括指出，化石可以用来查明这些生物周围的自然环境，探索化石产地在地质历史上的环境变迁，进而追索整个地球的历史。比如，鱼是生活在水里的，存有鱼化石的岩石肯定是在水中形成的沉积岩（水成岩）；鱼还有不同的种类，有的生活在湖泊淡水中，有的生存于海洋咸水里，有的是热带鱼，有的是温带甚至寒带鱼，这样通过对鱼化石种类的研究，又可以得知保存这种鱼化石的岩石究竟是形成在内陆湖沼还是海洋，近海还是远海，热带还是温带、寒带等。其他生物化石也可如此推论。地质学家喜欢称化石是"会说话的石头"。遗憾的是，这种"会说话的石头"或"石头上的文字"，一般人看不懂，能精读这部地层"天书"的只有地质学家和古生物学家。

沈括简介

沈括（1031 年 - 1095 年），字存中，杭州钱塘（今浙江杭州）人，北宋科学家、政治家。他精通天文、数学、物理学、化学、生物学、地理学、农学和医学，他还是卓越的工程师、出色的军事家、外交家和政治家，同时他博学善文，对方志律历、音乐、医药、卜算等无所不精。他晚年所著的《梦溪笔谈》详细记载了劳动人民在科学技术方面的卓越贡献和他自己的研究成果，反映了我国古代特别是北宋时期自然科学达到的辉煌成就。

化石层序律的发现

按理说，一层层沉积生成的地层，应该是按年代由老到新的顺序排列的，是一部很好的地球编年史。但实际上，在漫长的地质历史时期内，由于地球内外营力的作用，地层无不遭到各种地质作用的破坏，比如发生褶皱弯曲或断裂移动，岩浆侵入并引起变质，地层升降造成沉积中断和产生剥蚀……结果使大多数地层被破坏而支离破碎、面目全非。

▲三叶虫化石

在没有发生剧烈地质变动的地区，地层基本保持着原来的位置，老的在下，新的在上，要确定它们的年代顺序并不难。1756年，德国地质学家雷曼就曾最早绘制剖地质面图来表示地层的顺序。可惜，完全符合这种"地层层序律"的地层并不多。在地层被破坏、层序被打乱的情况下，"天书"有了破损、缺页，乃至页码颠倒，这又怎样来判断它们的新老关系和发育历史呢？

可以在较大范围内通过对岩层特征的对比来作出判断，也可以根据地层和地层之间的接触关系确定它们形成时间的先后。还有一种办法是利用所含化石的相似性，一方面我们可以根据地层的顺序来确定化石的先后年代，另一方面我们可以根据化石的种类判断地层的先后顺序，这两方面相辅相成，互为表里。

不仅如此，生物是进化的，而且进化是有一定规律的。第一个系统地提出生物进化思想的人是法国生物学家拉马克。拉马克在古生物的研究中发现了种与种之间的过渡现象和生物向高等演化的规律。1809年他发表了《动物学哲学》一书，最先提出生物进化的思想，并阐述了环境对生物进化的直接影响、器官用进废退和获得性状遗传等理论问题。

根据拉马克的学说，地球上的生物是按照一定的顺序，由简单到复杂、由低级到高级进化的，时间越古老，生物的形态结构也越原始、越简单。这就使我们有可能根据地层里所含的化石来判断地层的先后顺序，化石成了地质学家手中进行地层对比的有力工具。

人们还发现，不同年代的地层里含有许多不同种类的化石，但也有某些化石只出现在某一层或几层地层里。这样的化石很有代表性，不管什么地方的地层，也不管它的岩石性质如何，只要它含有这种化石，就表明它形成在哪个时代。这种可以专门用来鉴定某一时期形成的地层化石叫"标准化石"，标准化石的概念是德国学者福许赛尔在1762年第一个提出来的。

19世纪初，英国大地测量学家史密斯，在开凿运煤运河的工作中，搜集到大量有关地层的资料，并对当地的地层层序进行了探讨。他发现单凭岩石的性质很难确定地层的层序，而每个地层里却含有自己特有的化石，由此他总结出了一条"化石层序律"：在未受到断层和褶皱变动的地区内，生物化石按明确、有序和可预测的顺序排列，即演化程度高的物种在上部地层，演化程度低的物种在下部地层。

史密斯有关化石层序律的发现，解决了地质学中长期存在的一个大难题。1816年，他在《用生物化石鉴定地层》一书中阐述了他的生物地层学原理。后来，他又运用这个原理来划分地层、对比地层，根据化石的种类，确定了英国中生代地层的层序。他于1819年编制出版了世界上第一张地层表——英国沉积层地层表。

有了地层层序律，又有了化石层序律，从此漫长的地质进化历史终于可以揭晓了。

关于地球形状的发现

　　自从麦哲伦完成环球航行后，几乎就没有人再怀疑地球是球形的了，而且许多人都自然而然地附和毕达哥达斯的理论，认为地球是个完美的浑圆的圆球。但在当时如果没有一台摆钟引起的风波，这种看法恐怕还会持续一段时间。

摆钟引起的风波

　　事情发生在 1672 年，法国天文学家里歇被巴黎科学院派往南美赤道附近圭亚那的一个叫卡宴的地方，从事火星视差观测的工作。里歇从巴黎出发时随身带了一台摆钟，这钟是经过校正的，一向走得非常准确。可是当他到达卡宴后，却发现这台摆钟走得不准了，每昼夜慢了 2 分 28 秒。原因何在呢？开始，里歇以为是自己疏忽，来时时间校正得不够准确，于是就把钟摆的摆长缩短约 2.88 毫米，使摆钟走时恢复正常，之后再没把这件事放在心上。过了不久，天象观测任务完成，里歇返回巴黎。这时他发现他的摆钟走得快起来，而且为了校正时间，钟摆又不得不伸长到原来的长度。

　　这是偶然的巧合吗？当然不是。它清楚地告诉人们，摆钟在北纬 49°左右的巴黎和在北纬 5°的卡宴走时的快慢是不一样的，同一台摆钟，在巴黎要比在卡宴每天走快两分多钟。里歇公布了自己的发现，这个发现后来又被其他旅行者证实。现在该用科学解释这个现象了。

▲英国大科学家牛顿

地球是"扁球"还是"长球"

　　1687 年，英国大科学家牛顿，应用他刚刚发现的万有引力定律，对上述摆钟快慢之谜做出了回答。牛顿认为，如果地球是静止不动的，那么由于万有引力的作用，地球上的所有物质都会向地球的中心靠拢，结果就使地球成为一个大圆球。

　　但是，由于地球在不停地绕着一根穿过南北极的轴自转，自转时产生与轴相垂直的离心力。越靠近两极的地方离轴越近，转速越慢，离心力也越小；南北两极的离心力等于零。相反，越靠近赤道的地方离轴越远，转速越快，离心力也越大。结果，地球上的物质，就有从离心力小的地方向离心力大的赤道部分慢慢移动的趋势，正像我们用手转动伞柄，雨伞会慢慢地张开来一样。地球的形状于是发生了变化，即由原来的圆球形逐渐变成在赤道部分向外突出而在南北两极趋于扁平的扁球形。

牛顿指出，既然地球是个扁球，赤道半径比两极半径大，也就是赤道附近的地面离地球中心比两极地区离地心远，那么根据万有引力定律（两物体之间引力的大小，与它们之间距离的平方成反比）和单摆定律（单摆振动周期的长短，与重力加速度的平方根成反比），越靠近赤道的地方，地心对地面物体的引力越小，也就是物体所受到的重力加速度越小，于是放在离赤道相当近的卡宴的摆钟，自然就要比放在离赤道比较远的巴黎的一只同样的摆钟走得慢了。

有些人反对牛顿的理论。特别在法国，不少人不承认万有引力定律是真理，他们当然也就不赞同牛顿提出的关于地球形状的"扁球论"。正相反，他们仅仅根据在1683年至1718年期间，卡西尼父子对法国境内通过巴黎的子午线的南北两处进行的一次未经仔细校核的测量结果，认为地球是个赤道部分往里收缩，两极部分向外突出的"长球"。卡西尼曾用一个夸张的类比说，地球的形状不是像个桔子，而是像个香蕉。另外一些人甚至从古代哲学家那里寻找根据，说蛋是一切生物的源起，所以养育人类的地球也应该有鸡蛋、鸟蛋那样的形状。

一方由理论上推断地球是个南北方向扁平的"扁球"，另一方根据测量结果又认为地球是个南北方向伸长的"长球"。两种说法针锋相对，持续争论了将近半个世纪。

为了判定谁是谁非，1735年，法国科学院组织了两支测量队，分别出发到两个很远的地方进行测量，一队来到南美赤道附近厄瓜多尔的基多（南纬2°），另一队去了北欧北极圈附近的拉普兰（北纬66°）。这次测量精益求精，前后进行了8年，直到1744年才有了明确的结果，基多地区子午线1度的弧

▲ 美丽的地球

长，明显地比拉普兰地区的短。这就告诉我们，地球确实不是一个浑圆的圆球，也不是"长球"，而是一个赤道部分鼓出、两极方向扁缩的"扁球"。牛顿的"扁球论"取得了胜利。

说地球是个"扁球"，或者说是个椭球体，那是从非常精确的角度来说的。事实上，地球的扁缩程度非常非常小，小到通常情况下可以忽略不计。有人把地球形象地说成是一颗橙子，那是非常夸张的说法。其实，它远远地要比一只橙子更接近于真正的圆球形。

过去，由于人类无法离开地球，所以尽管有那么多可靠的证据证明地球是圆的，却没有任何人能亲眼目睹这个圆球形大地的全貌。直到20世纪60年代，人类发射载

人飞船，把人送到了遥远的空间轨道上，宇航员才第一次在太空中看到了我们"人类的摇篮"地球的真相。

在太空中，地球由于是独一无二地存在着大量的空气和水面的星球而呈现蓝色，看起来非常美丽。在1968年，美国"阿波罗"8号登月飞船上的3名宇航员曾这样说，他们在绕着月球飞行的轨道上"眺望宇宙，所见到的唯一有颜色的天体，就是我们亲爱的地球。在它上面有深蓝色的海洋，黄色和棕色的大地，还有美丽的白云。遥远的地球是漂浮在广阔宇宙空间中的最美丽的绿洲。"

现在，通过照相特别是电视录像，我们任何一个生活在地球上的人，都已有可能见到圆球形的地球在宇宙空间中的真实情景。

我们不会掉下去

看到这里，有人可能会问：既然地球是个圆球，那么住在我们地球背面的人不就都是头朝下、脚朝上了吗？倒悬着的人怎么生活呢？他们走起路来不就像苍蝇在天花板上爬一样吗？他们，还有地球背面的所有物体，包括海水，会不会从地球上"掉下去"呢？

古希腊学者亚里士多德

亚里士多德（约公元前384—公元前322年），古希腊哲学家、逻辑学家、科学家。亚里士多德总结了泰利斯以来古希腊哲学发展的成果，首次将哲学和其他科学区别开来，开创了逻辑学、伦理学、政治学和生物学等学科的独立研究，其学术思想对西方文化的发展影响深远。

其实，这个问题前面已经说过了。任何物体之间都有相互吸引的力量，地球上的物体之所以有重量，之所以都落向地球而不飞到空中去，就是因为受到地球强力吸引的缘故。庞大的地球把地面上的所有物体，包括我们和海水，统统牢牢地吸引住，这才使我们能够安安稳稳地在地面上生活。

至于说到生活在地球背面的人是否倒立的问题，应该说，"正"和"倒"的问题实际上就是"上"和"下"的问题，"正"和"倒"、"上"和"下"都是相对的概念。对于生活在地球上的人来说，由于受到地心的吸引而站在地面上，所谓的"上"和"下"都是相对于地心来说的，向着地心即地下的方向是"下"，背着地心即天空的方向是"上"，所以地球上任何一个地方的人都是头朝上、脚朝下，也即都是正立的。地球上没有一个倒立着的人，也没有一个人或物会"掉"到空中去。

公元前350年的古希腊学者亚里士多德，就曾用地心有吸引力的观点解释为何人和物会牢牢地依附于地球表面，但那仅仅是一种猜测。前面已经说过，真正发现并用数学公式来表示万有引力定律的，是英国的大科学家牛顿。

哈雷彗星的发现

　　哈雷彗星是最为人们所熟知的一颗彗星。它的发现在人类的天文史上具有举足轻重的意义。它的发现开创了人类认识宇宙的新纪元，使得人们对于宇宙的了解进一步加深，人们对宇宙的认识更加深刻。

什么是彗星

　　彗星是一种绕太阳运行的质量较小形状不规则的小天体，彗星的轨道大多数为扁长，也有极少数为近圆形轨道。哈雷彗星是宇宙众多彗星中普通而特别的一颗。

　　彗星的主要组成部分是冰冻着的各种杂质、尘埃。彗星的结构分为彗核、彗发和彗尾三个部分。在彗星离太阳的距离较远时，看上去只是个朦胧的呈状亮斑，这个亮斑叫彗头。彗头是由中心部分较亮的彗核和外围的云雾状包层组成，这一云雾状包层则被称为彗发。彗星的物质在太阳风的作用下会被不断的剥离和蒸发出来，拖在彗星的后面就是彗尾。彗尾一般总是和太阳的方向相反，彗星越靠近太阳，彗尾就越长。彗星划过近日点后，彗星渐渐远离太阳，彗尾就会逐渐变短。1910 年 5 月，哈雷彗星回归时，它距地球的最近距离只有 2400 千米，而它长长的彗尾足有 2 亿千米。

▲扫过地球的哈雷彗星

　　大多数彗星在天空中的运行方向是由西向东。与大多数彗星不同，哈雷彗星从东向西运行。哈雷彗星的平均公转周期为 76 年，但是它不是每 76 年就精确回归一次。因为主行星的引力作用会使哈雷彗星的周期改变，非重力效果也使得它的周期发生巨大变化。在公元前 239 年到公元 1986 年，哈雷彗星的公转周期在 76.0 年到 79.3 年之间变化。哈雷彗星的公转轨道是逆向的，与黄道面呈 18 度倾斜。并且，与其他彗星相同，偏心率较大。哈雷彗星的彗核大约为 16×8×8 千米。并不同前人预计吻合的是，哈雷彗星的彗核非常暗，它的反射率仅为 0.03，这使它成为太阳系中最暗物体之一。哈雷彗星彗核的密度很低，大约 0.1 克/立方厘米，说明哈雷彗星多孔，这一现象的原因可能是在哈雷彗星的冰升华后，大部分尘埃留下所导致。

　　虽然我们可以看到彗星，但是彗星本身是不会发光的。早在我国晋代，我国天文学家就认识到这一点。《晋书·天文志》中记载，"彗本无光，反日而为光"。彗星的

▲哈雷彗星星象图

光是靠反射太阳光而得来。通常彗星的发光都很暗，只有用天文仪器才可观测到。但也有极少数彗星，被太阳照得很明亮，拖着长长的尾巴，这样的彗星可以为人类用肉眼可见。

哈雷彗星的发现之旅

哈雷彗星是由英国人哈雷发现的。哈雷是著名科学家牛顿的朋友。哈雷在生活和学习中一直对彗星情有独钟。1680 年，哈雷在法国旅游时看到了有史以来最亮的一颗大彗星。这颗大彗星引起了他的注意。两年后，也就是 1682 年，他又发现了另一颗大彗星。这两颗大彗星在他心中留下了极为深刻的印象。他仔细观测、记录了彗星的位置和它在星空中的逐日变化。回家后，他开始查找各种历史书籍，寻找以往的星象记录。虽然这种查找的工作浩瀚并且渺茫，但经过一段时期的观察和查找记录，他惊讶地发现，这颗彗星好像不是初次光临地球的新客，而是似曾相识的老朋友。1695 年，哈雷从 1337 年到 1698 年的彗星记录中挑选了 24 颗彗星，用一年时间计算了它们的轨道。他发现 1531 年、1607 年和 1682 年出现的这三颗彗星轨道看起来极为相似，一个念头在他脑海中迅速地闪过，这三颗彗星可能是同一颗彗星的三次回归。哈雷产生了这个大胆的念头后，便怀着极大的兴趣，全身心地投入到对彗星的观测和研究中。哈雷不厌其烦地向前搜索，发现 1456 年、1378 年、1301 年、1245 年，一直到 1066 年，历史上都有大彗星的记录。在通过大量的观测、研究和计算后哈雷大胆地预言，1682 年出现的那颗彗星，将于 1758 年底或 1759 年初再次回归。1759 年 3 月 14 日，在哈雷预测的回归日的前一个月，那颗彗星果然如期而至，经过近日点，为了纪念哈雷对科学的贡献，人们将那颗彗星以他的名字命名——哈雷彗星。

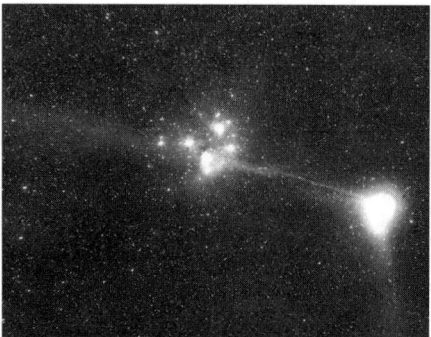

▲当哈雷彗星遇上猎户座

我国古代对于哈雷彗星也有过记载，在古书《春秋》中记载，公元前 613 年，鲁文公十四年"秋七月有星孛（彗星）入于北斗"。现代天文学家根据它的轨道和时间判断此星即哈雷彗星。我国历代的史书对于包括哈雷彗星在内的彗星有很多记载，可以说我国所保存的古代彗星记录资料最为完整，这为现代对哈雷彗星的研究提供了方便。但是，我国古人未能明确指出某一彗星的周期。

哈勃空间望远镜

哈勃空间望远镜（Hubble Space Telescope，缩写为 HST）是以天文学家哈勃为名，在轨道上环绕着地球进行观测的望远镜。它的位置在地球的大气层之上，因此获得了地基望远镜所没有的好处——影像不会受到大气湍流的扰动，视宁度绝佳又没有大气散射造成的背景光，还能观测会被臭氧层吸收的紫外线。哈勃空间望远镜于 1990 年发射之后，已经成为天文史上最重要的仪器。它填补了地面观测的缺口，帮助天文学家解决了许多根本上的问题，使人类对天文物理有了更多的认识。

哈勃空间望远镜于 1946 年的开始原始构想，但建造计划受到预算问题的困扰不断地被延迟。在哈勃空间望远镜发射之后，又发现主镜有球面像差，严重地降低了望远镜的观测能力。幸好在 1993 年的维修任务之后，望远镜恢复了计划中的品质，并且成为天文学研究和推展公共关系最重要的工具。

哈勃空间望远镜和康普顿伽玛射线天文台、钱德拉 X 射线天文台、斯必泽空间望远镜都是美国宇航局大型轨道天文台计划的一部分。

"哈勃"的四次大修

如今"哈勃"太空望远镜已到"晚年"。它在太空的十几年中，经历 4 次大修，分别为 1993 年、1997 年、1999 年、2001 年。尽管每次大修以后，"哈勃"都面貌一新，特别是 2001 年科学家利用哥伦比亚航天飞机对它进行的第四次大修，为它安装测绘照相机，更换太阳能电池板，更换已工作 11 年的电力控制装置，并激活处于"休眠"状态的近红外照相机和多目标分光计，然而，大修仍掩盖不住它的"老态"，因为"哈勃"从上太空起就处于"带病坚持工作"状态。

蒸汽机的出现

蒸汽机是将蒸汽的能量转化为机械能的一种机械。蒸汽机的出现，使人类第一次开始广泛地使用非人畜和自然力的动能，大大地提高了生产力，并由此引发了18世纪的工业革命。而提到蒸汽机的发明者，人们一定会想到瓦特，但是最早的蒸汽机并不是瓦特发明的，严格意义上讲瓦特是改良了蒸汽机，使之真正实用化。

早期的蒸汽机

1688年，法国物理学家德尼斯·帕潘用一个圆筒和活塞制造出了世界第一台简单的蒸汽机。但是，帕潘的发明并没有运用于当时的工业生产中。十年后，英国人托易斯·塞维利发明了蒸汽抽水机，主要用于矿井抽水。1705年，经过长期的钻研，综合了帕潘和塞维利发明的优点，纽克曼创造了空气蒸汽机。

经过认真研究，瓦特发现纽克曼蒸汽机有许多缺陷，主要是燃料耗费太大，笨拙，应用的范围有限，只能用于矿井抽水和灌溉，瓦特决心造一台比它更好的蒸汽机。他对当时已出现的蒸汽机原始雏形作了一系列的重大改进，发明了单缸单动式和单缸双动式蒸汽机，提高了蒸汽机的热效率和运行可靠性，对当时社会生产力的发展作出了杰出贡献。

▲早期蒸汽机

蒸汽机的理论支持

人们通常认为，发明家瓦特是看到了炉子上的锅盖被蒸汽顶起来才设计出了蒸汽机，其实蒸汽机的设计并没有那么简单。因为随着蒸汽压力的增加，机械材料的加工和密封都是很大的技术难题。

实际上，蒸汽机的雏形严格地说并不是靠蒸汽压力做功，而是靠蒸汽冷凝后形成局部真空，由外部大气压推动活塞做功。这种原始机械被称作大气机，它的发明是以真空理论为基础的。到18世纪中叶，热力学在西方蓬勃发展。特别是1764年，科学家布莱克找到了温度与热量之间的差异和联系，提出了"潜热"理论，启发机械大师瓦特对低效率的大气机进行了划时代创新，才有了我们现在所说的瓦特蒸汽机的发明。

蒸汽机的广泛应用

自 18 世纪晚期起，蒸汽机不仅在采矿业中得到广泛应用，在冶炼、纺织、机器制造等行业中也都获得迅速推广。它使英国的纺织品产量在 1766 年到 1789 年的 20 年内增长了 5 倍，为市场提供了大量消费商品，加速了资金的积累，并对运输业提出了迫切要求。

1776 年，人们开始在船舶上采用蒸汽机作为推进动力的实验，后来经过不断完善，在 1807 年，美国的富尔顿制造了第一艘实用的明轮推进的"克莱蒙脱"号蒸汽机船。此后，蒸汽机正式作为船舶的推进动力，其持续时间长达百余年之久。

▲早期蒸汽机的应用

1801 年，英国的特里维西克提出了可移动的蒸汽机的概念，1803 年，这种利用轨道的可移动蒸汽机首先在煤矿区出现，这就是火车的雏形。英国的斯蒂芬森将火车不断改进，于 1829 年创造了"火箭"号蒸汽火车，该火车拖带一节载有 30 位乘客的车厢，时速达 46 千米/时。"火箭"号蒸汽火车引起了各国的重视和效仿，开创了铁路时代。

19 世纪末，随着电力应用的兴起，蒸汽机曾一度作为发电站中的主要动力机械。1900 年，美国纽约曾出现单机功率达五兆瓦的蒸汽机电站。

蒸汽机的发展

简单蒸汽机是由汽缸、底座、活塞、调速机构、滑阀配汽机构、曲柄连杆机构和飞轮等部分组成，汽缸和底座是静止部分。从锅炉来的新蒸汽，经主汽阀和节流阀进入滑阀室，受滑阀控制交替地进入汽缸的左侧或右侧，推动活塞运动。

蒸汽机的发展首先体现在功率和效率的提高，而这又主要取决于蒸汽参数的提高。初期蒸汽机的蒸汽压力仅为 0.11 兆帕至 0.13 兆帕，19 世纪初才达到 0.35 兆帕至 0.7 兆帕，20 世纪 20 年代曾用到 6 兆帕至 10 兆帕。在蒸汽温度上，19 世纪末还不超过 250℃，而到 20 世纪 30 年代曾用到 450℃ 至 480℃。

至于效率，瓦特初期连续运转的蒸汽机，按燃料热值计总效率不超过 3%；到 1840

▲瓦特发明的蒸汽机

年，最好的凝汽式蒸汽机总效率可达 8%；到 20 世纪，蒸汽机最高效率可达到 20% 以上。在转速方面，18 世纪末瓦特蒸汽机仅 40 转/分至 50 转/分；20 世纪初转速达到 100 转/分至 300 转/分，个别蒸汽机曾达到 2500 转/分。在功率方面，最初单机功率仅几马力，20 世纪初的一台船用蒸汽机的功率可达 25000 马力。

▲运行中的蒸汽机火车

随着蒸汽参数和功率的提高，蒸汽已不可能在一个汽缸中继续膨胀，还必须在相连接的汽缸中继续膨胀，于是出现了多级膨胀的蒸汽机。蒸汽机因受到润滑油闪点的限制，所用蒸汽的最高温度一般都不超过 400℃，火车，船用等移动式蒸汽机还略低一些，多数不高于 350℃。考虑到膨胀的可能性和结构的经济性，常用压力在 2.5 兆帕以下。蒸汽参数受到限制，从而也限制了蒸汽机功率的进一步提高。

在 20 世纪初蒸汽机的发展达到了顶峰，它具有可逆转、运行可靠、恒扭矩、可变速、制造和维修方便等优点，因此被广泛应用于电站、工厂、机车和船舶等各个领域，特别是在军舰上，蒸汽机当是唯一的原动机。

植物分类法的提出

　　植物是采用自然分类法进行分类的，这种分类方法以植物的外部形态为分类依据，以植物之间的亲疏程度作为分类的标准。判断亲疏的程度，是根据植物之间相同点的多少，这样的分类方法就叫做自然分类法。林奈建立的分类法是动植物分类时常用的方法。

林奈其人

　　1727年，林奈进入德隆大学，后又转入瑞典最古老的大学———乌普萨拉大学。三年后，林奈成为该大学的植物学助教，负责组织学生在大学植物园内进行植物试验论证。这一时期，林奈尝试将收集到的植物进行系统分类。他的规则便是根据花中雌蕊和雄蕊的数量、相对大小和位置进行分类。这为后来的"双名法"分类系统奠定了基础。

　　1735年至1753年，林奈陆续出版了《自然体系》、《植物种志》等著作，建立了以生殖器官为分类依据的分类法，并创造了"双名法"。

　　林奈的变革相当彻底，其他国家的学者起初对待这种变革持相当谨慎的态度。圣彼得堡科学院阿曼教授给他写信说："如果每个人都认为自己的职责在于一旦觉得需要就宣布新的定律，并且废除前人使用的名姓，那将发生什么情况！"当时英国最伟大的植物学家第伦纽斯在致林奈的信中则称繁殖差异是"一派胡言"。然而众多的争议依然无法掩盖林奈分类法的优点。

▲林奈

林奈的双名法

　　直到现在，林奈建立的分类法仍是植物分类最常用的方法。按照林奈设计的现代的动植物分类法，大自然分为矿物界、植物界和动物界三界，相似的植物或动物归并成种，相似的种归并成属，相似的属归并成目，相似的目归并成纲，于是形成界→门→纲→目→属→种这样的分类系统。

　　林奈的分类法之所以能会成为目前最通行的分类法，更重要的还在于林奈在分类法中，首次连续采用了双名命名法，按照这种方法，每种植物用两个拉丁名称（属名和种名）表示，由于他所用的命名方法简单，因而减轻了植物学家的论述工作，各种植物也有了明显的名称。

从前的分类法以叙述果实、花萼或花冠为基础，极不完善。尽管此前也有植物学家根据植物繁殖器官的特征进行分类，但是林奈的分类法更为系统，更为简略，重要的是包括了全部植物。中国科学院植物研究所王文采研究员指出，在人类只能认识狭小空间时，林奈早已将自己的眼光投向了世界各地。在他那经典的 17 卷本《世界植物志》中，光是中国的植物就有四五十种。这种世界性的关注，直到现在都很难做到。

发现燃烧的真相

17世纪到18世纪上半叶，工业发展起来了，火的应用简直无所不在，这使许多国家的化学家开始认真研究物质的燃烧，因为他们迫切要求弄明白燃烧的本质。

对燃素说的质疑

在这种背景下，有人提出了"燃素说"，一度成为当时不可推翻的经典。"燃素说"认为，燃素是一种存在于物质中的没有重量的可燃因素。一旦燃烧，它便会分散在空气中，燃素给人带去温暖。燃素能使动植物生机盎然，失去燃素便会奄奄一息。在燃烧的物体中如果燃素越多，燃烧就会越旺盛。从本质上说，化学变化的过程就是吸收和释放燃素的过程。

用燃素说来解释木柴的燃烧倒也显得顺理成章，可是用它来解释金属的燃烧就出现问题了。因为有些金属烧过后，重量反而增加了，这是燃素说所不能解释的。所以，有些"离经叛道"的人开始对这一权威学说产生了怀疑。在这些人中，有个后来被尊为"俄国科学之父"的年轻人，他的名字叫罗蒙诺索夫。当时，他正在德国留学。

有一天，在台上讲课的沃尔夫教授正要开讲燃烧的本质。教授是坚信"燃素说"的，自然把那"燃素说"说得完美无缺。学生们个个听得入神，啧啧称是，还不时在笔记本上记下沃尔夫教授的话。只有罗蒙诺索夫低头沉思，过了一会儿，他瞅准沃尔夫讲课停顿的时机，举起手来要求发言。"沃尔夫教授，"在征得老师同意后，他站起来说，"我觉得燃素说并不

▲罗蒙诺索夫

能揭示燃烧的本质。"沃尔夫教授被这突如其来的发言弄得有点不知所措，他不免有些恼火，只是由于绅士的修养，使得他没有当时对这个学生发火。他只是用揶揄的口吻说："既然如此，你一定有一种新的学说能完美地揭示燃烧的本质了？"听了老师的话，所有的同学都把目光投向罗蒙诺索夫。罗蒙诺索夫涨红脸，嗫嚅着说："不，目前还没有。"话音刚落，引得同学们满堂哄笑。可以想象，当时罗蒙诺索夫的处境是多么尴尬，可是他暗下决心，总有一天会提出一种学说来揭示燃烧的本质的。

1741年6月，罗蒙诺索夫学成回国后便着手建立起俄国第一个化学实验室。他念

念不忘留学时许下的愿望,埋头做起关于燃烧的实验来了。

他取来一块金属,把它放进一个玻璃瓶,再把瓶口焊死,然后连瓶子一起称好重量。在加热到瓶里的金属变成熔渣时,不打开瓶盖,等冷却后,再连瓶子一起称。结果发现,燃烧前后的重量是一样的。用其他金属重复同样的实验,他得到的结果都是一样的。罗蒙诺索夫的实验推翻了燃素说,也证明并没有英国化学家波义耳在燃素说的基础上,提出的存在一种叫"火质"的物质。大概是因为当时的俄国各方面都还很落后的缘故,罗蒙诺索夫的这些实验不仅鲜为人知,而且也很少有人去深究这些实验的重大意义。

简介罗蒙诺索夫

米哈伊尔·瓦西里耶维奇·罗蒙诺索夫(1711年至1765年),俄国百科全书式的科学家、语言学家、哲学家和诗人,被誉为俄国科学史上的"彼得大帝"。他出生在一个渔民的家庭,冒充贵族的儿子考入了斯拉夫—希腊—拉丁学院。1736年,他因为成绩优异被选派去德国留学五年。后来,他娶了一个德国女人回到了圣彼得堡科学院,成为俄国科学院的第一个俄国籍院士。之后,他还成为瑞典科学院院士和意大利波伦亚科学院院士。1748年秋,他按照自己的计划创建了俄国第一个化学实验室。1755年,他创办了俄国第一所大学——莫斯科大学。

发现破绽的拉瓦锡

大概在罗蒙诺索夫完成他的这些具有伟大意义的化学实验的30多年后,在法国有位年轻的化学家拉瓦锡还在重复着类似于当年罗蒙诺索夫做过的实验。

他把金属放在密闭的容器里煅烧,而且在燃烧前后都要仔细地用天平称一下重量,但发现并没有一点变化。他先称金属灰,发现它的重量增加了,又称燃烧后的空气,发现重量减少了,而且减少的空气和增加的金属灰恰好质量相等。于是,拉瓦锡发现了罗蒙诺索夫也曾经发现过的化学上一条极其重要的定律:重量(质量)守恒定律。物质既不能创生也不能消失,化学反应只不过是物质由这种形式转换成另一种形式。自从拉瓦锡发现了燃烧金属燃素说的破绽后,他立即放下其他研究而专攻燃烧现象。

拉瓦锡有个名叫普里斯特利的英国朋友,也是一位化学家,常来拉瓦锡的实验室做客。有一次,他又来拉瓦锡的实验室,见拉瓦锡正在忙着,便问:"拉瓦锡先生,你又在干什么呢?"

"老兄,"拉瓦锡指着桌上的实验器具说,"我把磷用软木飘在水面罩着燃烧,烧后水面就上升,占去了罩内空间的1/5。"他指着另一个器皿说:"你看这个罩内是烧硫磺的,水面也上升了1/5。这说明燃烧时总有1/5的空气参加了反应。""是的!"普里斯特利说,"我也发现空气中有1/5的气体有许多特殊的性质,蜡烛见着它会更亮更旺,而小老鼠没有它便会一命呜呼。""是吗?"听了普里斯特利的话,拉瓦锡顿时兴奋起来,"老兄,你的发现对我真是大有启发,看来空气并不是一种元素,起码由这占1/5的与另外的占4/5的两种元素组成。""照此说来,水也由两种元素组成了。"普里斯特利握着拉瓦锡的手说,"因为我在水里也发现了这种占空气1/5的元素,它跟另一种不知名的空气（其实是氢气）在密闭的容器里加热，能生成水。"说着普里斯特利就动手做开了实验。他熟练地制成两种气体，混合到一个密封的容器里，开始加热，一会儿容器壁上果然出现了一层小水珠。拉瓦锡见了，欣喜若狂。他斟了一杯酒递给普里斯特利，又为自己斟了一杯，"干杯吧，老兄!"他举起酒杯说，"今天我们找到了燃烧的秘密，它便是存在于空气和水中的这种未知名的新元素。它能和非金属结合生成酸，又能使生命存活，我们就用希腊文中的'酸'和'火'两个字合起来，把它叫做'氧'吧!"

不久，拉瓦锡写了一份《燃烧概论》的报告递交给巴黎科学院。在这份报告中，拉瓦锡提出了燃烧的氧化学理论，从而结束了统治化学界长达100年之久的燃素说。从此，化学从燃素说中解放出来，迅速地发展起来。

拉瓦锡在化学上做出的贡献是巨大的。在1782年至1787年间，他根据物质的化学组成编定了化学名词，还有了用化学方程式解释化学反应过程的想法，形成了定量化学分析的概论，形成了燃烧理论，发现质量守恒定律，给元素下了定义。在1789年，拉瓦锡完成的《化学纲要》一书，这个纲要被认为是近代化学理论的奠基之作。他在近代化学上的贡献可以和牛顿在近代物理学上的成就，以及达尔文在生物学上的贡献相媲美。

可惜，这位天才的科学家在法国大革命时被推上了断头台。但是，拉瓦锡的事业并没有因此中断，著名的科学家福克林、福克雷，以及盖·吕萨克等都成为他的后继者，推动了化学的发展。

电把人类引向光明

我们的日常生活离不开电，从电灯、电话、电报到收音机、电视机，从工厂中轰鸣的机器到农田中的抽水机，从军事上用的雷达到科研教学用的电子计算机，处处都要用到电。没有电，就没有现代的文明社会。电是怎样被发现的呢？人类又是怎样学会利用电的呢？

初识静电

人类最早看到的电便是天空中的雷鸣闪电了。不过雷电究竟是什么，古人并不清楚。在我国有"雷公电母"的传说，在西方则有"上帝之火"之说，雷电被蒙上了一层神秘的色彩。

▲吉尔伯特

人类最早获得的电是摩擦产生的静电。公元前6世纪，古希腊人在佩戴首饰时就发现，用布或皮毛摩擦过的琥珀，能吸附灰尘、线头等轻小物体。我国古代人民也早就发现了摩擦生电的现象。汉代著名学者王充在《论衡》一书中有"顿牟掇芥"的记载，"顿牟"即琥珀，"掇芥"就是拾起轻小的物体。

第一个比较系统地对电和磁进行研究的是16世纪英国科学家、曾担任过英国女王宫廷医生的吉尔伯特。吉尔伯特发现，地球本身是一个巨大的磁体，并用一个大磁石模拟地球做过著名的"小地球实验"。他还发现，不仅琥珀可以吸引轻小物体，玻璃、硫磺、树脂、水晶、宝石等经过摩擦，也都能吸引轻小物体，并发明了可以检验物体是否带电的验电器。是他第一个使用了"电"这个词。英语的"电"就是从希腊语"琥珀"一词派生出来的。

17世纪，德国马德堡市市长、物理学家格里凯制造出了一种能够摩擦起电的机器，它是用布摩擦一个可以连续转动的硫磺球，这样就可以得到大量的电荷了。后来，人们又制造出各种各样的静电起电器。但是，那时候人们好不容易得到的电，在空气中用不了多久就逐渐消失了，每次用电都要重新用起电器起电，很不方便。能不能把这些电保存起来呢？

一个叫马森布洛克的荷兰物理学家真的把电装到玻璃瓶里贮存起来了。1745年，马森布洛克做了一个实验，在一个盛有水的玻璃瓶上塞上一个软木塞，软木塞上插了一枚铁钉，用铜丝把铁钉和起电器连接起来。马森布洛克让他的助手拿着玻璃瓶，自己使劲摇动起电器，他的助手不小心用手碰到了铁钉，猛然遭到一阵强烈打击，不由得大喊起来。

马森布洛克和他的助手调换了位置，用手去摸铁钉，果然他的手臂和身体像遭到雷击一样，有一种无法形容的恐怖感觉。这说明电荷被存到瓶子中了，人接触到瓶子，因此受到电击。马森布洛克是荷兰莱顿大学的教授，这个能贮电的瓶子就得名莱顿瓶。

莱顿瓶实际上就是一个电容器。后来，莱顿瓶经过改进，里边不再装水，而是在玻璃瓶内外贴上锡箔，用起来就更方便了。有了莱顿瓶，人们可以方便地进行各种电学实

▲ 莱顿瓶原理

验，因此，它很快就传开了。魔术师们也因此增添了一个新节目，他们带着起电器和莱顿瓶到处周游，为人们做触电麻酥酥感觉的表演。

揭开雷电之谜

许多科学家都注意到了，莱顿瓶放电时，会产生电火花和劈啪声，与天空中的雷鸣闪电很相似。那么，摩擦起电得到的电与天上的雷电是不是一样的电呢？

在美国费城，有一个科学家叫富兰克林，他也在思考这个问题。有一次，他的夫人丽达不小心碰到了莱顿瓶，突然闪出一团电火，随着一声轰响，丽达被击倒在地，经过抢救才脱险。这件事给了富兰克林留下了深刻的印象，他决心要把天上的雷电"捉"下来，看看它们和莱顿瓶里的电是不是一样。

1752 年 7 月的一个雷雨天，46 岁的富兰克林带着他的儿子，把一个用绸子做的大风筝放到了天空。这个风筝的顶部放了一根尖细的铁丝，牵引风筝的麻绳末端拴了一个铜钥匙，把钥匙塞到了莱顿瓶里。

风筝和麻绳被雨水淋湿，变成能导电的了。当带雷电的云来到风筝上面时，尖细的铁丝立即从云中吸取电，绳子松散的纤维向四周竖了起来，在富兰克林的手指和钥匙间发出蓝白色的小火花，他感到一阵麻，闪电被引到莱顿瓶里了。

富兰克林发现，天上的雷电和普通的电一样可以

▲ 富兰克林在捕捉雷电

用莱顿瓶充电，一样可以点燃酒精和进行其他电学实验，也就是说，天上的电和地上的电性质是完全一样的。"上帝之火"的迷信被击垮了。

不过，这个实验实在是太危险了。俄国科学家利赫曼曾设计了一个装有金属尖杆的检雷器，想测出云中有没有电，结果一阵雷电下来，将他当场击毙。为研究科学，利赫曼献出了宝贵的生命。

根据对雷电的实验和尖端放电的原理，富兰克林发明了避雷针，使千千万万的房屋建筑免遭雷击。避雷针很快在全世界传播开了。

可笑的是，英王乔治三世因为富兰克林是美国独立战争中的风云人物，下令要把尖端避雷针改成球形的。幸亏英国皇家学会的科学家拒绝了这一愚蠢的命令。

生物电的发现

摩擦起的电和贮存在莱顿瓶中的电，当放电时会瞬间就消失了，不能形成持续的电流，我们把这种电叫做静电。静电的作用远不如动电，事实上，我们今天所用的电，绝大多数都是可以在导线中流动的持续电流。只有在发现这种电流之后，人类对电的应用才能有突飞猛进的发展。

电流是怎样被发现的呢？1786 年，在意大利有一位解剖学家叫伽伐尼，正在做解剖青蛙的实验。他把一只刚刚解剖完的青蛙腿用铜钩子挂在一个铁架子上，无意中蛙腿碰到了铁架子，蛙腿竟奇怪地抽搐了几下。

▲ 伽伐尼

细心的伽伐尼没有忽视这个偶然的发现。他找来一根铁筷子，把蛙腿和铁架子连接起来，蛙腿上的肌肉同样也发生了强烈的抽搐，就像他过去曾经做过的用莱顿瓶或起电器给青蛙腿通电的情况一样。显然，蛙腿是受到电的刺激而抽搐的。那么电又是从哪里来的呢？

伽伐尼选择不同时间、不同条件进行实验。他发现，无论是在晴天还是雷雨天，在室外还是封闭的屋子里，重复这个实验，蛙腿都会收缩。因此，他认为这个电不可能是外来电，而是动物本身所具有的。两种不同的金属与之接触，就把这种电激发出来了。他把这种电命名为"动物电"。

伽伐尼的"动物电"观点得到了许多人的支持。因为人们早就知道，海洋中有一些鱼，像电鳗、电鲶等都能放电，人们自然联想到，别的动物体内也可能贮存这种电。但也有一些科学家不同意伽伐尼的观点，其中有一位就是意大利物理学家伏打。伏打认为，引起蛙腿抽动的是来自铜钩和铁架两种不同金属接触产生的电流。他把两种不同的金属用导线连接起来，用它们的两端去接触青蛙，蛙腿就会抽动。他还用它们的两端去接触自己的舌头，立即感到有电的刺激，他把这种电命名为金属电。

为了证明自己的说法，伏打又做了大量实验。他花了整整 3 年时间，把各种金属搭配成一对一对进行实验，编制出了各种金属材料接触生电的序列，其次序是锌、锡、铅、铜、铁、铂、银、金……这就是著名的伏打序列，只要按这个序列将前边的金属与后边的金属搭配起来，前者就带正电，后者就带负电。伏打还发现，形成电流的另一个必要条件是必须把金属放在导电的溶液中去，在青蛙实验中，蛙腿就起到了溶液的作用。

根据这个原理，1800 年，伏打把数十个圆形的银片、锌片以及用食盐水浸泡过的厚纸片按银片、纸片、锌片、纸片的顺序不断叠起来，制成了伏打电堆。当把电堆的两端用金属导线连接起来时，电路中立刻出现了持续的电流。伏打电堆的发明，使人类第一次获得了持续稳定的电流，从此电学进入了一个新的迅速发展的阶段。

▲伏打

那么，伽伐尼提出的动物电对不对呢？伏打的异议促使伽伐尼进行了更严密的实验。他不用铜钩、铁架，而是剥出蛙腿的一条神经，一头绑在另一条腿上，一条与脊椎接触，结果蛙腿仍会抽搐。实践证明，动物会产生电流的结论是正确的，生物体内确实存在生物电。想不到一个青蛙腿的实验，引出了生物电和伏打电堆两项重大的发现和发明。

电磁波的预言

正像许多新思想、新理论诞生之时不被人们所理解一样，法拉第提出的场的概念也迟迟不为人们所接受。特别是由于法拉第没有受过系统的正规教育，数学水平不够高，因此他对电磁场的研究，只能停留在对力线的描述上，不能把它变成精确的定量的理论。

一位年轻的物理学家把法拉第萌发的新思想用精确的数学形式表示出来，并将它发展成完整的电磁场理论，他就是麦克斯韦。

麦克斯韦也是英国人，诞生在 1831 年，比法拉第晚出世 40 年。他的父亲是一个律师，但主要兴趣却是制作各种机械和研究科学问题。他父亲对科学的爱好对麦克斯韦产生了很大的影响。麦克斯韦从小喜爱数学，14 岁时就在爱丁堡皇家学会发表了画椭圆曲线的论文，16 岁考入爱丁堡大学学习物理，19 岁时转入剑桥大学。他因设计著名的色陀螺而轰动科学界，获得皇家学会奖章，24 岁就成为大学教授。

早在剑桥大学求学时，麦克斯韦就被法拉第的新观念吸引，并立志要把它用数学形式表达出来。1856 年，25 岁的麦克斯韦写出了《论法拉第的力线》的论文，引入一种新的矢量函数来描述电磁场，法拉第看到后大加赞扬。1860 年，麦克斯韦登门拜访了年近七旬的法拉第，他们一见如故，谈得十分投机。麦克斯韦崇敬地请法拉第指出自己论文的缺点，法拉第非常诚恳地说："你不应该停留在用数学来解释我的观点，而应该突破它。"麦克斯韦受到极大的鼓舞。

当时在电磁学领域已经建立了四大定律，它们是库仑定律、高斯定律、法拉第定律、安培定律。麦克斯韦深入研究了法拉第提出的场，以此为起点，综合各家之长，终于提出了著名的麦克斯韦方程组，它由四个方程式组成，几乎包括了已有的全部电磁学的规律，其构思深刻巧妙，表达简洁明了，以致后人赞誉它是"神仙写出来的"。

在这里麦克斯韦发展了法拉第的电磁感应定律。他指出电磁感应的本质是变化的磁场产生电场，不论周围有无闭合回路存在。同时他也发展了电流的磁效应，指出不仅电流能够产生磁场，任何变化的电场都会在周围空间产生磁场。这样，麦克斯韦就为我们勾画出一幅完美的图像：变化的电场在它周围产生变化的磁场，变化的磁场又在周围产生变化的电场，变化的电场再产生变化的磁场……如此不断交替产生，就构成了统一的电磁场。而一圈圈变化的电场和磁场向四周不断传播出去，就形成了电磁波。

▲ 欧姆

麦克斯韦不仅预言了电磁波的存在，而且计算出电磁波在真空中的传播速度是 3×10^8 米/秒，与光的速度相同，从而进一步预言了光也是电磁波，是一种可以引起人们视觉的电磁波。

青出于蓝而胜于蓝。麦克斯韦站在巨人的肩膀上，终于建成了电磁理论的宏伟大厦。正像牛顿继哥白尼、伽利略、开普勒等人之后创立了经典力学一样，完成了物理学的第一次革命，麦克斯韦继承库仑、欧姆、安培和法拉第之后，创立了经典电磁学理论，完成了物理学上的第二次革命。麦克斯韦在天文学、气体分子运动理论、热力学方面也都作出了卓越的贡献。

捕捉电磁波

尽管麦克斯韦用严密的数学论证了电磁波的存在，但是在人们心中电磁波却是那样神秘莫测，既不像水波可以看得见，又不像声波可以听得见。那么，怎么才能证明电磁波真的存在，麦克斯韦的理论是正确的吗？

麦克斯韦生前没有看到他的理论得到证实。他积劳成疾，48 岁就患癌症去世了。在麦克斯韦去世后的 1887 年，一个德国青年物理学家赫兹用实验证实了电磁波的存在。

1878 年，21 岁的赫兹来到柏林大学攻读电学。他的导师亥姆霍兹是最早支持麦克斯韦的少数几个杰出的科学家之一。亥姆霍兹建议柏林科学院悬赏征求证实电磁波的实验，同时鼓励他的学生赫兹去解决这个问题。赫兹也被麦克斯韦的理论所吸引，他欣然接受了导师的建议，从此几十年如一日，孜孜不倦地投入到寻找电磁波的研究中。

要证明电磁波的存在，首先就要能够产生电磁波。很长一段时间，赫兹苦于找不到产生迅速变化的电磁场的办法。有一天，赫兹在实验室工作，他发现当把一个两端间留有很小间隙的弯成长方形的铜线接到感应线圈上做放电实验时，在间隙部位出现了一个来回迅速跳跃的小火花。赫兹立即意识到，这个跳动的小火花不正是可以产生变化的电场和磁场吗？

那么又怎样接收电磁波呢？他百思不得其解。当他从各种设想又回到麦克斯韦的电磁理论时，突然顿悟了，电磁波既然向四面八方传播，那么在它传播的空间的导线中不是应当产生电流吗？观察导线中有无电流应当是很容易的事情。

赫兹开始实验了，他的装置很简单：两块锌板，每块锌板上连着一根末端上装着铜球的铜棒，两个铜球离得很近，两根铜棒分别与高压感应线圈的两个电极相连，这就是他的电磁波发生器。在离发生器 10 米远的地方放着电磁波探测器，那是一个弯成环状、两端装有铜球的铜棒，两个铜球间的距离可以用螺旋调节。

赫兹把门窗遮盖得严严实实，不让光线射进来。当他合上电源开关时，发射器的两个铜球间闪出耀眼的火花，发出劈劈啪啪的响声，但这不是赫兹要观察的目标。他紧张地调节着探测器的螺丝，让两个铜球越靠越近，突然两个铜球的空隙间也跳跃着微弱的电火花，电磁波被捉住了。赫兹还进行了其他实验，证明了电磁波和光波一样，可以发生反射、折射，并且测出电磁波的速度和光速一样。

1888 年，赫兹在柏林科学院大厅向云集在那里的各国科学家发表了演说，明确指出光是一种电磁现象，并介绍了自己的实验，顿时整个大厅里发出一片惊讶和赞叹声。

▲ 赫兹

在赫兹实验之后，再也没有人怀疑电磁波的存在了。正像爱因斯坦说的："在现代物理学家看来，电磁波正像他坐的椅子一样实在。"麦克斯韦的电磁理论从此被人们所

接受。赫兹所创造的电磁波发射器和探测器，就是后来无线电发射器和接收器的开端，他的实验拉开了人们运用无线电的序幕。

随着法拉第发现电磁感应现象、麦克斯韦完成电磁理论，新的技术、新的发明不断涌现。1832年，法国皮克西制成第一台旋转式交流发电机。1844年，美国莫尔斯发明有线电报。1860年，意大利巴奇诺奇发明直流电动机。1867年，德国西门子制成自激式直流发电机。1872年，德国阿尔特纳设计出第一台高效率直流发电机。1876年，英国贝尔和美国爱迪生发明电话。1879年，爱迪生和英国斯旺发明电灯。1895年，意大利马克尼和俄国波波夫发明无线电报……

电力作为一种新能源登上了人类生活的舞台，为工业生产提供了方便、价廉、强大的新动力，带动了一系列新兴产业的诞生，创造了比蒸汽时代大得多的生产力。电力不仅被用作工业动力，而且用于照明、通讯及人类生活的各个领域，它极大地改变了人类社会的面貌，推动了人类文明的进步。蒸汽机的发明使人类进入了蒸汽时代，而电的利用使人类社会又跃入了一个崭新的时代——电气时代。

细菌武器的出现

生物武器也叫细菌武器，这种武器是利用生物战剂来杀害人员、牲畜和毁坏庄稼及其他植物。生物战剂包括细菌、病毒等微生物。

生物战剂及使用方式

生物战剂采用的是肉眼看不见的微小生物，不易被人发现，所以能够秘密地使用，也比较难以防备。生物战剂可以装在炮弹内发射出去，这种生物弹的爆炸力一般都不大，不会直接把人炸死，更不会破坏建筑物，但由于生物战剂对人、畜等具有很大的毒害作用，所以生物弹的实际杀伤效果是很大的。由于生物战剂能够大量地进行人工培植，所以生物武器的成本比核武器、化学武器都要低廉得多。

生物武器又叫细菌武器，顾名思义，它与细菌有关。细菌是微生物中的一大类。由于它们体积微小，必须用显微镜才能看得见，它们有球形、杆形、螺旋形、弧形、线形等多种形状，一般都是分裂繁殖。在自然界中，几乎到处都有细菌。一提起细菌，有的人总把它看成是一种坏东西。实际上，自然界中绝大多数微生物（包括细菌）对人类是有益的，其中有的细菌甚至是必不可少的。例如土壤中的微生物，能将动物、植物的蛋白质转化为无机含氮化合物，供植物生长的需要，

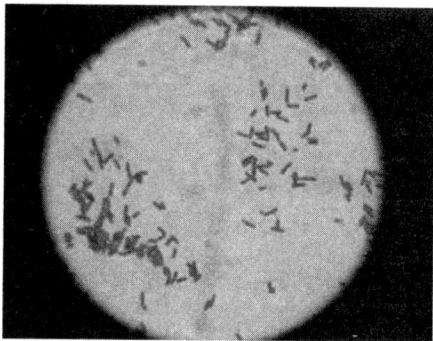

▲ 微小的细菌

而植物又为人类所利用。此外，在工业生产、农业生产、医药生产等方面，微生物也都起着重要的作用。但是，其中也确有一部分微生物能引起人类或动、植物的疾病，这些有致病作用的微生物叫做"病原微生物"，也称"病原体"。在生物战中，就是利用了病原微生物的致病作用。

不过，也不是所有的病原微生物都能用于生物战，只有那些能用人工方法进行大量繁殖，而且能够进行投放，或者能够喷撒施放到空气中而形成"气溶胶"，使人患传染病的病原微生物才能用于生物战，而这样的病原微生物就称为生物战剂。

现代战争中的生物战，一般都是把生物战剂做成干粉或液体喷撒到空气中，形成一种对人体及其他动、植物有害的气雾云团，这就是"生物战剂气溶胶"。施放这种生物战剂气溶胶的生物武器，目前主要有三种类型。

第一类是"爆炸式生物弹"，就是把干粉生物战剂装在生物弹内，生物弹爆炸时所产生的力量，可使干粉生物战剂分散开来，生成气溶胶。

第二类是"机械发生器"，就是把生物战剂干粉或液体，装在能被压缩空气推动的"发生器"内，施放时利用因压缩空气的膨胀所形成的压力，将发生器内的生物战剂喷射成气溶胶。

第三类是"喷撒箱"，这种喷撒箱的工作原理和我们日常生活中所用的喷雾器基本相同，就是把生物战剂的干粉或液体装在喷撒箱内，用压力把它喷撒到空气中，以形成生物战剂气溶胶。

生物武器的使用方式，在以前都是先把生物战剂沾染到某些动物（如臭虫、虱子、跳蚤、苍蝇、老鼠等）、植物或其他杂物上，然后再把这些东西施放出去毒害人。现代生物武器的使用方式，通常是把生物战剂直接散布到空气中，通过呼吸道侵入人体，引起各种传染病，造成人员死亡或暂时丧失活动（战斗）能力。

早期的战例

公元 1763 年，英国殖民主义者企图占领加拿大，遭到了当地印第安人的强烈反抗。

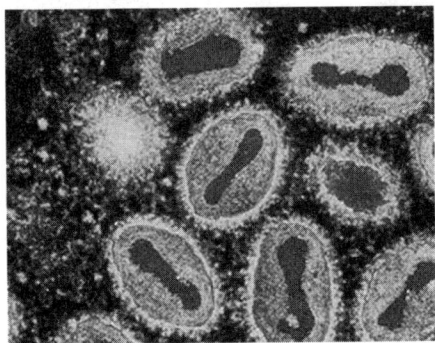

一天，印第安人的两位首领，突然收到了英国人送来的"礼物"——被子和手帕。很多印第安人在使用了这些被子和手帕后，不久就陆续地得病了。患病者先是发高烧，皮肤上出现大量的丘疹；然后这些丘疹转化为脓疱。当时由于得不到治疗，一些人相继死去。结果印第安人丧失了大部分战斗力，英国人达到了不战而胜的目的。这是怎么回事呢？原来，英国人所送的被子和手帕，都是天花病患者用过的，因而沾染了天花病患者皮肤黏膜排出的病毒，于是很多印第安人感染了天花病。那时候，人们还不知道天花病发生的

▲天花病毒

真正原因和预防、治疗的方法，只知道天花病患者用过的衣物能够传染天花病。

在第一次世界大战期间，由英、法等国组成的协约国，当时从中东买进了 4500 头骡子，作为驮运武器的运输工具。不久，这些骡子成批地病倒了。生病骡子的鼻部都有脓肿溃烂，流脓汁，躯体发烧，不吃东西，很快地消瘦下去，不能继续驮运武器，其中有一些死了。直到事后，人们才逐渐知道了骡子生病的原因，原来是德国间谍在骡子中散布了一种"鼻疽菌"，使骡子得了一种称为"鼻疽"的传染病。

"虫兵鼠将"猖獗一时

20 世纪 50 年代初，美国在侵朝战争期间，也多次动用过它的"虫兵鼠将"，在朝

鲜和我国境内疯狂地进行生物战活动。

1952 年 1 月 28 日上午，一架美国飞机在朝鲜平康郡金谷里上空盘旋了一阵，然后在这一带的雪地上发现了大量的苍蝇、跳蚤和蜘蛛。我方的防疫队员在现场采集到标本后，发现苍蝇在那样寒冷的条件下很快就在玻璃管内产卵了，说明这种苍蝇是由人工专门培养的一种耐寒昆虫。后来经过检验，发现苍蝇带有霍乱弧菌，跳蚤带有鼠疫菌。

1952 年 4 月 5 日夜间，美国飞机在我国黑龙江省的甘南县境内投撒了大量的小田鼠，分布面很广，达到十多平方千米。通过检验，发现这些小田鼠身上带有大量的鼠疫杆菌。当时，美军投撒昆虫和老鼠等物采用的大都是一种"四格弹"，里面有四个格子，分别装有老鼠及各类昆虫，它的大小与 227 千克的炸弹差不多，弹里装着定时引信。空投时，在距离地面 30 米高处就会自动地裂成两半，

▲ 跳　蚤

将弹内的昆虫撒落在直径大约 100 米的范围内。当时美军还制备了一种用硬纸做成的纸筒，筒里装着昆虫等物。筒上带有小降落伞，以延缓它的降落速度，减少着地时昆虫受到的损伤。当纸筒靠近地面时，筒盖自动打开，放出里面的昆虫，然后纸筒自行烧毁，以消灭痕迹。

灭绝人性的日本"七三一"部队

"九·一八"事变后，日本帝国主义者侵占了我国的东三省。1935 年，日本侵略军在哈尔滨附近一个叫"平房"的地方，修建了一所大院。大院里除了有许多平房外，还有高大的烟囱，人员行动诡秘，戒备森严。当时日本人放出"风"，说什么在这个大院里驻扎着是"防疫给水部队"，代号是"七三一"。直到 1945 年 8 月 15 日日本无条件投降后，有关这个大院的真实情况才逐渐水落石出。原来，"七三一"部队并不是什么防疫给水部队，而是一座制造和试验生物武器的细菌工厂。那些平房是生产细菌武器的厂房和实验室，而那个高大的烟囱底下就是焚尸炉。

焚尸炉的罪恶

1940 年 10 月 27 日，日本飞机在浙江省宁波市空投了混有许多跳蚤的麦粒子，在 34 天内有 103 人陆续得了鼠疫病，其中 102 人死亡。此后，日本侵略者还在浙江的衢州市衢江区、金华、湖南的常德等地，撒下了大量带菌的跳蚤。直到 1945 年日本投降前夕，侵略者为了消灭罪证，才不得不放火烧毁这座细菌工厂。灭绝人性的"七三一"部队，从此结束了它那充满罪恶的历史。

"七三一"部队的编制大约 3000 人，每月能生产 300 千克鼠疫菌，500 千克到 600

千克炭疽菌，1000 千克霍乱菌。此外，他们还培养了大量的跳蚤和老鼠，其中跳蚤的产量是每月 200 千克（每千克跳蚤大约有 300 万只）。这座工厂还制造了两种用来施放细菌的生物弹，其中一种是"气雾弹"，另一种是"榴霰弹"。

在哈尔滨市西北边的安达市，设有"七三一"部队的一个野外试验场，并附设监狱，用来关押中国的抗日爱国者。这些法西斯分子灭绝人性，用中国的爱国者来充当细菌武器的试验对象。他们把细菌通过口服或注射的方法，输入受试验者的身体里，或者用钢壳榴霰弹炸伤受试验者，让细菌经伤口侵入人体，以检验生物武器的"效果"。在 1940 年至 1945 年间，在这个试验场里，惨遭杀害的中国人就达 1500 人以上。

在抗日战争期间，日本侵略军还在我国的广州、南京、湖南、浙江等地大肆进行生物战活动。

黑洞的发现

黑洞理论的提出让我们觉得这个原本就很神秘的宇宙更加神秘。那么黑洞是如何形成的呢？这个理论又是如何提出的呢？

黑洞的形成

与平时所理解的洞不同，黑洞并不是洞，而是封闭的天体。大质量恒星在其演化末期发生塌缩，其物质特别致密，它有一个称为"视界"的封闭边界。它的密度非常非常大，靠近它的物体都被它的引力所约束（就好像人在地球上没有飞走一样），不管用多大的速度都无法脱离。对黑洞来说，它的第二宇宙速度之大，竟然超过了光速，所以连光都逃不出来，这也是它被命名为"黑洞"的原因。

黑洞的提出

黑洞的理论是如何提出的呢？韦勒根据爱因斯坦的理论证明，太空中有一些质量很大的天体，由于内部存在强大的引力，天长日久就自行坍缩成一种新的、体积很小但密度极大的天体。任何物质包括光线，只要在它的旁边，就会被吸引进去而消失。因为它不向外面释放任何物质和质量，人们无法用探测仪器看到它，不过那时只称黑洞为"神秘天体"、"隐藏天体"。它的周围都是漆黑一团，像在宇宙中开了一个大洞，人们只能

▲黑洞吸引周围的物质

通过计算和观察它周围的其他天体来证实它的存在。美国物理学家约翰·阿提·惠勒考虑到黑洞的这一特性，为它取了个形象的名字"黑洞"。

黑洞的检测

光不能从黑洞中发出来，我们又是怎么检测到它的呢？这有点像在煤库里找黑猫。庆幸的是，有一种方法。正如约翰·米歇尔在他1783年的先驱性论文中指出的，黑洞仍然将它的引力作用到它周围的物体上。天文学家观测了其中只有一颗可见的恒星绕着另一颗看不见的伴星运动的系统。人们当然不能立即得出结论说，这个伴星就是黑洞——它可能仅仅是一颗太暗以至于看不见的恒星而已。落入这个超重的黑洞的物质

能提供仅有的足够强大的能源，用以解释这些物体释放出的巨大能量。当物质旋入黑洞，落入的物质会在黑洞附近产生能量非常高的粒子，它将使黑洞向同一个方向旋转，使黑洞产生类似地球上的一个磁场。这个磁场非常强大，以至于将这些粒子聚焦成沿着黑洞旋转的轴，即它的南极和北极方向向外喷射的射流，在许多星系和类星体中的确可以观察到这种射流。根据这种现象，我们可以探测到黑洞的存在。

▲美国发布的黑洞攻击星系的实景照片

黑洞与地球

人类无法看见黑洞，它没有具体的形状，只能根据周围行星的走向来判断它的存在。也许你会因为它的神秘莫测而害怕起来，但实际上用不着过分担心，因为它对距地球极近的物质产生影响时，它的"事件视界"离我们还很远。尽管它有强大的吸引力，但我们还有足够的时间挽救，而且恒星坍缩后大部分都会成为中子星或白矮星。当然，我们不可以对其放松警惕，这也正是人类研究它的原因之一。

发现库仑定律

马提尼克岛是法国海军的战略要塞。为了使这座海上要塞固若金汤，岛上正在紧张施工。海岛的工地上，水泥、砖石等建筑材料堆放得整整齐齐，施工有条不紊，工程进展得非常迅速。查理·德·库仑是负责要塞建筑的技术总监，可谁也没想到这个查理还有另一个重要的身份。

痴迷的"长明灯查理"

库仑是巴黎军事工程学院毕业的一位高才生，当时年龄不足 40 岁。库仑先生精力充沛、技术精湛，工艺要求一丝不苟，但又十分平易近人。岛上的建筑者都十分佩服库仑先生，人们亲切地称他为"长明灯查理"。原来，库仑白天投入紧张的施工，东边跑跑，西边看看，一会儿协助技术员测量尺寸，一会儿帮工人解决技术难题，整天忙得不可开交。夜幕降临，当人们从繁重的工作中解脱出来沉入梦乡时，库仑房间的灯光却又亮了起来，常常一直亮到启明星升起。因此，人们送他"长明灯查理"的雅号。

开始人们对这位辛勤的"长明灯查理"的行为有些迷惑不解，但时间一长也就司空见惯了。光阴荏苒，1776 年，库仑和建筑工程队返回法国。不久，当工程队朋友们得知他成为法国科学院院士时，才明白了"长明灯查理"的宏愿。

当库仑还是一个学生时，他就沉迷于科学技术。在巴黎军事工程学院学习期间，同学们就给他起了个"莱顿瓶"的外号。

▲库仑

莱顿瓶是 18 世纪 40 年代末发明的贮电瓶。这个神奇的贮电瓶是由荷兰物理学家马森布洛克发明的。马森布洛克是荷兰莱顿市人，莱顿瓶因此得名。莱顿瓶实际上是一个普通的原始电容器。由于利用莱顿瓶能获得大量的电荷，所以它在电学发展史上曾起过很大的作用。大学期间，有两件事最使库仑痴迷，一是研读牛顿的力学理论，二是试验莱顿瓶的作用。莱顿瓶能够放电，当很多同学被库仑的莱顿瓶电击过后，库仑便获得了那个不雅的绰号。

当时，人们利用莱顿瓶观察物体的放电等现象。为了研究"电力"，科学家们还设计出各式各样的验电器，如意大利牧师贝内特制造了一种金箔验电器，在玻璃容器内放两张金属箔片，在起电时两张金属箔片会张开，人们用它来测量"电力"的存在。但"电力"是什么呢？究竟有多大呢？当时谁也说不清楚。

库仑研究莱顿瓶的时候，科学界已经知道使两片金箔张开的力，是由同种电荷相互作用产生的，可以看成是两个点电荷之间的斥力作用。直到大学毕业，怎样用牛顿力学的形式来描述电荷之间的相互作用，还一直困扰着库仑，他是带着电学和力学相互渗透的问题离开学校的。

库仑一直在想，电力是什么？怎样才能测量电力的大小呢？由于牛顿力学在当时的成功以及所产生的影响，库仑认为答案就在牛顿力学理论中。为了解决这一问题，库仑决定暂时放下他心爱的莱顿瓶，专门攻读牛顿力学理论。从此，库仑沉入了牛顿力学的海洋。开始时他还不适应，呛了几口水，慢慢地开始能游几下了，最后竟能自如地遨游了。

库仑是学工程建筑出身的，他想把自己的专业与牛顿理论结合起来，才能更好地掌握牛顿理论的精华，同时促进工程建筑的发展。不论是马提尼克岛、埃克斯岛的海外工程，还是瑟堡、巴黎等地的建筑，他都把主要精力放在研究工程力学和静力学问题上，他就这样在"长明灯"下度过了那些数以千计的不眠之夜。

库仑的贡献

库仑运用牛顿力学解决实际问题，取得了很大的成绩。一次，他从海外施工地回巴黎，顺便参加了法国科学院召开的专门研究航海设备问题的会议。作为会议的非正式代表，他顺利解决了会议规定的题目，引起了与会者的震惊。他还成功地设计了新的指南针结构以及许多实用的普通机械。

1784年，库仑发表了一篇论文，介绍了他所发现的线性扭转力与线材的直径、扭转角度等数值之间的关系，引起了科学界的广泛好评。

库仑成为科学院院士之后，又拿起了心爱的莱顿瓶，继续向电学问题冲击。经过20多年的磨练，他已经不是那个拿着莱顿瓶劝诱别人尝尝电击滋味的毛头小伙子了，而是一个具有很深力学理论造诣和施工设计能力的专家了。库仑经过反复实验首先发明了测力的精密仪器——扭秤。它是一条轻的水平铁片，在中点系上一根长的细铁丝，挂在玻璃匣内，由此构成扭秤。这是科学史上的一项重大发明。

库仑的一生对科学的发展做出了巨大的贡献。

碱金属的发现

戴维切断电源，小心翼翼地用钳子夹起热坩埚，一次又一次地将它的底部触及水面，进行冷却。隔了好一会儿，他确信坩埚已经充分冷却，才谨慎地把坩埚里的物体倒进一个盛着水的大杯子里。水突然沸腾起来，气泡发出咕噜咕噜的响声。顷刻之间，大水杯猛烈燃烧起来，几乎同时发出了震耳欲聋的爆炸声……实验室附近的人们闻声赶来，只见戴维躺在地板上，双手捂着淌血的面孔。实验备品炸成碎片，一片狼藉……医生迅速赶来。幸好戴维的伤势不重，只是玻璃杯的碎片刺伤了这位著名化学家的脸。这是 1807 年英国化学家汉佛莱·戴维进行化学实验失败的一幕。

"笑气专家"

1778 年，戴维生于英国南部的彭赞斯。他 17 岁开始在一家药店当学徒。18 世纪末，欧洲的药店实质上就是一个业余化学实验室，因为当时的医生和药剂师都相信只有化学能够制药。戴维利用学徒的业余时间自修化学。还不到 20 岁的时候，他就成了远近知名的"笑气专家"了。

原来，布里斯托尔的贝多斯博士成立了一个气疗诊所，利用氧气等各种气体治疗疾病。他让戴维负责用化学方法制取各种气体。戴维承担的第一个任务，是研究一氧化二氮的特性，一连串可笑的事发生了。

有一次，戴维制取了大量的一氧化二氮，装在几个大玻璃瓶里，放在地板上。这时贝多斯博士走进了实验室。两人热烈地交谈起来，博士兴奋地扬起胳膊不小心碰倒了一个铁三脚架，砸碎了装着一氧化二氮的瓶子。"请您原谅我。"博士很难为情，弯下腰来亲手收拾玻璃碎屑。戴维也急忙蹲下帮忙。这时，他看见博士的两只眼睛由于惊异而睁得大大的。一向以孤僻和冷漠而闻名的贝多斯博士，突然带着令人费解的微笑。

"汉弗莱，您太爱开玩笑了。您怎么可以把铁架子同玻璃器皿放在一起呢？它们相互碰撞起来的声音多么响啊！"接着，他莫名其妙地哈哈大笑起来，笑声震撼了整个实验室。"的确，真是一件令人开心的事。"戴维望着贝多斯博士也不由自主地大笑不止。

两位学者面对面地站着，笑得前仰后合。这种不

▲汉佛莱·戴维

寻常的喧哗，引起了隔壁实验室助手的好奇。他推开门，站在门边愣着说："你们怎么了？莫非犯精神病了吗？"话音刚落，他也禁不住大笑起来。

不久，贝多斯博士的实验室出现了狂笑症的消息传到了镇上，博士陷入了窘境。事后，经过戴维的反复认真研究，才发现狂笑是由一氧化二氮引起的。于是，他发现了一氧化二氮有令人发笑的新特性。从此以后，人们称一氧化二氮为"笑气"，戴维也因此成为"笑气专家"。

举世闻名的化学家

戴维同 19 世纪早期许多化学家一样，完全靠自学掌握了很多化学知识。有一天，戴维看了贝多斯博士带来的科学期刊《皇家学会会报》，他的注意力集中到英国化学家尼柯尔森和卡莱尔发表的论文《论利用电池电流分解水的方法》上。戴维被这个标题吸引了。他想，既然两位化学家用电流可以分解水，那么电流也一定能够分解其他物质。从此，戴维投入电流与物质相互作用的研究中去。他用电解法发现了钾、钠元素，后来又分离出钡、锶、镁、硼等新元素，戴维因此创立了电化学。

戴维的科学生涯是在巨大的荣誉、鲜花和掌声中度过的。戴维迁居到伦敦以后不久，就赢得了杰出演说家的声誉。戴维的讲演尽管内容全都是关于科学方面的，但讲演形式活泼，语言诙谐，生动有趣，在很短时间内戴维就成为伦敦风靡一时的新闻人物。人们争先恐后地、怀着敬慕的心情来听他的讲演。

1807 年，戴维用伏打电池产生的强大电流，分解了以前被认为是不能分解的碱类。他在这年的 10 月上旬分离出了钾单质体，不久又分离出钠金属单质。由于钾、钠都是极其活泼的碱金属，遇水能产生强烈的爆炸，所以戴维在电解分离它们时，多次发生爆炸事故。有时白金勺里的东西全部炸飞，有时留下一些较大的金属颗粒。

人们风闻戴维发现了重大的自然奥秘，都期待、渴望着戴维的下一次科学讲演。然而一次由于爆炸的伤害和过度的疲劳，戴维病倒了。戴维的病情日渐严重，似乎到了濒死的边缘，这更提高了他的名声。诸如王公贵族等上层显赫要人，十分关心他的健康，每天向社会公布他的病情。一些名医不要报酬，主动前去诊治。经过 9 个星期的精心治疗，戴维的病情才有了好转。戴维痊愈后，立即投入新的科学研究中。

有一天，戴维正忙于实验，皇家学会的干事伯纳德爵士闯了进来。"祝贺您，戴维先生。"

戴维迷惑不解地瞧着这位爱好科学的贵族爵士。只见他拿出一个纸片读了起来："拿破仑皇帝发布一项命令，授予英国科学家汉弗莱·戴维奖章，以表彰他在电学以及化学方面建立的功勋。""的确，这是很高的荣誉。"戴维抑制不住内心的喜悦。"授奖仪式将在巴黎进行。""可是，我们同法国在打仗呀……"戴维感到困惑了。"是的，皇家学会的全体成员都认为你不应当接受奖赏。"伯纳德爵士说道。"我们没有权利从敌人手中接受奖赏。但是，我们感到自豪的是，甚至连敌人也承认我们的成就。这是您的成就，戴维。""我不同意您的意见，伯纳德爵士。"戴维神情严肃起来，"我是为科学、为人类工作的。我认为即使两国政府之间进行战争，科学家之间是不应进行战争的。相反，应当通过科学家的合作减少战祸才对。"

戴维不顾反对，毅然去了法国。

巴黎凡尔赛宫，典礼大厅布置得富丽堂皇。在这里为戴维举行了隆重而盛大的授奖仪式。法国科学院还赠予戴维3000法郎的奖金。拿破仑皇帝向他授了勋章。

戴维既是科学大师，又是慧眼识英才的伯乐。1812年，他推荐法拉弟为皇家学院实验室的实验助手，后来法拉弟成为19世纪最杰出的实验科学家。这是与戴维的帮助分不开的。人们感慨地说，在戴维的许多发现中，最伟大的发现就是发现了法拉弟这位伟大的科学英才。戴维的一连串的科学发现，成为19世纪上半叶鼓舞人们前进的强大力量。

1811年，戴维用一组由2000个电池联成的大电池制造了碳弧电极，它在19世纪70年代白炽灯问世之前，一直作为电光源供人们使用。1813年，戴维在法拉弟的协助下，只用了一周时间，就发现并且测定了元素碘。1814年，他又预言了氟元素单质的存在。1816年为了避免煤矿工人因瓦斯爆炸而造成的伤亡，戴维发明了矿工佩用的"安全灯"，矿工们从此可以摆脱一些致命的危险。

碳弧电极

碳弧电极是利用两根接触的碳棒电极在空气中通电后分开时所产生的放电电弧发光的电光源。碳弧灯可按电弧发光状态分为低强度碳弧灯、火焰碳弧灯和高强度碳弧灯。

戴维的科学实践横跨了物理学和化学两大领域，他在电学及化学元素发现方面作出了重大贡献。戴维一改18世纪那种以经验为主的逐步改进的方法，转向以科学原理指导技术革新的科学技术发展新方向。19世纪初，正是产业革命兴起之时，戴维的科学实践在社会经济发展与进步方面显示出科学的实际意义，从而为提高科学的社会地位做出了榜样。戴维时代，由于科学发现的巨大社会作用，使科学家的社会地位有了明显的提高，科学技术成了社会经济发展的主导因素。

巧妙的分子假说

　　阿佛加德罗是第一个认识到物质由分子组成、分子由原子组成的人。他的分子假说奠定了原子—分子论的基础。当阿佛加德罗的分子假说被证明是普遍正确时，阿佛加德罗已经在几年前默默地死去了，没能亲眼看到自己学说的胜利。

两个化学家的争执

　　就在英国化学家道尔顿正式发表科学原子论的第二年，即 1808 年，法国化学家盖·吕萨克在研究各种气体在化学反应中体积变化的关系时发现，参加同一反应的各种气体，在同温同压下，其体积成简单的整数比。这就是著名的气体化合体积实验定律，常称为盖·吕萨克定律。盖·吕萨克是很赞赏道尔顿的原子论的，于是将自己的化学实验结果与原子论相对照，他发现原子论认为化学反应中各种原子以简单数目相结合的观点可以由自己的实验得到支持，于是他提出了一个新的假说，在同温同压下，相同体积的不同气体含有相同数目的原子。他自认为这一假说是对道尔顿原子论的支持和发展，并为此而高兴。

　　没料到，当道尔顿得知盖·吕萨克的这一假说后，竟然大发雷霆。因为道尔顿在研究原子论的过程中，也曾作过这一假设后又被自己否定了。他认为不同元素的原子大小是不一样的，其质量也不一样，因而相同体积的不同气体不可能含有相同数目的原子，更何况还有一体积氧气和一体积氮气化合生成两体积的一氧化氮的实验事实，即 $O_2 + N_2 \rightarrow 2NO$。若按盖·吕萨克的假说，n 个氧和 2n 个氮原子生成了 2n 个氧化氮复合原子，岂不成了一个氧化氮的复合原子由半个氧原子、半个氮原子结合而成？原子不能分，半个原子是不存在的，这是当时原子论的一个基本观点。为此道尔顿当然要反对盖·吕萨克的假说，他甚至指责盖·吕萨克的实验有些靠不住。

　　盖·吕萨克认为自己的实验是精确的，不能接受道尔顿的指责，于是双方展开了学术争论。他们两人都是当时欧洲颇有名气的化学家，对他们之间的争论，其他化学家不敢轻易表态，就连当时已很有威望的瑞典化学家贝采里乌斯也在私下表示，看不出他们争论谁对谁错。

分子假说的提出

　　就在这时，意大利的一位名叫阿佛加德罗的物理学教授对这场争论产生了浓厚的兴趣。他仔细地考察了盖·吕萨克和道尔顿的气体实验和他们的争执，发现了矛盾的焦点。1811 年，他写了一篇题为《原子相对质量的测定方法及原子进入化合物的数目比例的确定》的论文，在文中他首先声明自己的观点来源于盖·吕萨克的气体实验事实，接着他明确地提出了分子的概念，认为单质或化合物在游离状态下能独立存在的最小质点称作分子，单质分子由多个原子组成，修正了盖·吕萨克的假说，他提出："在同温同压下，相同体积的不同气体具有相同数目的分子。"

"原子"改为"分子"的一字之改，正是阿佛加德罗假说的奇妙之处。由此可见，对科学概念的理解必须一丝不苟。对此他解释说，之所以引进分子的概念是因为道尔顿的原子概念与实验事实发生了矛盾，必须用新的假说来解决这一矛盾。

根据自己的假说，阿佛加德罗进一步指出，可以根据气体分子质量之比等于它们在等温等压下的密度之比来测定气态物质的分

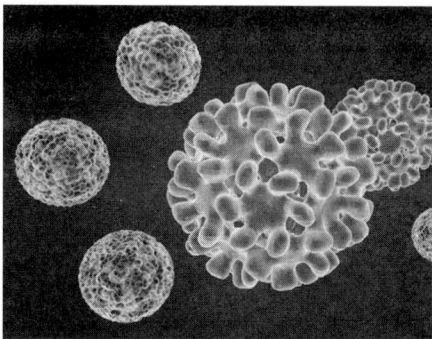

▲ 细胞分子

子量，也可以由化合反应中各种单质气体的体积之比来确定分子式。最后阿佛加德罗写道："总之，读完这篇文章，我们就会注意到，我们的结果和道尔顿的结果之间有很多相同之点，道尔顿仅仅被一些不全面的看法所束缚。这样一致性证明我们的假说就是道尔顿体系，只不过我们所做的，是从它与盖·吕萨克所确定的一般事实之间的联系出发，补充了一些精确的方法而已。"这就是1811年阿佛加德罗提出分子假说的主要内容和基本观点。

然而在阿佛加德罗提出分子论后的50年里，人们的认识却不是这样。尽管阿佛加德罗作了再三的努力，但还是没有如愿，直到他1856年逝世，分子假说仍然没有被大多数化学家所承认。

阿佛加德罗是第一个认识到物质由分子组成、分子由原子组成的人。他的分子假说奠定了原子—分子论的基础，推动了物理学、化学的发展，对近代科学产生了深远的影响。他的四卷著作《有重量的物体的物理学》是第一部关于分子物理学的教程。

直到1860年，意大利化学家坎尼扎罗在一次国际化学会议上慷慨陈词，声言他的本国人阿佛加德罗在半个世纪以前已经解决了确定原子量的问题。坎尼扎罗以充分的论据、清晰的条理、易懂的方法，很快使大多数化学家相信阿佛加德罗的学说是普遍正确的，但这时阿佛加德罗已经在几年前默默地死去了，没能亲眼看到自己学说的胜利。

▲ 阿佛加德罗

能量守恒定律的发现

19世纪自然科学的三大发现分别是细胞学说、能量守恒与转化定律和进化论。这三大发现为人类的发展做出了巨大的贡献，有力地推动了自然科学的进步。能量守恒与转化定律是物理中一个很重要的规律，它建立了物质运动变化过程中的某种物理量间的等量关系，便于对物质运动变化过程中的物理量的求解。能量守恒定律的发展在许多领域都有涉及和应用。

能量守恒与转化定律概述

能量转换与守恒定律又称热力学第一定律、能量不灭定律，它是指能量既不会凭空产生，也不会凭空消失，它只能从一种形式转化为其他的形式，或从一个物体转移到其他物体，在这一过程中其总量不变。

可对能量守恒与转化定律进行三方面的解读。

第一方面，在自然界中不同的运动形式对应不同的能量形式，电荷的运动具有电能、分子运动具有内能、原子核内部的运动具有原子能、物体运动具有机械能等。

第二方面，不同形式的能量之间可以相互转化，能量的主要转化途径有摩擦生热的转换途径，摩擦生热是通过克服摩擦做功，将机械能转化为内能，水壶中的水沸腾时水蒸气对壶盖做功将壶盖顶起，表明内能转化为机械能，电流通过电热丝做功可将电能转化为内能等等，另外能量转化的途径还包括热机的能量转化途径、电流能量的转化途径、力的作用的转换途径。这些不同形式的能量之间的相互转化，通常是通过做功来完成的。

▲水沸腾后会产生能量的转化

第三方面，某种形式的能减少，一定有其他形式的能增加，且减少量和增加量一定相等。某个物体的能量减少，一定存在其他物体的能量增加，且减少量和增加量一定相等。

能量守恒的意义首先体现在建立物质运动变化过程中的某种物理量间的等量关系。对此，我们只要建立和物质运动状态相对应的能量与物理量间的关系，无须知道物质运动变化过程中的能量间的转化途径，也无须知道物质间实际的相互作用过程，就可以在物质运动变化过程中的初状态和终状态间建立一种等量关系，这样便于对物质运动变化过程的量求解。

能量守恒与转化定律的一个重要贡献就是彻底打破了当时流行的"永动机"幻想，为各种能源动力机械的技术进步提供了理论基础，并促进了工业革命的发展。永动机是指某物质循环一周回复到初始状态，不吸热而向外放热或做功，也叫"第一类永动机"。这种机器不消耗任何能量，却可以源源不断地对外做功。由能量守恒与转化定律我们可以知道，这种永动机是不可能存在的，因此能量守恒与转化定律使"永动机"这个人类美好的愿望破灭了。

能量守恒与转化定律的发现过程

18 世纪，人类对于热力学的一些问题并没有一个头绪。直到 1824 年，法国工程师卡诺提出了理想热机理论，奠定了热力学的第一个理论基础。1840 年，德国医生、物理学家迈尔研究人体内化学能与热能的转换问题时，对热能问题开始进行思索，最终归结到一点，能量如何转化？与此同时，英国物理学家焦耳在 1840 年通过实验得出了电能转化为热能的定量关系。在实验中，他将通电的金属丝放入水中，水会发热，通过精密的测试，他发现通电导体所产生的热量与电流强度的平方，导体的电阻和通电时间成正比，这就是焦耳定律。

但是焦耳的发现，世人并不赞同。焦耳将自己的结论写成论文，送给英国皇家学会，但是这篇文章一直拖到第二年 10 月才在《哲学杂志》上登出。在 1843 年至 1847 年间，焦耳设计并进行了一系列巧妙的实验，第一次得出了热功当量的数值，测得了机械做功、电能、热能之间能量转换的全过程。焦耳的实验和热功当量的测定表明，自然界的能是不能被毁灭的，热只是能的一种形式。由此焦耳形成了关于能量守恒的理论。此后的

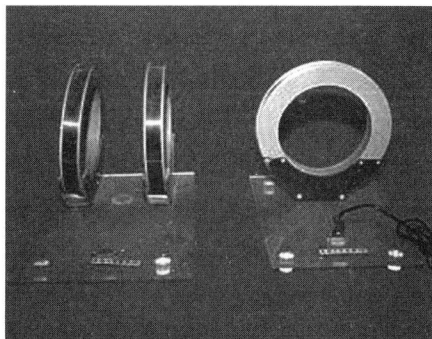
▲亥姆霍兹线圈

1847 年，德国物理学家亥姆霍兹在《论力的守恒》一书中，以数学形式表达了孤立系统中机械能的守恒，把能量概念推广到热学、电磁学、天文学和生理学领域，系统、严密地阐述了能量的各种形式相互转换和守恒的思想。至此，关于能量守恒与转化的定律最终确立，这就是我们今天所应用的能量与守恒转化定律。

能量守恒与转化定律的产生具有极为重大的意义。因为从日常生活到科学研究、工程技术，这一规律都发挥着重要的作用。从物理、化学到地质、生物，大到宇宙天体，小到原子核内部，只要有能量转化，就一定服从能量守恒的规律。能量守恒定律是人们认识自然和利用自然的有力武器。通过对这一定律的认识，人们开始利用煤、石油、水能、风能、核能等各种能量。

卡诺的热机理论

卡诺孤独地生活、凄凉地死去，他的著作无人阅读，无人承认。现在很难说清学术界是什么时候开始公认卡诺热机理论的，因为在他去世后，没有任何学术团体或学校授予卡诺任何称号。可以这样说，卡诺的学术地位是随着热功当量的发现、热力学第一定律、能量守恒与转化定律及热力学第二定律相继被揭示出来的过程中慢慢地形成的。

一个工业难题

18世纪时，俄国科学家罗蒙诺索夫根据摩擦生热、物体受热熔化以及动植物的腐烂过程都因受热而加快、受冷而减缓的现象得出结论，认为热的充分根源在于运动，由于没有物质就不可能发生运动，所以热的充分根源在于某种物质的运动。不过这个观点在当时并没引起科学家们的注意。

1798年，英籍物理学家伦福德在一篇题为《磨擦产生热的来源的调研》中讲述了他的机械功生热的实验。他曾在慕尼黑军工厂用数匹马带动一个钝钻头钻炮筒，并把炮筒浸在水中，一小时后，水温升高了，两个半小时后，水开始沸腾。伦福德得出结论：热是物质的一种运动形式。1799年，22岁的英国科学青年戴维进行了这样的实验：在一个同周围环境隔离开来的真空容器里，将两块冰互相磨擦熔解为水，而水的比热比冰还高。在这里"热质守恒"的关系不成立了，戴维由此断言，热质是不存在的。伦福德和戴维的实验动摇了热质说，为物理学的发展开辟了道路。要想推翻热质说，需要找出热量和机械功之间的数量关系。为此，法国物理学家卡诺迈出了实质性的一步。

卡诺的父亲是一个科学家，从小对卡诺进行了严格的教育。卡诺在法兰西学院时了解到热机效率低是工业的一个难题。那时候，人们对热机效应缺乏理论认识，工程师无法找到提高热机工作效率的根本途径。这个问题使卡诺在1821年走上了热机理论研究的道路。父亲病故后，卡诺的弟弟回到巴黎协助卡诺完成了《关于火的动力的研究》一书的写作，1824年6月12日这本书出版了。卡诺在这部著作中提出了"卡诺循环"的概念及"卡诺定理"。

▲卡诺

卡诺定理

根据卡诺热机理论，热机只能是工作于高温热源和低温热源之间的热机，这样才能让高温热源的热量不断转化为机械功。"卡诺循环"是一种可逆循环，按照现在的术语来说，是熵保持不变的循环。"卡诺定理"说的是："热动力与用来产生它的工作物质无关，它的量唯一地由在它们之间产生效力的物体（热源）的温度来确定，最后还与热质的输运量有关"。这些理论奠定了热力学的基础。

值得注意的是，卡诺在1824年的论著中借用了"热质"的概念，这是他的理论在当时受到怀疑的一个重要原因。卡诺之所以要借助于"热质"，是为了便于通过蒸汽机和水轮机的形象类比来发现热机的规律。在卡诺看来，"热质"正如水从高水位流下推动水轮机一样，它从高温热源流出以推动活塞，然后进入低温热源。在整个过程中，推动水轮机的水没有量的损失；同样，推动活塞的"热质"也没有损失。为了避免混乱，卡诺在谈到热量或热与机械功的关系时，就不用"热质"一词，而改用"热"。在他后来的研究记录中，他就彻底抛弃了"热质"一词。在一个很长的时间内，不少人说卡诺是"热质"论者，其实是没有根据的。

1830年，卡诺在传记的手稿中写道："人们可以就此提出一个普遍的命题：动力或能量是自然界中一个不变的量。准确地说，它既不能产生也不能被消灭。"实际上，卡诺的这个见解的提出就等于发现了能量守恒转化定律。但是非常遗憾，1832年6月，他患了猩红热，不久后转为脑炎，他的身体受到了致命的打击。后来，他又染上了流行性霍乱，于同年8月24日被病魔夺去生命。

> **猩红热简介**
>
> 猩红热为A组β型溶血性链球菌（也称为化脓链球菌）感染引起的急性呼吸道传染病，其临床特征为发热、咽峡炎、全身弥漫性鲜红色皮疹和疹退后明显脱屑。少数患者患病后可出现变态反应性心、肾、关节的损害。

卡诺去世时年仅36岁，按照当时的防疫条例，霍乱病者的遗物应一律付之一炬。卡诺生前所写的大量手稿被烧毁，幸亏他的弟弟将他的小部分手稿保留了下来。他的弟弟没能及时发表他的著作，一直到1878年才整理发表出来。那时候能量守恒和转化定律早已经被别人发现了。

维勒与女神的故事

尿素，亦称脲，相当于碳酸的二酰胺。尿素是哺乳类动物排出体内的含氮代谢物的形式。提起尿素，人们自然会想到一位科学家——维勒。正是他，用无机物合成了有机物尿素，对当时占统治地位的"生命力论"发起了第一次冲击，动摇了"生命力论"的根基。维勒和他合成的尿素也受到科学界的瞩目，他的成就永载史册。

人工合成的白色结晶

1800 年，维勒出生于德国的一个医生家庭，他的父亲是位著名的医生。维勒从小就在父亲的严格教导下认真学习，而他最喜爱的学科就是化学。他在房间里收藏了不少矿石和实验仪器，每天他都在里面做各种各样的实验。

后来，维勒获得了海德堡大学的医学博士学位，此时他已经开始研究动物有机体排泄出的尿液中的各种物质了。之后他被推荐到著名化学家贝采里乌斯门下学习，掌握了分析和制取各种元素的不少新方法。1824 年他回到家乡，在试验时用氰酸与氨水进行复分解反应，结果形成了草酸及一种肯定不是氰酸铵的白色结晶物，这种白色结晶物就是尿素。然而，当时只能自行进行实验的维勒因为缺乏相关的实验仪器，所以无法知道这是什么物质。直到 1828 年，依靠柏林工艺学院的设备，他才确定了自己四年前发现的白色晶状物质正是尿素。同年，他在《物理学和化学年鉴》第 12 卷上发表了题为"论尿素的人工制成"的论文，引起了轰动。这是人类第一次用无机物合成了有机物，具有划时代的意义。

▲ 维勒

尿素，亦称脲，相当于碳酸的二酰胺。尿素是哺乳类动物排出体内含氮代谢物的形式。它在肝合成，其过程被称为尿素循环。尿素在正常人体的蛋白质分解最终产物中占有相当大的比例。在普通膳食的情况下，每日尿中可排出 25 克到 30 克，接近尿中总氮量的 87%。

经过人工合成的尿素，是很重要的肥料，外观为白色晶体或粉末，通常用作植物的氮肥。另外，尿素还有调节花量、疏花疏果、水稻制种、防治虫害等作用。除去农业用尿素外，还有医药尿素，用来治疗脑水肿、青光眼等疾病。

与女神擦肩的维勒

维勒的成功与他的老师贝采里乌斯的培养息息相关。有一年，维勒打算研究褐铅矿，可是因病被迫中止了。他的同学塞弗斯托姆在这个领域继续探索，发现了"钒"，因此一举成名。维勒很不服气，他写信向老师诉说此事，并说他在塞弗斯托姆之前将钒样品寄给了老师。

接到信后，贝采里乌斯略作斟酌，给维勒回了封信，信中说："亲爱的维勒，今天我寄给您一份样品，这是新发现的钒元素。顺便，我给您讲个故事。

从前，在北方住着一位女神，她很美，又非常勤劳，她叫凡娜迪斯。一天，有个小伙子向她求爱，他敲着女神的门，希望女神能让他进去。可是凡娜迪斯并没起来开门，因为她想试试小伙子有没有耐心。过了一会儿，敲门声停了，女神起身来到窗口观望，看到的只是匆匆而去的小伙子的背影。女神惊奇地发现，这个小伙子就是维勒。她微笑着摇着头说：'啊，是淘气包维勒啊！好啊，让他白跑一趟也应该，谁叫他缺乏耐心呢？'

又过了几天，又有一位小伙子来敲门了，女神还是一样不给他开门。可这个小伙子不但敲得很坚决，而且干脆有力，有种不达目的不罢休的韧劲。他一直敲、一直敲，直到女神被感动了，站起来给他开门，热情地邀他进屋。小伙子长得很帅，很有礼貌，和凡娜迪斯一见钟情。相识不久，两人结婚了，生下了一个活泼的小男孩，起名叫元素钒。您知道小伙子是谁吗？他就是您的同学塞弗斯托姆。

亲爱的维勒，顺便告诉您，上次带来的样品，不是钒，实际上是氧化钒。"

在信的最后，贝采里乌斯还写道："您合成尿素，比发现10种新元素还要高超得多。"

▲贝采里乌斯

维勒接到老师的信，想起自己从中学时就迷恋尿素合成，并得到老师的长期指导，经过不懈努力终于取得成功的事情，立即明白了，他不再沉溺在抱怨和沮丧之中，而是把更多的精力投入到科学研究中。

发现昆虫的奥秘

昆虫学是以昆虫为研究对象，通过对昆虫进行观察、收集、饲养和试验，了解昆虫的生活习性的科学。被达尔文称作"举世无双的观察家"的法布尔，在昆虫学领域做出了杰出的贡献，为我们揭开了昆虫世界的有趣秘密，因此成为大家最喜爱的科学家之一。

与虫相伴的童年

1823 年，法布尔出生于法国南部一个叫圣雷昂的村庄。少年的法布尔家庭贫寒，没有任何玩具。不过幸运的是，他有大片的田野可以嬉戏，因此，从小法布尔每天都和小伙伴们在田野里玩耍。法布尔与其他孩子不一样，他对昆虫特别感兴趣，口袋里常常装满各种昆虫。为了捉一只小虫子，他常常跟着虫子到处跑。他经常问大人们："为什么鱼儿要在水里游来游去呢？""为什么蝴蝶喜欢花朵呢？"可是，大人们对于这些问题也答不上来。这让法布尔越来越好奇，发誓要弄清楚这些问题的答案。

痴迷的昆虫观察家

为了谋生，法布尔 14 岁便出外工作，但他一直没有放弃学习。19 岁，他考入了亚威农师范学院，毕业后成为了一名小学教师，后来又转去中学任教。在教学期间，他经常带着学生们去认识各种昆虫。他的《昆虫记》正是许多年积累下来的记录手稿。

有一天，法布尔一大早就躺在大路边，静静地观察一块大石头上的昆虫，这样一躺就是一整天。有几个农村妇女去地里劳作，从早上就看他躺在那里，傍晚回家时他还一动不动地躺着。她们非常好奇，上前说："喂，你在干什么？还不回家？"法布尔正在专心观察昆虫，似乎没有听到妇女们的喊话。妇女们以为他出了什么问题，吓得赶紧回家告诉他的父母。法布尔的父母赶到大石头边时，看他出神的样子，当即无可奈何地说："不用担心，他一定是在那里观察昆虫。"妇女们听了，凑上去一看，果然石头上爬着很多昆虫。有一位妇女不禁失声说："唉，这几只虫子值得你看一天吗？我还以为你对着大石头祷告呢！"法布尔因此在当地出了名，大家都

▲法布尔画像

称他是"中了邪的人"。

冬天来临，法布尔病了，但他一如既往地捉虫子，观察、研究虫子。有一次，他捉了几只罕见的昆虫，可惜这几只虫子冻僵了。为了让它们生存下来，法布尔就把它们放到怀里，一直等它们慢慢苏醒。

还有一次，他花了整整三年时间，观察雄蚕蛾如何向雌蛾"求婚"。然而，就在他马上能够看到结果的时候，一只螳螂出现了，它吃掉了蚕蛾，害得法布尔痛失观察的良机。此后，他又花了整整三年，才得到完整而准确的观察记录。

法布尔以忘我的精神研究昆虫，终于取得了辉煌的成就。他写的《昆虫记》一共20卷，每卷大约20篇，共200多万字，谈到的昆虫有100多种，成为我们了解昆虫的宝贵资料。

▲蚕蛾产子

法布尔晚年时，法国文学界曾多次向诺贝尔文学奖评委推荐他的《昆虫记》，却都未能成功。为此，许多人或在报刊发表文章或写信给法布尔，为他不平。法布尔平静地回答说："我工作，是因为其中有乐趣，而不是为了追求荣誉。你们因为我被公众遗忘而愤愤不平，其实，我并不在乎。"

昆虫学是以昆虫为研究对象的科学，通过对昆虫进行观察、收集、饲养和试验，了解昆虫的生活习性，这种科学涵盖面极广，包括进化、生态学、行为学、形态学、生理学、生物化学和遗传学等方面。除了进行基础研究，揭示昆虫的生长发育规律外，科学家们还在很多情况下从事有害昆虫的防治研究，以及有害昆虫的利用研究，这就形成了经济昆虫学，也叫应用昆虫学。总之，昆虫学是通过对不同昆虫的研究，掌握自然规律，使昆虫最大程度地为农业生产、生活服务。

橡胶的发现

橡胶在现代生活中有很多的用处。防水防滑的胶靴，柔软轻便的运动鞋，电冰箱的密封垫，汽车的轮胎等，都是橡胶做的，橡胶与我们的生活密切相关。

树的眼泪

橡胶的故乡在南美洲，那儿生长着一种橡胶树，割破树皮会流出白色的胶乳。因为胶乳会一滴一滴流淌下来，所以当地的印第安人把这种胶乳叫"树的眼泪"。他们将胶乳凝结后做成圆球，一边唱着歌，一边围着圆圈跳舞，把球传来传去，球儿落地，还能高高地弹起，这是他们最快活的游戏了。

15世纪末，著名航海家哥伦布航行到达美洲时，看到当地人玩橡胶球的游戏，感到很好奇，就将这种橡胶球带回了欧洲。1735年，法国科学家康达明参加考察队，在南美洲住了8年。在当地，他也看到印第安人把一种树的树皮切开，在切口处流出大量的白色乳汁，人们把它涂在织物上面，很快便变成黑色的固体物质，可以防水。当地人把它制成防水布、防水鞋和防水容器。

▲ 橡胶树

到了1763年，英国化学家黑立桑和马凯尔用松节油和乙醚的混合液溶解已凝固的胶乳，得到一种黏稠的浆液，把这种浆液涂在布上，制得了质量更高的防水布。1820年，苏格兰化学家查尔斯·麦金托什发现，用石脑油溶解胶乳既有效又便宜。于是，他把溶解在石脑油中的胶乳涂在两块布之间，便制成了夹布雨衣。

遗憾的是，这样制作出来的橡胶制品有一个不足的地方，那就是遇冷变软，容易发粘，遇热变硬，弹性变差，而且有一股难闻的气味。

硫化橡胶的诞生

1830年，古德意，一个美国工程师，他改变了天然橡胶的命运。古德意对橡胶着迷30多年，但是他很穷。在古德意的家乡，流传着这样的故事，你想找到古德意这个人吗？瞧，那就是他，头戴橡皮帽，身披橡胶衬里的风衣，里面穿着橡皮背心，下身套着橡皮裤子，脚蹬胶靴，手里拎个胶皮钱包——里面没有一文钱。因为其父亲破产，而他不得不自谋生路。他承包了邮包的生产，可邮袋十分不耐用。于是，他想到了橡胶。他学着钢铁生产时加碳的方法，在橡胶里添加各种物质，以改善橡胶的性能。

经过 10 年的实验，在 1839 年的一天，他把橡胶、松节油、硫磺放在坩埚内烧煮，屋内顿时弥漫着一股难闻的臭气。古德意被呛得咳嗽不止，他赶紧拿起坩埚，将坩埚内的物体扔进了垃圾堆，离开了房间。但是，当他再次进入房间时，他发现有一块橡胶，手感很好，拉一拉，弹性也不错，摸一摸，也不粘。他意识到，这可能就是他梦寐以求的东西。为了能够获得更好的橡胶，他又进行了许多的实验，找到了这种橡胶硫化的最佳配比、最佳加热温度和最佳反应时间。1844 年，硫化橡胶诞生了。

▲ 橡胶

电磁感应现象的发现

电磁感应现象是电磁学中最重大的发现之一。在电磁感应现象被发现后，由于对电磁感应现象的广泛应用，电工技术、电子技术以及电磁测量等方面有了长足的提高。

电磁感应概述

电磁感应是指因磁通量变化产生感应电动势的现象，闭合电路的一部分导体在磁场中做切割磁感线的运动时，导体中就会产生电流，这种现象叫电磁感应现象。电磁感应现象是电磁学中最重大的发现之一，它显示了电、磁现象之间的相互联系和转化。在电磁感应现象产生后，以电磁感应为基础又产生了给出确定感应电流方向的楞次定律以及描述电磁感应定量规律的法拉第电磁感应定律。楞次定律是指闭合回路中感应电流的方向，总是使得它所激发的磁场来阻碍引起感应电流的磁通量的变化。法拉第电磁感应定律指电路中感应电动势的大小，跟穿过这一电路的磁通变化率成正比。在电磁感应的基础上按产生原因的不同，可以把感应电动势分为动生电动势和感生电动势两种，前者起源于洛伦兹力，后者起源于变化磁场产生的有旋电场。对电磁感应本质的深入研究所揭示的电、磁场之间的联系，对麦克斯韦电磁场理论的建立具有重大意义。麦克斯韦电磁场理论主要是指变化的磁场可产生涡旋电场，变化的电场（位移电流）可产生磁场。

▲雷电现象

电磁感应的发现

电磁感应由英国著名物理学家、化学家法拉第所发现。而在法拉第正式发现电磁感应之前，前人已经对于电磁现象有了一些研究成果。最初，库仑提出电和磁有本质上的区别。1812年，丹麦物理学家奥斯特提出电与磁之间存在着联系，他经过大量研究后，在1820年7月发现了通电导体附近磁针转动的现象即为电流磁效应。这一发现震惊了当时的物理学界。安培在奥斯特的电流磁效应发现两个月后，提出了通电线圈与磁铁相似的报告。并在其后的五年之内通过对通电平行导线间相互作用力的研究得出电流元之间相互作用力的规律，提出电能可以转化为磁能，磁起源于电，磁与电有本质上的联系。安培的这些研究和发现为法拉第最终发现电磁感应奠定了良好基础。法拉第在对安培的发现进行了研究之后认为，电与磁有本质联系，既然电流能够产生磁，那么反之，磁也应该可以产生电。沿着这一研究方向，在总结前人成果的基础上，1831 年 8 月，法拉第成功地做出了发现电磁感应的实验。

他的实验过程是，在软铁环两侧分别绕两个线圈，其一为闭合回路，在导线下端附近平行放置一磁针，另一与电池组相连，接开关，形成有电源的闭合回路。实验发现切断开关，磁针反向偏转，合上开关，磁针偏转，这表明在无电池组的线圈中出现了感应电流。敏感的法拉第意识到，这是一种非恒定的暂态效应。随后他通过几十个实验，总结了 5 类产生感应电流的情形，分别为：变

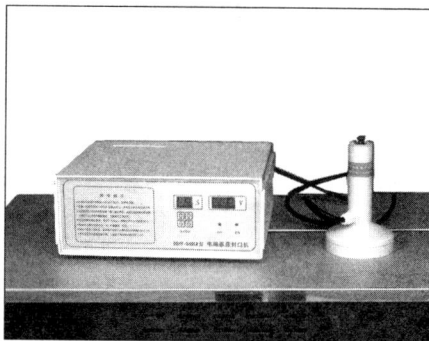
▲电磁感应的设备

化的电流，变化的磁场，运动的恒定电流，运动的磁铁，在磁场中运动的导体，他把这些现象正式定名为电磁感应。随后，法拉第又发现，在相同条件下不同金属导体回路中产生的感应电流与导体的导电能力成正比。他由此认识到，即使没有回路没有感应电流，感应电动势依然存在。感应电流是由与导体性质无关的感应电动势所产生。

法拉第电磁感应定律

在发现电磁感应的基础上，法拉第总结出了电磁感应的定律，后人将这条定律命名为电磁感应定律。法拉第根据大量实验事实总结出的电磁感应定律认为，电路中感应电动势的大小，跟穿过这一电路的磁通变化率成正比。感应电动势用 ε 表示，即 $\varepsilon = n\Delta\Phi/\Delta t$。

法拉第电磁感应定律具有重大的意义。一方面，电磁感应现象在电工技术、电子技术以及电磁测量等方面都有广泛的应用，这使得人类社会从此迈进了电气化时代。另一方面，由于人们依据电磁感应原理所制造出的发电机，电能的大规模生产和远距离输送成为可能。

细菌的发现

自从列文虎克用自制的显微镜首次发现细菌以后，在很长一段岁月里，很多科学家都继续着列文虎克的工作。他们用经过改制的显微镜，从高山到海洋，从沙漠到湖泊，到处寻找各种细菌的足迹。但对细菌和人类有什么关系，它们在人类生活中究竟起到什么作用，人们还一无所知。巴斯德的研究，首先揭开了细菌的这一奥秘。

世界闻名的细菌学家巴斯德

1822 年，巴斯德出生在法国多尔城一个勤劳能干的鞣皮匠的家庭里。巴斯德在 9 岁时曾看到，一个人被狼狗咬伤，人们为了预防这个人得狂犬病，用白热的烙铁烫这

▲巴斯德

个人的伤口，这个人痛苦地呻吟着。可即使用这种野蛮的方法治，几周后这个被疯狼咬伤的人还是死于狂犬病。当时他问爸爸："狼或狗怎么会疯？为什么人被疯狼咬了就要死？"他的父亲说："大概是魔鬼附到了狼身上。"当时就连世界上最精明的医生，恐怕也只能这样回答。这伤口，这烙铁，在巴斯德的记忆中留下的烙印太深了。

巴斯德很早就入学读书，他是班上年龄最小的学生，但他很喜欢学习而且好胜心强，学习成绩一直很好。中学毕业后，他又以优异的成绩考上了著名的巴黎高等师范学院。

巴斯德在大学专攻化学，整天泡在实验室，试管、烧杯是他的亲密助手，但是他更喜欢用显微镜来观察实验过程中所发生的一切变化。他顽强努力，日积月累，不仅使自己成为一名优秀的化学家，而且最后成为世界闻名的细菌学家。

巴斯德 26 岁时，由于在酒石酸方面的卓越研究成果，一举成名，被任命为法国里尔学院院长兼教授。在里尔城他第一次撞到了微生物，开始了他的重大研究，并向世人证明微生物是何等的重要，和人类的关系是何等密切。

巴斯德把自己的一生，全部献给了研究细菌的事业。他建立了一系列研究细菌的独特技术方法，把细菌的研究从形态描述推进到生理学研究的新水平。他开创了寻找各种可怕传染病的病原工作，指出了细菌在人类日常生活中所起的作用，奠定了微生物学的理论基础。

正如有位学者所说，巴斯德的一生，给人类带来了史无前例的影响……他的工作使人类最早的三门应用科学都引起了变革。在工业方面，他给所有发酵工业奠定了巩固、合理的基础。在农业方面，给农学家的基本任务与方法指出了崭新的道路。在医学方面……自从原始人类摆脱了森林野兽的威胁之后，在历史上还不曾有过像巴斯德的研究工作所引起的这样有决定意义的进步。

酒怎么变酸了

一天，一个制酒作坊的老板心事重重地来到巴斯德的实验室，说他的酒变酸了。本来香味芬芳的啤酒怎么会变酸呢？这种现象在一个一个制酒作坊里相继都发生了。老板们个个焦急万分，眼看着一批批酿好的啤酒发出酸味，全部堆在酒窖里再也卖不出去了。那时大家都认为化学是神秘万能的，老板们就请化学家巴斯德帮忙寻求问题的答案。

巴斯德来到制酒作坊，闻闻那些出了问题的酒桶，从中取些样品，又从未发酸的酒中取了样品，带回实验室。他在显微镜下进行反复的观察，发现在这些酒里总能看到许多以前列文虎克曾描述过的细菌。奇怪的是在发酸的酒里，它们共有两种类型，其中有一种随着酒味变酸，逐渐增多，并且变得活跃起来，而另一类细菌则始终没有变化。但是在不发酸的酒里，却只能看到后一种细菌的存在。

巴斯德经过几百次的核对，他终于弄明白了酒味变酸的原因。原来麦芽酿成酒是由后一种细菌作用的结果，因此在每种酒里都能发现它们。而前一种细菌则是酒味变酸的祸首，它们能把酿酒成分分解成酸，这样酒就变酸了。巴斯德把酒味变酸的原因告诉了老板们，而且说只要在显微镜下检查一下酒汁，不用到嘴里品味，就能知道酒是不是变酸了。老板们全瞪大了眼睛，"这微不足道的小东西就能使酒变酸吗？"他们拿来各种各样的酒，有酸得难以下咽的坏酒，也有陈年好酒，想试一试巴斯德是不是在说大话。

巴斯德把这些酒逐个滴在玻璃片上，放在显微镜下观察。他根据两种菌的情况，来判定酒味是香郁还是酸涩。每当他说出一种酒的性质后，就由一位品酒的师傅来尝味，作出鉴定，结果每一种酒的情况都被巴斯德言中了。

巴斯德继续研究发现，只要把刚发酵完毕的酒加热到一定温度，保持一定时间，就可以把能使酒发酸的细菌杀死，啤酒就可保持浓郁香甜的味道而不会变坏。这就是一直沿用至今的"巴氏消毒法"。

啤酒发酸的问题解决了，人们从此意识

▲ 酵母

到微生物与人类生活密切相关。后来科学家把有益的酿酒菌叫做"酵母菌"，而把令酒发酸的菌叫做"乳酸菌"。这两种菌对人类的生活都有十分重要的作用。我们吃的面包、馒头之所以又软又甜就是酵母菌发酵的结果，许多人爱喝又有益于消化的酸牛奶则是乳酸菌的功劳。

病蚕死亡的原因

自从中国的养蚕和织丝技术传到欧洲以后，在法国的南部形成了一个养蚕业中心。有一年，法国南部几乎所有的蚕都得了一种蔓延整个欧洲大陆的奇怪疾病。蚕身上长满黑色斑点，不再吃桑叶，也不再吐丝作茧，而后病蚕成批地死亡。

蚕农们为了挽救病蚕，想尽各种办法。人们用硫磺、木炭，甚至用烟灰撒在病蚕身上，但蚕还是大批死亡，蚕病继续蔓延扩大。蚕农们给政府写信，请求政府派专家来挽救濒于毁灭的养蚕业。来自法国南部，深知蚕农困境的化学家杜马教授在心急如焚的情况下，想起了自己的学生巴斯德。他虽然知道巴斯德不是这方面的专家，但他认为巴斯德勤奋好学，观察精细，思考大胆，长于实践，一定能解决这一问题。所以，他找到巴斯德，让他想方设法为蚕治病。

▲洁白的蚕茧

巴斯德对此很是为难，他说："我对蚕一窍不通……不仅如此，我连一条蚕也没见过呢！"但出于对老师的尊敬和对蚕农的同情，巴斯德毅然把这件事应允下来。巴斯德来到法国南部，一边学习养蚕知识，一边查找蚕病的原因，探寻救治的方法。

有些养蚕人向他绝望地苦笑，甚至有人口出怨言："政府为什么不派一位动物学家或一位蚕学家来，却选了一位化学家呢？""对于蚕病，显微镜能解决什么问题？"对于这些话巴斯德并没有在意，他认真地实验观察着。

巴斯德把病蚕用水磨成糊汁，吸一滴放在玻璃片上，在显微镜下观察。经过多次细微的检查，他发现病蚕身体内都有一粒粒棕色的微粒存在，这是一种椭圆形的细菌。而这种细菌在健康的蚕身上是找不到的。通过百次的观察，巴斯德最后肯定这些微粒——椭圆形的细菌，就是蚕害病的根源。这种细菌是从外部进入到蚕身体内的。它不仅在病蚕身上存在，在产卵的雌蛾体内同样存在着。

巴斯德根据这个情况推断，采用了一种简单而又准确的检种方法。他把产卵后的雌蛾用水磨成糊状，在显微镜下观察，如发现有致病菌，就将母蛾和卵一起烧掉。如果完全没有这种细菌，就把卵留下作为来年的蚕种。由于无病蚕种的保存和病蚕的隔离、消灭，保证了健康蚕种的生长繁殖，终于挽救了整个濒于毁灭边缘的法国养蚕业。巴斯德首先发现了细菌与动物生命的关系。

　　巴斯德还研究了许多人、畜病患，指出了当时死亡率极高的产褥热是由细菌引起的，炭疽杆菌是炭疽病的病原体。他在狂犬病、鸡霍乱的研究中，实际上开创了免疫应用的先河。巴斯德的发现使我们认识到，微生物既是人类最凶恶的敌人，也是人类最有益的助手。

狂犬病

　　狂犬病又名恐水症，是由狂犬病毒所致的自然疫源性人畜共患急性传染病，流行性广，病死率极高，几乎为100%。人狂犬病通常由病兽以咬伤的方式传给人体而受到感染。临床表现为特有的恐水、恐声、怕风、恐惧不安、咽肌痉挛、进行性瘫痪等。

进化论的发现

物种是在不断地变化之中，是在遗传、变异、生存斗争中和自然选择中，由简单到复杂，由低等到高等，不断发展变化的。进化论的出现，改变了以往很多陈旧观念，甚至改变了人们对人类来源的看法。

达尔文的成长

1809 年 2 月 12 日，达尔文出生在英国的施鲁斯伯里。他的祖父和父亲都是当地的名医，家里希望他将来继承祖业，16 岁时便被父亲送到爱丁堡大学学医。但达尔文从小就热爱大自然，尤其喜欢打猎、采集矿物和动植物标本。到医学院后，他仍然经常到野外采集动植物标本。父亲认为他"游手好闲"、"不务正业"，一怒之下，于 1828 年又送他到剑桥大学，改学神学，希望他将来成为一个"尊贵的牧师"。达尔文对神学院的神创论等谬说十分厌烦，他仍然把大部分时间用在听自然科学讲座，自学大量的自然科学书籍。他热心于收集甲虫等动植物标本，对神秘的大自然充满了浓厚的兴趣。

达尔文回到英国后，在历时五年的环球考察中，积累了大量的资料。他一面整理这些资料，一面又深入实践，同时，查阅大量书籍，最终编写出版了《物种起源》。《物种起源》是达尔文进化论的代表作，标志着进化论的正式确立。

▲达尔文

达尔文进化理论的研究

1831 年，达尔文从剑桥大学毕业。他放弃了待遇丰厚的牧师职业，依然热衷于自己的自然科学研究。这年 12 月，英国政府组织了"贝格尔号"军舰的环球考察，达尔文经人推荐，以"博物学家"的身份，自费搭船，开始了漫长而又艰苦的环球考察活动。

达尔文每到一地总要进行认真的考察研究，采访当地的居民，有时请他们当向导，爬山涉水，采集矿物和动植物标本，挖掘生物化石，发现了许多没有记载的新物种。他白天收集谷类岩石标本、动物化石，晚上又忙着记录收集经过。1832 年 1 月，"贝格尔"号停泊在大西洋中佛得角群岛的圣地亚哥岛。水兵们都去考察海水的流向。达尔文和他的助手背起背包，拿着地质锤，爬到山上去收集岩石标本。

在考察过程中，达尔文根据物种的变化，整日思考着一个问题，自然界的奇花异树以及人类万物究竟是怎样产生的？他们为什么会千变万化？彼此之间有什么联系？这些问题在脑海里越来越深刻，逐渐使他对神创论和物种不变论产生了怀疑。

1832年2月底，"贝格尔"号到达巴西，达尔文上岸考察，开始攀登南美洲的安第斯山，当他们爬到海拔4000多米的高山上时，达尔文意外地在山顶上发现了贝壳化石。达尔文非常吃惊，他心中想到："海底的贝壳怎么会跑到高山上了呢？"经过反复思索，他终于明白了地壳升降的道理。达尔文脑海中一阵翻腾，对自己的猜想有了更进一步的认识："物种不是一成不变的，而是随着客观条件的不同而相应变异！"

▲始祖鸟化石

后来，达尔文又随船横渡太平洋，经过澳大利亚，越过印度洋，绕过好望角，于1836年10月回到英国。在历时五年的环球考察中，达尔文积累了大量的资料。回国之后，他一面整理这些资料，一面又深入实践，同时，查阅大量书籍，为他的生物进化理论寻找根据。1842年，他第一次写出《物种起源》的简要提纲。1859年11月达尔文经过20多年研究而写成的科学巨著《物种起源》终于出版了。在这部书里，达尔文旗帜鲜明地提出了"进化论"的思想，说明物种是在不断地变化之中，是由低级到高级、由简单到复杂的演变过程。

达尔文的著作

《物种起源》的出版，在欧洲乃至整个世界都引起轰动。它沉重地打击了神权统治的根基，从反动教会到封建御用文人都狂怒了。他们群起攻之，诬蔑达尔文的学说"亵渎圣灵"，触犯"君权神授天理，"有失人类尊严。与此相反，以赫胥黎为代表的进步学者，积极宣传和捍卫达尔文主义，他们指出进化论轰开了人们的思想禁锢，启发和教育人们从宗教迷信的束缚下解放出来。

达尔文的第二部巨著《动物和植物在家养下的变异》也很出名，书中以不可争辩的事实和严谨的科学论断，进一步阐述他的进化论观点，提出物种的变异和遗传、生物的生存斗争和自然选择的重要论点。晚年的达尔文，尽管体弱多病，但他以惊人的毅力，顽强地坚持进行科学研究和写作，连续出版了《人类的由来》等很多著作。达尔文本人认为"他一生中主要的乐趣和唯一的事业"，是他的科学著作。还有一些在旅行中直接考察得到的最重要的科学成果，如达尔文本人所写的著名的《考察日记》和《贝格尔号地质学》、《贝格尔号的动物学》等。在他的著作中，具有特别重大历史意义的还数《物种起源》，该书表明达尔文的进化论思想和自然选择理论的逐步发展过程。《物种起源》的出版是一件具有世界意义的大事，因为《物种起源》的出版标志着十九世纪绝大多数有学问的人对生物界和人类在生物界中的地位的看法发生了深刻的变化。

▲人类近亲黑猩猩

打开生命奥秘的大门

"生命"是一个很难给出科学定义的概念，对生命本质的探索，一直是人类最大的课题。19世纪，细胞学说的创立为我们打开了一扇进入生命奥秘的大门。

寻找动植物原型

18世纪末19世纪初，德国诗人、自然科学家歌德认为有机界的多样性是从物质的神圣统一性与第一原理衍生出来的，即由共同的原型所组成。德国自然哲学家、生物学家奥肯根据自然哲学思想与不确切的观察，提出由球状小泡发展成的纤毛虫是构成生命的共同单位。这些学者们寻找动植物原型的思想对细胞学说的提出有一定的影响。

19世纪二三十年代，有些学者提出"小球"可能是植物或动物的基本结构，其中法国生理学家 H. J. 迪特罗谢曾明确指出所有动植物的组织和器官都由小球构成，但是他所指的小球比较含糊，有时是细胞，有时是细胞核，有时甚至是早期显微镜缺陷所造成的衍射圈。与此同时，有些学者开始采用消色差显微镜。1831年，英国植物学家 R. 布朗在兰科植物叶片表皮细胞中发现了细胞核。1835年至1837年间，捷克生物学家普金叶及其学生瓦伦廷对构成动物某些组织的"小球"进行描述，并提到与植物细胞有相似性。

施莱登细胞学的建立

施莱登于1804年4月5日出生于德国汉堡的一个医生家庭。1827年他在海德堡大学攻读法律学并获得博士学位之后，回到家乡汉堡从事法庭律师工作。他傲慢、暴躁、反复无常，工作使他感到厌倦、不顺心，精神长期处于忧郁状态，因而在1831年企图自杀，但没能成功。他决定放弃这个令他苦恼的律师职业。1833年他进入哥廷根大学学习医学，而后又对植物学产生了浓厚的兴趣，又进入柏林大学学习植物学，开始了对自然科学的研究。那时，施莱登的叔父，著名的植物生理学家赫克尔和"布朗运动"的发现者罗伯特·布朗正好都在柏林逗留，他们两人都很关心施莱登，希望他在植物胚胎学方面进行深入的研

▲施莱登

究，这个建议对施莱登一生的科学活动产生了决定性的影响。

1838 年，在布朗的影响下，施莱登从事植物细胞的形成和作用的研究，这是他对细胞学说进行的初步探索。同年，他发表了代表作《植物发生论》。

在《植物发生论》一文中，施莱登引用了布朗关于细胞核是细胞的组成部分的观点。他通过对早期花粉细胞、胚株和柱头组织的观察，发现这些胚胎细胞中都有细胞核。他进一步研究了细胞核在细胞发育中的作用，认识到细胞核对细胞的形成和发育起到重要的作用。他把注意力集中在细胞核的功能和作用上来，使他走上了正确的研究轨道。不久，他认为细胞核是植物细胞中普遍存在的基本结构。在此基础上，他进行了理论概括，提出了植物细胞学说。

施莱登的植物细胞学说认为，无论多么复杂的植物体都是由细胞构成，细胞是植物体的基本单位，最简单的植物是由一个细胞构成的，多数复杂的植物是由细胞和细胞的变态构成的。施莱登认为，在复杂的植物体内，细胞的生命现象有两重性：一是独立性，即细胞具有独立维持自身生长和发育的重要特性；二是附属性，即细胞属于植物整体的一个组成部分，这是次要的特性。细胞生命现象的这种两重属性是自然界"成形力量"的表现。

1838 年 10 月，在一次聚会上，施莱登把未公开发表的《植物发生论》中有关植物细胞结构的情况和细胞核在细胞发育中的重要作用的基本知识告诉了动物学家施旺，施旺很感兴趣并大受启发，这些知识为其最终创立细胞学说奠定了基础。施旺将细胞概念扩展到动物界，从而形成了所有植物和动物均由细胞构成这一科学概念即"细胞学说"，并首次载于 1839 年发表的施旺所著的《动物和植物的结构与生长的一致性的显微研究》一文中。

▲ 施旺

"细胞学说"被恩格斯誉为 19 世纪自然科学三大发现之一，对生物科学的发展起了巨大的促进作用。

海王星的发现

　　自从赫歇尔发现天王星以后，天文学家对天王星不按正常轨道运行的"越轨"行为大惑不解。数十年后，科学家们终于找到了"扰乱"天王星正常运行轨道的"罪魁祸首"——海王星。

神秘的未知行星

　　由于航海事业的需要，迫切要求天文学家编绘出正确的行星运行表。所以，为了揭开这个谜，世界上有许多天文学家为之殚精竭虑。1840年，德国天文学家贝塞耳提出一种看法，他认为在天王星轨道外面，一定有一颗别的行星，在它的引力影响下，"扰乱"了天王星的正常运行轨道。贝塞耳的观点得到了世人的认同，一时间世界各地的天文台掀起了寻找这颗神秘的未知行星的热潮。

　　这样又是5年过去了，在茫茫星海中却怎么也找不到它。天文学家们有些束手无策了，于是他们想到了数学家。1845年的一天，巴黎天文台台长阿拉贡对数学家勒威耶说："勒威耶先生，赫歇尔发现天王星已经64年了，可是天王星的轨道一直没有弄清楚。布瓦尔在计算上的差错越来越大。所以，想请你担此重任，重新计算。""让我考虑考虑！"勒威耶心中没有把握，不敢说什么大话。

　　从1690年到1771年的81年中，格林尼治天文台的弗拉姆斯奇特和其他一些学者，就对天王星进行过不下20次的观测。这比赫歇尔发现天王星最早的一次要早91年，比最迟的一次也要早10年。但是由于距离太远，又缺乏精密的观测仪器，他们都错误地认为它是一颗恒星，而把它列入了恒星表中。1781年，

▲赫歇尔

赫歇尔正式发现了天王星。到1821年，40年过去了，积累了一些新的观测资料，巴黎天文台的数学家布瓦尔就根据这些材料对天王星的轨道进行计算。不料这一算，算了24年，愈算漏洞愈大，布瓦尔深深地陷入了困惑之中。

　　就是在这种情况下，年轻的数学家勒威耶面对阿拉贡提出的重新计算天王星轨道的要求，最终还是接受了这个要求。勒威耶想："会不会像贝塞耳他们推测的那样，有一颗尚未发现的行星起着作用呢？真那样的话，首先要找出这颗新行星。否则，天王

星的轨道是永远也算不准的。"这样，勒威耶就开始利用纸和笔来寻找这颗未为人知的新行星。

找到新星

说来也巧。这时在英国的剑桥大学数学系有个 23 岁名叫亚当斯的学生，读到了格林尼治天文台台长文利的著作《最近的天文学》，从中得知了天王星轨道之谜，自天王星被发现以来，虽经 64 年却一直悬而未决，当即对它产生了浓厚的兴趣。他综合当时天文学家对天王星轨道的观察资料进行分析，也认为是一颗尚未被发现的行星的引力，影响了天王星的运行轨道。为了寻找这颗未被发现的行星的踪迹，亚当斯特地登门求见了格林尼治天文台台长文利，从他那里借来了全部观测资料，干劲十足地埋头计算了起来。

真是"初生牛犊不怕虎"，许多有名望的天文家、数学家都对这项计算工作望而生畏，生怕一旦计算有误会毁了自己的名声，所以都不敢冒这个险。可是，亚当斯却一点思想负担也没有，放开胆量算得津津有味。经过 4 年的努力，1845 年 10 月 21 日，他终于完成了计算，并把计算结果送给了格林尼治天文台的台长文利，还要求文利组织人员用最好的大型望远镜来查找这颗新星。

可惜文利台长并不是一位识才的"伯乐"，而是一位思想保守的老学究。他把亚当斯的研究报告一目十行地浏览了一遍。"一个初出茅庐的毛头小伙子，实在太好高骛远了。"他摇摇头，自言自语地说，一边随手把亚当斯的报告锁进了他的办公桌抽屉里。就这样，"小雄鸡"预报黎明的初啼，被这位目中无小人物的长者封杀了。一年以后，在巴黎，应巴黎天文台台长阿拉贡的邀请，计算天王星轨道的数学家勒威耶也算出了这颗新星的运行轨道，并预报了它所在的位置。

信息灵通的文利台长很快就读到了勒威耶的研究报告，觉得似曾相识。最后终于想起了被他锁进抽屉的亚当斯的报告，他忙把亚当斯的报告找出来一比较，发现勒威耶预报的未知新星的位置仅与亚当斯的预报只相差 1°！如此惊人的一致，使文利惊诧不已，他意识到自己在无意中充当了一次科学的刽子手。在一种赎罪心理的驱使下，他迅速把情况通知了剑桥大学的天文学者。剑桥大学的天文学者立即启动大型望远镜，按照勒威耶和亚当斯预报的方位进行搜索，也许是天公有意要让这位老者为自己的过失悔恨一辈子，剑桥大学的天文学者们连续探测了几夜，都一直未能找到这颗新星。

再说在巴黎，勒威耶向阿拉贡台长交出了研究报告后，就给他远在柏林天文台的友人加勒写了封信，信中详细介绍了新行星的位置，还预测它的亮度约为 9 等星。在收到信的当天晚上，也就是 1846 年 9 月 23 日晚上，加勒和他的两个助手一起，把望远镜对准了勒威耶信中所说的那片天空，他们搜索了 7 个小时，终于发现了太阳系的第 8 颗行星——海王星。

海王星是由勒威耶和亚当斯两位数学家各自用数学方法推算出来的，所以，人们说海王星是"在纸和笔尖上找到的新星"。

"热寂"是宇宙的最终命运

　　开尔文在热力学的发展中作出了一系列的重大贡献，是热力学第二定律的两个主要奠基人之一。不过对热力学第二定律的系统研究，应当首推克劳修斯。

热力学的主要奠基人开尔文

　　开尔文是英国著名的物理学家、发明家和电学家，他原名汤姆孙，是19世纪最伟大的人物之一。他被看作英帝国的第一位物理学家，同时受到世界其他国家的赞赏。他的一生获得了一切可能给予的荣誉，而他也无愧于这一切，这是他在漫长的一生中所做的实际努力而获得的。这些努力使他不仅有了名望和财富，而且赢得了广泛的声誉。

　　开尔文从小聪慧好学，被人称为神童，11岁上大学，22岁时被选为格拉斯哥大学自然哲学教授，自然哲学在当时是物理学的别名。1877年，他被选为法国科学院院士，1904年任格拉斯哥大学校长，直到1907年12月17日在苏格兰的内瑟霍尔逝世。

　　开尔文的研究范围广泛，在热学、电磁学、流体力学、光学、地球物理、数学、工程应用等方面都做出了贡献。他一生发表论文多达600余篇，取得70种发明专利，他在当时的科学界享有极高的名望，受到英国和欧美各国科学家、科学团体的推崇。他在热学、电磁学及它们的工程应用方面的研究最为出色。

　　开尔文是热力学的主要奠基人之一，在热力学的发展中作出了一系列的重大贡献。他根据盖·吕萨克、卡诺和克拉珀龙的理论于1848年创立了热力学温标。他指出："这个温标的特点是它完全不依赖于任何特殊物质的物理性质。"这是现代科学上的标准温标。

　　他是热力学第二定律的两个主要奠基人之一。1851年他提出热力学第二定律："不可能从单一热源吸热使之完全变为有用功而不产生其他影响。"这是公认的热力学第二定律的标准说法，同时指出，如果此定律不成立，就必须承认可以有一种永动机，它借助于使海水或土壤冷却而无限制地得到机械功，即所谓的第二种永动机。后来此定律又被奥斯特表述为："第二类永动机是不可能制造成功的。"

▲开尔文

克劳修斯的系统研究

对热力学第二定律系统研究的应当首推克劳修斯。克劳修斯1822年出生于普鲁士的克斯林。他的母亲是一位女教师，家中有多个兄弟姐妹。他中学毕业后，先考入了哈雷大学，后转入柏林大学学习。为了抚养弟妹，在上学期间他不得不去做家庭补习教师。1850年，克劳修斯被聘为柏林大学副教授并兼任柏林帝国炮兵工程学校的讲师。同年，他对热机过程，特别是卡诺循环进行了精心的研究。克劳修斯从卡诺的热动力机理论出发，以机械热力理论为依据，逐渐发现了热力学的基本现象，得出了热力学第二定律的克劳修斯陈述。

克劳修斯首次提出了热力学第二定律的定义："热量不能自动地从低温物体传向高温物体。"这与开尔文陈述的热力学第二定律"不可制成一种循环动作的热机，只从一个热源吸取热量，使之完全变为有用的功，而其他物体不发生任何变化"是等价的，它们是热力学的重要理论基础。他从热力学第二定律断言，能量耗散是普遍的趋势，也即热机必须在两个热源之间工作，热机的效率只取决于热源的温差，热机效率即使在理想状态下也不可能达到100%，即热量不能完全转化为功。

1854年，克劳修斯最先提出了熵的概念，他用它来表示任何一种能量在空间中分布的均匀程度。能量分布得越均匀，熵就越大。如果对于我们所考虑的那个系统来说，能量完全均匀地分布，那么这个系统的熵就达到最大值。这个概念的提出进一步发展了热力学理论。他将热力学定律表达为：宇宙的能量是不变的，而它的熵则总在增加。由于他提出了熵的概念，因而使热力学第二定律公式化，使它的应用更为广泛了，所以热力学第二定律又称为"熵增加原理"。

但在克劳修斯的晚年，他不恰当地把热力学第二定律引用到整个宇宙，认为整个宇宙的温度必将达到均衡而不再有热量的传递，从而成为所谓的热寂状态，这就是克劳修斯首先提出来的"热寂说"。热寂说否定了物质不灭性在质上的意义，而且把热力学第二定律的应用范围无限地扩大了。

▲克劳修斯

"永动机"幻想的破灭

永动机的想法在人类历史上持续了几百年，这个神话被驳倒，不仅有利于人们正确地认识科学，也有利于人们正确地认识世界。

第一类永动机的失败

违反热力学基本定律的不能实现的永动机，不消耗能量而能永远对外做功的机器，它违反了热力学第一定律，故称为"第一类永动机"。

永动机的想法起源于印度，公元 1200 年前后，这种思想从印度传到了伊斯兰教世界，并传到了西方。

在欧洲，早期最著名的一个永动机设计方案是 13 世纪时一个叫亨内考的法国人提出来的，他设计的方案中一个轮子，轮子中央有一个转动轴，轮子边缘安装着 12 个可活动的短杆，每个短杆的一端装有一个铁球。方案的设计者认为，右边的球比左边的球离轴远些，因此，右边的球产生的转动力矩要比左边的球产生的转动力矩大，这样轮子就会永无休止地沿着箭头所指的方向转动下去，并且带动机器转动。这个设计被不少人以不同的形式复制出来，但从未实现不停息地转动。

仔细分析一下就会发现，虽然右边每个球产生的力矩大，但是球的个数少，左边每个球产生的力矩虽小，但是球的个数多。于是，轮子不会持续转动下去而对外做功，只会摆动几下，便停在一定的位置上。

从哥特时代起，这类设计方案越来越多。17 世纪和 18 世纪时期，人们又提出过各种永动机设计方案，有采用"螺旋汲水器"的，有利用轮子的惯性、水的浮力或毛细作用的，也有利用同性磁极之间排斥作用的。当时的欧洲宫廷里聚集了形形色色的企图以这种虚幻的发明来赚钱的方案设计师。有学识的和无学识的人都相信永动机是可能的。这一任务像海市蜃楼一样吸引着研究者们，但是所有这些方案都无一例外地以失败告终。他们长年累月地在原地打转，创造不出任何成果。通过不断的实践和尝试，人们逐渐认识到，任何机器对外界做功，都要消耗能量，不消耗能量，机器是无法做功的。这时的一些著名科学家斯台文、惠更斯等都开始认识到了用力学方法不可能制成

▲科学家斯台文

永动机。1775 年，法国科学院宣布"本科学院以后不再审查有关永动机的一切设计"。

19 世纪中叶，一系列科学工作者为正确认识热功能转化和其他物质运动形式相互转化关系做出了巨大贡献，不久后伟大的能量守恒和转化定律被发现了。人们认识到，自然界的一切物质都具有能量，能量有各种不同的形式，可从一种形式转化为另一种形式，从一个物体传递给另一个物体，在转化和传递的过程中能量的总和保持不变。能量守恒的转化定律为辩证唯物主义提供了更精确、更丰富的科学基础，有力地打击了那些认为物质运动可以随意创造和消灭的唯心主义观点，它彻底打破了永动机的幻想。

第二类永动机的破产

在制造第一类永动机的一切尝试失败之后，一些人又梦想着制造另一种永动机，希望它不违反热力学第一定律，而且既经济又方便。比如，这种热机可直接从海洋或大气中吸取热量使之完全变为机械功。由于海洋和大气的能量是取之不尽的，因而这种热机可永不停息地运转做功，也是一种永动机。

然而，在大量实践经验的基础上，英国物理学家开尔文于 1851 年提出了一条新的普遍原理，他认为物质不可能从单一的热源吸取热量，使之完全变为有用的功而不产生其他影响。这样，热力学第二定律宣告第二类永动机的想法也破产了。

揭开元素中隐藏的秘密

　　元素周期律是 19 世纪的一个重大的发现。元素周期表是元素周期律的具体表现形式，是对元素的一种很好的自然分类，元素周期表是学习和研究化学的重要工具。它反映了元素之间的内在联系，为人类研究化学提供了理论基础。元素周期表是门捷列夫发现的，他的名字和业绩是享有世界盛誉的，因为全世界的化学家研究工作期间将离不开他所发现的周期律。元素周期律集人类日积月累、不断丰富的化学知识之大成，无论过去或将来都是化学、物理学、地质学和其他科学的指路明灯。

元素周期律概述

　　元素周期律是表述元素的物理、化学性质随原子序数逐渐变化的规律。元素周期律的本质是元素核外电子排布的周期性决定了元素性质的周期性。结合元素周期表，元素周期律可以表述为：元素的性质随着原子序数的递增而呈周期性的递变规律。

　　元素周期律主要有以下内容：

　　1. 原子半径：同一周期（稀有气体除外），从左到右，随着原子序数的递增，元素原子的半径递减；同一族中，从上到下，随着原子序数的递增，元素原子半径递增。

　　2. 主要化合价（最高正化合价和最低负化合价）：同一周期中，从左到右，随着原子序数的递增，元素的最高正化合价递增（从 +1 价到 +7 价），第一周期除外，第二周期的 O、F 元素除外；最低负化合价递增（从 −4 价到 −1 价）第一周期除外，由于金属元素一般无负化合价，故从 ⅣA 族开始。

　　3. 元素的金属性和非金属性：同一周期中，从左到右，随着原子序数的递增，元素的金属性递减，非金属性递增；同一族中，从上到下，随着原子序数的递增，元素的金属性递增，非金属性递减。

　　4. 单质及简单离子的氧化性与还原性：同一周期中，从左到右，随着原子序数的递增，单质的氧化性增强，还原性减弱；所对应的简单阴离子的还原性减弱，简单阳离子的氧化性增强。同一族中，从上到下，随着原子序数的递增，单质的氧化性减弱，还原性增强；所对应的简单阴离子的还原性增强，简单阳离子的氧化性减弱。元素单质的还原性越强，金属性就越强；单质氧化性越强，非金属性就越强。

　　5. 最高价氧化物所对应的水化物的酸碱性：同一周期中，元素最高价氧化物所对应的水化物的酸性增强（碱性减弱）；同一族中，元素最高价氧化物所对应的水化物的碱性增强（酸性减弱）。

　　6. 单质与氢气化合的难易程度：同一周期中，从左到右，随着原子序数的递增，单质与氢气化合越容易；同一族中，从上到下，随着原子序数的递增，单质与氢气化合越难。

7. 气态氢化物的稳定性：同一周期中，从左到右，随着原子序数的递增，元素气态氢化物的稳定性增强；同一族中，从上到下，随着原子序数的递增，元素气态氢化物的稳定性减弱。

此外，还有一些对元素金属性、非金属性的判断依据，可以作为元素周期律的补充。随着从左到右价层轨道由空到满的逐渐变化，元素也由主要显金属性向主要显非金属性逐渐变化。同一族元素中，由于周期越高，价电子的能量就越高，就越容易失去，因此排在下面的元素一般比上面的元素更具有金属性。元素的最高价氢氧化物的碱性越强，元素金属性就越强；最高价氢氧化物的酸性越强，元素非金属性就越强。元素的气态氢化物越稳定，非金属性越强。同一族的元素性质相近。具有同样价电子构型的原子，理论上得或失电子的趋势是相同的，这就是同一族元素性质相近的原因。但以上规律不适用于稀有气体。

元素周期律的发现

元素周期律是在 1869 年由俄国著名化学家门捷列夫发现的。在此之前，经历了一个漫长的发现过程。

1829 年，德国德贝赖纳在研究元素的原子量与化学性质的关系时，发现有几个相似的元素组：锂、钠、钾；钙、锶、钡；氯、溴、碘；硫、硒、碲；锰、铬、铁。1862 年，法国尚古多提出元素性质有周期性重复出现的规律。1864 年，英国奥德林发表了一张比较详细的周期表，表中的元素基本上按原子量递增的顺序排列，体现了元素性质随原子量递增会出现周期性的变化。1865 年，英国纽兰兹把当时已发现的元素的原子量按大小顺序排列，发现从任意一个元素算起，每到第八个元素，就和第一个元素的性质相似，他把这个规律称为八音律。直到 1869 年，俄国著名化学家门捷列夫发表了第一张元素周期表，才最终确立元素周期律的表现形式。元素周期律的发现对于研究无机化合物的分类、性质、结构及其反应方面起了指导作用，而元素周期律的应用使化学知识特别是无机化学知识开始系统化发展。

门捷列夫的纸牌游戏

门捷列夫全名德米特利·伊万诺维奇·门捷列夫，是俄国伟大的化学家，自然科学基本定律化学元素周期律的发现者之一。他预见了一些尚未发现的元素，运用元素性质周期性的观点，于 1869 ~ 1871 年写成《化学原理》一书，1860 年发现气体的临界温度，1887 年提出溶解水化理论，是近代溶液学说的先驱。他研究气体和液体的体积同温度和压力的关系，于 1888 年，他首先提出煤地下气化的主张。

1834 年 2 月 8 日，门捷列夫在俄罗斯西伯利亚托博尔斯克市出生。门捷列夫的父亲是一位中学校长，门捷列夫的母亲极为能干，她对于幼子门捷列夫性格的形成起到了决定性的影响。门捷列夫生下来才几个月，父亲就双眼失明了。在莫斯科手术做得还算顺利，但他回到托博尔斯克，才知道他担任的托博尔斯克中学校长的职位已属他人，他只好离职退休。父亲退休后，家里经济拮据。母亲不得不协助哥哥管理工厂，还安排家人在工厂院子里的房前房后搞些副业，生活才能好过一些。门捷列夫经常偷偷地钻进厂房，这个玻璃制造工地成了少年时的门捷列夫最早接受物理和化学教育的课堂。1847 年，门捷列夫的家庭又发生了两件不幸的事情，父亲和姐姐先后去世了。

1849 年，为了让门捷列夫进入大学读书，衰老的母亲带着两个孩子千里迢迢来到莫斯科。门捷列夫满怀学习的热情来到这里，但是莫斯科大学非常冷淡地把他拒之门外，他没能进入大学，因为根据当时莫斯科大学的招生章程，只招收莫斯科学区内中学的毕业生。母亲在丈夫生前好友的帮助下，门捷列夫顺利地考进了师范学院的数学自然科学系。不久，精疲力尽的母亲也去世了。

他没有辜负自己的母亲，门捷列夫的第一篇科学论著是《关于芬兰褐帘石和辉石的分析》，发表在矿物学协会的刊物上。教授们很欣赏门捷列夫，推荐他留校任教。

1857 年 1 月，23 岁的门捷列夫被批准为彼得堡大学化学教研室的副教授，开始讲授化学课程。门捷列夫的实验室设在彼得堡大学的校舍里，是两间用石头铺地的小房间。实验室里没有排气和通风设备，以致在试验时人不能长时间待在屋里。这位化学家不管是冷天，还是下雨天都必须经常到外面去呼吸新鲜的空气。至于实验室的设备则简陋得更不像样子。当时在全彼得堡都没有试管卖，甚至就连橡皮管（当时叫接管）都必须自己亲手制作。实验室的经费少得可怜。这样的实验条件要想进行巨大的科学研究实在是太难了。

门捷列夫在讲授有机化学课程的同时，感觉有必要编写一部能够由浅入深、条理井然地阐明世界上最新化学理论成就的教科书。他决定把新的正如他所著称的"统一的"化学观点作为教科书的基础。两个月后，勤奋的门捷列夫就写出了一本《化学原理》教科书。这一著作对于门捷列夫发现周期律起到了推动作用。

这本书是世界上第一个利用周期律把化学知识系统化的尝试。门捷列夫对这本书并不是很满意，对他来说，化学科学真好像是一座没有路的密林，有时候，他真觉得自己是在这座丛林里从一棵树走向另一棵树，只对每一棵树作些个别的描写，而这里的树却有千棵、万棵……

那时候化学家们所知道的元素一共有 63 种。每一种元素都要和其他物质化合而成几十、几百甚至几千种化合物，如氧化物、盐、酸、碱。化合物里，有气体、液体，其中有的没有颜色，有的闪闪发光；有的硬、有的软、有的苦、有的甜、有的重、有的轻、有的稳定、有的活泼……没有一种和另一种完全相似。然而组成世界的形形色色的物质，虽然如此繁多，化学家们却已经把它们研究得十分详尽了。这无数的化学物质的性质，可以讲述几个星期、几个月。可是这样枝枝节节地讲得越多，听讲的人对于化学的认识可能反而越少，因为在这片混乱的天地里简直没有一点统一性，也没有任何系统性。

元素

元素，又称化学元素，是指自然界中一百多种基本的金属和非金属物质，它们只由一种原子组成，其原子中的每一核子具有同样数量的质子，用一般的化学方法不能使之分解，并且能构成一切物质，一些常见的元素有氢、氮和碳。到 2007 年为止，共有 118 种元素被发现，其中 94 种是存在于地球上的。

门捷列夫想在大学生面前展开一幅描写物质的统一性、逻辑性的图画，想给他们指出宇宙的物质构造所凭借的几条重要法则。可是他在自己喜爱的这门科学里，竟找不出一点统一性和逻辑性来。这许多千差万别的物质，也可以简化成数目不多的一些基本物质——元素。可是这几十种元素里面，就存在着混乱、无秩序和偶然性的萌芽了。门捷列夫经过长时间的思考，认为元素虽然有种类的不同，可是元素与元素之间一定隐藏着统一性。

为了清清楚楚地看出元素之间的联系，门捷列夫用厚纸板切成了 63 个方形卡片，在每一张卡片上写下元素的名称、重要性质及原子量，然后"玩"起这副纸牌来，摆起元素的"牌阵"来。换句话说，他把这些小方块一组组地摆起来，变换它们的位置，寻找一般的规律性，寻找一切元素共同遵守的统一的法则。

门捷列夫无论是在白天或是夜晚，在讲台上或在实验室里，在街上或在家中书桌边，他随时都在想着这个元素的自然系统。元素的真正关系，其实是乱成一团、极难理出头绪的。要认识这种复杂的化学秘密，非有极高的智慧、极丰富的想象力不可。

第一、不少元素的原子量测得不准，有 7 种元素的原子量和现在采用的数值差了好几倍。还有几种测得不够准确，因此排表时次序被乱了。

他按照原子量把元素排列起来，但他不知道有几种元素的原子量没有算准确。由于当时的研究方法，错误是在所难免的，可是那些错误是若干年后才找出来的。门捷列夫无从知道，要把所知道的元素排成一张表是很不容易的。那些元素往往像没有受过训练的新兵一样，拥挤在一起，破坏了队形。这就使门捷列夫不得不凭着自己的天才，强迫它们站到各自的真正位置上。他将铀的原子量由 120 改为 240，钍由 116 改为 232，铈由 92 改为 138，铟由 75.6 改为 113。

第二、我们现在已知的原子量有上百种，可是当时发现的元素只有 60 种左右，因此把元素按原子量顺序排队时就容易错位，而一位排错，后面的位置就全不对了。例如站在第 4 号元素硼和第 11 号元素铝下面的是第 18 号元素钛，它们中间的间隔是 6 个元素，是一个完整的周期，这好像很有规律。但是就性质来看，钛在硼和铝这一族中，显然是"外路人"，它的位置应该在隔壁的碳族里，于是门捷列夫决定把钛从第 18 位上搬开。

"这里应该是一个未知元素站队的地方，这未知元素应该像硼和铝！"他肯定地说。于是，门捷列夫就在这里留下了一个空格，跳过这个空格，钛就站在与它有亲缘关系的碳族中了。钛以后的元素也都可以按照原子量递增的顺序一个一个往下排，不致乱队了。

门捷列夫就利用这样的空格，强迫各种元素站到各自应站的位置，免得破坏周期律。可是，门捷列夫也没让这些空格成为完全的空白点，他往里面填进了些自己臆造的新元素。他给它们定名有类硼、类铝和类硅。他又预言自己臆造的这些谁也不知道的物质，会具有怎样的性质，甚至说明了它们的形状、原子量以及它们同别的元素化合而成的化合物。门捷列夫之所以这样做，是因为他坚信自己发现的周期律是正确的。可是在别的许多化学家看来，这简直是一种狂妄的行为。一晃几年过去了，门捷列夫周期表中的空格还是空着，只有一些幽灵般的、臆造的物质待在里面。谁也不重视它们了，更糟的是人们简直忘掉了它们。

门捷列夫发表了周期律以后，争夺这个发明权的斗争立即开始了。门捷列夫忍受了许多外国学者的抨击，他们企图否认周期律是门捷列夫发现的，企图否认俄罗斯伟大学者发现这一规律的优先权。1870年，在德国化学通报和化学年鉴上登载了布洛姆斯特兰德和迈耶的论文，稍后又有包姆豪威尔所写的小册子，都对门捷列夫的发现表示怀疑。对于他们，门捷列夫认为不值一驳，但攻击并没有结束，门捷列夫都给予了反驳。发现了伟大的自然法则，为整个的下一步研究元素指出了方向的门捷列夫，为了保证他发现周期律和创立周期系统的优先权，在当时进行了激烈的斗争。

门捷列夫对他自己的原理的正确性有无限的信心，对他自己的预言曾这样写道："我决定这样做，预言中的元素一个个迟早会被发现，但也有可能这些周期表中的元素始终隐蔽着不让化学家发现。"门捷列夫有时怀疑他所预言的元素是否能在他活着的时候被发现出来，但这个愿望终于实现了。1875年9月20日，在巴黎科学院会议上宣读了维尔兹的学生布瓦博德朗的一封信："前天，1875年8月27日，夜间3~4时，我在比里牛斯山中皮埃耳菲矿山所产的闪锌矿中发现了一种新元素……"新元素终于到来了！

布瓦博德朗在来自比利牛斯山的闪锌矿的光谱中发现了明亮的紫色谱线，这是任何一种已知元素所不具有的。他又将闪锌矿物提纯并观察到更强的紫色谱光，于是得到一种新元素。为了纪念他的祖国，他把这一元素命名为镓。1875年9月20日在《巴黎科学院院报》上报道了这一发现，标题为《从比里牛斯的闪锌矿中发现的新金属元素镓的化学与光谱特征》。

1875年10月底，门捷列夫看到这一报道后，他马上看出，镓就是他所预言过的类铝。他在俄国化学会的会议上（1875年11月）谈

光谱

光谱是复色光经过色散系统（如棱镜、光栅）分光后，被色散开的单色光按波长（或频率）大小而依次排列的图案，全称为光学频谱。光谱中最大的一部分可见光谱是电磁波谱中人眼可见的一部分，在这个波长范围内的电磁辐射被称作可见光。光谱并没有包含人类大脑视觉所能区别的所有颜色，譬如褐色和粉红色。

到这一情况，便给《巴黎科学院院报》寄去名为《关于镓的发现》的短文，于 1875 年 11 月 22 日发表。门捷列夫将他所预言的类铝性质与布瓦博德朗所描述的镓的性质进行对比。按照周期律，类铝的性质应是：原子量 68，其氧化物的分子式为 Ea203……门捷列夫还指出，镓的比重应为 5.7，而不是布瓦博德朗所测定的 4.7。

1876 年 9 月，布瓦博德朗重做了实验，将金属镓提纯，结果得到的比重为 5.94（现代值为 5.91），而原子量为 69.9（现代值为 69.72）。他写道："我认为没有必要再来说明门捷列夫这一理论的巨大意义了。"在《化学原理》第三版（1887 年）所载的周期表中，门捷列夫将原来写成"？68"的字样改为"Ga68"。1880 年 5 月，门捷列夫又写道："我得承认，我没有想到在有生之年还能看到周期律得到这样有力的证明，像布瓦博德朗发现镓所做出的证明一样。"镓的发现，对普遍承认周期律是重要的推动力。

1879 年春，瑞典化学家尼尔逊发表了一篇文章——《论新的稀有金属——钪》。1879 年克利夫在给门捷列夫的信中写道："我荣幸地通知你，你所预言的元素类硼已被分离出来。这就是尼尔逊先生在今年春天所发现的钪。"在化学原理第四版（1881—1882 年）中，门捷列夫把钪列入第三族元素中，完全与类硼的性质相符合。

1886 年 2 月，德国化学家温克勒（1838—1904 年）在研究硫银锗矿的成分时，发现了一种新元素，他把新元素命名为锗。2 月 26 日温克勒在给门捷列夫的信中写道："我发现了一种新元素锗，……这里所说的类硅……告诉您的天才研究工作的又一新胜利。"门捷列夫当时预言类硅及其化合物的性质比其他元素更详细。对类硅的发现，他表现了极大的兴趣，因为这一元素在周期律中占有特殊的位置，它是具有双重性质的过渡元素。锗的发现和研究是周期律的彻底胜利。

起初，温克勒以为他发现的元素"锗"是像锑的元素，但门捷列夫指出了他的错误，他认为温克勒发现的元素应属于第四族，在钛与锆的中间。温克勒承认了自己的错误。

在一篇详细叙述锗的性质的文章中，温克勒写道："再也没有比类硅的发现能这样好地证明元素周期律的正确性了，它不仅证明了这个有胆略的理论，而且还扩大了人们在化学方面的眼界，在认识领域里也迈进了一大步。"

1889 年，门捷列夫在《化学原理》第五版中写道："我没有想到，能活到周期律所预言的元素能得到证实，但是现实已做出了回答。我预言了三种元素——类硼、类铝和类硅。从那时（1869 年）起到现在还不到 20 年，它们都已被发现，我感到莫大兴奋。"

温克勒简介

发现锗的人是克雷门斯·亚历山大·温克勒教授（1838 年—1904 年），他是 19～20 世纪之交的著名化学家，他在无机化学、分析化学和应用化学领域，在培养人才方面，颇多建树。

除了类硼、类铝和类硅之外，门捷列夫在他的周期表中还为原子量 180 及原子量为 187 的元素留下了空位。1923 年，科斯特与赫维西发现了新元素铪，其原子量为 178.5，而在

1927 年，诺达克和塔克分离出了铼，其原子量为 187。

门捷列夫深信他所发现的周期律是正确的，他根据周期律修订了铟、铀、钍、铈等 9 种元素的原子量，因为原来的原子量违背了各种性质变化的周期规律性。在门捷列夫以前，人们认为铈的原子量为 92，门捷列夫将它修订为 138，最后又修订为 140。布劳纳发现铈的原子量等于 140.25，而起初他把铈的原子量计算为 128。

1870 年，门捷列夫将铀的原子量修订为 240（原来是 120），后来齐默尔曼在 1881 年测定 UBr_4 和 UCl_4 的密度时，证实了门捷列夫的原子量值是正确的。齐默尔曼在给门捷列夫的信中写道："我很高兴，我的研究结果完全证实了你所作出的铀原子量为 240 的预言。同时，这一元素在周期律中也有了明确的位置。"在元素周期律的探索者中，门捷列夫的确是站得最高、想得最深、看得最远的出类拔萃的杰出人物。

但是，对周期律的认识还刚刚开始。为什么元素性质会随着原子量的递增而有周期性的变化呢？为什么原子量上一些很小的变动会引起元素性质上的极大变动呢？例如化学性质最活泼的氟，它的原子量（19.00）跟最不活泼的氖的原子量（20.2）只相差 1，而铁和钴的化学性质很相似，可是它们的原子量（55.85 和 58.94）的差值却差不多大到 3，这是什么缘故呢？

当时出现了两条解决这个问题的道路：一条是努力揭示出决定元素所有性质的质量的本质是什么；另一条道路是弄清原子的复杂结构和元素相互转化的规律。在 19 世纪 70 年代，也就是门捷列夫刚刚提出周期律不久，他还是个 40 岁左右的中年人时，他认为第一条道路似乎更正确，它能引导科学直接走向目标，可是对第二条道路他也没有坚决摒弃。为此他一直致力于研究质量和引力的本质。

19 世纪末，X 射线、放射性、电子等一系列新发现，重新把原子的复杂结构和可转化性的问题提到议事日程上来时，为揭开周期律的秘密提供了大好机会。然而年已六七十岁的门捷列夫却成了新发现的固执的反对派了。他否认原子的复杂性和可分性，否定元素转化的可能性。他曾说："我们应当不再相信我们已知单质的复杂性"，并宣称"关于元素不能转化的概念特别重要……是整个世界观的基础"。

同一个门捷列夫，早期依靠正确的哲学思想开创了发现周期律的勋业，晚期却因形而上学自然观的束缚而堵塞了发展周期律的道路。

1906 年门捷列夫在彼得堡居住，他继续写作，尽管他的视力非常微弱，手在颤抖，写出来的字体歪歪斜斜。初冬，他的妹妹玛丽亚·伊凡诺夫娜·波波娃来看他。她看到哥哥时，心里非常难受，坐在她面前的是一个面色苍白、头发稀疏的瘦老头。

"你需要休息，你这一辈子工作得够多了。"

"对我来说，最好的休息就是工作。停止工作，我就会烦闷而死。"他一直工作到生命的最后一天。1907 年 1 月 20 日早晨，门捷列夫逝世了。人们举着木牌上面画着好多方格的化学元素周期表——在刺骨的寒风中为他送行。元素周期表是他对人类最杰出的贡献。

无影无形的麦克斯韦妖

麦克斯韦妖是在物理学中，假想的能探测并控制单个分子运动的"妖"或功能相同的机制，是1871年由19世纪英国物理学家麦克斯韦为了说明违反热力学第二定律的可能性而设想的。

当时麦克斯韦意识到自然界存在着与熵增加相拮抗的能量控制机制，但他无法清晰地说明这种机制。他只能诙谐地假定一种"妖"，能够按照某种秩序和规则把作随机热运动的微粒分配到一定的相格里。麦克斯韦妖是耗散结构的一个雏形。

在19世纪早期，不少人沉迷于一种神秘机械——第一类永动机的制造，因为这种设想中的机械只需要一个初始的力量就可使其运转起来，之后不再需要任何动力和燃料，却能不断地做功。在热力学第一定律提出之前，人们一直围绕着制造永动机的可能性问题展开激烈的讨论，直至热力学第一定律发现后，第一类永动机的神话才不攻自破。

热力学第一定律是能量守恒和转化定律在热力学上的具体表现，它指出热是物质运动的一种形式。这说明外界传给物质系统的能量（热量），等于系统内能的增加和系统对外所做功的总和。它否认了能量的无中生有，所以不需要动力和燃料就能做功的第一类永动机，就成了天方夜谭式的设想。

在18世纪末19世纪初，随着蒸汽机在生产中的广泛应用，人们越来越关注热和功的转化问题。于是，热力学应运而生。1798年，汤姆孙通过实验否定了热质的存在。德国医生、物理学家迈尔提出了热与机械运动之间相互转化的观点，这是热力学第一定律的第一次提出。焦耳实验测定了电热当量和热功当量，用实验确定了热力学第一定律，补充了迈尔的论证。

▲麦克斯韦

在热力学第一定律之后，人们开始考虑热能转化为功的效率问题。这时，又有人设计一种机械，可以从一个热源无限地取热从而做功，这被称为第二类永动机。

1850年，克劳修斯在卡诺的基础上统一了能量守恒和转化定律与卡诺原理，指出一个自动运作的机器，不可能把热从低温物体移到高温物体而不发生任何变化，这就是热力学第二定律。不久，开尔文又提出，不可能从单一热源取热，使之完全变为有用功而不产生其他影响；或不可能用无生命的机器把物质的任何部分冷至比周围最低温度还低，从而获得机械功。这就是热力学第二定律的"开尔文表述"。奥斯特瓦尔德则表述为，第二类永动机不可能制造成功。

在提出第二定律的同时，克劳修斯还提出了熵的概念 $s = Q/T$，并将热力学第二定律表述为，在孤立系统中，实际发生的过程总是使整个系统的熵增加。但在这之后，克劳修斯错误地把孤立体系中的熵增定律扩展到了整个宇宙，认为在整个宇宙中热量不断地从高温转向低温，直至一个时刻不再有温差，宇宙总熵值达到极大。这时将不再会有任何力量能够使热量发生转移，此即"热寂论"。

耗散结构的特征

存在于开放系统中，靠与外界的能量和物质交换产生负熵流，使系统熵减少形成有序结构；保持远离平衡态；系统内部存在着非线性相互作用。

为了批驳"热寂论"，麦克斯韦设想了一个无影无形的精灵（麦克斯韦妖），它处在一个盒子中的一道闸门边，它允许速度快的微粒通过闸门到达盒子的一边，而允许速度慢的微粒通过闸门到达盒子的另一边。这样，一段时间后，盒子两边产生温差。麦克斯韦妖其实就是耗散结构的一个雏形。

20 世纪，人们发现了热力学第三定律，即绝对零度是不可能达到的，即不可能用有限的手段使物体冷却到绝对零度。

富于创造性的集合论

集合论是以集合概念为基础，研究集合的一般性质的数学分支学科。集合论作为数学中最富创造性的伟大成果之一，是在 19 世纪末由德国的康托尔创立起来的，但是它萌发、孕育的历史却源远流长，至少可追溯到两千多年前。

早期的无限集合

集合作为数学的一个基本而又简单的初始概念，通常是指按照某种特征或规律结合起来的事物的总体。例如，太阳系所有行星的总体，某图书馆所有藏书的总体，n 次代数方程根的总体，自然数的总体以及直线上所有点的总体等。

事物所组成的集合是无限多样的。按集合中事物的数目是否有限，可把集合分成两类，有限集合和无限集合。无限集合是集合论研究的主要对象，也是集合论建立的关键和难点。集合论的全部历史都是围绕它而展开的。

早在集合论创立之前两千多年，数学家和哲学家们就已经接触到了大量有关无限的问题。希腊古代的学者最先注意并考察了它们。例如，公元前 5 世纪，爱利亚学派的芝诺，在研究运动和时间、空间的关系问题时，提出了一连串的悖论。其中著名的有四个，通常称为芝诺悖论。这四个悖论中的前三个就与无限直接有关。它们分别是两分法悖论、阿基里斯追龟悖论和飞箭悖论。

1. 两分法悖论：一个物体从 A 地出发，永远不能到达 B 地。因为若从 A 地到达 B 地，首先要通过 A 与 B 之间的道路的一半；但要通过这一半，必须通过这一半的一半，即道路的 1/4；而要通过道路的 1/4，又必须通过这 1/4 的一半，即道路的 1/8；如此分下去，是永无止境的。芝诺的结论是，物体从 A 地不能到达 B 地，因为在有限时间内不能完成上述的无限过程。

2. 阿基里斯追龟悖论：神行太保阿基里斯追不上他前面的乌龟。因为当阿基里斯到达龟的出发点时，龟已经向前走了一段距离；阿基里斯再通过这一段距离时，龟又向前走了一段距离；这样下去两者永远相距一段距离，所以阿基里斯总也追不上他前面的乌龟。

3. 飞箭悖论：飞箭在任何瞬时总是处在一个确定的位置，因而在此刻处于静止状态。由于无限个静止的总和还是静止，所以飞箭是静止的。

芝诺悖论是针对当时人们对时间和空间的两种分歧观点提出来的。一种观点认为时间和空间具有连续性，因而无限可分。另一种观点认为时间和空间具有间断性，是由不可分的要素组成的。前两个悖论反驳的是第一种观点，第三个悖论反驳的是第二种观点。

这三个悖论都涉及到了无限集合。在第一个悖论中，如果把 A 与 B 的距离看作 1，则涉及到无限集合 $\{1, 1/2, 1/4, 1/8, \cdots\}$；在第二个悖论中，如果设阿基里斯的速度是龟的 n 倍，龟在前面 a 米，则涉及到无限集合 $\{a, a/n, a/n2, a/n3, \cdots\}$；在第三个悖论中，如果设飞箭在第一个瞬刻处于 $a1$ 点，在第二个瞬刻处于 $a2$ 点，在第三个瞬刻处于 $a3$ 点……，则涉及到无限集合 $\{a1, a2, a3...\}$。

芝诺在悖论中虽然没有明确使用无限集合的概念，但问题的实质却与无限集合有关。在数理哲学上，有两种无限方式历来被数学家和哲学家们所关注。一种是无限过程，另一种是无限整体。无限过程是指永远延伸、永远完成不了的变程或进程，例如自然数列 1，2，3，…，n，…这种进程的无限称为潜无限。无限整体是指可以自我完成的无限过程，即把无限本身看作是一个整体，例如自然数全体组成的整体 $\{1, 2, 3, \cdots, n, \cdots\}$，这种以整体形式出现的无限称为实无限。

亚里士多德最先提出要把潜无限和实无限区别开。他认为只存在潜无限，而不承认实无限。他举例说正整数是潜在无限的，因为任何正整数加上 1 之后总能得到一个比它大的新数。对他来说，无限集合这个概念是不存在的，因为无限多个事物或要素不能构成一个固定的整体。

亚里士多德虽在发现新的数学结果上并没有什么突出的贡献，但他对数学本性所发表的各种看法却对后人影响很大。他对无限集合的否定态度，如同下了一道禁令，束缚后来的数学家长达两千多年，以致在客观上延误了对无限集合的充分研究。

例如拜占庭的普罗克拉斯，他是欧几里得《几何原本》的著名评述者。他在研究直径分圆问题时注意到，一根直径分圆成两部分，两根直径分圆成四部分，n 根直径分圆成 $2n$ 部分。由于直径有无穷多根，所以相应的必有两倍那么多的圆部分。换句话说，由直径数目组成的无限集合 $\{1, 2, 3, 4, \cdots, n, \cdots\}$，与所分成的圆部分的数目组成的无限集合 $\{2, 4, 6, \cdots, 2n, \cdots\}$，在元素上存在着一一对应的关系。这实质上已经涉及了无限集合的一个基本特征：部分和它的整体可以建立起元素之间的一一对应关系。而这种关系的存在正是后来集合论赖以建立的基础。

由于受亚里士多德潜无限观点的影响，普罗克拉斯不肯承认无限集合的存在，而是对这种对应关系采取了回避的态度。他说："任何人只能说很大很大数目的直径和圆部分，不能说实实在在的无穷多的直径和圆部分。"

事实是不依赖于人的意向为转移的，它们不会因

▲ 欧几里得

人们认识上的落后而被长期掩盖。到了中世纪，随着无限集合的不断出现，部分能够同整体构成一一对应这个事实也就越来越明显地暴露出来。例如，数学家们注意到，把两个同心圆上的点用公共半径连起来，就构成两个圆上的点之间的一一对应关系。因为对于大圆上的任意一点 A，通过公共半径，总可找到小圆上的一点 A' 与它对应；反之，对于小圆上的任何一点 B'，通过公共半径，总可找到大圆上的一点 B 与它对应。

伽利略曾注意到类似的事实。他在 1638 年的《关于力学和局部运动两种新科学的对话和数学证据》一书中指出，两个不等长的线段上的点，可构成一一对应关系；他又注意到，正整数集合 $\{1, 2, 3, \cdots, n, \cdots\}$ 可以和正整数的平方集合 $\{1, 2^2, 3^2, \cdots, n^2, \cdots\}$ 构成一一对应关系。伽利略同样由于受传统有限集合观念和亚里士多德潜无限思想的束缚而没能正视这些事实，最后以"不合常识"为由否定了自己的发现。

在科学中常常发生这样的现象，一个新的事实虽然反复地出现在人们的面前，却长期找不到它的发现者。无限集合就是这样一个科学事实。甚至到了 19 世纪上半叶，绝大多数数学家还不肯承认无限集合及其特殊属性的存在。他们自由地使用着无穷小、无穷大和无穷级数，运用着自然数集、有理数集、无理数集以及实数集，毫无顾忌地说到直线上或平面上的任意点，但却回避对无限集合进行任何认真的讨论。

就连负有"数学之王"盛名的高斯也不同意把无限集合作为数学的对象来加以研究。他在 1831 年 7 月 12 日给朋友舒马赫的信中说道："我反对把一个无穷量当作实体，这在数学中是从来不允许的。无穷只是一种说话的方式，当人们确切地说到极限时，是指某些比值可以任意近地趋近它，而另一些则允许没有界限地增加。"

对分析学的奠基工作有过突出贡献的柯西，虽曾给出有名的极限定义，并对无穷级数有过深入的研究，但对无限集合，他却如同他的前人一样，不肯承认它们的存在。他认为，部分可以同整体构成一一对应关系，不过是一种逻辑矛盾。

▲ "数学之王" 高斯

集合论的创立

科学家们接触到了无限，却又无力去把握和认识它，这实在是向人类智慧提出尖锐的挑战。对此，著名数学家希尔伯特曾深有感触地说道："没有任何问题能像无限那样，从来就深深地触动着人们的感情；没有任何观念能像无限那样，曾如此卓有成效地激励着人们的智慧；也没有任何概念能像无限那样，是如此迫切地需要予以澄清。"

为维护人类智慧的尊严，面对"无限"的长期挑战，数学家们是不会漠然置之的。他们为解决无限问题而进行的努力，首先是从集合论的先驱者开始的。这些先驱者们的见解虽然往往并不完美，甚至含有漏洞和缺陷，但他们的工作对于新理论的建立却是十分必要的。

对于无限集合，最先洞察到它的重大意义，并沿着建立明确理论方向采取积极步骤的人，是捷克数学家波尔察诺。波尔察诺是最先明确承认并坚决维护无限集合概念的。他强调部分和整体能够建立起元素之间的一一对应关系，是无限集合的一个本质特征。他把这种对应关系称为等价关系。为说明这种等价关系的真实存在，他举出了大量事例。例如，在实数集 $[0，5]$ 和实数集 $[0，12]$ 之间可以建立一一对应关系，只需建立函数关系 $y = \frac{12}{5}$，其中 x 为 $[0，5]$ 的任意元素，y 为 $[0，12]$ 的相应的元素。

波尔察诺作为布拉格大学宗教哲学教授，对于无限集合的研究，其哲学意义比数学意义体现得还多。他提出和强调了有关无限集合的某些重要概念和思想，但也存在许多模糊的认识。例如他提出超限数概念，然而对这一概念的理解却是不正确的，甚至错误地认为，对于超限数无需建立运算，因而不必去研究它。

波尔察诺的无限集合思想，在他生前没有得到学术界的重视。他的重要著作《无穷的悖论》在死后两年才发表出来。

在波尔察诺那里萌发起来的集合论思想，是在康托尔手中孕育成一门数学理论的。康托尔曾就学于苏黎世大学、格丁根大学、法兰克福大学和柏林大学，深受柏林大学数学教授魏尔斯特拉斯（1815—1897年）的影响。后来，他成为哈勒大学教授，一直到去世为止都在那里工作。

康托尔在历史上以创立集合论而一举成名。他解决了历代数学家所未能解决的无限集合问题中的难点，并且颠倒了许多前人的想法。他的集合论思想分散在许多文章中，这些文章主要是在 1872—1897 年间相继发表的。他的 1872 年关于三角级数的论文，可作为集合论诞生前的准备工作。在这篇论文中，他首次定义和使用了集合论的某些重要概念，如集合的

▲康托尔

极限点、导集、第一型集等。1874 年，他在《克列尔杂志》上以标题《论所有实代数数集合的一个性质》，较全面地阐述了他的无限集合思想。这篇革命性论文的发表，可作为集合论诞生的重要标志。

康托尔称集合为一些确定的、不同的东西的总体，对于这个总体，人们能判断任

何一个给定的东西是否属于它。他尖锐地批评了那些只承认潜无限的人，驳斥了以往数学家和哲学家反对实无限的错误论点。在他看来，如果一个集合能够和它的一部分构成一一对应，那它就是无限集合。

他区别了两种性质不同的集合：可列集和具有连续统的势的集。可列集是指那些能和正整数集构成一一对应的集合，如有理数集和代数数集；具有连续统的势的集则是指与实数区间 [0，1] 等价的集，如无理数集和实数集。

▲ 戴德金

早在 1873 年他就有了这种区别。1873 年 11 月，他在给数学家戴德金的信中说道，他已经知道有理数是可列的，但对于实数集合是否可列，他还不能给出定论。几个星期后他成功地解决了这个问题。1873 年 12 月 7 日，他写信告诉戴德金，他已证得实数集是不可列的。戴德金回信祝贺康托尔取得成功。康托尔的这项工作对于集合论的创立有着决定性的意义，因为集合论的许多原理都与可列集或具有连续统的势的集有关。

康托尔在取得最初的成功之后，就去尝试解决一些新的、更大胆的问题，譬如一条直线上的点和整个 Rn（n 维空间）中的点的对应关系。他在 1874 年 1 月 5 日写给戴德金的信中指出："一块曲面（比如说，一个包括边界在内的正方形）是否能够和一段直线（比如说，包括两个端点在内的一个直线段）一一对应起来，使得对于曲面上每一点都有直线上一个对应点？反之，对于直线上每一点，都有曲面上一个对应点？我想，回答这个问题并不是件容易的事，尽管答案显然是否定的，以至于证明几乎不必要。"

康托尔原以为问题的答案是否定的，即直线上的点不可能和整个 Rn 中的点构成一一对应关系。可是，经过三年的尝试，他得到的答案却是肯定的。1877 年 6 月 20 日，他写信告诉戴德金，他已证得这样的对应关系是存在的。他说："我看到了它，但我简直不能相信它。"

在创立集合论的过程中，康托尔还引进了基数、序数、超限基数、超限序数等概念，并且规定了它们的运算。基数（也称势）是集合论的基本概念之一，它是对集合的元素在数量上的一种刻画。两个一一对应的集合具有相同的基数。对于有限集合，基数就是这集合中元素的个数。对于无限集合，康托尔引进了一个全新的提法。他用符号 $\aleph_0$（读作阿列夫零）表示自然数集的基数，用符号 C 表示实数集的基数。由于可列集与自然数集有一一对应的关系，所以它们的基数均为 $\aleph_0$；同样，与实数集有一一对应关系的不可列集的基数均为 C，字母 C 是连续统（Continuum）的第一个字母。

基数、序数等概念描述了无限在层次上的质的区别，因而它们的建立是人类对无限集合认识上的一次重大飞跃。这正如数学家古茨莫在 1915 年庆祝康托尔七十寿辰时所说的，康托尔用这些数给数学开辟了一块"新地盘"。这块新地盘，就是以无限集合为主要研究对象的集合论。

康托尔的遭遇

在今天，如果我们打开一本现代的数学论著，总可以读到与"集合"相关的一些内容，甚至在小学的算术和中学的数学中都已渗透了集合的思想。

可是，在一百年前集合论却迟迟登不上数学的舞台，它的创立者也因之长期陷入窘境。为全面认识集合论创立的历史，我们不能不追溯一下康托尔在创立集合论过程中所经受的不寻常的遭遇。

美国现代数学史家 M. 克莱因在评述集合论创立时期的状况时写道：康托尔的集合论是在这样一个领域中的一个大胆的步伐。这个领域，我们已经提过，从希腊时代起就曾断断续续地被考虑过。集合论需要严格地运用纯理性的论证，需要肯定势愈来愈高的无限集合的存在，这都不是人的直观所能掌握的。这些思想远比前人曾经引进过的想法更革命化，要它不遭到反对那倒是一个奇迹。反对的意见确实是耸人听闻的。

康托尔的 1874 年的论文一问世，便遭到当时保守的数学家们的激烈反对。其中反对得最激烈的是他的老师、柏林大学数学教授克隆尼克。

克隆尼克在数学史上以直觉主义派的代表人物而著称。他认为数学的对象必须是可构造出来的，而不能用有限步骤构造出来的都是可疑的，不应作为数学的对象。他反对无理数和连续函数的理论，认为它们是不可构造的，因而是不存在的。同样，他指责康托尔的集合论和超限数理论不是数学而是神秘主义。他曾连篇累牍地攻击著名数学家魏尔斯特拉斯的无理数理论，以至弄得后者几乎老泪纵横。这一次，他对康托尔的粗暴攻击竟长达十几年之久。

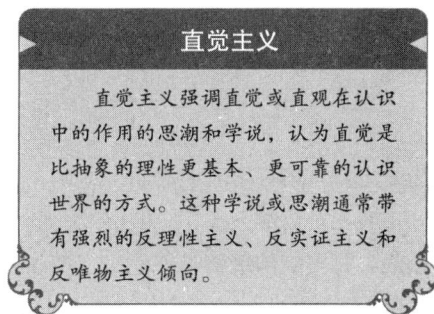

> **直觉主义**
>
> 直觉主义强调直觉或直观在认识中的作用的思潮和学说，认为直觉是比抽象的理性更基本、更可靠的认识世界的方式。这种学说或思潮通常带有强烈的反理性主义、反实证主义和反唯物主义倾向。

康托尔于 1870 年 25 岁时就被任命为哈勒大学副教授，1879 年提升为该校的教授。在当时，哈勒大学在德国只算得上二三流的大学。康托尔希望得到柏林大学教授的职位，而且自信有能力胜任，但由于一直遭到克隆尼克的百般阻挠，终生未能实现自己的心愿。在克隆尼克的连续攻击下，容易激动和神经过敏的康托尔经受不住刺激而身体垮了。从 1884 年起，他就不时地患着严重的抑郁症，常常住到疗养院里。1918 年 1 月 6 日，他在哈勒大学附属精神病院去世。

在当时，对集合论持否定态度的有影响的数学家并不在少数，就连 F. 克莱因、彭加勒和魏尔这样富有创见的大数学家也没能给康托尔的工作以任何支持。彭加勒把集合论比喻为"病态数学"，并且预测说："后一代将把集合论当作一种疾病，而人们已经从中恢复过来了。"

对于反对者的意见，康托尔是有所预料的。他虽然在精神上因经受不住攻击而常常受到折磨，甚至在疾病强烈发作时感到自己所做的工作是无聊的，但他在强烈发作过去后，头脑总是十分清醒的。他曾自述道："我的集合论研究的描述已经达到了这样的地步，它的继续已经依赖于把实的正整数扩展到现在的范围之外。这个扩展所采取的方向，就我所知，至今还没有人注意过。""我对于数的概念的这一扩展依赖到这样的程度，没有它我简直不能自如地朝着集合论前进的方向迈进哪怕是一小步。我希望在这样的情形下，把一些看起来是奇怪的思想引进我的论证中是可以理解的，或者如果有必要的话，是可以谅解的。实际上，其目的在于扩展或推广实的整数序列到无穷大以外。虽然这可能显得是大胆的，我却不仅希望而且相信，到了适当时机，这个扩展将被承认是十分简单、适宜而又自然的一步。但我仍是十分清楚，在采取这样一步后，我把自己放到了关于无穷大的流行的观点以及关于数的性质的公认的意见的对立面去了。"

▲ 彭加勒

康托尔的信念是坚定的，他始终相信，实无限"既具体地又抽象地"存在着。对此，他写道："这种观点，我认为是唯一正确的，只有少数人才有。只要有可能，我在历史上就是第一个人十分明确地站在这个立场上，并接受其全部逻辑结论，我确切地知道我不会后继无人！"康托尔为无穷集合论的生存和发展奋斗了终生，就是在其患病期间，每当病情缓解时，他仍然坚持以书信的方式与 G. 皮亚诺等人讨论集合论的有关问题。

人们常常看见他出入学术讨论会并热情洋溢地讲述自己的观点。他有句名言："数学的本质在于它的自由性"。在无限集合面前，在传统数学观念统治着绝大多数数学家的时代，他就是采取了非常自由的思想方式。当死抱旧思想的人对他的工作加以责难时，他说出了上面那句名言。

在集合论的创立过程中，《克利尔杂志》编辑的科学眼光是值得赞颂的。他们坚持科学无禁区、科学无偶像的原则，对康托尔的工作给予了最大的支持，不仅最先发表了康托尔第一篇关于无穷集合论的首创性文章，从而成为无穷集合论的接生婆和哺育者，而且不顾克隆尼克等人的阻挠，始终为康托尔传播和发展这一数学创新思想提供了发表论文的机会。

随着集合论在数学领域的广泛应用，它的生命力日渐显示出来，支持和承认它的数学家也就越来越多。1897 年，在苏黎世举行的第一次国际数学家会议上，德国数学家赫尔维茨和法国数学家阿达玛指出，康托尔的超限数理论在分析学中有着重要的应用。

格丁根学派的创始人希尔伯特作为集合论的坚决支持者，热心地传播了康托尔的思想。他把康托尔开拓的无限集合理论比作数学的一个乐园，并且向他同时代的人宣告："没有人能把我们从康托尔为我们创造的乐园中开除出去。"他赞誉康托尔的超限算术理论为"数学思想的最惊人的产物，在纯粹理性的范畴中人类活动的最美的表现之一"。为传播康托尔的无限集合思想，他还以有名的"无限多房间的旅馆"，用通俗的语言形象地阐明了无限集合与有限集合的质的区别。

英国数学家、逻辑学家、哲学家罗素评价康托尔的工作"可能是这个时代所能夸耀的最巨大的工作"。就连反对最激烈的克隆尼克在其晚年也不得不改变了对康托尔的态度，甚至表示要与他言归和好。1901年，伦敦数学会聘请康托尔为荣誉会员。克里斯蒂安那大学（今奥斯陆大学）、圣安德鲁斯大学分别于 1902 年和 1911 年授予康托尔荣誉博士学位。

▲希尔伯特

发现海洋深处的奥秘

世世代代生活在陆地上的人们，对海洋，尤其对深海缺乏了解，长期以来只能
"望洋兴叹"。他们面对大海，看到的是水天一色，无边无际，碧波起伏，深不见底。
是谁在统治着这神秘的"水的王国"呢？我们中国的祖先曾用龙首人身的"东海龙
王"和金碧辉煌的"海底龙宫"等美丽的神话来描述。

探秘海洋深处

其实，从大陆到海洋盆地，两者之间通常都有一个过渡地带，科学家取名为大陆
边缘。大陆边缘又由三部分组成：大陆架、大陆斜坡和陆基。大陆架是陆地向海洋的
自然延伸，坡度平缓，水深不到 200 米，平均宽度不过 65 千米。大陆架往外是大陆斜
坡，坡度很陡、平均宽度 15—80 千米，再往
外是一片比较平坦的陆基，陆基外缘的平均深
度可达 4000 米。与陆缘相连的，就是几千米
深的大洋盆地了。

人们对海洋深处的调查是在 19 世纪开始
的。英国海洋调查船"挑战者"号，于 1872
年 12 月 7 日至 1876 年 5 月 26 日，历时三年
半，航程 127580 千米，对北冰洋以外的其他
世界各大洋进行了第一次环球海洋考察。这次
调查内容广泛，涉及海洋地质学和地理学、海
洋化学、海洋物理学、海洋生物学等，是人类
对海洋和海底进行有系统探索的开端，具有划
时代的意义。

英国海洋调查船"挑战者"号

"挑战者"号是一艘蒸汽动力轻
巡洋舰，排水量 2300 吨，舰上设有实
验室和测试设备。舰船由奇尔斯上校
指挥，科学调查队队长是英国学者汤
姆逊。他们在 362 个站位上进行了水
文观测，在 492 个站位进行了深度测
量，在 133 个站位实施了深水拖网，
取得了 12000 个海底底质样品和数以
万计的生物样品。通过考察，科学家
们掌握了世界海洋深层水温的分布规
律，得出了世界各海域海水化学成分
恒定的重要结论。后来，他们花费 15
年的时间编写了考察总结报告，报告
共 50 卷，29500 页、3000 幅插图。

早在宋、元年间，我国渔民和航海家就发
明了"用长绳下钩，沉至海底取泥"和"下
铅锤测量海水深浅"等办法。"挑战者"号测
量海洋深浅，采用的也是这种老办法，即把一条末端系有重物的六七千米长的绳缆投
进海洋，直至重物碰到海底，就能测知海洋的深度。这种方法费力费时，很不方便，
而且精确度也低。

用光和电测量行不行呢？不行。光的透明度太差，海面下 200 米深处就几乎漆黑
一片。水还能强烈吸收电磁波，所以雷达测深也无能为力。海底勘测技术直到 20 世纪

初才发生了一场革命。人们发现，声波能在水中长距离传播，传播速度达到每秒 1500 米，比在空气中的传播速度快 4 倍多，声波遇到物体还能发生反射，频率越高的声波反射率越大。正是根据这个原理，20 世纪 20 年代，法国物理学家朗之万和俄罗斯科学家希洛夫斯基，最先研制出了回声测深仪，它根据发出声波和收到回声之间的时间间隔，即可测得海底的深度。把回声测深仪安装在船上，船只一面航行，一面测量，测量的结果自动记录到纸带上，看了纸带上给出的连续曲线，你就清楚地知道航线上海底深浅变化的情况。此外，还发展了一种用潜水工具直接在海底摄影的办法，拍摄的照片反映了海底地形的一切细节，这样的照片现在已经积累了数万张。

复杂的海底地形

根据探测的结果，现在我们知道，海底绝不像原来想象的那样平坦、单调，正相反，它的形态变化同陆地相比，实在是有过之而无不及。比如，它不仅有面积像大陆那么大的深海平原，还有比陆地上任何山岭更高的海底山。一般海底山都位于海面以下，但也有的海底山露出海面成为岛屿，如夏威夷群岛就是由一座座万米高的海底火山连带着床状山脉露出海面形成的，它们比世界屋脊喜马拉雅山的最高峰珠穆朗玛峰还高出一大截。

此外，海底还有很多奇怪的平顶火山锥，山呈钟形，山顶平平的，绝大多数分布在太平洋底。更令人叹为观止的是海沟，它是深海海底长而窄、两侧陡急的洼地，一般宽几十到上百千米，长一两千千米，深于周围海底三四千米，多分布在大洋边缘，即陆地或岛弧的外侧，靠着岛弧的一面坡面很陡，靠着海洋的一面比较平缓。深度超过 9000 米的海沟已知有 8 条，这个深度相当于美国科罗拉多大峡谷深度的 7 倍。最深的海沟是位于

▲夏威夷群岛

关岛附近查林杰海盆的马里亚纳海沟，最大深度 11035 米，是地球表面上最深的地方，把世界第一高峰珠穆朗玛峰放进去，还要没入海面 2000 多米呢！

关于海底形态的一项最引人注目的发现，是 1853 年敷设欧洲美洲之间的海底电缆时获得的。在敷设电缆前进行的探测大西洋底地貌的过程中，发现大西洋底的正当中似乎存在着一个海底高原，他们把它称之为"电讯高原"。之后，"挑战者"号调查船在测量海底深度时也证实了这一点。

1925 年，德国"流星"号调查船继英国"挑战者"号之后，对海洋进行了又一次具有划时代意义的科学考察，考察中采用了各种电子技术和现代科学方法，以观测精确著称。他们首次应用电子回声探测仪对大西洋进行了更全面的深度探测，曾 14 次横

▲马里亚纳海沟

渡大西洋，测深 7 万次，在海洋学史上首次清晰地提示了大洋底部起伏不平的轮廓，并证实大西洋中部确实存在着一条在形态上呈线状延伸的将大西洋一分为二的山脉，这个山脉的最高峰露出海面，那就是亚速尔群岛、阿森松岛、特里斯坦达库尼亚群岛等。这次考察历时两年零 3 个月。

后来又发现，这样的海底山脉不仅大西洋有，世界其他各大洋底也存在，这就是洋脊。在印度洋，特别是大西洋，洋脊位于大洋的正中间，洋脊两边的洋底地形呈现完美的对称图像，这样的洋脊也叫洋中脊。大西洋中脊北起北岛，向南延伸几乎到达南极，长达 16000 千米，宽约 800 千米。各大洋的洋脊彼此连接，构成了一个世界洋脊体系，全长达 8 万千米。

第二次世界大战后的 1953 年，科学家们又对海底进行了更为详细的调查，他们惊奇地发现正好在大洋中脊的轴线，有一条走向与洋脊一致的裂谷。洋脊和裂谷的发现是 20 世纪地质科学发展中的重大事件。

深海里也有生物

深海里有生命吗？一个多世纪以前，人们还认为生命只是在海洋的上层才有。1841 年，英国博物学家福布斯论证了 550 米以下的海洋是"无生命带"，直到他死后第 5 年，即 1859 年发表的《欧洲海的自然史》仍然坚持这个观点，而且流传甚广。

但是，没过多久，1860 年，人们从地中海 2000 米的深处拉上来的一条电缆上就附着有单体珊瑚等生物。过了 8 年，英国"闪电"号调查船在设得兰群岛和法罗群岛之间海域 1100 米的深处采集到大量的生物。1869 年至 1870 年间，英国"豪猪"号调查船在爱尔兰西部、比斯开湾和法罗水道 3 次航行，于 1800 米至 4400 米的深处取样

▲深海乌贼

16 次，每次都获得了相当多的深海生物。正是在这个基础上，后来担任"挑战者"号调查船科学调查队队长的英国博物学家汤姆逊，于 1872 年发表的《深海》一书中指出："海洋中不存在无生命带，从表面到深海栖息着多种动物。"分布在最深处的生物，具有代表性的是无脊椎动物，由于深海水温低，这些动物的形态较小，与极海型生物相似，一种极小的生物——抱球虫的壳形成的软泥，覆盖在北大西洋的海底上。

事实上，英国皇家学会于1871年开始筹备组织的"挑战者"号考察，就是福布斯和汤姆逊关于海洋有无"无生命带"之争促成的。"挑战者"号在三年半的时间里，采集了数以万计的生物样品，发现了4417种新的生物物种，其中甲壳类动物的新物种就有上千种。大量深海生物的发现，证明它们能够承受巨大的水压，已经习惯于那里的生活。

潜入深海

研究外层空间最好是把人送到那里去，同样海洋深处也急切地等待着有志者去征服。但是，直到宇航员已经在太空到处遨游的时候，近在身边的深海仍然不能让人自由漫步。太空是一个失重的世界，大海则以巨大的压力把人拒之门外。直到今天，对潜水员的身体无损害的安全潜水深度，一般公认只有60—70米，超过这个深度就有生命危险。要潜入深海，必须借助潜水装置。

世界上的第一个潜水装置，据说是公元前332年亚里士多德和马其顿国王亚历山大发明的。人坐在这个钟形容器中，通过透明的瞭望孔，可以看到泰尔城郊修筑的港堤底部的情况。17世纪末，英国人伽列依用一根管子使潜水气钟与外界大气相通，这样的"潜水沉箱"可以下放到165米的最大深度。把人送往海底的第一件实用潜水衣是西贝在1830年设计的。1837年，潜水员穿着一种软潜水服可以潜入水下180米。之后，人们又发明了硬潜水服，人穿着它创造了下潜350米的新纪录。

进入20世纪后，人们开始研制各种各样的潜水器，人开始坐进潜水器向海洋的深处进军。1911年，工程师加尔曼乘坐自己设计的潜水箱下到了458米深处。1929年，美国海洋学家比勃和巴顿设计研制出了第一个真正的潜水器，它是一个直径1.45米的钢球，壁厚32毫米，内有氧气瓶、探照灯和同水面保持联系的电话通信装置、一根缆索从潜水器伸出海面，由船只拽引着前进。1930年，他们乘坐这个潜水球下潜到435米深的海里；1934年8月11日，他们来到了923米的深度；15年后这个纪录又被他们新研制的同类型潜水球打破，潜入深海达1375米。

1953年9月，奥·皮卡德带着他31岁的儿子杰·皮卡德，乘坐"的里雅斯特"号潜水器在第勒尼安海潜入3700米的深处。一年

奥·皮卡德父子

1884年1月28日出生的奥·皮卡德是一位瑞士物理学家，毕业于苏黎世理工学院。他早年醉心于大气层探索，曾建造过升入平流层的气球。1948年，他忽然把目光从天上转向地下，开始致力于深海的研究，曾研制过两种潜水器"FNRS-3"号和"的里雅斯特"号。小皮卡德是瑞士海洋工程学家、生态学家和物理学家，他始终是他父亲老皮卡德的得力助手。"的里雅斯特"号潜水器就是由他们共同设计，在意大利的里雅斯特城的一家工厂制造的。这个潜水器改装后长18米，宽3.4米，高5.5米，重45吨，可载2人到3人。

后，法国科学家乘坐"FNRS-3"号潜水器在非洲西岸下潜到4050米。接着，皮卡德

父子再接再厉，揭开了潜水器探测深海最激动人心的一幕。

1958 年，美国海军买下了"的里雅斯特"号潜水器，小皮卡德也被美国聘请为顾问。经过改装，"的里雅斯特"号的性能有了提高，在接下来的几年里，小皮卡德驾驶着它多次刷新潜深的纪录：5000 米、5530 米，直到 7315 米。最后他们决定，向世界大洋最深的海底深渊——马里亚纳海沟进军。

征服马里亚纳海沟行动（"浮游生物计划"）的日子选择在 1960 年 1 月 23 日，小皮卡德和美国海军上尉沃尔什一起坐进潜水器。上午 8 时 23 分下潜开始。开始下潜速度为每秒 1 米，潜深到 8250 米后减慢为 0.6 米/秒。11 时 44 分，潜深至 8800 米，这时的深度已与珠穆朗玛峰的高度相当。13 时，海底出现一道潜水器射出的朦胧亮光，这是人类第一次用光明驱散海底深渊的黑暗，突然有一条 2.3 厘米长的红虾出现在玻璃舷窗前。13 点 06 分，"的里雅斯特"号终于轻轻降落到海底。眼前像是一片乳白色的沙漠，堆积着硅藻遗骸组成的淤泥．玻璃舷窗前有一条长 30 厘米、宽 15 厘米的鱼游过，它有扁平的身躯，长着两只微凸的大眼睛。这一发现大出人们意外，因为万米深海是否有鱼类生存一直是海洋学家争论不休的问题。这里是 10916 米深的海底，人类探险史又创造了一个潜深新纪录。浩瀚的大海再也不能阻挡人类前进的脚步了。

后来，法国的"阿基米德"号潜水器又多次到深海探险，证明那里确实是一个充满生机的世界。1962 年，"阿基米德"号下潜到深度为 9562 米的千岛——堪察加海沟，在那里漫游了 3 个小时，看到有浓密的藻类、鱼类和其他海洋动物。1973 年至 1975 年间，"阿基米德"号和它的同伴"阿尔文"号、"塞纳"号一起，对地球上的大伤痕——大西洋中脊上的裂谷进行了调查，在 2800 米深的海底看到了宽达 6 米至 7.3 米的巨蟹，在 7000 米深的裂谷中发现了海绵、软珊瑚和海百合。

"阿基米德"号潜水器的深海探险，进一步增进了人类对海洋的了解。

无人能懂的化学平衡

吉布斯是美国化学家，他在热力学领域做出了杰出的贡献，提出化学平衡理论，但是，在当时当地，他的成就没有引起人们的注意，甚至连应得的薪酬都没有得到，这究竟是怎么回事呢？

化学平衡理论

根据吉布斯自由能判据，当 $\triangle rGm = 0$ 时，反应达最大限度，处于平衡状态。化学平衡的建立是以可逆反应为前提的。

化学平衡状态是指在一定条件下的可逆反应，正反应和逆反应的速率相等，反应混合物中各组分的浓度保持不变的状态。可逆反应指的是在同一条件下既能正向进行又能逆向进行的化学反应。一般来说，反应开始时，反应物浓度较大，产物浓度较小，这时正反应速率大于逆反应速率。随着反应的进行，反应物浓度不断减小，产物浓度不断增大，正反应速率逐渐减小，逆反应速率反而增大。渐渐地，正、逆反应的速率会达到一个相等的时刻，此时，反应系统中各物质的浓度不再发生变化，就达到了平衡状态。

提出平衡理论的吉布斯

虽然吉布斯好学不倦，知识渊博，著作颇丰，但他的理论文章十分难懂，而且他不善言谈，这成为他不被人理解的重要原因。有一位科学家曾经这样说："我们拜读吉布斯的文章，完全出于对他提出理论的着迷，却根本看不懂文章的内容。"1874 年 6 月，吉布斯发表了他最著名的著作《以热力学的原理决定化学平衡》，全世界只有他的朋友马克斯韦尔给了他回应。这篇近代科学史上打破了物理与化学的学术藩篱的、极其重要的研究报告，但是当时竟然没有人能看懂。

难怪马克斯韦尔死后，康乃狄克科学会曾说道："全世界看得懂吉布斯报告的只有一人，他名叫马克斯韦尔，而他走了。"直到 1880 年，才有一个荷兰科学家响应他的研究。

不仅如此，吉布斯的学生也经常不明白他讲述的

▲吉布斯

内容。他的学生曾回忆他的讲课说："当吉布斯教授在黑板上写第一道式子时，我们都懂；当他写第二道式子时，有些人勉强可以跟上；当他写下第三道式子时，全班几乎都不懂他在说什么了。"不过，这并不妨碍吉布斯成为一个好老师，他会为学生们组织"物理数学社"，为他们设计数学谜语，带他们爬山，一边爬山一边讨论问题。

就在吉布斯像独行侠一样艰难探索的时候，一位英国理论家读到了他的论文，看出了其中的意义，并把他的文章介绍到了欧洲。这下，吉布斯在欧洲大获声誉，影响很大。有一次，一位女记者打算为他写传记，因此专门去采访他。当女记者读了他写的一段关于冰、液态水和水蒸气相平衡的论述时，不仅感慨地写道："这里，吉布斯又一次只给出干巴巴的概念，而把本来可用以消除他与听众之间隔阂的步骤置之不顾。理论家补充了他本人带有结论性的看法，这必定比任何其他礼物更能打动吉布斯并使他感到高兴的了。"理论家对他文章的解释成为吉布斯与读者沟通的桥梁，这也许是科学界的特殊案例吧。

正因如此，吉布斯在耶鲁大学工作的头 10 年里，竟然没有得到任何薪俸。1920年，吉布斯首次被提名进入纽约大学的美国名人馆，可是，当时的 100 张选票中他只得了 9 票！这一切都因为他那干瘪晦涩的写作。对于这一切，吉布斯从来没有介意过，他说："怎么衡量一个杰出的科学家呢？不在他所发表的篇数、页数，更不在他的著作所占图书馆架上的空间，而在他对人类思考的影响力。因此，科学家的真正成就不在科学上，而在历史上。"

爱迪生的杠杆原理

爱迪生给屋顶水池压水，是运用杠杆原理使力进行了多次传递来实现的。杠杆原理是古希腊科学家阿基米德提出的，当时阿基米德说过这样一句话："假如给我一个支点，我就能把地球挪动！"这句话流传了数千年，成为人们理解杠杆原理的一句名言。

关于杠杆的记载

在中国历史上，也有关于杠杆的记载。战国时代的墨子就在《墨经》中提出了相关的规律。在《墨经》里，他将砝码叫做"权"，悬挂的重物叫做"重"，支点的一边叫做"标"（力臂），另一边叫做"本"（重臂），这正切合了杠杆原理的基本内容。墨子还进一步提出，如果两边平衡，杠杆必然是水平的。在平衡状态下，加重其中一边，必将使这边下垂。这时要想使两边恢复平衡，应当移动支点，使"本"缩短，"标"加长。而在"本"短"标"长的情况下，假若再在两边增加相等的重量，那么"标"这一端必定下垂。

爱迪生应用杠杆原理

爱迪生是著名的科学家、发明家，也是一位商人。1868年，爱迪生搬到了波士顿。此时，他取得了第一项发明的专利，这是一个自动投票记录仪，可惜的是，他很快就发现，这个记录仪无法给他带来利润，没有一个政治家愿意购买它，因为他们都喜欢自己亲自查选票。第二年，爱迪生到了纽约，在这里他卖出了自己的第一台机器，一台证券行情自动记录收报机，他赚了4万美元。靠着这笔收入，他办起了自己的工程咨询业务所，从此开始了他的商业之旅。

7年后，他在新泽西办起了自己的工业实验室。这个实验室成了发明的出产地，总共有1093项发明是从这里产生的，其中有389项是关于电灯和电力的，195项是关于留声机的，150项是关于电报的，141项是关于蓄电池的，还有34项是关于电话的。而也许你更想不到的是，连小小的橡皮的发明也是出自爱迪生那天才的头脑的。

除了这些惠及众人的发明之外，爱迪生还热衷于

▲爱迪生

给自己的家庭发明各种各样的省力工具，留下了许多有趣的小故事。

有一年，爱迪生到别墅避暑，在那里他发现有很多不便，尤其是给屋顶上的水池灌水，需要一个人来回提水上下好几次，既费时又费力。看到这种情况后，爱迪生开动脑筋，很快就想出了一个主意。他在别墅的大门上安了一个装置，这个装置连接地下的水与屋顶上的水池。只要推动大门，就能将地下的水压到屋顶的水池里。这个装置安好后，爱迪生又开动智慧的大脑，改进了别墅内的很多设备，代替了许多繁重的家务劳动。不久后的一天，爱迪生坐在别墅里思考问题，恰好来了位好友。这位好友进门后就抱怨道："你的别墅大门太紧了，赶紧修理一下吧。"爱迪生不慌不忙地说："我刚刚做了改善，有什么不对吗？"好友说："我刚才进来时，用了吃奶的力气才推开大门！"爱迪生笑了，用安慰的语气说："不要紧，你推开大门虽然用了不少力气，可也不算什么大难题。但是你这一推，已经给屋顶上的水池压进了将近 30 公升水，多么方便。"

病毒的发现

在人类发现细菌以后，很多凶顽的病原菌都先后被捉住了，由它们引起的传染病也被控制住了。但是仍有很多威胁人类生命的烈性传染病，在很长一段时间里找不到病原体。

找不到病原体的传染病

1875 年，费德希国王去澳大利亚旅行，不幸患上了在澳大利亚大陆几乎每个孩子都得过的"麻疹"。当国王痊愈后回到自己美丽的岛国不久，岛上又开始了麻疹的流行。这里从未见过麻疹，人们对它没有丝毫的抵抗力。麻疹在费德希岛上横行无阻，在很短的时间内，竟使这个只有 1 万余人口的小国，增加了四千多个坟墓，然而人们都一直不知道是怎么得上麻疹的。

1918 年至 1919 年间，全世界流行了一次可怕的瘟疫。它跨过高山峻岭，越过辽阔海洋，从炎热的赤道到酷寒的两极，使全世界 1/4 的人得病。这次疾病使许多工厂停工，学校停课，社会生活的正常秩序全被打乱了，变成全球性的灾难。2000 多万人由此丧生，比第一次世界大战中死亡的人数还要多。这种瘟疫其实就是"流行性感冒"，可人们依然找不

> **麻疹**
>
> 麻疹是由麻疹病毒引起的急性呼吸道传染病。临床症状有发热、咳嗽、流涕、眼结膜充血、口腔黏膜发现红晕的灰白小点。单纯麻疹预后良好，重症患者病死率较高。

到致病的根源。大流行病不仅在人群中发生，而且在动物、植物中也有类似的情况。

19 世纪末，在欧洲一些种植烟草的农田里，发现了好多烟草的叶片产生了疮斑，形成深浅相间的花叶，而且这种烟草花叶病到处传播。在荷兰工作的德国人麦尔出于好奇，把烟草花叶病病株的汁液，用注射器注射到健康烟草叶片的叶脉中，结果这些健康叶片也得了花叶病，这是人们最早知道这种烟草花叶病具有传染性。

1892 年，在俄国大片种植烟草的农田里，也发生了这种瘟疫，大片的农田里的烟草叶片上长出疮斑，而且传播十分迅速，不久整个烟叶就完全枯萎腐烂，成百上千个种植烟草的农户陷于破产的境地。

世界最早发现病毒的人

当时俄国年轻的植物病理学家伊万诺夫斯基看到这种可怕的流行病，就设法帮助这些种植烟草的农民，开始研究这种烟草花叶病。他到农田采了一些染有花叶病的烟

草叶片，把它们捣烂，加水调成浆液，再把它滴在没有患病的烟叶上。不久，那株本来健康的烟叶，也患上了同样的烟草花叶病。他取出了一些捣碎了的花叶病烟叶浆，放在显微镜下观察，想找到一些引起这些疾病的细菌。但是一次一次地观察，始终没有能看到这种引起花叶病的细菌。

他想："如果把细菌都过滤掉，这种病还会传染吗?"于是，第二天他就动手干起来。

这次，他把害病烟叶的浆液通过一个非常精细的、连细菌都过不去的过滤器进行过滤，并接了一瓶滤液。他把这些没有细菌的滤液滴在健康的烟叶上，但令他惊奇的是这株烟草还是染上了花叶病，叶片上出现了块块疮斑，最后终于枯萎死亡。看来花叶病不是由细菌引起的。那么，会不会是由某种毒素引起的呢? 因为毒素可以溶解在浆液里，也可以通过过滤器。

▲伊万诺夫斯基

他又做了一次试验，将通过过滤器的滤液滴在一株健康的烟叶上，不久烟叶上就出现了疮斑，他再把这片烟叶加水捣成浆，通过过滤器将滤液滴在另一株健康的烟叶上，这株烟草也害起了花叶病，而且比第一次更快更强烈。他用同样的方法把第二株烟草的花叶病的滤液，滴给第三株、第四株烟草……结果所有的烟草全都染上了花叶病，而且病情全都一样。

这是多么奇怪的现象啊! 伊万诺夫斯基想："如果烟草花叶病是由毒素引起，那么毒素从一株到又一株烟草上接种，应该是越来越淡，致病的作用越来越弱。然而，事实上没有出现这样的情况。"这绝不是没有生命的毒素，"他断言，"这一定是比细菌还要小的生物，它可以通过滤器的细孔，从一株烟草传到另一株烟草上。"

1898 年，荷兰的生物学家贝哲林克继续研究烟草花叶病，进一步肯定了伊万诺夫斯基的结果，并且发现烟草花叶病的病原，虽然在显微镜下看不见，在试管里用培养细菌的方法也培养不出来，但能在琼胶中扩散。于是他认为，烟草花叶病的病原体是一种比细菌还要小的"有传染性的，活的流质"。他给这种病原体起名叫"病毒"，拉丁语的原意是"毒"。

随后，其他一些可通过细菌过滤器的病原体陆续被测知。1898 年德国细菌学家勒夫勒和弗施，发现牛口蹄疫的病原体，也能通过细菌过滤器。1915 年至 1917 年间，托特和德爱莱尔分别发现了噬菌体等等。虽然人们知道了

口蹄疫

口蹄疫俗名"口疮"、"辟癀"，是由口蹄疫病毒所引起的偶蹄动物的一种急性、热性、高度接触性传染病，主要侵害偶蹄兽，偶见于人和其他动物，其临诊特征为口腔黏膜、蹄部和乳房皮肤出现水疱。

病毒具有传染性，但病毒到底是什么还是一个大大的问号。

"目睹"病毒

1935 年，美国的生物化学家斯坦利从烟草花叶病的病叶中提取出病毒结晶，人们又有了一个新的认识。

斯坦利几乎磨了上吨重的花叶病烟草叶，将汁液过滤结晶，最终他得到了一小匙针状结晶的东西，把结晶物放在少量水中，用手指蘸一点这种溶液，在健康烟叶上摩擦几下，几天后这株烟草就会得花叶病。可见，提纯的结晶物的确是烟草花叶病毒。人们只知道像食盐、蛋白质这类无生命的物质可以结晶，可这项实验使人们知道活的病毒也是能结晶的。

20 世纪 30 年代初，发明了电子显微镜，它可以把物体放大 1 万倍以上，一些比细菌更微小的东西也可以在电子显微镜下呈现出来。1943 年，德国科学家考希首次在电子显微镜下拍摄到烟草花叶病毒的照片，人们终于看到它那杆状的外形。随着科技的发展，人们又用各种现代的观察测试手段，如电子显微镜、超速离心沉降法、电泳法、X 射线衍射法等，看到了各种病毒的形态，而且知道了它们都有一个蛋白质的外壳，中心是核酸。这核酸，有的病毒是核糖核酸，有的是脱氧核糖核酸。有些病毒在蛋白质壳外，还裹有一层包膜。

病毒太小了，难怪人们一直难以发现它，大的如牛痘病毒，直径是 250 纳米，小的如口蹄疫病毒，只有 21 纳米，比 22 纳米的人血白蛋白分子还小。1 纳米有多大呢？1 纳米只有百万分之一毫米，即 10^{-6} 毫米。

1971 年，在美国从马铃薯纺锤形块茎病中，分离出一种具有感染性和自主复制能力的低分子核糖核酸，科学家把它称为类病毒，是当今所知道的最小、没有蛋白质只有核糖核酸一种成分，专在细胞内寄生的分子生物。

1981 年至 1983 年，在澳大利亚，科学家从绒毛烟、苜蓿和地下三叶草上又发现了一种后来称为拟病毒的生物。拟病毒可认为是包裹在植物病毒内的类病毒。

1982 年又发现了一类与传统病毒有显著差异的病毒，只由一些蛋白质组成，被称为朊病毒，它能侵染动物并在寄主的细胞内复制。

病毒的发现，使人类对微生物的认识进入了一个新的领域。现已知几乎所有的生物包括动物、植物和微生物普遍受到过病毒的侵染。前面曾提到的麻疹、流感就是病毒在历史上造成的人间悲剧，即使在科技进步社会文明的今天，病毒仍然在威胁着人类。艾滋病、传染性肝炎、小儿麻痹症等，都是由各种不同的病毒

类病毒

类病毒是目前已知最小的可传染的致病因子。与病毒不同的是，类病毒没有蛋白质外壳，为共价闭合的单链 RNA 分子，呈棒状结构，由一些碱基配对的双链区和不配对的单链环状区相间排列而成。类病毒能侵染高等植物，利用宿主细胞中的酶类进行 RNA 的自我复制，引起特定症状或引起植株死亡。

引起的。病毒不仅危害人体的生命、健康，也会导致动植物患病，使牲畜大量死亡，农作物颗粒无收。

据统计，人类的各种传染病中，由病毒引起的占80%，在人类的恶性肿瘤中，也有约15%是由病毒感染而诱发的。显然病毒是当前人类生命健康和农牧业生产的大敌。发现了病毒，了解病毒的本质，就可以有针对性地研制疫苗进行预防治疗，还可以对农作物病虫害进行病毒生物学防治。然而，病毒并非完全有害，某些病毒还有可利用的价值，比如某些病毒可以调动人体的免疫力，抵御其他恶性疾病。

这一发现以及随之而进行的研究，在探讨生命本质、生命起源以及遗传工程基因工程中，都得到了广泛的应用，为人类的生存创造出巨大的社会效益和经济效益。

铀射线的发现

　　1896 年 1 月 20 日，离伦琴发现 X 射线不过一个多月，在法国科学院举行的一次例会上，著名数学家和物理学家彭加勒介绍了伦琴发现的 X 射线，会上还展出了 X 光拍的照片，引起了与会科学家们的极大兴趣。会上，彭加勒提出一个猜想，他认为：既然阴极射线在放出 X 射线时有荧光出现，那么说明 X 射线与荧光物质有关，而许多荧光物质是在阳光照射下才会发光的，所以可以推论，是不是所有的荧光物质在太阳光下都能放出类似伦琴射线那样的射线呢？

铀射线的发现

　　真是说者无心，听者有意。彭加勒的这番话激起了在座的一位物理学家柏克勒尔的好奇心。会议一结束，他便匆匆赶回自己的实验室，请出自己的老父亲——一位长期以来与他一起研究荧光现象的物理学家，他们想验证一下彭加勒的猜想，看看那些荧光物质在太阳光的照射下会不会发出 X 射线。

　　第二天，立即开始了他们的实验。柏克勒尔取来一瓶叫硫酸钾铀的荧光物，他仿照伦琴检验 X 射线的方法，把一张照相底片用黑纸包得严严实实，再把荧光粉倒在纸包上，然后放在阳光下暴晒。

　　这样晒了一会儿后，他急匆匆地钻进暗室去冲胶片，果然等冲出胶片后上面竟有一团黑影，难道这就是伦琴射线吗？老柏克勒尔看了也十分高兴。父子俩一连又试了两天，都一一应验。于是，那一年的 2 月 24 日，柏克勒尔向法国科学院报告了他的发现，只要阳光照射荧光物就会发出类似 X 射线的射线。法国科学院要求柏克勒尔做好充分的准备，在下一次的例会上作正式报告。于是，柏克勒尔决定再做几次实验。可惜天公不作美，这以后一连几天都是阴天，直等到云开日出，柏克勒尔又做起他的实验来。他从抽屉里取出胶片，拿起一瓶硫酸钾铀，正想朝院子里走。突然，心里冒出一个念头：这些胶片用黑纸包着放在抽屉里这么多天了，会不会漏光呢？想到这里，他走进暗室，把底片冲出来。一看，真让他大吃一惊，底片感光了，其中一张底片上还有把钥匙的图影。他想起那天放底片时顺手在纸包上压了一把钥匙，硫酸钾铀是放

▲伦琴

在桌面上的，这说明它不用阳光也能放出类似的射线。在 3 月 2 日的科学院例会上，柏克勒尔激动地宣布了这个新发现，并诚恳地声明前几天他向科学院所作的报告是错误的。

后来，柏克勒尔又精心设计并做了一系列实验，发现只要化合物里含有铀元素，就会放出这种神奇的射线，他把这种射线称为"铀射线"。于是，在 1896 年 5 月 18 日的科学院例会上，柏克勒尔宣布，含铀的物质会自发放出射线，这种射线的强度不受任何物理上或化学上的原因的影响而变化。柏克勒尔的这一重大发现，和伦琴发现的 X 射线一起，吹响了人类向原子时代进军的号角。为此，柏克勒尔获得了 1903 年的诺贝尔物理奖。

致命的放射物质

柏克勒尔的发现拉开了原子物理学的序幕，尽管它的意义非同一般，可是当时他却未能看到这一点，他只是觉得自己的发现还只是个开始，还有许多谜没有揭开。于是，他便拼命地来解这些难题。由于当时人们对放射性的危害一无所知，而他天天跟放射线打交道，结果柏克勒尔的身体被完全摧垮了。他死于 1908 年，是第一个被放射物质夺去生命的科学家。

> **简介汤姆生**
>
> 汤姆生（1856 年—1940 年），著名的英国物理学家，以其对电子和同位素的实验著称。他是第三任卡文迪许实验室主任。如今在该实验室的麦克斯韦讲演厅里挂着一幅汤姆生正在研究阴极射线管的肖像。看上去，他不善于具体操作，但对仪器工作原理的理解却是非常敏捷的。他发现了电子，并且获得了诺贝尔物理学奖。

在科学史上，有人认为柏克勒尔发现放射现象纯属偶然。其实，科学发现常常离不开机遇。这机遇有两种，一是本来要寻找的东西没有得到，却得到了同样有价值或更有价值的收获，叫作"种瓜得豆"；另一种是一次失误却意外地导致一项发明、发现，叫作"因祸得福"。柏克勒尔，当然是"因祸得福"了，但这机遇也是要去找来的，正如物理学家亨利所说："伟大的发现的种子经常飘浮在我们身边，但他只会在有心人心中扎根。"

X 射线和铀的放射性的发现，就像童话中的"领路鸟"一样，它的五光十色的羽毛闪烁着奇异的光彩，把人们引向一个完全陌生的王国——微观世界。在这以后，居里夫妇发现了放射性元素钋和镭，汤姆生发现了电子，卢瑟福更大胆地向原子王国挺进。"领路鸟"把科技带进了 20 世纪。

光合作用的发现

　　植物给我们制造生命存活必需的氧气，让我们得以生存。还有人把绿色植物比作大气的"清洁工"，这个比喻既形象又恰当，它能够滞留、吸附、吸收空气中的粉尘、烟尘等污染物和各种有害气体，使空气变得干净、新鲜。它们总是勤勤恳恳，从不懈怠。植物是怎么制造氧气的呢？这个生理现象又是怎么发现的呢？植物对我们的生活都产生了什么样的影响呢？

光合作用的发现进程

　　光合作用是怎样发现的呢？是怀疑精神让我们的科学家们得以发现这一生理过程。

　　很长的一段时间里，人们普遍认为有土壤植物就可以生存。1648 年，一位比利时的科学家海尔蒙特对人们之前的认识产生了怀疑。他设计了一个实验，他把一棵重 2.5 千克的柳树苗栽种到一个木桶里，木桶里盛有事先称过重量的土壤。以后，他每天只用纯净的雨水浇灌树苗。为防止灰尘落入，他还专门制作了桶盖。五年以后，柳树增重 80 多千克，而土壤却只减少了 100 克。为此，海尔蒙特提出了生成植物体的原料是水分的观点。

▲光合作用是绿色植物的特能

　　其他的科学家继续探索。一位英国科学家普利斯特利首先想到植物的生长与空气的作用有关。1771 年普利斯特利做了一个实验，在光线充足的地方，点燃一支蜡烛和一只小白鼠，把它们分别放在一个密闭的玻璃罩里，结果蜡烛很快就熄灭了，小白鼠也很快死去。把蜡烛和一株植物放在一个玻璃罩内，蜡烛不会熄灭，小白鼠也不容易窒息而死。后来，用一个纸盒罩住了玻璃罩，不让它接受光线的照射，重复做上述的两个实验，结果不能得到上述的实验结果。这个实验说明了绿色植物在光照下吸收二氧化碳，释放氧气。

　　1864 年，德国的萨克斯有新的发现。他做了一个试验，把绿色植物叶片放在暗处几个小时，目的是让叶片中的营养物质消耗掉，然后把这个叶片一半曝光，一半遮光。过一段时间后，用碘蒸气处理发现遮光的部分没有发生颜色的变化，曝光的那一半叶片则呈深蓝色。通过这一实验，他成功地证明绿色叶片在光合作用中产生淀粉。

1880 年，德国科学家恩吉尔曼用实验证明了绿色植物进行光合作用的场所。他用水绵进行了光合作用的实验。他把载有水绵和好氧细菌的临时装片放在没有空气并且是黑暗的环境里，然后用极细的光束照射水绵。通过显微镜观察发现，好氧细菌只集中在叶绿体被光束照射到的部位附近；如果上述临时装片完全暴露在光下，好氧细菌则集中在叶绿体所有受光部位的周围。恩吉尔曼的实验证明：叶绿体是绿色植物进行光合作用的场所，氧是由叶绿体释放出来的。

1897 年，教科书中首次称它为光合作用。

▲氧气的发现

光合作用的原理

叶绿体中的色素分为叶绿素和类胡萝卜素两大类。叶绿素又分为叶绿素 a 和叶绿素 b 两类。叶绿素 a 呈蓝绿色，叶绿素 b 呈黄绿色。类胡萝卜素分为胡萝卜素和叶黄素两类，胡萝卜素呈橙黄色，叶黄素呈黄色。这些色素有什么作用呢？它们可以吸收、传递和转化光能。绿色植物利用光能，通过叶绿体，把二氧化碳和水转化成储存着能量的有机物，并且释放出氧。

在人口爆炸、粮食危机、能源匮乏、环境污染等问题日趋严重的今天，能进行光合作用的植物对于人类和整个生物界都有非常重要的意义。

光合作用与生物进化

直到距今约 20 ~ 30 亿年前，绿色植物在地球上出现以后，大气中氧的含量才逐渐增加，从而使地球上其他进行有氧呼吸的生物得以生存和发展，同时大气中的一部分氧转化成臭氧（O_3），于是，在大气的上面就形成了臭氧层。正是由于臭氧层的存在，水生生物在进化过程中才逐渐迁移到陆地上生活，所以对生物的进化来说，光合作用非常重要。

光合作用的意义

通过上面的介绍我们知道，植物通过光合作用将很简单的无机物合成了生物必需的有机物，释放出了氧，并且储存了能量。那么让我们思考这样一个问题，假如地球上没有了光合作用，空气中二氧化碳会越来越多，最终会使进行有氧呼吸的生物，包括人类，窒息而死，人们将得不到各种食物，能源将更加缺乏。由此可见，没有了光合作用，整个生物界将无法生存。所以光合作用对生物界，乃至整个自然界都是有重要作用的。

光合作用首先是制造产生了有机物。地球上的绿色植物好像是一座"绿色工厂"，可以源源不断地为包括人类的几乎所有的生物提供物质来源。其次，光合作用使大气中的氧气二氧化碳的含量相对稳定。绿色植物又好比是一台天然的"空气净化器"，不断地通过光合作用吸收二氧化碳和释放氧气。最重要的是，没有光合作用所制造出来的氧气，地球上有氧呼吸的生物能不能发生和发展。

植物对人类生活的影响

绿色植物不仅能通过光合作用，吸收大气中的二氧化碳和释放氧气，以消除大气中积累的二氧化碳，补充所损失的氧气，还能吸收各种有害气体。树木对二氧化硫有很强的吸收能力。据测定，每公斤柳树叶（干重），每月可吸收 3.2 克的二氧化硫。每公斤石榴叶（干重），能吸收 7.5 克二氧化硫。又据测定，每公顷柳杉林，每年可吸收二氧化硫 720 千克，而柑橘叶片的吸收数量比柳杉还要多 1 倍。在空气受二氧化硫污染的地方，臭椿叶片中的含硫量比没有受污染的地方含硫量大 30 倍。

植物还能净化污染。植物通过光合作用产生氧气这是因为植物在生长发育过程中，需要不断地吸收水分和溶解在水中的营养物质，这样污染物质也就被植物吸收到体内，这些物质有的被植物利用，有的富集在植物体内，从而大大减少了水中的污染物质，使污染的水质得到改善和净化。植物是净化污水的"能手"，越来越受到人们的青睐。美国圣地亚哥市建成了大规模的水生植物净化水示范工程；丹麦利用海莴苣来净化被污染浅水湾，收到了很好的效果；我国利用放养凤眼莲来净化太湖水，也起到了改善水质的作用。

探索放射性物质

贝克勒尔发现新射线之后，引起了科学家们的极大兴趣。当时在剑桥大学卡文迪什实验室的卢瑟福也开始了对放射性物质的探索。

万幸的卢瑟福

卢瑟福的家原来也在英国，在 1842 年时，他的祖父移居到新西兰。卢瑟福的父亲是一位农场主，兼做轮箍匠，共有 12 个子女，卢瑟福排行第二。在上学期间，卢瑟福表现出了非凡的才能，十几岁就获得了奖学金，并进入大学读书。

▲卢瑟福

大学毕业时，他的成绩排名第四。当时无线电技术刚刚兴起，卢瑟福对此很感兴趣，竟发明了一个无线电检波器。它能做什么呢？卢瑟福并不关心。后来，法院接到一个有关无线电的案子，法院让卢瑟福作为一名专家出庭作证，卢瑟福却拒绝了。对物理学来说，这实在是万幸啊！否则的话，卢瑟福就不可能走入"象牙之塔"，倒有可能成为一名无线电技术领域的专家了。

卢瑟福的人生转折点是 1895 年。这一年，他参加了一场考试，以争取去剑桥大学读书的奖学金。遗憾的是，他考了第二名。这样，卢瑟福就只能回家了，因为要让家里为他付学费，这几乎是不可能的。可是幸运的是，考取第一名的人因为要结婚而放弃了这个名额，因此，第二名就递补上去了。这样，"遗憾"变成了万幸。据说，在收到这令人高兴的录取通知书时，卢瑟福正在地里收土豆。这时，他甩掉了手中的土豆，说道："这是我要挖的最后一个土豆了。"其实，卢瑟福那时也要准备结婚的，但为了求学上进，他只能推迟婚期，只身去了英国。

元素的嬗变理论

到了剑桥，卢瑟福成了汤姆逊的研究生。这位英国导师正值壮年，正带着一个集体活跃在物理学研究的前沿，不久，汤姆逊发现了电子。汤姆逊很快就发现这个新西兰人则不一样。卢瑟福是个大嗓门，看上去大大咧咧的，性格粗犷，但他满脑子聪明，而且手很灵巧。他很自然地得到了汤姆逊的赏识。同学们也很喜欢这个新西兰人。在跟随汤姆逊学习的过程中，卢瑟福对贝克勒尔的发现很有兴趣，并紧随贝克勒尔在这一新的领域进行探索。

1898年，卢瑟福使用铝箔来检验铀射线的穿透本领。他发现，铀射线由两部分构成，一种射线可以穿透0.02毫米厚的铝箔，另一种射线的贯穿能力则要大出几十倍，能穿透0.5毫米厚的铝箔。卢瑟福将它们分别命名为α射线和β射线。1900年，法国的保尔·维拉德从铀射线中发现了第三种射线，并称为人射线，它的贯穿本领更强。

为了进一步研究铀射线的带电性质，人们又将放射性铀放入一个铅室，射线从狭窄的通道放射出来，并进入一个抽成真空的空筒。从侧面给射线加上一个磁场，可以清楚地看到射线分为三股：射线向左偏转，但偏转的程度不大，说明射线是由带正电的粒子构成，并且粒子较重；射线向右偏转，但偏转的程度很厉害，说明射线是由带负电的粒子构成，并且粒子较轻；还有一束射线并不偏转，说明它不带电，这就是γ射线。

贝克勒尔测定了β射线的电荷与质量的比值，发现它同阴极射线的电荷与质量的比值是一样的，这说明β射线是高速运动的电子流。至于γ射线，当时还不能确定，有人说是粒子流，也有人说是电磁波。后来，人们才搞清楚这是一种波长更短的电磁波，它比X射线的波长还要短。

不过，当时人们对射线本质的认识仍是有限的。卢瑟福最初仿照汤姆逊那样，利用电场和磁场来测量粒子的一些物理量。他测定了粒子的电荷与质量比值，并与氢离子的电荷与质量比值相比，二者正好差了1倍，即前者为后者的一半。经过认真的分析，卢瑟福推测，α粒子的电荷为氢离子的2倍，而α粒子

▲贝克勒尔

的质量为氢离子的4倍。也就是说，α粒子可能是氦离子。为了肯定这一推断，他和他的学生将镭放射出的粒子都收集起来，进行了光谱分析，终于得到证据，确定α粒子就是氦离子。

到20世纪初，人们在经过几年的放射性研究之后，发现将放射性物质加温到几千摄氏度，或加压到几千万帕，或放到几千奥斯特的磁场中，甚至将它溶解、熔化重新结晶，都不能改变放射性物质的放射性。这实际上已经说明，放射性不是原子现象，而是来自原子内部的辐射。这样，传统的"原子不可变"的观点就遭到了严峻的挑战。

从1902年起，卢瑟福与英国科学家索迪一起研究物质的放射性问题。索迪于1898年毕业于英国牛津大学，后于1899年到加拿大麦克吉尔大学与先期到此的卢瑟福一起工作，并在卢瑟福的指导下研究放射性问题。

▲科学家索迪

他俩的研究与英国著名科学家克鲁克斯的观点有关。克鲁克斯发现，铀发出射线后就变成了另一种物质，这是一条重要的线索。卢瑟福与索迪将铀与钍分别进行化学处理，发现铀和钍在整个辐射过程中，依次转变成一系列的中间元素。每一种中间元素都各以一定的速率衰变，他们确定了一个特殊的"寿命"——半衰期。所谓半衰期就是这种中间元素衰变为只剩下一半所经过的时间。各种物质的半衰期是不同的，长的可达几个月、几年，甚至更长，短的则只有几个小时、几分钟。另外，随着放射性物质辐射，放射性物质会不断减少，但新元素却不断产生出来。如果新元素也是放射性元素，那么它也要辐射，所以新元素也要变化，也要不断减少，并再产生下一代新元素……这就是他们提出的元素嬗变理论。以镭元素

的嬗变为例，镭的嬗变，其产物是放射性氡，氡又嬗变为钋－218，直到最后嬗变为稳定元素铅。每种放射性物质都以一定的速度或半衰期变化着，如镭的半衰期为2160年，氡的半衰期为3.6天，钋－218的半衰期只有0.16秒。

元素嬗变理论是一个辉煌的革命性学说。传统的观点认为，原子是不变的，是不可分割的。嬗变理论则证明了原子也不是铁板一块，而是有着复杂的结构，原子也是可分的，可由一种元素转变为其他几种元素。

元素可以嬗变的观点真是太有趣了。当初，化学作为一个自然科学的分支建立起来，近代化学的先驱们就是在清除了炼金术之后完成的。化学家们认为，化学元素是不可改变的，怎么现在的化学家认为化学元素是可以嬗变的，难道又回到了炼金术的时代了吗？其实，人们大可不必大惊小怪。卢瑟福与索迪的发现是基于确凿的实验事实；嬗变理论是科学理论，而不是炼金家那样依靠一些咒语和想象，梦想着把普通金属变成贵金属，梦想着发财和长寿。因此，当卢瑟福要发表他们的论文时，有些好心人劝他们要慎重，不要闹出笑话。可是尊重科学事实的卢瑟福和索迪毫不在意，勇敢地将研究成果发表出来。正是卢瑟福这种勇往直前的性格，学生们为他起了一个绰号——"鳄鱼"。正是这条"鳄鱼"，一旦发现真理之光就要坚定地向前，不论这条路充满着荆棘，还是崎岖曲折。当然，就元素理论的研究，嬗变理论还只是开了一个头，科学家们仍有许多问题需要面对。

大陆漂移说的提出

在大陆漂移学说产生之前，人类一直不清楚地球现有的大洲大洋形状是怎样形成的。大陆漂移学说很好地解释了这一困扰人类许久的问题。

大陆漂移学说概述

大陆漂移学说是解释海陆分布、演变和地壳运动的学说。大陆漂移学说将大陆彼此之间以及大陆相对于大洋盆地间的大规模水平运动，称为大陆漂移。大陆漂移说的主要内容为远古时代的地球只有一块"泛古陆"的庞大陆地，被称为"泛大洋"的水域包围，大约于2亿年以前即中生代，"泛大陆"开始破裂，到距今约二、三百万年以前，漂移的大陆形成现在的七大洲和五大洋的基本地貌。大陆漂移的动力机制与地球自转的两种分力有关，这两种分力是向西漂移的潮汐力和指向赤道的离极力。较轻硅铝质的大陆块漂浮在较重的黏性的硅镁层之上，由于潮汐力和离极力的作用使泛大陆破裂并与硅镁层分离，而向西、向赤道作大规模水平漂移。

大陆漂移学说有着很多的证据来支撑。这些证据包括五个方面。

第一、大陆边缘吻合：将大西洋两岸的非洲和南美洲拼在一起时，两岸的大陆边缘能十分吻合且完美地贴合。大西洋两岸的海岸线相互对应，特别是巴西东端的直角突出部分与非洲西岸呈直角凹进的几内亚湾非常吻合。

第二、气候相关：印度南部远离喜马拉雅山，为低纬度地区，年温度高，但却在印度南部发现有冰川

▲台湾岛正向大陆漂移

作用的痕迹，证明印度曾经是中高纬度地区。地理学家在南极洲发现丰富的煤矿，严寒的天气根本不容许南极洲有茂密的森林，而煤是由远古植物遗骸变化而成，若南极洲一直都在南极圈内，这种现象就不可能存在，从而反证南极洲曾在低纬度地区。

第三、地质构造：大西洋两岸的美洲和非洲、欧洲在地层、岩石、构造上相互呼应。例如北美纽芬兰一带的褶皱山系与西北欧斯堪的纳维亚半岛的褶皱山系相对应，都属早古生代造山带。有证据证明南非的开普山和布宜诺斯艾利斯山是同出一辙。阿巴拉契亚山脉是东北－西南走向，临至大西洋西岸就中断，而地质研究证明斯堪的纳

维亚山脉与苏格兰、爱尔兰的山脉与阿巴拉契亚山脉同源。由此可见，曾有段时间，美洲、非洲和欧洲相连。

第四、古生物化石：巴西和南非石炭－二叠系的地层中均含一种生活在淡水或微咸水中的爬行类中龙化石。活在约2亿年前的中龙是一种住在陆上淡水沼泽的爬虫类，无法越过大洋。另外，二至三亿年前的舌羊齿植物，因种子很大无法借风力漂洋过海，但此种化石却出现在非洲、澳大利亚、印度、南美洲及南极洲，由此可见，过去这些大陆是彼此连接在一起的。

第五、现代科学：古地磁的资料表明许多大陆块现在所处的位置并不代表它初始位置，而是经过了或长或短的运移。精确的大地测量数据证实大陆仍在缓慢地持续水平运动。这些许许多多的证据都有力地证明了大陆漂移说，说明地球一直在不断地变化运动着。

大陆漂移学说的发展

阿尔弗雷德·魏格纳在1912年一篇重要的学术论文中最早创立大陆漂移学说这一假说。魏格纳在1912年的一次地质学会议上，引用了各种支持证据，对他的假说作了进一步的发展，概括并总结了他的成果。1915年他发表了专题论文《大陆和海洋的起源》，魏格纳在这部著作中，详细罗列了他所发现的所有支持大陆漂移说的证据。

大陆漂移学说产生的轶事

1910年，德国气象学家魏格纳生病了，只能卧床休息的他百无聊赖，在他病床的对面悬挂了一张世界地图，于是他开始聚精会神地望着墙上的这张世界地图。他突然发现，大西洋两岸的地形之间具有交错的关系，特别是南美洲的东海岸和非洲的西海岸之间，相互对应，简直就可以拼合在一起，此后他通过查阅各种资料，于1912年提出大陆漂移理论。

在魏格纳发布假说之后，人们认识到了这个假说潜在的革命性。地理学家对大陆运动的观念进行了广泛的讨论，结果，反对意见几乎是同声一片。

魏格纳观点的主要支持者之一是瑞士诺伊夏特地质学院的创始人和院长埃米尔·阿岗德。1922年，在第一次世界大战结束后的第一次国际地质学会议上，阿岗德勇敢地站出来支持魏格纳提出的"亚洲板块构造"的基本思想，他宣称，"固定说不是一种理论，而是对几种粗糙理论的消极拼凑"。魏格纳的另两个主要支持者是亚瑟·霍尔姆斯和南非地质学家亚历山大·杜·托依特。魏格纳一直在艰难奋斗着，直到20世纪50年代中期，不断发现的新证据才越来越对大陆可能运动的假说有利。到20世纪60年代，一场地球科学革命才真正发生。魏格纳的大陆漂移学说正式得到了科学界的认同，人们重新认识了地球的变迁。

肺循环的发现

　　每天的生活中我们都无意识地在呼吸着，呼吸是通过肺循环进行的，正因为不断的肺循环，我们生命得以继续。那么肺循环是如何进行的呢？

肺循环的过程

　　肺循环相对于从左心室到右心房的体循环（大循环），它也称为小循环，它是从右心室到左心房的血液循环。肺循环是由肺动脉、肺静脉及其分支共同构成的。从体循环返回心脏的静脉血，经右心房进入右心室。当右心室收缩时，血液经总肺动脉，在肺门分成左右分支并各随其相应的支气管再分支到终末细支气管，成为毛细血管床，分布于肺泡壁，在此进行气体交换，使静脉血变成含氧丰富的动脉血。从毛细血管网收集氧合血液后，在肺小叶间隔中再汇合，形成总肺静脉，最后进入左心房，再进入左心室。上述血液循环就是肺循环的途径。

肺循环的生理特点

　　肺循环的主要特点表现在两个方面。

　　一是血流阻力小、血压低。肺动脉分支短而管径较大，管壁较薄而扩张性较大，故肺循环的血流阻力小，血压低。肺循环血压明显低于体循环系统。

　　二是肺的血容量较大，而且变动范围大。这是由于肺组织和肺血管的可扩张性大，正常情况下，肺部约容纳450毫升血液，其中绝大部分血液集中在静脉系统内，约占全身血量的9%，在用力呼气时，肺部血容量减少至约200毫升；而在深吸气地可增加到约1000毫升。人体卧位时的肺血容量比立位和坐位要多400毫升。故肺循环血管起贮血库作用。

　　在每个呼吸周期中，肺循环的血容量会发生周期性的变化，同时对左心室输出量和动脉血压产生影响。在吸气时，从腔静脉流入右心房的血量增加，那么右心室射出的血量也会增多。在呼气时，就是相反的过程。当机体失血时，肺血管收缩，血管容积变小，使一部分血液参加体循环，来补充循环的血量，所以肺循环就是为机体提供生命所需的氧气和营养物质的过程。

肺循环与体循环

　　肺循环又称小循环，那与此相对的就是体循环，又称大循环。那么肺循环和体循环有什么区别呢？体循环是指血液（动脉血）由左心室射出后，经主动脉及各级分支，到达全身各部的毛细血管（肺除外），进行物质交换和气体交换，使动脉血变成静脉血，静脉血经各级静脉汇合至上、下腔静脉及冠状静脉窦流回右心房。从主动脉到上下腔静脉和冠状窦的循环过程就被称为体循环。体循环中，血液把氧和营养物质运送到全身各组织，并把二氧化碳和其他代谢产物从组织中运走。

通过体循环，血液与组织细胞进行了物质交换，将带来的养料和氧供给全身各组织细胞利用，于是，动脉血就变成了静脉血。在肺循环中，血液流经肺部毛细血管网时，血液中的二氧化碳进入肺泡，肺泡中的氧进入血液。这样，静脉血变成了动脉血。经过体循环的红细胞是失去氧的红细胞，血液颜色为暗红，而经过肺循环的红细胞是含氧红细胞，血液为鲜红色。体循环和肺循环在心脏处连通。体循环主要特点是路程长，流经范围广泛，以动脉血滋养全身各部，又将其代谢产物经静脉运回心脏。肺循环的特点是路程短，只通过肺，它的主要功能就是完成气体交换。体循环和肺循环同时进行，它们在心脏处汇合，形成一条完整的循环途径，为人体各组织细胞送去源源不断的氧气和营养物质，又不断地把二氧化碳等废物运走。肺循环和体循环共同维持

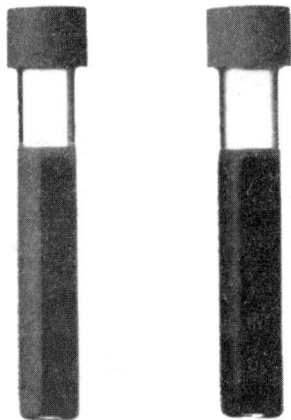

▲动脉血与静脉血比较

着人体器官的整体运转，生命才能存在和延续。

肺循环的途径：

静脉血从右心室→肺动脉干及其分支→肺泡毛细血管→变成动脉血→肺静脉→左心房

体循环的途径：

动脉血从左心室→主动脉→各级动脉→全身毛细血管网→变成静脉血→各级静脉→上下腔静脉→右心房

锻炼肺循环功能

通过我们有意识的运动，可以锻炼肺循环功能，进而提高人的体力、耐力和新陈代谢潜在能力，让身体更健康。但是轻微的运动是达不到锻炼的目的。只有达到一定强度的有氧运动，才能锻炼心肺循环功能，才是最有价值的运动。也就是说，有氧运动在达到或接近它的上限时，才具有意义。而这个上限的限度，对每个人来说都是不同的。

冬泳就是一种很不错的锻炼方式。在冷环境下运动时，换气量会显著增加，心跳率与心输出量则不会显著改变（通过血压上升来调节）。研究发现，以相同的速度在17℃与26℃的水温中游泳时，每分钟的摄氧量差距达到500毫升之多。所以，冷环境确实能提高人体运动时心肺循环的负荷。坚持冬泳就可以提高肺循环的功能，身体更强健。

血型的发现

当我们去献血时，那些工作人员会告诉我们自己的血型，并且输血时也要输同种血型的血。还有的人知道自己的血型是O型后，觉得自己是万能的输血者。输血有什么原理吗？有什么稀有血型吗？血型又与我们的性格有什么关系吗？

血型的含义

身体里的血液有不同的类型。血型是以血液抗原形式表现出来的一种遗传性状。狭义地讲，血型专指红细胞抗原在个体间的差异。通常人们对血型的了解往往仅局限于ABO血型的不同，实际上，血型在人类学、遗传学、法医学、临床医学等学科都有广泛的实用价值，具有重要的理论和实践意义，同时，动物血型的发现也为血型研究提供了新的问题。

血型的发现

血型的不同是如何发现的呢？1901年奥地利病理学家与免疫学家兰茨坦纳发现了第一个人类血型系统，称为ABO血型系统。这一划时代的发现，为以后安全输血提供了重要保证，使临床输血成为一项有效的治疗手段。为此，他赢得了"血型之父"的美誉，1930年获得了诺贝尔奖。

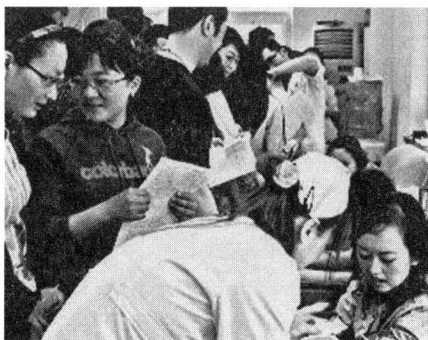
▲排队验血的人群

兰茨坦纳对血型的发现，可谓是"无心插柳"的结果。1900年，在奥地利维也纳大学病理研究所工作的兰茨坦纳，正在研究发热病人血清中的溶血素，这些溶血素能溶解正常人的红细胞。可他的研究结果表明，溶血素与发热病人并没有什么关联，但是他却注意到正常人血清中存在一种凝集素，能够凝集其他人的红细胞。于是他想到了输血反应。输血反应的原因，是不是输血者和受血者血液中的血清与红细胞发生凝集的缘故呢？他把每个人的红细胞分别与别人的血清交叉混合后，发现有的血液之间发生凝集反应，有的则不发生。他认为凡是凝集者，红细胞上有一种抗原，血清中有一种抗体。如抗原与抗体有相对应的特异关系，便发生凝集反应。如红细胞上有A抗原，血清中有A抗体，便会发生凝集。如果红细胞缺乏某一种抗原，或血清中缺乏与之对应的抗体，就不发生凝集。他发现，每个人的血清和自己的红细胞相遇都不会发生凝集，而不同人的红细胞和不同人的血清相遇，就可能出现不同的结果。如果产生凝集，絮状团块就会堵塞毛细血管，造成输血反应。之后他进行了深入的分析，发现了人类红细胞的三种血型 A、B、C（即现在的 O 型）。1902 年他的两个学生又发现了 A、B、C 之外的第 4 型。后来国际联盟卫生保健委员会将这 4 种血型正式命名为 A、B、O、AB 型。血型的发现对人类产生很大的影响。

血型的种类

之后学者的研究促进了对血型的认识。在兰茨坦纳的发现之后也有人各自独立发现了血型系统，但命名不一致，曾一度产生过混淆。后来，国际命名组织决定采用兰茨坦纳的命名法，把血型统一划分为：A 型、B 型、O 型和 AB 型。几十年来，许多医学工作者在 ABO 型的基础上，继续深入研究，又发现了人体的许多种血型类别。至今，已发现 90 多种血型，15 个血型系统。

> **四种血型的相互关系**
>
> O 型血输给哪一种血型的人，都不会发生凝集反应，所以被称为"万能输血者"；相反，AB 血型的人，除了同型血的人以外，不能输给任何别的血型的人，但他可以接受任何血型的输血而不致产生凝集反应，所以被称为"万能受血者"。但临床上最好是遵循输同型血液的原则。

稀有血型

稀有血型就是一种少见或罕见的血型。这种血型不仅在 ABO 血型系统中存在，而且在稀有血型系统中也还存在一些更为罕见的血型。随着血型血清学的深入研究，科学家们已将所发现的稀有血型，分别建立起的稀有血型系统，如 RH、KIDD、MNSSU、P、DEIGO、LEWIS、KELLLUTHERAN、DUFFY 以及其他一系列稀有血型系统。兰德斯坦纳等科学家在 1940 年做动物实验时，发现恒河猴和多数人体内的红细胞上存在 RH 血型的抗原物质，故而命名为 RH 血型。凡是人体血液红细胞上有 RH 抗原（又称 D 抗原）的，称为 RH 阴性。这样就使已发现的红细胞 A、B、O 及 AB 四种主要血型的人，又都分别一分为二地被划分为 RH 阳性和阴性两种。随着对 RH 血型的不断研究，认为 RH 血型系统可能是红细胞血型中最为复杂的一个血型系。根据有关资料介绍，RH 阳性血型在我国汉族及大多数民族人中约占 99.7%，个别少数民族约为 90%。在国外的一些民族中，RH 阳性血型的人约为 85%，其中在欧美白种人中，RH 阴性血型人约占 15%。

血型与性格有关系吗

血型是否与性格的确切的联系，目前还没有明确的答案。但日本的学者经过多年研究，认为血型有其有形物质和无形气质两方面的作用。气质是无形成分，血型的气质表现，就是这类血型的人特定的思维方式、行为举止、谈吐风度等，是生物遗传的结果。比如O型血的人的性格特征是热情、坦诚、善良、讲义气，办事雷厉风行、踏实苦干、效率高。B型血的人聪明、思路广、拓展力强、最怕受约束。但我们的性格千差万别，不是同种血型的人性格都一样，这是因为性格除了与血型有关系的关系，还受出生地、生长、学习、工作环境的影响，受着周围人和事的影响。

我们在了解这一联系的基础上，去观察、分析，做好自己的工作并处理好与周围人的关系。比如你是B型血，你思维敏捷，创造力强，可选择音乐、艺术、开发等职业，那些操作规程严格、讲究一丝不苟的工作不适合你。总之，根据自己的血型性格特征择业。再比如说，对待一个人，先要知道他的血型，了解他的性格特征，然后采取相应的相处方法。如果你是A型血，你喜欢按部就班、有条有理地办事，而你的同事是B型血，你们的作风就迥然不同。他最讨厌办事讲究形式，

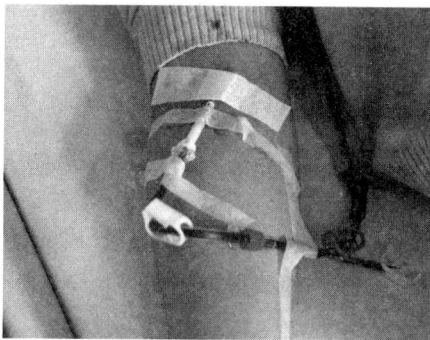

▲ 正在接受输血的病人

喜欢无拘无束，经常迟到。这两种人共事，难免产生摩擦。如果都只盲目地表现自己的性格，双方的关系会很紧张。如果双方都具备血型知识，对待他人的言行就比较冷静客观，彼此相处就会很融洽。双方的互相体谅不但能营造出轻松和谐的小环境，而且能保护和促进自身的健康，掌握血型知识能在一定程度上大大增加你的成功机会。

X 射线的发现

随着科技的快速发展，人们用来诊断疾病的仪器越来越多，越来越先进。CT、核磁共振、介入放射等这些人们并不陌生的放射性检查，不断应用于临床医学，极大地提高了诊断疾病的准确率。这些仪器是通过 X 射线这双能透视的"法眼"检查病人体内的各种异常的。你知道这些放射性射线是如何检测的吗？他们对人体有哪些危害呢？

X 射线的发现

X 射线也被命名为伦琴射线，从这个名称中我们就可以看出他的发现者是一位叫伦琴的人。德国的伦琴教授在兴趣的指引下，研究当时还不知道是什么的射线，把它取名"X 射线"。他之前做过一次放电实验，为了确保实验的精确性，他事先用锡纸

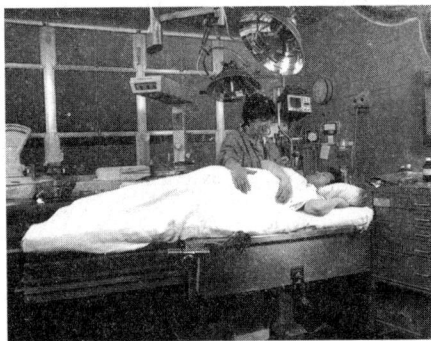

▲射线在现代医学中获得广泛使用

和硬纸板把各种实验器材都包裹得严严实实，并且用一个没有安装铝窗的阴极管让阴极射线透出。可是他却惊奇地发现，对着阴极射线发射的一块涂有氰亚铂酸钡的屏幕发出了光。而放电管旁边这叠原本严密封闭的底片，也变成了灰黑色，这说明它们已经曝光了！他产生很大兴趣，继续研究。但那时他还不知道是什么 X 射线。

此后，伦琴又有了进一步的发现，一个涂有磷光质的屏幕放在这种电管附近时，就会发出亮光；在管与磷光屏中间放置金属的厚片时，就会投射阴影；当比较轻的物质，如铝片或木片，平时不透光，在这种射线内投射的阴影几乎看不见。伦琴把一个完整的梨形阴极射线管包好，然后打开开关，接着他看到了一种特殊的现象，尽管阴极射线管不露一点亮光，但是放在远处的荧光板竟然能亮起来。看到那道奇妙的光线又被荧光板捕捉到了，他又有意识地把手放到阴极射线管和荧光板之间，一副完整的手骨影子又出现在荧光板上。伦琴终于明白，这种射线原来具有极强的穿透力和相当的硬度，可以使肌肉内的骨骼在磷光片或照片上投下阴影。他在潜意识中意识到，这种射线对于人类来说，虽然是个未知的领域，但是有可能具有非常大的利用价值。

1895 年 12 月 28 日，伦琴把发现 X 射线的论文和用 X 射线照出的手骨照片，交给了维尔茨堡物理医学学会出版。这则科学新闻轰动一时，震动了整个科学界。从此，

在医学领域，X射线就成了神奇的治疗手段，已经为人类的医疗事业做出了巨大的贡献。

X射线的特点

X射线管可以产生出能穿透人的X射线。X射线管具有阴极和阳极的真空管，阴极用钨丝制成，通电后可发射热电子，阳极（靶极）用高熔点金属制成一般用钨，用于晶体结构分析的X射线管还可用铁、铜、镍等材料制成。用几万伏至几十万伏的高压加速电子，电子束轰击靶极，X射线从靶极发出。电子轰击靶极时会产生高温，故靶极必须用水冷却，有时还把靶极设计成转动式的。

X射线的应用

X射线具有很强的穿透力，所以有着广泛的应用。医学上常用作透视检查，工业中用来探伤。它就像给了人们一副可以看穿肌肤的"眼镜"，能够使医生的"目光"穿透人的皮肉透视人的骨骼，清楚地观察到活体内的各种生理和病理现象。X射线可激发荧光、使气体电离、使感光乳胶感光，故X射线可用闪烁计数器和感光乳胶片、电离计等检测。晶体的点阵结构对X射线可产生显著的衍射作用，所以X射线衍射法已成为研究晶体形貌、结构和各种缺陷的重要手段。

哪些人不宜做X射线检查

孕妇在怀孕3个月以内就不宜做X射线检查。因为这个阶段的胎儿还未成形，孕妇如果过多地接受X射线，容易造成胎儿智力低下或小头症，导致出生后癌症的发病率提高。儿童受到照射容易诱发甲状腺疾病，如果直接照射下腹部和性腺，容易造成成年后不孕不育。

相信随着研究的深入，X射线还会有更广范围的应用。

日常生活中有些物体的X射线危害也是不能忽视的，例如不要让小孩子太接近家中正在工作中的微波炉；选用建筑材料时要仔细挑选，像辐射较大的花岗石就要慎用，从家庭的装修方面就要多多注意。

X射线对人体有害吗

很多人会问X射线对人体有害吗？它会致癌吗？X射线透视和摄影所用剂量是很小的，仅限在安全剂量之内。尤其是偶尔做一次胃肠道检查，做一次胸部透视，拍一张骨骼X射线片或做一次血管造影，都不会引起不良反应，而且拍片所用的X射线剂量并不会完全被人体吸收，绝大部分X射线是穿透人体的，只有很少一部分才被人体吸收。拍片一次人体所吸收的X射线剂量相当于看1小时电视所摄取的量，而胸透一次的剂量相当于拍片的1.5倍，做一次胸透的损害相当于抽3支烟。一周做一次CT不会影响健康，但是过量地照射X射线后，会影响生理机能，造成染色体异常，可能导致癌症的发生，所以我们没有必要过分担心。

镭的发现

镭是一种化学元素，它能放射出人们看不见的射线，不用借助外力，就能自然发光发热，含有很大的能量。镭的发现，引发了科学和哲学的巨大变革，为人类探索原子世界的奥秘打开了大门。由于镭能用来治疗难以治愈的癌症，也给人类的健康带来了福音，所以镭被誉为"伟大的革命者"。而铀235的核变更是可以产生无法估量的能量，既能摧毁世界，又能为人类造福。

镭的发现

发现镭元素的人，是一位杰出的女科学家，她原名叫玛丽·斯可罗多夫斯卡，也就是后来为世人所熟知的居里夫人。

▲居里夫人的实验室

居里夫人1867年11月7日生于波兰。1895年在巴黎求学时，和法国科学家皮埃尔·居里结婚。1896年，法国物理学家亨利·贝克勒尔发现了元素的放射线。但是，他只是发现了这种光线的存在，至于它的真面目还是个谜。这引起了居里夫人极大的兴趣，激起了她童年时就具有的探险家的好奇心和勇气。

居里夫人在进一步的研究中发现，可能还有一种物质能够放射光线，而且这种光线要比铀放射的光线强得多。她认为，这种新的物质，也就是还未被发现的新元素，只是极少量地存在于矿物中。为了得到镭，居里夫妇必须从沥青铀矿中把它分离出来。在一间简陋的窝棚里，居里夫人要把上千公斤的沥青矿残渣，一锅锅地煮沸，还要用棍子在锅里不停地搅拌。她还要搬动很大的蒸馏瓶，把滚烫的溶液倒进倒出。就这样，经过3年零9个月锲而不舍地工作，1902年，居里夫妇终于从矿渣中提炼出0.1克镭盐，接着又初步测定了镭的原子量。1910年，居里夫人成功地分离出金属镭，分析出镭元素的各种性质，并精确地测定了它的原子量。同年，居里夫人出版了她的名著《论放射性》，并出席了国际放射学理事会。会上制定了以居里名字命名的放射性单位，同时采用了居里夫人提出的镭的国际标准。

居里夫人的献身精神

在 1899 年至 1904 年间，居里夫妇发表了 32 篇学术论文，这些论文集中反映了他们在开拓放射学这门新的学科领域里做出的巨大贡献。当他们正以倍增的热情努力探索时，一件不幸的事情发生了。1906 年 4 月 19 日，居里夫人的丈夫皮埃尔参加了一次科学家聚会后，他步行回家横穿马路时，被一辆奔驰的载货马车撞倒了，皮埃尔不幸丧生，永远地离开了他所热爱的科学事业和家人。

对于居里夫人，这一打击太沉重了，一度几乎使她成为一个毫无生气、孤独可怜的妇人。但是对科学事业的热爱，以及皮埃尔生前的嘱托："无论发生什么事，即使一个人成了没有灵魂的身体，他都应该照常工作。"激励着她。她勇敢地接替了皮埃尔生前的教职，成为法国巴黎大学的第一位女教授。当她作为物理学教授作第一次讲演时，听课的人们挤满了那个梯形教室，塞满了理学院的走廊，甚至有的人因挤不进理学院而站到索尔本的广场上。这些听众除学生外，还有许多与玛丽素不相识的社会活动家、记者、艺术家及家庭妇女。他们赶来听课，更重要的是为了向这位伟大的女性表示敬意。

丈夫去世后的居里夫人，不仅生活上要养老抚幼，更重要的是要继承居里的事业，把放射学这门课教得更好，要建设一个对得起丈夫的实验室，使更多的青年科学家在这里成长，共同发展科学。为此她不仅接替了丈夫的教职，还接过了丈夫的所有担子，继续贡献出她全部的才智和心血。

1908 年，皮埃尔·居里的遗作由居里夫人整理修订后出版。1910 年，居里夫人自己的学术专著《放射性专论》问世。经过深入而细致的研究，居里夫人在助手们的帮助下，制备和分析金属镭获得成功，再一次精确地测定了镭元素的原子量。她还精确地测定了氡的半衰期，由此确定了镭、铀镭系，以及铀镭系中

教女有方的居里夫人

居里夫人有两个女儿。"把握智力发展的年龄优势"是居里夫人开发孩子智力的重要"诀窍"。早在女儿不足周岁的时候，居里夫人就引导孩子进行幼儿智力体操训练，引导孩子广泛接触陌生人，去动物园观赏动物，让孩子学游泳，欣赏大自然的美景。孩子稍大一些，她就教她们做一种带艺术色彩的智力体操，教她们唱儿歌、讲童话。再大一些，就让孩子进行智力训练，教她们识字、弹琴、搞手工制作等，还教她们骑车、骑马。继居里夫人和她的丈夫获诺贝尔奖之后，由居里夫人培养成才的两个后辈也相继获得诺贝尔奖：长女伊伦娜，核物理学家，她与丈夫约里奥因发现人工放射物质而共同获得诺贝尔化学奖；次女艾芙，音乐家、传记作家，其丈夫曾以联合国儿童基金组织总干事的身份荣获 1956 年诺贝尔和平奖。

▲伟大而坚强的居里夫人

许多元素的放射性半衰期，研究了镭的放射化学性质。在这些研究基础上，居里夫人又按照门捷列夫周期律整理了这些放射性元素的蜕变转化关系。

由于居里夫人在分离金属镭和研究它的性质上所作的杰出贡献，1911 年她又荣获了诺贝尔化学奖。

长期的劳累，特别是放射性物质对身体的伤害，她的身体渐渐虚弱。对科学事业的热爱支撑着她，她藐视一切疾病对自己的侵扰。只要身体还可以动，她就坚持到实验室不停地工作。当她感到实在体力不支时，就坚持在家里写书，抓紧生命的最后一刻做出最后的贡献。

1934 年 7 月 4 日，长期积蓄体内的放射性物质所造成的恶性贫血，即白血病，最终夺去了居里夫人宝贵的生命。她虽然离开了人世，但是她为人类所做的贡献，以及她的崇高品行将永远铭记在人们的心中。

发现激素

激素的发现，使人们不仅可以了解某些激素对动物和人体的生长、发育、生殖的影响及致病的机理，还可以利用测定机体的激素来诊断疾病。

"促胰液素"的发现

大家知道，巴甫洛夫是研究消化生理的权威，并在用新方法研究消化生理的过程中，发现了"条件反射"这一新概念。

1888年，巴甫洛夫发现迷走神经可以支配胰腺分泌，因为把盐酸放进狗的十二指肠，可以引起胰液分泌明显增加。他认为，这是一种反射，它的传入神经和传出神经都是迷走神经。

可是，在1896年，巴甫洛夫的一个学生帕皮斯基在实验时发现，在切断狗的双侧迷走神经、损坏延髓后，进入十二指肠的盐酸照样使胰液分泌增加，会不会是交感神经在起作用呢？把交感神经也切断，这个反应仍然出现。

巴甫洛夫则坚持认为有直接的神经联系。帕皮斯基把小肠切断，并把十二指肠分离出来，再把所有的神经都剥离干净，没想到一灌酸，胰液分泌还是有增无减。此时，巴甫洛夫继续坚持是神经反射调节，并起了一个名字叫"顽固性神经反射"，只是承认这种神经实在剥离不到，也难以切除干净、彻底。

其实，关于酸性食糜进入小肠引起胰液分泌这个现象，早在1850年就由著名的法国实验生理学家克劳·伯尔纳发现过，但似乎没有引起世人的注意。那么，胰液分泌的这一正常现象，除了神经调节之外，究竟还有什么物质秘密支配这一活动呢？

▲巴甫洛夫

汉·施塔林是英国著名的生理学家，主要从事血液循环生理研究。1866年4月17日出生于伦敦。施塔林在伦敦受过高等教育，在盖益斯医学院从事教学和研究，是一位极富创造性的学者。他的青年时代，正是巴甫洛夫消化生理学成就享誉世界的时候。他对新的科学动态极为敏感，而且对胰液分泌的问题也十分感兴趣。他敢想敢干，不迷信权威，大胆革新实验，走自己的实验道路。

为了寻找胰液分泌的真正原因，1910年施塔林和他的同事姆·贝利斯用一种新的方法进行实验，他把一条实验狗的十二指肠黏膜完全刮下来，将过滤后的液体注射给另一条实验狗，结果这条狗胰液分泌也明显增加。无论如何总不能说这两条狗有什么神经联系吧。那么，怎样解释这个结果呢？

施塔林大胆地跳出"神经反射"这个传统概念的框框，设想这可能是一种新现象——"化学反射"。也就是说，在盐酸的作用下，小肠黏膜可能产生了一种化学物质，当它被吸收进入血液后，随着血流被运送到胰腺引起胰液分泌。

为了证实这一设想，施塔林便把同一条狗的另一段空肠剪下来，刮下黏膜，加砂子和稀盐酸研碎，经过过滤做成粗提取液，注射到同一条狗的静脉中去，结果引起了比前面切除神经的实验更明显的胰液分泌。这就完全证实了他的假设。一个刺激胰液分泌的化学物质被发现了，这个特殊的物质被命名为"促胰液素"。这是生理学史上的一个伟大的发现。

施塔林和贝利斯关于促胰液素的发现公开发表后，立即引起了世界生理学界的极大兴趣，也引起了巴甫洛夫实验室工作者的极大震惊，因为这个新概念动摇了完全由神经调节的神经论思想，使这一学派的人一时难以接受。巴甫洛夫一方面派人收集已有的证据来反驳这个化学调节论，另一方面则认真重复施塔林和贝利斯的实验。但促胰液的客观存在，使巴甫洛夫不无遗憾地说："自然，人家是对的。很明显，我们失去了一个发现真理的机会！"

促胰液素

促胰液素是第一种被发现的动物激素，是一种碱性多肽，由 27 个氨基酸残基组成，含 11 种不同的氨基酸。贝利斯与施塔林等人于 1902 年发现。产生促胰液素的细胞为"S"细胞，主要分布在十二指肠黏膜，少量分布在空肠、回肠和胃窦。

施塔林和贝利斯发现这一新的化学物质，证明了机体的机能活动不仅受神经调节，还有一种体液调节，从而提出了一个新概念，开辟了生理机能研究的新领域。那么，新发现的化学物质叫什么名称呢？两位发现者考虑再三，于 1905 年采纳了同事哈代的建议，采用了"激素"（hormone，荷尔蒙）这一名词。hormone 采自希腊文，是"刺激""奋起发动"的意思，因而促胰液素便成了人类历史上第一种被发现的激素。从此，在生理上产生了"激素调节"这个新概念，以及通过血液循环传递激素的"内分泌"方式，从而建立了"内分泌学"这个新领域。

激素到底是什么？

自从施塔林和贝利斯发现激素以后，国际上便出现了一个寻找激素的热潮，使内分泌学得到惊人的发展。1921 年 8 月，加拿大多伦多医学院的年轻医生班廷在麦克劳德教授的指导下发现了胰岛素。1923 年，班廷因此而接受了诺贝尔医学生理学奖，麦克劳德虽未直接参与此项研究，但由于他的帮助使班廷获得成功，也接受了诺贝尔奖。

接着，又有一些激素被发现，这些发现证明不论在植物界还是动物界都有激素存在。据目前所知，在低等和高等动物机体内已发现的激素有几十种，而且每年都有新的激素被发现。

那么，激素究竟是怎样一类物质，它在机体的生理活动中到底起什么作用呢？尽管这里还存在许多不解之谜，但科学家已经初步揭开了激素的真面目。

激素是没有导管的分泌腺分泌的特殊物质。激素的分泌量很小，为纳克（十亿分之一克）水平，但其调节作用却极为明显。激素要通过血液循环传递到机体的多种有关器官才能起作用，血液内虽包含有多种激素，但每一种激素只能对它的特定的感受组织或器官发挥调控作用，犹如一把钥匙开一把锁，有它的专一性。比如，促胰液素只能对胰液的分泌起调节作用，但它却不参加机体具体的代谢过程。

人体有多种内分泌腺，它们有极其重要的生理效应。例如，肾上腺外面的皮质部分分泌的皮质激素，主要调节水、盐、糖的代谢；髓质部分分泌的肾上腺素调节全身内脏和肌肉的活动，愤怒、惊恐、抑郁等情绪性紧张能使它们迅速释放，导致心率加快、呼吸急促、身体紧张，所以又称它为战斗或逃避激素。在体育竞赛或一些紧急情况下，有时会力举千钧，创造奇迹，甚至"狗急跳墙"都是这个原因。

认识了激素的重要生理作用，人们开始利用它，制造它。如今，许多激素制剂及其人工合成的产物已广泛应用于临床治疗及农业生产。利用遗传工程的方法使细菌生产某些激素，如生长激素、胰岛素等已经成为现实。人们不只利用各种激素治疗疾病，在农业、林业上，人们还使用激素促进植物的生长，增加产量。

超导的发现

　　随着科学技术的发展和进步，可控核聚变发电、磁浮高速列车、第五代计算机等一批人们还很陌生的新事物正向我们走近，人类的生活方式和思维方式也将因此发生巨大的变化。人们不禁要问，核聚变和核裂变有什么不同？可控核聚变发电同现在的核电站是不是一回事？磁浮列车为什么能浮起来做高速运动？第五代计算机和目前的计算机差别在哪里？要回答这些问题，还需从超导现象说起。

发现超导

　　1911年，荷兰物理学家卡末林·昂内斯在做水银的电阻和温度的关系试验时，用液氦对水银进行冷却。他意外地发现，当温度降到4.15K（－269℃）时，水银的电阻竟完全消失了。这是一个惊人的发现，人们把这种现象称作超导电现象，把具有超导电现象的物质称为超导体。超导现象的发现，引起了科学家们的注意，很多学者加入到超导现象的研究中。1933年，德国物理学家迈斯纳等人在研究中发现，处于超导状态的物质在弱磁场下呈现出完全的抗磁性，即超导体内部的磁场永远为零。这又是一个惊人的发现。

▲迈斯纳

　　超导体是一个新的物态，电阻为零和完全的抗磁性，是超导体的两个独立的特征。这两个特征向人们展示了一个诱人的应用前景。首先是超导电现象的发现者昂内斯，他曾设想利用超导的上述特征，制作一种无须消耗电能的恒定磁体。这种磁体维持恒定的磁场，它不输出功率，是零功率热机。这种磁体用普通材料难以制成，因为构成磁体的普通导体，如铜或铝做成的线圈，均有一定大小的电阻。为维持恒定磁场而在线圈中维持一定大小的恒定电流时，因电阻会使导体发热，就要耗费电能。在这种场合，电源提供的电能只是为了补偿无用的热损耗。如果用没有电阻的超导体来构成磁体线圈，一旦激发起电流，将永不衰减，维持恒定的磁场，却无须电源。昂内斯的设想，从理论上说是行得通的，但要变为现实，还需掌握制作该器件的全部工艺，需要找到具有指定特征的新材料，这就需要对超导材料进行研究。

　　从1911年到1973年，科学家们花费了60多年的时间对超导体进行研究，发现了一些超导体，同时发现超导体有 3 个不相同的基本参数。一是临界温度，不同超导体的临界温度是不同的，当外界温度小于该超导体的临界温度时，不会出现超导现象。二是临界磁场，当外界磁场小于临界磁场时，物质才会呈现超导状态，一般元素的临界磁场都很弱。三是临界电流，超导体虽说没有电阻，但并不意味着可以通过无限大的电流，当通过电流小于临界电流时，超导体内才无电阻。而当电流大于临界电流时，超导体马上会被破坏，变成正常导体。开始人们曾设想利用超导体制成电缆输电，将会是最有成效的节能措施。可惜不久就发现，早期所发现的所有超导体不仅临界温度很低，而且它能承载超导电流的能力也极为有限，临界电流的值也较小。通过电流一旦超过临界电流的值，超导电性即被破坏，导线的电阻重新恢复。

超导材料研制的重点主要在于临界温度。早期的超导体都是低温超导材料，与低温有着不解之缘，这种超导体是在很难获得的液氦（4.21K 相当于 −268.9℃）冷却下工作的。要获得这样低的温度，

▲卡末林·昂内斯

不仅需要复杂、昂贵的制冷系统，而且需要一整套辅助设备，这就大大地阻碍了超导体的广泛应用。

为了摆脱低温的困境，科学家们努力探索，寻找临界温度更高的超导材料。目前发现的低温超导材料中，临界温度最高的为铌锗化合物，也只达到 23.2K，还没有找到临界温度在 −200℃ 以上的低温超导体。正当科学家们为解决这一问题而探索时，1986 年从瑞士传来喜讯，瑞士的科学家在一种氧化物上获得了 243℃ 的超导转变温度，从而揭开了世界性的高温超导研究热潮。

目前，高温超导材料的应用正朝着大电流应用（强电）、电子学应用（弱电）和抗磁性应用等各主要方向发展，同时科学工作者还对室温超导材料进行了研究，目前也有一定的进展。1980 年美国学者瓦文迪克在研究非常脆的澳化钛晶体具有延性时，偶然发现了这种材料的室温超导性。他用四探针测试其电阻，在两个方向上电阻是正常的，使他惊奇的是，在第三个方向上电阻为零，而且测试了十几块晶体，每次电阻都等于零。这对超导技术来说，无疑又是一个莫大的喜讯。尤其是对计算机的换代，如果制成了室温超导材料，将使其如虎添翼，前途无量。人们期待着早日攻克这一难关，使超导技术走进千家万户。

超导技术的广泛应用

超导技术有广阔的应用前景，目前已经使用和正在研究阶段的应用范围主要有以

下几方面：

超导技术可用于电动机和传输线。因为超导体具有体积小、轻便、可获得强磁场的特点，用以代替普通电磁铁和常规磁体，能极大地减少电力在工业中的能量损耗。因超导体没有电阻，用来作电力传输线，可有效地节省电力在传输过程中的无用消耗。

超导技术应用于交通运输，使磁悬浮高速列车问世。目前国外正研制的超导悬浮列车，就是利用超导磁体向轨道面产生强大的磁场形成向上的悬浮力，打破传统的轮轨接触摩擦的方式，把列车凌空托起。这样，列车前进时没有轮轨接触滚动的阻力，只剩下空气的阻力，速度会大大提高，可达到每小时 550 千米。如果在真空隧道中运行，还可提高到每小时 1600 千米。目前，这种磁悬浮列车已投入实用。

▲磁悬浮列车

在计算机领域里，超导更是大有用武之地。用超导体制成超导器件作为逻辑电路或存储器，具有高速的特点。目前已达到 10^{-12} 秒的高水平，这是当今所有电子、半导体、光电器件所无法比拟的，而且超导器件还有一个特点，只有当流过该器件的电子流超过某临界值时，超导器件才产生电压下降，而在临界电流内，超导器件就是零电阻，无电压。这种有电压状态和无电压状况的高速变化，正好分别对应于 2 进制数中"0"和"1"的逻辑动作，是很理想的计算机超高速开关器件。目前已研制出了超导开关器件和超导存储器。这些器件具有以下特征：一是开关速度非常快，目前已达微微秒的水平，比高速硅集成电路要快几百倍。二是功耗非常小，仅为硅集成电路的几百分之一，一般晶体管的二千分之一。有人预测，用这种器件做成的计算机，将使过去需要 10 千瓦功率的大中型计算机，只用一节干电池即可工作。三是因功耗小，发出的热量小，故集成度可望做得很高，目前已达到大规模集成电路水平。四是器件结构基本上可用现行大规模集成电路工艺制作。由于这些特点，超导计算机比目前各种大型、巨型高速电子计算机都显示出速度快、功耗小、体积小等优点。上述超导器件的研制成功，已经为超导计算机的出现铺平了道路。有人认为，超导器件是第五代计算机的最理想器件。

在能源利用方面，超导体在可控核聚变中有着不可替代的作用。可控核聚变是建立热核电站的关键。如果掌握了这项技术，人类就会用取自海水的无穷无尽的重氢（氘）原料，生产出大量廉价、洁净的电力和热力，足够全世界使用千百万年。可控核聚变不像现在的核电站使用的是储量相对有限的铀，通过裂变产生电力，造价较高，且有泄漏污染环境、危害人类生命的危险等问题，但可控核聚变是一个"冰炭共存"的高科技难题，它要求的临界温度为 1 亿度，比太阳表面 6000 度要高得多。这项难题目前已解决，在100度条件下进行可控核聚变的研究目前也已起步，并有些进展。它要求的磁场约束时间要达到1秒，这是目前正在研究的一个关键性难题。这种磁场约束主要靠外加线圈来实现，但是反应时产生的快中子会损坏反应器的零部件，较好的控制办法是用超导体做外加磁场的线圈，加大磁场强度。因为超导体具有抗磁性，所以它能够有效地约束等离子体，并保护反应器不受损坏。由于高温的环境，要求这种超导体要能够适应这种环境。近年来研制的新型高温超导体，已为解决这个问题提供了条件。可控核聚变至此已由可能性走向现实性。攻克这个难题，造福人类子孙后代的壮举已胜利在望。

此外，超导体还可以使宇宙飞船屏蔽高能粒子，防止高能辐射损伤。用超导体制造无摩擦轴承，将会极大地提高各种机械的功率，提高使用寿命。

总之，超导电现象的发现及研究，使人类对客观世界的认识又前进了一大步，将客观世界的又一个领域展现在人类面前，已将引起一系列技术变革和科学进步，有助于我们解决当今人类面临的一些难题，人们的观念也将因此发生变化，这对社会的发展和进步将产生积极的影响。

生命不可或缺的物质

维生素，顾名思义，是维持生命的要素。它在生物体中需要量虽然不大，却是绝对不可缺少的物质。对人体来说也是这样，一旦缺少某种维生素，就会引起某些疾病。

鲁宁的有趣实验

1880 年，瑞士巴塞尔大学实验室的俄国研究生鲁宁做了一个有趣的实验，人和动物离开了糖、蛋白质、脂肪、矿物质和水等 5 种物质，就不能生存。反过来说，如果单纯用这 5 种物质配合起来喂动物，动物就一定能活命了。他把相同品种的老鼠分成两组，都喂以糖、蛋白质等 5 种物质，不同的是，第一组老鼠喂的是自然状态的食物，如稻谷等；第二组老鼠喂的是经过精制或提纯的食物，如精米等。实验结果出人意料，吃粗粮的老鼠，长得非常健康，能繁衍后代；吃精制食物的老鼠活了几个星期就都死了。

经过多次实验，结果都是相同的。这是怎么回事呢？鲁宁没法回答。在第十次试验时，鲁宁不断地注视着第二组老鼠的动静，一直到深夜。他肚子饿了，吃几片面包，喝几口牛奶。冰凉的牛奶没法再喝，他随手将剩下的牛奶倒进第二组笼中老鼠的食槽里，便回房睡觉了。

第二天清晨，鲁宁来到实验室，发现第二组老鼠没有死去，过了几天，仍活得很好。鲁宁惊奇地想到，会不会是牛奶救了它们的性命？于是，他继续给第二组老鼠喂牛奶，几天后，这些老鼠像正常的老鼠一样活蹦乱跳。

难道说，是牛奶使老鼠起死回生的吗？鲁宁又进行了一个实验：把老鼠分成三组，第一组喂自然食物，第二组喂粗制食物添加牛奶，第三组喂精制食物。结果只有第三组老鼠都死了，其余的都很好地活着。

鲁宁把自己的发现发表在瑞士一家杂志上，得出的结论是：除了糖、蛋白质等 5 种物质外，还有一种维持生命的重要物质，这种物质存在于天然的食物——牛奶中。但是，这种营养物质是什么，鲁宁一生也没有研究出来。

发现维生素

鲁宁的发现引起科学家们极大的兴趣。科学家用猴子做试验，发现水果中含有猴子不可缺少的物质。荷兰医生艾克曼发现，米糠里含有多种人类和许多动物不可缺少的物质；日本科学家从米糠中提取出一种浓缩液，治疗脚气病有很高的疗效。英国科学家霍比克认为，动物为了维持新陈代谢的正常进行，除了糖、蛋白质等5种物质外，还必须加上少量的"神秘的物质"，他把它称为"食物辅助因子"。人们虽然对这种物质的认识前进了一步，但依然没有揭开这个谜。

1913年，波兰科学家冯克对这些问题进行了深入细致的研究，努力寻找食物中的另一种营养素。经过千百次试验，他终于从米糠中提取出一种能够治疗脚气病的白色结晶，每吨米糠只能提取到5克。冯克分析了这种物质，发现它是化学上一种很普通的物质——胺，是一种有机化合物。这种物质在食物中含量虽少，但生物体缺少了它，就不能维持正常的生命活动。冯克称它"生命胺"，我国最早译为维他命，现在统一叫维生素。

▲波兰科学家冯克

连通器原理的发现

三峡大坝是迄今世界上综合效益最大的水利枢纽，它利用水位落下时产生的能量发电。但是这么大的落差，船舶是如何通航的呢？它利用的就是连通器的原理。那么这个原理在生活中还有其他的应用吗？

连通器的原理介绍

连通器就是上端开口或连通，下部连通，如同U形一般的容器。连通器具有这样一种性质，注入同一种液体，在液体不流动时连通器内各容器的液面总是保持在同一水平面上。这可以用液体压强的原理来解释。若在这个U形容器中装有同一种液体，在连通器的底部正中设想有一个小液片AB。假如液体是静止不流动的。右管中之液体对小液片AB向右侧的压强，一定等于左管中之液体对小液片AB向左侧的压强。因为连通器内装的是同一种液体，左右两个液柱的密度相同，根据液体压强可知，只有当两边的液柱高度相等时，两边的液柱对小液片AB的压强才能相等。所以，在液体不流动的情况下，连通器各容器中的液面应保持相平。

▲茶壶是日常常见的连通器

连通器原理与船闸

在河流上建拦河坝可以灌溉农田，水力发电。而河水被大坝隔断，上下游的水位差较大，航船无法通过。在运输频繁的江河上，为了能使船舶通过大坝，就会在大坝的旁边修建船闸。船闸是利用向两端有闸门控制的航道内灌、泄水，以升降水位，使船舶能克服航道上的集中水位落差的厢形通航建筑物。它由设有闸门和阀门的闸首、放置船舶的闸室、导引船舶入闸室的上游及下游引航道、为闸室灌水与泄水的输水系统，以及闸门与阀门的启闭机械和控制系统组成。它就是应用了连通器的原理。

那么船闸是如何工作的呢？当船下行时，先将闸室充水，待室内水位与上游相平时，将上游闸门开启，让船只进入闸室。随即关闭上游的闸门，闸室放水，待其降至与下游水位相平时，将下游闸门开启，船只即可出闸。上行时与上述过程相反。船闸须设有专门充水、放水系统及操纵闸门的设备。并且根据地形以及水位差的大小，船闸可做成单级或多级的。这决定于水头（上、下游水位差）大小。落差太大的话，水的压力就会使闸门不安全，所以水位落差较大时都会采用多级船闸。而船闸每级水头大小决定于船闸输水系统水力学等条件，以及布置上的要求。级数最多的船闸为俄罗斯的卡马河卡马枢纽中的双线 6 级船闸。

目前世界上最大的人造连通器是三峡船闸，它是 5 级船闸，在长江这条繁忙的航运线上发挥着不容忽视的作用。

连通器原理的其他应用

连通器在生产实践中有着广泛的应用。连通器如果倾斜，则各容器中的液体即将开始流动，由液柱高的一端向液柱低的一端流动，直到各容器中的液面相平时，即停止流动而静止。最常见的就是日常生活中所用的

▲轮船通过水坝

茶壶、洒水壶等。如用橡皮管将两根玻璃管连通起来，容器内装同一种液体，将其中一根管固定，使另一根管升高、降低或倾斜，可看到两根管里的液面在静止时总保持相平。所以连通器其他的应用还有水渠的过路涵洞、牲畜的自动饮水器、水位计等。

再举个生活中常见的现象。在一个水缸里装有水，用一根管子一端放在水中，另一端在缸沿自然垂下，用嘴在这端端口吸气一会，然后松嘴，那么缸中的水就会从管子中流下来．因为管子呈一段弧形，像彩虹，又能起到吸水的作用，故称为虹吸现象。虹吸现象也就是连通器的原理，花卉市场上卖的吸水石就是这个道理，石头中有好多小细眼，由于虹吸现象可以将石头底部的水吸上去供石头上的小植物如绿苔，麦苗生存。这样就可以给生活带来很大的好处。

太阳光谱的发现

太阳的表面温度可以达到5726.8℃，这使得太阳的表面极度炙热。炙热的太阳在不断地向地球传送着能量。这些能量大部分是以光谱的形式来进行传送。正是这些能量，使得地球上的生命得以存在，使得地球能够成为孕育生命的摇篮。

太阳光谱的种类

太阳所发出的光是由不同波长的光线所组成的复合光，其中波长最长的红外线和波长最短的紫外线依次排列起来即称为太阳光谱。太阳光谱分为可见光线与不可见光线。可见光线指波长范围约在770纳米至390纳米之间的光线。顾名思义，可见光线即为电磁波谱可以为人眼所感知的部分，这一部分叫做可见光。目前为止，可见光谱并没有一个精确的范围。

正常人的眼睛可以感知的电磁波的波长约在390纳米至770纳米之间，但还有一些特殊的人，他们能够感知到波长大约在380纳米至780纳米之间的电磁波。相对于可见光线的波长范围，不可见光的概念比较笼统，是指除可见光外其他所有仅凭借人眼所不能感知的波长的光线，包括无线电波，微波，红外光，紫外光，x 射线，γ 射线等。

不可见光如果以波长来表示大致范围是：不可见光 <380 纳米，例如紫外线。

▲透过云层的太阳

不可见光 >760 纳米，例如红外线、远红外线。

但是可见光和不可见光并不是绝对对立的。因为不同的跃迁能级产生不同的电磁波，原子及分子的价电子或成键电子能级是可见光的跃迁能级类型，其他电磁波的跃迁能级类型有核能级，内层电子能级，分子振动能级，分子转动能级，电子自选能级等。这些类型一般是多种或者全部共同同时存在的，也就是说有可见光的同时也伴随着不可见光的存在。

太阳光谱让人们认识了光

虽然我们所看到的光是透明无色，但实际上光是有颜色的。第一个揭示光的色学性质和颜色秘密的科学家是为我们所熟知的英国科学家牛顿。在1666年，牛顿用实验说明了太阳光是各种颜色的混合光，并且发现光波长决定光的颜色。不同波长的光表现出来的颜色如下：

770纳米至622纳米，红色；622纳米至597纳米，橙色；597纳米至577纳米，黄色；577纳米至492纳米，绿色；492纳米至455纳米，蓝靛色；455纳米至390纳米，紫色。

这也就是我们通常所讲的六种颜色。正常视力的人眼对波长约为555纳米的电磁波最为敏感，这种电磁波处于光学频谱的绿光区域。所以在视觉疲劳时注视绿色的物体可以缓解疲劳。

在科学研究中，为了研究的方便，将可见光谱围成一个圆环，并分成九个区域，称之为颜色环。对应色光的波长在颜色环上用数字表示，单位为纳米，颜色环上任何两个对顶位置扇形中的颜色，互称为补色。例如，蓝色（435纳米至480纳米）的互补色为黄色（580纳米至595纳米）。

通过研究颜色环发现，光主要有以下几种特性：

1. 白光可以由互补色按一定的比例混合得到。如蓝光和黄光混合得到的是白光。同理，青光和橙光混合得到的也是白光。

2. 颜色环上所有颜色的种类都可以用其相邻两侧的两种单色光，或者可以从次近邻的两种单色光混合复制出来。如黄光和红光混合可以得到橙光。最典型的是黄光可以由红光和绿光混合得来。

3. 在颜色环上任意选择三种相互独立的单色光。将其按不同的比例混合就可得到日常生活中可能出现的全部色调。这三种单色光称为三原色光。光学中的三原色为红、绿、蓝，但三原色的选择完全是任意的。

▲北极光

4. 当太阳光照射某物体时，物体吸取了某波长的光后物体显示的颜色即反射光为该色光的补色。例如太阳光照射到物体上对，若物体吸取了波长为400纳米至435纳米的紫光，则物体呈现黄绿色。

许多人认为物体之所以呈现某种颜色是物体吸收了其它色光，反射了这种颜色的光。这种说法是不对的。例如呈现黄绿色的树叶，实际吸收的是波长为400纳米至435纳米的紫光，显示出的黄绿色是反射的其他色光的混合效果，而不只反射黄绿色光。

质量守恒定律的发现

　　在人类自然科学发展史上，有许多里程碑式的发现。质量守恒定律是其中一个。它的发现奠定了许多其他科学发展的基础，为其他科学的发展提供了基本原理。

质量守恒定律

　　质量守恒定律指任何一种化学反应，其反应前后的质量总和是不会变的。物质质量既不会增加也不会减少，只会由一种形式转化为另一种形式。质量守恒定律的基本含义是指在任何与周围隔绝的体系中，不论发生何种变化或者过程，其总质量始终保持不变。或者说，化学变化只能改变物质的组成，但不能创造物质，也不能消灭物质，所以质量守恒定律又被称为物质不灭定律。质量守恒定律的微观解释为：在化学反应中，原子的种类、数目、质量均不变。

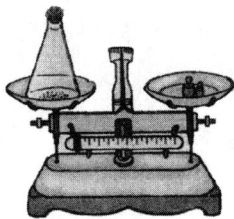

▲质量守恒定律实验装置

　　质量守恒定律是自然界的基本定律之一。人类关于质量最初的学说是燃素说。燃素学说是三百年前的化学家们对燃烧的解释，他们认为火是由无数细小而活泼的微粒构成的物质实体。这种火的微粒既能同其他元素结合而形成化合物，也能以游离方式存在。大量游离的火微粒聚集在一起就形成明显的火焰，它弥散于大气之中便给人以热的感觉，由这种火微粒构成的火的元素就是"燃素"。18 世纪时法国化学家拉瓦锡从实验上推翻了燃素说，从那时起质量守恒定律开始得到公认。到了 20 世纪，随着原子核科学的发展。科学家们发现高速运动物体的质量随其运动速度而变化，又发现实物和场可以互相转化，因而应按质能关系考虑场的质量。质量守恒原理也在质量概念的发展中得到了发展。经过理论整合，质量守恒和能量守恒两条定律通过质能关系合并为一条守恒定律，即质量和能量守恒定律。

　　质量守恒定律在化学反应中是一条颠破不灭的真理。不过在核反应中，由于核反应有原子变化，因此静质量是不守恒的，有质量亏损，服从质能方程。但核反应在相对论中其动质量也是守恒的。因此，核反应也遵循质量和能量守恒定律。

质量守恒定律的确立过程

在质量守恒定律产生之前，人类所认同的是燃素说。最初对燃素说提出挑战也即提出质量守恒定律原型的是俄国化学家罗蒙诺索夫。

1756 年俄国化学家罗蒙诺索夫把锡放在密闭的容器里煅烧，锡发生变化，生成白色的氧化锡，但容器和容器里的物质的总质量，在煅烧前后并没有发生变化。经过反复的实验，都得到同样的结果，于是他罗蒙诺索夫得出了一个结论，参加反应的全部物质的重量，等于全部反应产物的重量。但是这个结论在产生的最初并没有得到足够的重视。直到 1774 年，法国科学家拉瓦锡重复了类似的实验，并得出了同样的结论。

但是处在当时环境下，一个很重要的问题就是精确度。要确切证明或否定这一结论，都需要极精确的实验结果。罗蒙诺索夫和拉

▲拉瓦锡的塑像

瓦锡时代所用的天平都不够精密。拉瓦锡时代的工具和技术对小于 0.2% 的质量变化觉察不出来，这一缺陷对于质量守恒定律的确立是致命的。因此不断有人改进实验技术和工具以求解决这一问题。

直到 1908 年德国化学家朗道耳特及 1912 年英国化学家曼莱做了精确度极高的实验，所用的容器和反应物质量为 1000 克左右，反应前后质量之差小于 0.0001 克，质量的变化小于一千万分之一。这个差别在实验误差范围之内，使得各国的科学家们一致承认了这一定律。

质量守恒定律的发展

质量守恒定律在被确认后成为了自然界最基本的定律之一。在此基础之上，随着科学的发展，质量守恒定律本身也得到了极大的发展。其发展的代表就是爱因斯坦相对论的产生。

20 世纪，爱因斯坦发现了狭义相对论，他指出，物质的质量和它的能量成正比，可用以下公式表示：$E = mc^2$ 式中 E 为能量；m 为质量；c 为光速。狭义相对论的产生并不意味着物质会被消灭，而是物质的静质量转变成另外一种运动形式。它也说明物质可以转变为辐射能，辐射能也可以转变为物质。狭义相对论和能量守恒原理融合在一起，质量和能量可以互相转化。

狭义相对论产生的最重要的结论是使质量守恒失去了独立性。如果物质质量是 M，光速是 C，它所含有的能量是 E，那么 $E = MC^2$。这个公式只说明质量是 M 的物体所蕴

藏的全部能量，并不等于都可以释放出来，在核反应中消失的质量就按这个公式转化成能量释放出来。按这个公式，1 克质量相当于 9×10^3 焦耳的能量。这个质能转化和守恒原理就是利用原子能的理论基础。

　　狭义相对论产生之初，由于当时科学的局限，这条定律只在微观世界得到验证，后来才在核试验中得到验证。因此 20 世纪以后，这一定律发展成为质量守恒定律和能量守恒定律，合称质能守恒定律。

发现雷电的奥秘

　　雷电是指一种雷鸣和闪电交织的自然现象。雷电实际上是一个放电的过程，但是这个过程雄伟壮观而又有点令人生畏。在中国古代，雷电通常与天谴相联系。人们认为被雷击是因为做了某些不符合道德标准的事情从而遭到了天谴。随着科学的逐渐发展，人们也逐渐认识了雷电这种自然现象。

雷电是怎样形成的

　　通常在对流发展旺盛的积雨云中才会产生雷电，雷电产生的这一特殊环境使得雷电发生时常伴有强烈的阵风和暴雨，有时还伴有冰雹和龙卷。我们常见的闪电现象是由积雨云中的电位差达到一定程度所产生。积雨云顶部一般较高，可达20千米，云的上部常有冰晶。冰晶的凇附，水滴的破碎以及空气对流等过程，使云中产生电荷。总体而言，云中电荷的分布遵循这样一个规律：云的上部以正电荷为主，下部以负电荷为主。由此，云的上、下部之间形成了一个电位差。闪电的电压很高，约为1亿至10亿伏特。闪电的平均电流是3万安培，最大电流可达30万安培。一个中等强度雷暴的功率可达一千万瓦，相当于一座小型核电站的输出功率。在放电过程中，空气体积由于闪道中温度骤增的原因而急剧膨胀，从而产生冲击波，最

▲城市上空的雷电

后就产生了强烈的雷鸣。而人们所见到和听到的电闪雷鸣是由于带有电荷的雷云与地面的突起物接近时，它们之间发生的激烈放电。在雷电放电地点所出现的强烈的闪光和爆炸的轰鸣声最终传递给了人们的视觉和听觉，就是我们常说的电闪雷鸣。

雷云和闪电

　　雷云和闪电是雷电的两个组成部分。雷云和闪电的共同作用构成了雷电。

　　1. 雷云

　　雷云是指带不同电荷的云朵撞击而能产生雷电的云朵的总称，通常表现为下雷阵雨时出现的一种黑色云朵。科学家们对雷雨云的带电机制及电荷有规律分布，进行了大量的观测和试验，积累了许多资料，并提出各种各样的解释，有些论点至今还有争

论。但是科学家们都一致同意的是产生雷电的条件是雷雨云中有积累并形成极性。通常对于雷云形成的原因有以下几种假说：

（1）对流云初始阶段的"离子流"假说。在云中的雨滴上，电荷分布是不均匀的，最外边的分子带负电，里层的带正电，内层比外层的电势差约高0.25V。大气中存在大量的正离子和负离子，为了平衡这个电势差，水滴就必须优先吸收大气中的负离子，这就使水滴逐渐带上了负电荷。当对流发展开始时，带负电的云滴因为比较重，留在了下部，较轻的正离子逐渐地被上升的气流带到云的上部，这造成了正负电荷的分离。

（2）冷云的电荷积累假说。冷云的电荷积累主要有三种方式。第一种是过冷水滴在霰粒上撞冻起电；第二种是冰晶与霰粒的摩擦碰撞起电；第三种是水滴因含有稀薄盐分而起电。

（3）暖云的电荷积累假说。暖云是指在热带地区，整个云体都位于0℃以上区域。只含有水滴而没有固态水粒子的云。暖云有时会出现雷电现象。

2. 闪电

闪电在大气科学中指大气中的强放电现象。闪电产生的原因通常是由于暴风云在地面产生阳电荷，在云的底层产生阴电荷，在云的顶层产生阳电荷，地面上的阳电荷跟着云移动。阳电荷和阴电荷彼此相吸，但空气却不是良好的传导体。地面上的阳电荷企图和带有阴电的云层相遇，而云层中的阴电荷枝状的触角则向下伸展，努力接近地面，最终阴阳电荷克服空气的阻障而相互连接，产生了闪电。闪电的电流很大，其峰值一般能达到几万安培，但是其持续的时间很短，一般只有几十微秒。所以闪电电流的能量不如想象的那么巨大。闪电的温度，等于太阳

▲乌云密布的天空中的雷电

表面温度的3到5倍，从摄氏一万七千度至二万八千度不等。闪电的极度高热使沿途空气剧烈膨胀。空气迅速移动，因此形成波浪并发出声音。闪电距离远，听到的是隆隆声；距离近，听到的就是尖锐的爆裂声。

闪电通常分为以下几种：

（1）枝状闪电：曲折开叉的普通闪电。

（2）片状闪电：闪电在云中阴阳电荷之间闪烁，而使全地区的天空一片光亮的闪电。

（3）云间闪电：指未达到地面同一云层之中或两个云层之间的闪电。

（4）超级闪电：指威力比普通闪电大100多倍的稀有闪电。

（5）黑色闪电：类似于球状闪电，不易被发现且很少出现在地面，破坏力甚大可造成爆炸，经常追逐金属物体。

相对论的提出

　　相对论是人类历史上最重大的理论之一。相对论的产生让人们对于时间和空间的概念得到了整合和重组。相对论拓宽了人类的视野，让人们在一个更广泛的意义上认识时间与空间。

相对论概述

　　相对论由爱因斯坦创立，是关于时空和引力的基本理论，也是在 20 世纪发展起来的物理学的普遍理论。相对论对 20 世纪科学技术以及哲学都产生了重大的影响。相对论的基本假设是相对性原理，即物理定律与参照系的选择无关。相对论分为狭义相对论（特殊相对论）和广义相对论（一般相对论）。狭义相对论和广义相对论的区别是，前者讨论的是匀速直线运动的参照系（惯系参照系）之间的物理定律，后者则推广到具有加速度的参照系中（非惯性系），并在等效原理的假设下，广泛应用于引力场中。狭义相对论与量子力学构成近代物理学的两大理论支柱，任何一种新的物理理论的提出都必须与狭义相对论相一致。

　　狭义相对论改造了经典物理学的时空观，将物理定律统一表述成在洛伦兹变换下具有不变性的形式。狭义相对论仅涉及惯性系，其理论基础是相对性原理和光速不变原理。狭义相对论最著名的推论是质能公式，它可以用来计算核反应过程中所释放的能量，并导致了原子弹的诞生。狭义相对论经受了广泛的实验检验，在所有涉及高速运动的科学技术领域有着广泛的应用，给人类带来了很大的效益。广义相对论将狭

▲爱因斯坦

义相对论推广到任意参考系，且包括了引力问题的处理，其理论基础是等效原理和广义相对性原理。同样广义相对论也经受了严格的实验检验。广义相对论建立了引力场的新的结构定律，物理定律在广义的时空变换下保持形式不变。广义相对论最重要的应用是在宇宙学方面以及关于强引力天体（中子星、黑洞等）的结构和演化问题。天文观测证实了由广义相对论所预言出来的引力透镜和黑洞。

狭义相对论

　　狭义相对论是一种时空理论，主要是对牛顿时空观的改造，是从时间、空间等基

本概念出发，将力学和电磁学统一起来的物理理论，适用于惯性系。

到 19 世纪末，经典物理理论已经相当完善，当时物理学界较为普遍地认为物理理论已大功告成，剩下的不过是提高计算和测量的精度而已。但是某些涉及高速运动的物理现象显示了与经典理论的冲突，这些冲突使得整个经典物理理论显得很不和谐。在这些问题产生的背景下，爱因斯坦建立了狭义相对论。

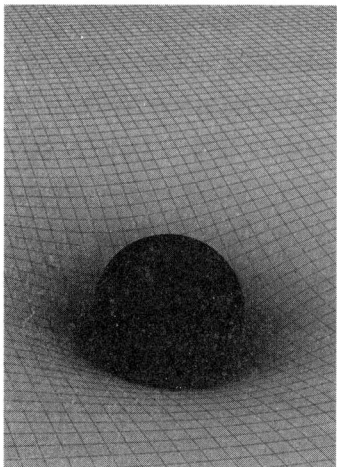

▲广义相对论图示

狭义相对论认为运动必须有一个参考物，这个参考物就是参考系。运动不可能孤立地被描述，因为物质是在相互联系、相互作用中运动的，必须在物质的相互关系中描述运动。物质在相互作用中作永恒的运动，没有不运动的物质，也没有无物质的运动。狭义相对论认为惯性系是完全等价的。在同一惯性系中，同一物理过程的时间进程是完全相同的，如果用同一物理过程来度量时间，就可在整个惯性系中得到统一的时间。在同一个惯性系中，存在统一的时间，称为同时性，而相对论证明，在不同的惯性系中，却没有统一的同时性，也就是两个事件（时空点）在一个惯性系内同时，在另一个惯性系内就可能不同时，这就是同时的相对性。

广义相对论

爱因斯坦在 1915 年建立了广义相对论。

同狭义相对论相同，广义相对论也是由一些问题所引出。引力现象是物理学研究的广泛课题，而牛顿万有引力定律的表述是超距作用的，需要将引力问题纳入而发展相对论的引力论。狭义相对论在否定绝对运动上还不够彻底，造成已知物理定律却不知定律赖以成立的参考系的困难局面。在此基础上，爱因斯坦建立了广义相对论的理论。

由于惯性系无法定义，爱因斯坦将相对性原理推广到非惯性系，提出了广义相对论的第一个原理，广义相对性原理。其内容是，所有参考系在描述自然定律时都是等效的。爱因斯坦认为时间空间的弯曲结构取决于物质能量密度、动量密度在时间空间中的分布，而时间空间的弯曲结构又反过来决定物体的运动轨道。在局部惯性系内，不存在引力，一维时间和三维空间组成四维平坦的欧几里得空间；在任意参考系内，存在引力，引力引起时空弯曲，因而时空是四维弯曲的非欧黎曼空间。爱因斯坦还找到了物质分布影响时空几何的引力场方程。

原子的"指纹"

按照原子论的学说，各种原子没有质的区别，只有大小、形状和位置的差异，这些原子始终处于永不停息的运动之中，它们以各种不同的方式相互结合，从而构成五颜六色的大自然。

深入原子世界的研究

在人类探索物质微观结构的进程中，人们认识最早的粒子便是原子。从15世纪下半叶起，随着自然科学的不断发展，人们通过对大量的物理现象和化学现象的深入研究，已经认识到了原子的实在性。特别是通过物质化学运动方面的研究，人们不仅认识了原子许多基本的特性，而且认识到原子本身是多种多样的。但是，那个时候人们一向认为，原子是构成世间万物的、不能够再分的"原始物质"。正是这些原子构成了天体、我们的地球以及自然界中的一切，包括声、光、电，甚至连社会现象和思维现象都可以归结为原子的机械运动。总之，人们认为原子是构成世间一切物质的最小单元。这幅"原子世界图景"，虽然可以使人们了解到原子世界的绚丽多彩，但却制约着人们对物质世界更深层次的认识与探索。

截止到目前，人们已经认识到，自然界中的各种物质是由100多种最基本的物质单元构成，人们通常称这些单元为"元素"，比如，氧元素、氢元素、铁元素……好像音乐简谱中的七个音符，由这几个小小的音符便可以形成人间众多的、美妙动人的旋律；同样，由这些元素也可以构成种类繁多的物质世界。

每一种元素都有一种原子与之对应，同一种元素的原子具有相同的性质，它们的大小、形状和质量完全一样；而不同元素的原子，它们的性质则不同。目前，连同各种元素的同位素在内，原子的总数已多达几百种，其中大部分是自然界存在的。在元素周期表中，92号元素以后的各种元素，都是通过人工方法制造出来的。

电子发现以后，揭开了原子的秘密。原子世界仅仅是物质微观结构中的一个层次。随着现代科学技术的飞速进步，尤其是原子核物理学科的建立与发展，原子世界内部的奥秘越来越多地被发现。短短几十年间，人们在探索原子世界方面已经取得了巨大的成果，一幅幅美

电子

电子是构成原子的基本粒子之一，质量极小，带负电，在原子中围绕原子核旋转。不同的原子拥有的电子数目不同，例如，每一个碳原子中含有6个电子，每一个氧原子中含有8个电子。能量高的离核较远，能量低的离核较近，通常把电子在离核远近不同的区域内运动称为电子的分层排布。

妙的图画已展现在世人的面前。

原子是由更微小的粒子构成的，其内部是一个非常复杂的系统。1911 年，英国物理学家卢瑟福在前人工作的基础上，结合实验研究的成果，大胆地提出了原子有核模型的新思想，把原子划分为原子核与核外电子两部分。原子核仅占据原子中心很小一部分，但却集中了原子 99.9% 的质量。原子核密度之大，令人惊讶，每立方米高达 1017 千克。如果把原子核一个一个地排列起来，装满一个小小的火柴盒，那么这个火柴盒的质量相当于整个喜马拉雅山的总质量。这样高密度的物体，在地球上还从未发现过，只有在浩瀚无垠的宇宙中，才有它们的踪迹，像中子星、黑洞等这些天体，它们的质量密度可以达到这样的数量级。

发现原子的"指纹"

自然界中为数众多的原子，它们的结构类似，长的模样都差不多，那么人们如何才能准确地区分它们呢？要想做到这一点，需要设法找到每一种原子最具代表性的特征。只要知道了这些不同原子的特征标记，就等于掌握了分辨它们的方法。原子的这种"特征标志"就好比人的指纹一样，尽管每个人的手外形长得都差不多，然而它们的"指纹"却截然不同。每个人都有自己独特的指纹，因此，指纹便是区分每一个人非常重要的标记。读者会有这样的常识，公安人员在破案的时候，常常会在蛛丝马迹中根据作案人员留下的小小指纹获得意想不到的信息，对侦破案情往往起到关键的作用。

对于原子来说，究竟什么是区分它们的标记呢？也就是说，原子的"指纹"是什么呢？英国的一位物理学家、诺贝尔物理学奖获得者格洛维·巴克拉圆满地解决了这个神秘的问题。

▲格洛维·巴克拉

科学家们在实验中发现，任何一个带电粒子，当它做加速运动的时候，会不断地以发射光子的形式向外辐射能量。若将 X 射线管与电源相联接，阴极发射出来的电子在电场力的作用下，会获得很高的能量。这些电子在与阳极板相撞时，由于遇到了障碍物，电子运动急剧改变，会产生很大的加速度。这样，电子就会不断地向外释放能量，这正是 X 射线产生的情况。

科学家们进一步研究发现，当 X 射线管接入的电压比较低的时候，产生的 X 射线光谱是连续变化的，而且不论阳极板是用什么金属材料制成，产生的光谱是一样的，均为连续光谱。但是，如果接入的电压足够高的话，情况就完全不同了，这时形成的 X 射线光谱不再连续变化，而是形成独立的光谱，即光谱线是一条一条分开的，人们将这种光谱称为"线状光谱"。采用不同材料制作的阳极板，实验中观察到的线状光谱完全不同。例如，用金属钼制作的阳极板与金属钨制作的阳极板，产生的线状光谱存在着明显的差异。这一实验结果，给人们很大的启示，为探寻区分原子的方法指明了方向。

因为任何一种阳极板，制作它的材料都是由原子组成的，使用的材料不同其原子自然不一样。比如，钼原子与钨原子是性质不同的两种原子。由此表明，不同的原子形成的线状光谱是不一样的。通过大量反复的实验，人们惊奇地发现：每一种原子都有自己特定的线状光谱；不同的原子，它们的线状光谱彼此都是不一样的。因此，人们通常把这类光谱称为原子的"特征光谱"，或者叫做原子的"标识光谱"。

原子特征光谱的发现，为人们区分和鉴别原子提供了有效的方法和手段。这正如人的指纹一样，特征光谱就是原子的"指纹"，是原子"身份"的标志，这就是原子"标识光谱"的由来。

如今，通过实验，人们已经将每一种原子的标识光谱制作出来。这样，在鉴别原子的时候，只需制出这种原子的特征光谱，再与已知的各种原子的标识光谱相对照，按号入座，即可确定原子的"身份"了。

巴克拉这一杰出的研究成果，具有非常重要的意义。我们会逐渐地认识到，它不仅为以后几年中发展X射线波谱奠定了坚实的基础，而且导致了一些新现象的发现，从而拓宽了X射线应用的领域。

X射线标识光谱的研究，则是巴克拉一生主要的追求，他为此付出了许多艰辛的劳动，取得了令世人瞩目的成就。在这方面，他成为负有国际声望的先驱者，荣获了1917年度的诺贝尔物理学奖。

原子特征光谱的产生

至此，有人会进一步提出这样的问题，原子的特征光谱究竟是怎样产生的呢？为了弄清楚这个问题的来龙去脉，还得从原子的内部结构说起。

原子中的电子，分布在以原子核为中心的一个一个的壳层上，每个壳层中，允许容纳的电子数是一定的。原子的这种结构，被人们称做原子的"壳层结构"。当电子填满某个壳层或支壳层后，这些壳层或支壳层与原子核一起形成了一个稳定的集体，叫做"原子实"。对于原子实来说，丢掉一个电子，或从原子实外得到一个电子，都是不容易的。

如果原子实受到外来的高能量光子流的

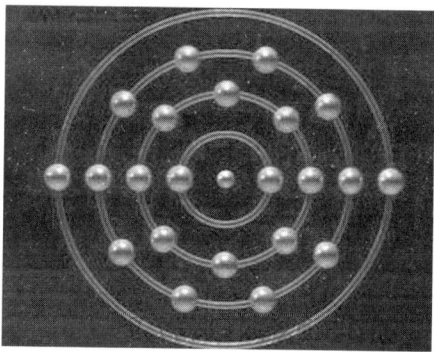
▲钛原子的结构

照射，或者受到高能量粒子的撞击，原子实中的某个电子被电离了，那么这个电子脱离了原子实后，它原来占据的位置就空了出来；由于出现了空位，原子实以外的电子就有机会跳到这个空位中。电子这么一跳，随着电子位置的改变，电子的状态就发生了变化。电子前后相应的两个状态的能量自然不一样，改变的能量便以光子的形式向外释放，从而产生了一条光谱线。

如果一个原子实中，同时有多个电子的位置发生了改变，或者不同的原子实中，都有电子的位置发生改变，在这种情况下便会产生许多条光谱线，从而形成线状光谱。不同的原子具有各自的壳层结构，因而它们的原子实的构成也存在一定的差异。当不同的原子实内部发生电子跃迁的时候，就产生了各自不同的 X 射线光谱，这样每种原子都会有自己独特的光谱——标识光谱。

可见，这种光谱是原子内层电子跃迁产生的，与价电子无关。原子"指纹"的存在，对于物质结构的研究、分辨各种不同的原子、鉴别新原子等方面，都有重要的作用。运用这种方法，不仅简便、省时、易行，而且其灵敏度和准确度都非常高。这种方法在采矿、冶金、化工等许多领域都有广泛的应用。

波粒二象性的提出

光的属性是什么，这是一个困扰了人类300多年的问题。从起初的波动说、微粒说到后来取得绝大多数认同的光的波粒二象性，人类一直为之争论不休。在争论过程中，人们重新认识了光。

光的波粒二象性

波粒二象性是量子力学中的一个重要概念，是指某物质同时具备波的特质及粒子的特质。波粒二象性是光和微观粒子的普遍属性，即光和微观粒子既表现有波动性又表现有粒子性。

在经典力学中，研究对象总是被明确区分为两类，波和粒子。前者的典型例子是光，后者则组成了我们常说的"物质"。光的波动性在17世纪被发现，光的干涉和衍射现象以及光的电磁理论从实验和理论两方面肯定了光的波动性。到了20世纪初，人们又发现了黑体辐射、光电效应等现象，这些现象解释了光的另一个属性即为微粒性。

光的波粒二象性的发现过程

光的波粒二象性整个发现过程经历了约300年的时间，从17世纪一直到20世纪初。这整个的过程涉及到了诸多著名的物理学家，包括我们所熟知的爱因斯坦、牛顿、惠更斯、托马斯·杨、胡克等。

人类历史上对于光最早的记载，是我国先秦时代的《墨经》，《墨经》中有大量关于几何光学的记载，墨子和他的学生做了世界上最早的"小孔成像"实验，并对实验结果作出了光沿直线传播的科学解释。而对于光的本质属性的有关学说最早的提出是在17世纪。

1. 波动说

有关光的本质属性的第一个学说是波动说。光的波动说由意大利数学家格里马第最先由实验得出。格里马第在实验中让一束光穿过两个小孔后照到暗室里的屏幕上，他发现在投影的边缘有一种明暗条纹的图像，马上联想起了水波的衍射，于是格里马第提出，光可能是一种类似水波的波动。格里马第认为，物体颜色的不同，是因为照射在物体上

▲宇宙中光

的光波频率的不同引起的。这就是最早的光波动说。格里马第的实验得到了英国物理学家胡克的支持。他在1665年出版的《显微术》一书中明确地支持波动说。波动说在此时占据了主导地位。

2. 微粒说

提出微粒说的是著名的科学家牛顿。微粒说认为光是由微粒形成的，并且行进的是最快速的直线运动路径。为了发现光的微粒特性，牛顿进行了著名的色散实验，一束太阳光通过三棱镜后，分解成几种颜色的光谱带，再用一块带狭缝的挡板把其他颜色的光挡住，只让一种颜色的光再通过第二个三棱镜，结果出来的只是同样颜色的光，由此发现了白光是由各种不同颜色的光组成的。

其后为了使这个发现得到验证，牛顿又设法将几种不同的单色光合成白光，并且计算出不同颜色光的折射率，精确地说明了色散现象，揭开了物质的颜色之谜，物质的色彩是不同颜色的光在物体上有不同的反射率和折射率造成的。1672年，牛顿在他的《关于光和色的新理论》一文中用微粒说解释了光的直进、反射和折射现象，并且提出，光可能是球形的物体，这是微粒说提出的初始形态，并用微粒说阐述了光的颜色理论。

牛顿的理论一经提出就得到了人们的赞同。随后，荷兰物理学家、天文学家、数学家克里斯蒂安·惠更斯发展了光的波动学说，牛顿的"微粒说"与惠更斯的"波动说"构成了关于光的两大基本理论，并由此而产生激烈的争议和探讨。1801年，英国物理学家托马斯·杨进行了著名的杨氏双缝干涉实验。实验所使用的白屏上明暗相间的黑白条纹证明了光的干涉现象，他用叠加原理进行了解释，从而证明了光是一种波。1811年，苏格兰物理学家布儒斯特在研究光的偏振现象时提出了光的偏振现象的经验定律。光的偏振现象和偏振定律的发现，使光学的研究更朝向有利于微粒说的方向发展。1814年，菲涅耳开始光的波动说的研究，他从横波观点出发，圆满地解释了光的偏振，并定量地计算了圆孔、圆板等形状的障碍物产生的衍射花纹。其后"泊松亮斑"的发现又使波动学说开始兴起。

3. 波粒二象性说

波粒二象性说起源于1864年，当时英国数学物理学家麦克斯韦建立了电磁场方程组，发表了《电磁场的动力学理论》，在文中他预言了电磁波的存在，并将光和电磁现象统一起来，认为光就是一定频率范围内的电磁波。1888年，德国年轻的物理学家赫兹通过实验证明了电磁波的存在。1909年，爱因斯坦在出席萨尔斯堡德国自然科学家协会第81次会议时，作了题为《论我们关于辐射本质和结构的观点的发展》的报告，报告中提到："我认为，理论物理学发展的最近一个阶段，将给我们提供一种光的理论，这一理论可以被理解为波动理论和微粒说的一种统一……"在这里，爱因斯坦提出了光的本性——波粒二象性。光在与物质相互作用而转移能量时显示粒子性，在传播时显示波动性。由此，光的波粒二象性学说正式得到了确立。

大气环流的发现

在古时候，天空中的一切现象对于人类来说都异常的神秘，那是一个人类所接触不到的地域。随着科技的发展，人类的踪迹延伸到了天空中。对于大气环流的认识让人类更好的认识了天气。

大气环流概述

大气环流所表现的是大气大范围运动的状态。大气环流是指大范围的大气层内具有一定稳定性的各种气流运动的综合现象。某一大范围的地区如欧亚地区、半球、全球，某一大气层次如对流层、平流层、中层、整个大气圈在一个长时期如月、季、年、多年的大气运动的平均状态或某一个时段如一周、梅雨期间的大气运动的变化过程都可以称为大气环流。大气环流有不同的分类，按时间尺度划分，有日、月、季、半年、一年至多年的平均大气环流。研究大气环流的特征及其形成、维持、变化和作用，掌握其演变规律，是人类认识自然的不可少的重要组成部分，而且这种研究还将有利于改进和提高天气预报的准确率，有利于探索全球气候变化，以及更有效地利用气候资源。

太阳辐射在地球表面的非均匀分布是大气环流的原动力。大气环流是地—气系统进行热量、水分、角动量等物理量交换以及能

▲龙吸水现象

量交换的重要机制，同时也是这些物理量的输送、平衡和转换的重要结果。大气环流构成了全球大气运动的基本形式，是全球气候特征和大范围天气形势的主导因子，也是各种尺度天气系统活动的背景。全球尺度的东西风带、三圈环流、定常分布的平均槽脊、高空急流以及西风带中的大型扰动等是大气环流的主要表现。

大气环流通常分为平均水平环流和平均径圈环流两个部分。平均水平环流指在中高纬度的水平面上盛行的叠加在平均纬向环流上的波状气流（又称平均槽脊），通常北半球夏季为 4 个波，冬季为 3 个波，三波与四波之间的转换表征季节变化。平均径圈环流指在南北 - 垂直方向的剖面上，由大气经向运动和垂直运动所构成的运动状态。

对流层的环流圈种类

对流层的径圈环流存在 3 个圈,以下分别介绍:

1. 极地环流:极地是弱的正环流(极地下沉,低空向南,高纬上升,高空向北)活动的区域,极地环流如散热器般,平衡低纬度环流地区的热盈余,使整个地球热量收支平衡。极地环流的活动范围限于对流层内,最高也只到 8 千米的对流层顶。极地环流的流出,形成呈简谐波形的罗斯贝波,这些超长波在影响中纬度环流与对流层顶间湍流的流向,扮演重要的角色。

2. 中纬度环流是反环流或间接环流(中低纬气流下沉,低空向北,中高纬上升,高空向南),由威廉·费雷尔提出,因此又称为费雷尔环流。因处于中纬度的涡旋循环而出现。故本区时而又称为"混合区"。在南面处于低纬度环流之上,在北面又漂浮在极地环流上。信风可以在低纬度环流以下找到,相同的西风带也可以在中纬度环流下找到。中纬度环流的重点在西风带上,并不是真正闭合的循环。中纬度环流上空通常由西风主导,但是在地表风向可以随时突然改变。以北半球的参考系(观点)而言,往北的高气压带来东风主导的气流,常常持续数天,往北的低气压或是往南的高气压往往维持甚至加速西风的流速,但是经过当地的冷锋可能使这种情况改变。

3. 低纬度环流是正环流或直接环流(气流在赤道上升,高空向北,中低纬下沉,低空向南),又称为哈得来环流。低纬度环流是一个封闭的环流,基本活动于热带地区,在太阳直射点引导下,以半年为周期往返南北。低纬度环流的整个过程由温暖潮湿空气从赤道低压地区上升开始,升至对流层顶,向极地方向迈进,直到南北纬 30 度左右,这些空气在高压地区下沉,部分空气返回地面后于地面向赤道返回,形成信风,完成一个完整的低纬度环流。

化学武器的出现

所谓化学武器，是指在战斗中利用毒剂来杀害敌方有生力量的武器，是一种大规模杀伤武器，包括装有毒剂的炮弹、航弹、火箭弹、导弹、地雷、飞机布洒器、毒烟施放器材，以及"二元化学炮弹"和"二元化学航弹"等。这种武器在使用时，是通过炮弹爆炸或飞机布洒器喷洒，将毒剂分散成蒸气、小水滴、粉末或"气溶胶"等，让敌方阵地上的空气、地面、水源，以及敌人的武器装备等受到毒剂的沾染，使一部分敌人中毒死亡，大部分敌人丧失战斗力。

1925 年签订的日内瓦议定书中，明确规定禁止使用化学武器。1948 年，联合国安理会常规军备委员会把化学武器列为大规模毁灭性武器。

化学武器的由来和发展

远在几千年前人们就懂得，通过燃烧潮湿的柴草产生的浓烟可用来攻击野兽，用这种方法把野兽从洞里赶出来，以便进行捕猎。后来，人们把这种用烟攻击野兽的办法用在两军交战中。据史书记载，公元前 431 年，斯巴达人将沥青和硫磺制成抛射物，此物燃烧时生成大量的二氧化硫，他们在围城战斗中用这种方法攻击雅典人，最终取得了胜利。

我国古代也有不少这样的战例。宋朝时，有个名叫唐福的人制造了一种"毒药烟球"，球内装着砒霜、巴豆之类的毒物，燃烧时烟雾弥漫。这种"毒药烟球"在战斗中能使敌人中毒，削弱敌人的战斗力。这大概就是最早的化学武器了。当然，古代的化学武器很原始，使用方法简单，杀伤作用不大。到了近代，由于科学技术的发展，出现了威力很大的化学武器，于是这种武器逐渐引起了人们的重视。

在第一次世界大战中，1915 年 4 月 22 日，当时德国军队与英、法联军在比利时的伊伯尔地区作战。下午 6 点多，沿着德军的战壕突然升起了一道不透明的黄白色气浪。这道气浪有 6 千米宽，大约有一人高，它随着微风慢慢地向英、法联军的阵地移动。不一会儿，"奇怪云团"移到了英、法联军的阵地上。英、法两国的官兵们，一下子被这种突如其来的"奇怪云团"吓坏了，显得惊

▲宋朝时，用巴豆等毒物制成的"毒药烟球"，是最早的化学武器了。图为巴豆

惶失措。官兵们只觉得有一股刺激性的怪味扑面而来，马上就有人开始打喷嚏、咳嗽、流泪不止，其中有的人窒息倒地。于是，整个阵地变得一片混乱，许多人丢下枪支、火炮，纷纷逃命。英、法联军的正面阵地，很快被德军突破了5千米到8千米。

▲ 毒气吹放钢瓶

这是在近代战争史上第一次大规模使用化学毒剂。在这次战斗中，德国人使用了1600只大号的"吹放钢瓶"和4130只小号的"吹放钢瓶"，总共施放了180吨氯气，使英、法联军的中毒人数达到15000人，其中5000人死亡，5000人被俘。根据统计资料，在第一次世界大战期间，各参战国使用的化学毒剂多达45种，总量达到12.5万吨，受害者达到130万人以上。

实战经验表明，化学毒剂固然会伤害战场上的军人，但更多的受害者是无辜的百姓，因此使用这种武器极不人道，必然会受到国际舆论的谴责。在第一次世界大战以后的1925年，世界各国在瑞士的日内瓦开会，共同商定了一项《关于禁止毒气或类似毒品及细菌作战方法的议定书》，这是关于禁止化学武器及生物武器的最权威的国际公约。直到今天，它对各国仍具有约束力，世界各国都应当严格遵守。但实际上，并不是所有国家都能做到严格遵守这个《议定书》，这方面的实际例子很多。

在第二次世界大战期间，法西斯德国储备了大量的毒剂，而且装备了新型的"神经性毒剂"。他们当时用这些化学毒剂杀死了数十万名战俘，但在战场上并没有大规模使用，因为当时同盟国方面的美、苏等已具备了大规模的化学攻击力量和相当完善的防护装备，因而遏制了法西斯德国的化学战。1937年至1945年间，日本侵略军在我国的13个省78个地区使用过毒剂1600多次，杀害了我国的许多军民。据战后清查，仅分散在东北三省的日军还未使用的各种毒剂弹就有270余万发，此外还有大量的毒剂钢瓶。这些都是日本军国主义者在我国疯狂使用化学武器的历史罪证。直到20世纪80年代，前苏联在侵略阿富汗的战争中，越南在侵略柬埔寨的战争中，都曾使用过化学毒剂。以上这些国家的行动，都直接违背了1925年各国共同通过的《议定书》，理应受到国际大家庭的谴责和制裁。

有人把化学武器称为"穷人的核弹"，这话不无道理。因为在一场化学战中，受害最大的常常是大量无辜的平民，而不是士兵。

形形色色的毒剂

现代战场上使用的毒剂，可以说是形形色色、五花八门。但从外观上看，它们一般都具有一定的颜色。有的呈红色，有的呈棕色，有的呈褐色，有的呈青白色，也有的像水一样透明无色……在战场上，根据颜色就能大致判断敌方放的是什么毒剂。不同的毒剂还有不同的气味，有的具有浓烈的大蒜味，有的具有淡淡的苹果香味，有的具有带刺激性的胡椒味……虽然通过闻气味也能辨别毒剂的种类，但千万闻不得，太危险了！如果闻到毒剂，轻的会打喷嚏、流泪、咳嗽，重的就会中毒死亡。毒剂有固态、液态和气态三种状态，因此可以根据毒剂的状态判断它们属于哪一种。

根据毒剂对人体产生的不同伤害特点，一般可以分为六大类。

第一类是"神经性毒剂"。这是现代化学战中杀伤力最强的一种毒剂，它一般呈气体状态，也有呈液体状态的。神经性毒剂本身又有许多种。苏联军队配备的神经性毒剂叫"梭曼"，它是一种像水一样的液体，有微弱的苹果香味，毒性大，人中毒后的明显症状是瞳孔缩小、视力模糊、胸闷、呼吸困难、流口水、流汗、恶心、呕吐、腹痛、腹泻、局部肉跳、痉挛等。美国军队目前配备的神经性毒剂主要是"沙林"和"维埃克斯"，其中"维埃克斯"不仅毒性较大，而且持久时间长。液滴状的维埃克斯毒剂，在夏季可以持续两三天有效，在春秋季可以持续一个星期有效，是一种典型的"持久性毒剂"。

第二类是"糜烂性毒剂"。这类毒剂包括芥子气、路易氏气、氮芥气等。这类毒剂的共同特点是，人中毒后两小时到六小时，皮肤上会出现红斑；再过十多个小时，红斑区周围便出现小水泡；三天到五天后，水泡破裂，引起溃疡。当溃疡较浅的时候，几天工夫就能完全愈合；如果溃疡很深，则要两三个月才能愈合，并且愈后还会留下疤痕。

第三类是"全身中毒性毒剂"。这类毒剂主要包括氢氰酸和氯化氰，它能破坏人体

▲芥子气中毒患者

组织细胞的氧化功能，引起人体组织全身急性缺氧，甚至引起血液凝固，它又叫"血液毒剂"。

第四类是"失能性毒剂"。有一种叫"毕兹"的失能性毒剂，它能使人或其他动物的中枢神经活动、躯体功能出现暂时的混乱。在战场上，它能使敌人暂时失去战斗力。毕兹是一种白色或黄色的无味粉末，不溶于水，但能够使水源染毒。"毕兹"这种毒剂主要是通过呼吸道引起中毒，人中毒后的主要表现是反应迟钝、昏昏欲睡，像喝醉了酒似的东倒西歪，皮肤潮红，瞳孔放大，心跳加快，体温升高。总之，任何人中毒后，都会暂时失去进行正常活动的能力。

第五类是"窒息性毒剂"。1812年，英国化学家约翰·戴维把一氧化碳气体与氯气混合在一起，它们在日光下进行"光化合成"，生成了一种新的气体，称为"光气"。光气是最典型的窒息性毒剂，主要通过呼吸道引起中毒。人吸进光气后，会立刻

感到胸闷、喉干、咳嗽、头晕、恶心。如果得不到及时抢救，在两小时到八小时后，会出现严重咳嗽、呼吸困难、头痛、皮肤青紫等症状，并会咳出淡红色泡沫状的痰液，严重时会引起肺水肿，造成肌体严重缺氧，窒息而死。

防毒面具

防毒面具是个人特种劳动保护用品，也是单兵防护用品。戴在头上，保护人的呼吸器官、眼睛和面部，防止毒气、粉尘、细菌等有毒物质伤害。防毒面具广泛应用于石油、化工、矿山、冶金、军事、消防、抢险救灾、卫生防疫和科技环保等领域。

第六类是"刺激性毒剂"。第一次世界大战初期，德国人最先在战场上使用的刺激性毒剂有两种，一种是"催泪刺激性毒剂"，能使人的眼睛大量流泪，并且疼痛；另一种是"喷嚏刺激性毒剂"，能使人打喷嚏，剧烈地咳嗽，以致呼吸困难。这类毒剂虽然不容易把人毒死，但它能使人在短时间内丧失活动能力，并且能迫使敌人不得不赶紧戴上防毒面具，而这样一来就扰乱了敌人的士气，削弱了敌人的战斗力。

毒剂的使用方法

现在施放化学毒剂的方法很多，可以把它装在炮弹内发射出去，也可以把它装在炸弹内由飞机（轰炸机）进行投放，还可以把它装在导弹或鱼雷内进行发射，此外还可以用飞机布洒器大面积喷洒。

1981 年 9 月 14 日，越南军队在柬埔寨战场上使用了一种被称为"黄雨"的化学武器，就是通过飞机进行喷洒的。当时越军飞机在柬埔寨上空喷洒下一种黄色粉末，这些粉末好像下雨一样，飘落在人畜和植物上。人们接触这种黄色粉末后，很快就感到头晕、头疼，同时流鼻涕，呼吸越来越困难，有的人喉咙肿痛、吐痰、咯血，有的人出现肌肉痉挛，甚至鼻孔和耳朵里都冒出血来，同时皮肤上冒出黄色水泡，接着便出现严重的腹泻和剧烈的呕吐，不久便在痛苦的挣扎中死去。越南军队使用这种化学武器屠杀了大约两万柬埔寨人。专家们认为，"黄雨"是继第一次世界大战中出现的芥子气和后来发展的神经性毒剂之后，在化学战争领域内出现的第三代化学武器。

第四篇　现代科学发现

　　20世纪初，物理学的革命开辟了科学认识的新领域，自然科学进入了一个崭新的发展阶段——现代科学。依靠自然科学的许多新成就，一大批新兴技术不断涌现，汇成了新技术革命的洪流。在此基础上，现代科学形成了一个各门类、各学科互相联系、彼此渗透的知识体系。

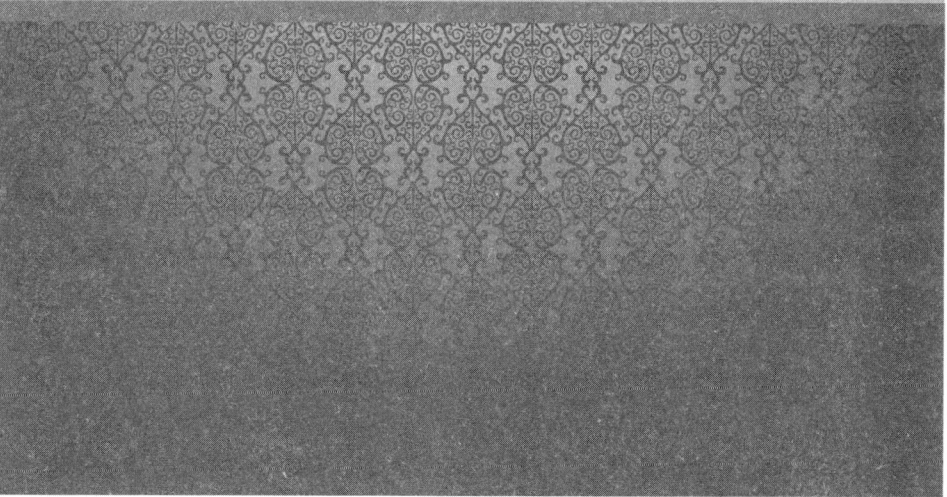

核能的发现及应用

1945 年 8 月 6 日和 9 日，美国将两颗原子弹先后投向了日本的广岛和长崎。美国的这一举动在一定程度上加速了抗日战争的结束，但也带给整个人类深深的震撼，让所有的人类都看到了原子弹这种武器的巨大威力。那么核能有怎样的应用历史呢？如何利用核能为人类造福而不是带来伤害呢？

核能的应用历史

核能的发现和利用有着漫长的历史。1914 年，英国物理学家卢瑟福通过实验，确定氢原子核是一个正电荷单元，称为质子。之后的 1932 年，英国物理学家查得威克发现了中子。1938 年，德国科学家奥托哈恩用中子轰击铀原子核，发现了核裂变现象。

▲广岛原子弹的爆炸

在 1945 年之前，人类在能源利用领域只涉及到物理变化和化学变化。二战时，原子弹诞生了。人类开始将核能应用于军事战场。之后，人类开始将核能应用于能源、工业、航天等领域。美国、俄罗斯、法国、英国、以色列、日本、中国等国相继展开对核能应用前景的研究。核能将是我们可以依赖的能源，它能够可靠地提供电力，保护环境，并促进经济的发展。

核能的优点与缺点

核能有很多其他能源不具备的优点，它提供了一种代替燃烧大量煤炭、石油等化石燃料的方法，使发电对环境产生更小的影响，不会产生二氧化碳。核能的发电成本中，燃料费用所占的比例较低，而且核能发电的成本较其他发电方法的成本更稳定，不易受到国际经济形势的影响。核能可有效地减少石油的消耗，美国一年依靠核电可以减少将近 100000000 桶原油的进口量。科技的进步促使发展更先进的核电厂，这样可达到投资少、建设快、运行良好的目的。

但同时核能又存在一些缺点。例如，核能发电厂的热效率较低，因而比一般的化石燃料电厂向环境排放更多的废热，故核能电厂的热污染比较严重，而且核反应堆会产生高低阶放射性废料，特别是使用过的核燃料，如果在事故中释放到外界环境中，会对生态及民众的生活和健康造成很大的伤害。因为核电厂的反应器内存在大量的放射性物质，虽然它们所占的体积不大，但因具有放射性，所以必须慎重处理，而且需要面对极大的政治困扰，这也导致兴建核电厂较易引发政治纷争。

核能的利用

核武器的利用会给世界和平带来很大的影响。人们通常所说的核武器是指利用能自行维持原子核裂变或聚变链式反应，瞬间释放的能量产生爆炸作用，并具有大规模杀伤和破坏效应的武器，即指利用原子核的裂变或聚变所产生的巨大能量和破坏力制造的具有巨大杀伤力的武器。由于核武器投射工具准确性的提高，自 20 世纪 60 年代以来，核武器尺寸大幅度减小，核战斗部的重量变小，但仍保持一定的威力，也就是比威力（威力与重量的比值）有了显著的提高。

到目前为止，核武器的实战应用，虽仍限于它问世时的两颗原子弹，但由于核武器自身 40 年来的发展，以及与它有关的多种投射或运载工具的发展与应用，特别是通过上千次核试验所积累的知识，人们对

▲核电站

其特有的杀伤破坏作用已有较深的认识，并探讨了实战应用的很多可能方式。很多国家都签署了限制核武器使用的条约，共同维护世界的和平。

和平地利用核能将给人类带来很多的便利。最显著的例子就是核能发电。核能发电的能量来自核反应堆中可裂变材料（核燃料）进行裂变反应时所释放的裂变能。裂变反应指铀－233、钚－239、铀－235 等重元素在中子的作用下分裂为两个碎片，同时放出中子和大量能量的过程。核发电的过程是核能→水和水蒸气的内能→发电机转子的机械能→电能。实现链式反应是核能发电的前提。链式裂变反应是指在裂变反应中，可裂变物的原子核吸收一个中子后发生裂变，并放出两三个中子。若这些中子除去消耗，至少有一个中子能引起另一个原子核裂变，使裂变持续地进行，因而能促使核发电的持续进行。中国大陆的核电起步较晚，20 世纪 80 年代才动工兴建第一座核电站。中国自行设计建造的 30 万千瓦（电）的秦山核电站在 1991 年底投入运行。大亚湾核电站也于 1994 年全部并网发电，给人们的生活带来更多的便利。

进入 21 世纪，我国的核电发展速度变快，根据

▲中国原子弹试验成功

国家能源结构调整规划设想，到 2020 年，我国核电装机容量要达到 4000 万千瓦，即占电力总装机容量的 4%。为达到这个目标，在今后的几年内，我国的核电装机容量至少要比现在增加 300% 以上，即需要新增 2700 万千瓦，平均每年要建成 2 台百万千瓦级的核电机组。这一目标的实现会使我国迎头赶上世界核电的先进水平，并实现核电技术的跨越式发展。

那么，核能开发的原料从哪里获得呢？

目前，人们开发核能的途径有两条：一是轻元素的聚变，如氘、氚、锂等；二是重元素的裂变，如铀的裂变。重元素的裂变技术，已得到实际性的应用；而轻元素的聚变技术，也正在积极地研制之中。在陆地上，这些元素的储藏量并不丰富，且分布极不均匀，但在海洋中都有相当巨大的储藏量，所以从 20 世纪 60 年代起，日本、联邦德国、英国等先后着手研究从海水中提取铀，并且逐渐形成了从海水中提取铀的多种方法。相信海洋所拥有的丰富资源会逐渐地被人类更多地利用。

拯救糖尿病患者的班廷

站在 19 世纪门槛的人们以为，20 世纪将会驾驶着吉祥如意的幸运之车来到人间，给处于苦难之中的芸芸众生带来新的希望。20 世纪确实带来了史无前例的变化，可是对于那些糖尿病患者来说，直到 20 世纪 20 年代，依然处于无可奈何的状态。当时，医生治疗糖尿病的最先进方法，就是控制饮食，成千上万的糖尿病患者，为了活命而不得不靠比死亡还残酷的慢性饥饿来苟延残喘，患病前是一位彪形大汉，临死时则骨瘦如柴。班廷就是在这样的背景下，依靠他的不懈努力，从而战胜糖尿病的。

立志从医

19 世纪 20 年代刚刚开始，一位勇敢的加拿大青年医生站了出来，展开了与糖尿病的英勇搏斗。在同伴们的支持下，他成功了，胜利了。这位勇敢的加拿大青年医生就是弗里德里克·班廷。

班廷 1891 年 11 月 14 日出生于加拿大的阿利斯顿。班廷的母亲生他时留下了病根，从此缠绵床笫，眼看着母亲的病痛，班廷幼小的心灵留下了深深的创伤。他每天放学回家，绕道去药房为母亲取药。在家里，他总是伏在母亲的床前做功课，时而为母亲读报纸、讲新闻，时而陪母亲聊天，十分孝顺，他常对母亲说："我长大了一定要做一个出色的医生，把妈妈的病治好！"班廷 18 岁时以优异的成绩考入了多伦多医学院，他决心实现儿时的诺言，他在医学院里的成绩总是名列前茅。人们议论说，班廷将来一定会成为一位名医，班廷正在朝着这个目标努力。可惜，班廷的母亲没等到他成为名医，在他读大学的第二年，就病重去世了。

班廷在日记里倾诉着他对母亲的眷恋，以及丧母之痛对他学业的激励，在日记中这样写道："我一看到放置案头的母亲遗像，特别是她那忍着病痛的微笑，心里好像一亮，医学上好些难记的名词，一下子就牢记在心了。"

班廷毕业那年，第一次世界大战已经在欧洲进行了 8 个多月，前方急需医生，他应征入伍。作为一名优秀的外科医生，他在欧洲战场上挽救了许多官兵的生命。

▲班廷

关闭诊所搞研究

战争终于结束了，班廷回到美洲，在加拿大安大略郊区开了一家诊所，挂牌看病。和平时期外科手术极少，班廷开业 28 天，才来了第一位病人。开业一个月后，账本上总共才赚了 4 美元。为了糊口，他在安大略州医学院找到了一个实验示范教员的临时工作。

班廷是一个做事认真的人，每次备课都十分用心，力图把医学实验示范搞得既有趣、又深刻。1920 年 10 月底的一个夜晚，偶然的一次奇思妙想，改变了他的人生道路。那天晚上，他必须为胰脏的功能准备示范实验。

胰脏在消化食物方面具有重要的作用，教科书上称它是一座了不起的多功能的小"发酵工厂"，有一种神秘的分泌液经由胰管流入小肠，它能够帮助人体消化糖、分解脂肪和蛋白质供人体吸收和使用。人如果没有胰脏，就会得糖尿病而死掉。

班廷为准备学生的示范实验，研读了教科书中的内容。他还看到，1899 年，德国医生冯·梅林和闵考斯基，把狗的胰脏全部切除，然后缝合伤口，数日后那只狗难以置信地消瘦下去，无精打采、四肢无力，只剩下抬头喝口水的力气，不久终于倒下……狗死于"糖尿病"。

为了扩大实验课的背景知识，班廷又阅读了德国病理学家兰格亨斯的论文。兰格亨斯发现在胰脏中存在着一些细小的细胞团，在显微镜下观察它们就像海洋中漂浮的小岛，因而被称为"兰格亨斯氏岛"，即"胰岛"。班廷准备通过示范实验告诉学生的正是这些胰岛细胞，它们的正常活动保障人体不得糖尿病。实验证明，即使把狗的胰管扎住，不让一滴消化液流出，狗也不会得糖尿病，只要有胰岛的健康存在……这确实是奇妙的生理现象！

> **糖尿病**
>
> 糖尿病是一组以高血糖为特征的代谢性疾病。高血糖则是由于胰岛素分泌缺陷或其生物作用受损，或两者兼有引起。糖尿病时长期存在的高血糖，导致各种组织，特别是眼、肾、心脏、血管、神经的慢性损害、功能障碍。

备课能准备到这种程度，已经相当不错了，显然，示范实验课肯定会成功。两天后，晚上睡觉之前，班廷随手拿起当天刚收到的医学杂志，心不在焉地翻着，"咦，这上面有一篇关于胰脏和糖尿病的报告，太巧了。"班廷想到备课内容，突然脑中闪出了一个念头，"能不能为治愈糖尿病做点贡献呢？"此时此刻的班廷已经达到了物我两忘的境界。他忘记自己是一名正在惨淡经营的外科医生，收入低微，不得不临时讲课维持生计。

糖尿病是典型的内科疾病，而班廷则是一位外科医生，关于糖尿病是如何置人死地的问题，许多生理学家和生化专家，早已写过大量的论著。可是，整个欧洲和美国有几百万糖尿病患者，每年都有成千上万的病人死去，这一事实激励着班廷去攻克这座顽固的堡垒。想到得了糖尿病的人总是口渴要喝水，喝了还渴，总是肚子饿，吃了还饿，以及这些人的身体在可怕的糖的河流中消瘦、死去，班廷的心不觉抽搐了一下。作为医生不能解除病人的痛苦，那还算什么医生！

班廷躺在床上，脑子里嗡嗡作响，思维处于高度兴奋状态，就在清醒与睡眠的交叉点上，他似乎悟出了一些道理："能不能将胰岛及其体液提取出来，看看它们能不能使已经全部切除了胰脏且患糖尿病即将死亡的狗活下去呢？"思想的火花虽然像闪电一样稍纵即逝，但记录下来的思想火花经过实践就会变成巨大的变革力量，班廷决定尝试一下。

班廷决定到多伦多大学医学院生理系找著名的麦克洛德教授，他是北美著名的胰脏生理和病理方面的专家，只要说服他就可以为自己进行实验创造有利的条件。为此，班廷不顾老师、著名的外科医生斯塔尔等亲朋好友的劝阻，关闭了诊所，也不再教书，破釜沉舟，专门搞研究去了。

历尽波折终获成功

1921年春天，班廷说服了大名鼎鼎的麦克洛德教授，其实这也是因为班廷提出要求进行实验的条件太容易满足了。

"那么，你到底要什么呢？"麦克洛德教授摊牌了。"我需要10条狗，1名助手，做8个星期实验。"班廷一口气提出了自己的全部要求，麦克洛德教授不多不少地满足了班廷的要求，为此他也闻名于后世。

1921年5月16日，班廷终于走进了多伦多医学院大楼里的一间狭窄、阴暗的屋子，他有了10条供实验的狗和1名实验助手，这位助手是年轻的不满21岁的医科学生查尔斯·贝斯特。

班廷未免太自信了。他要在八个星期内，解决医学上一个最复杂的难题。幸运的是麦克洛德教授派来的助手贝斯特，对生化十分熟悉，他对测定狗的体液和血液中确切的含糖量等问题，易如反掌。而班廷这方面的实验操作知识，可以说是一无所知。班廷是一位极其出色的外科医生，他进行的手术可以说是无可挑剔。两位初生牛犊不怕虎的年轻人，开始了对糖尿病的冲击……

▲贝斯特

他们从失败开始，他们从失败中吸取教训，他们最后还是以失败结束。

班廷计划的八个星期已经过去了，贝斯特的报酬也没有人支付了，可是两个年轻人从失败中看到了成功的希望。他俩乘麦克洛德去欧洲讲学的机会，不要报酬，又干了起来。他们从狗的胰脏中提取胰岛细胞物质，注射到已经被切除胰脏的狗的体内，这一步骤十分复杂，两个人在黑暗中摸索着前进。一条狗死掉了，又一条狗也死掉了……直到最后，他们终于用胰脏抽取物救活了一条切除胰脏的92号实验狗。

经过反复实验，班廷和贝斯特终于发现胰岛提取物具有维持糖尿病狗的生命的作用。可是，为了维持一条狗，却用了五条狗的胰脏，也就是说杀掉五条狗才能使一条狗维持生命，还有什么比这更荒唐、更残忍的事呢？到哪里去弄到更多的狗呢？终于他们想到了屠宰场。不久，他和贝斯特从屠宰场带回了9只牛的胰脏。经过处置、洗涤、消毒和提取，结果完全和他们的预想一致，给第一条患糖尿病的狗注射牛胰脏的提取物后，狗的高血糖直线下降了。

实验速度加快了，一切都变得更顺利了，班廷和贝斯特已从在狗身上做实验转到了人身上。谁来做第一次实验呢？尽管动物实验是没有危险的，但谁能保证用在人身上就一定没有危险呢？班廷和贝斯特不愧是医学事业的献身者，班廷决定先给自己打一针胰脏提取物，贝斯特坚持先给自己打一针。

"贝斯特，不要争了，如果我有什么意外的话，你可以继续把实验进行到底。"班廷说。"不，我也要分担这些风险。你的技术更熟练，应该受到保护的是你，而不是我。"贝斯特说。最后，两个人先后用自己的身体做了人体实验，证明这种能够救活狗的东西对人体也是无害的，他们要将这种胰脏提取物用在病人身上了。

乔是班廷在医学院时的同学，他突然得了严重的糖尿病，本来性格开朗的乔，得了这种病后变得郁郁寡欢。因为他也是医生，知道医学界至今对糖尿病束手无策。他一直采用饥饿疗法，乔的饮食量不及一个婴儿，勉强凑合地活着。1921年秋天，他遇到了老同学班廷。

班廷对他说："乔，没准我很快能给你一种药！"乔对熟悉的班廷并没有抱多大希望，以为班廷只是在安慰自己，只是苦笑了一下。10月份，乔染上流感，糖尿病患者最怕得感冒，乔的生命处于千钧一发的危急时刻，已经做完人体实验的班廷再也不能无动于衷了。

1922年2月8日，乔来到班廷和贝斯特的实验室。他们马上给乔注射了一针胰脏提取物，大家坐下来等待效果。一小时，两小时，不见效果。班廷再次陷入困境，他不敢正眼看乔，径直地跑出大门。他失望了，这是一个大失败，还是老问题，对狗有效，对人无效。

班廷太性急了，贝斯特劝乔留下，他耐心地对乔说："乔，让我们再做一次。"乔不愧是一位医生出身的患者，贝斯特的耐心也是堪称世界第一的。两个人又安下心来等待结果……乔逐渐感觉好多了，几个月来他第一次觉得自己的头脑突然清醒了，两腿不再有沉重感了。贝斯特把这个好消息告诉了班廷。

乔吃了几年来第一顿正常的晚餐，三个人都以为他痊愈了，可是第二天乔的两腿又沉得不行。没有关系，班廷和贝斯特又让乔再回去打一针。可是到最后，乔的几次反复用尽了班廷和贝斯特手里的这种胰脏提取物针剂。班廷、贝斯特，还有那可怜的乔，又陷入了困境。

一直掩身在幕后的麦克洛德教授，这时已经意识到，这两个毛头小伙子实际上完成了生理学家宣告彻底失败的事业。麦克洛德教授暂时丢下手头的研究，带领全体助手投入班廷和贝斯特进行的工作，他做的第一件

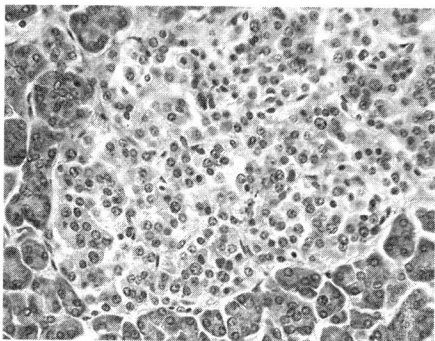
▲显微镜下的胰岛细胞

事，就是将胰脏提取物改名为"胰岛素"，全体人员分成几路人马，胰岛素的研究速度增加了。

不久，班廷前往美国纽黑文参加全美医学大会，在会上由于发言时间受限制，同时又因为紧张，他结结巴巴地宣读了胰岛素的论文。消息传了出去，就有人找上门来。像一窝蜂似的，人人都要胰岛素。这东西实在太重要了，那些濒临死亡的人抱着一线希望找上门来，结果发现他们原来不过是抓了一根稻草……班廷他们制的胰岛素太少了，而希望得到胰岛素的人又太多了。

研究的深入

科学的每一步发展，都是同困难作斗争的结果。班廷和贝斯特在试管里搞成的东西，进行商业性的大批量生产却不行。这时，从阿尔伯塔大学主动前来援助的科利普大夫，参加了大量制取胰岛素的挑战性工作，他接替了这时已经手足无措的班廷和贝斯特。

班廷认真地作示范给他看，怎样用低浓度酒精从胰脏中提取胰岛素这种救命的物质，又如何以高浓度的酒精加以纯化。大量制取胰岛素，成为多伦多大学医学系全体人员的希望。麦克洛德主持了大批量生产胰岛素的工作，但是由于胰岛素是一种蛋白质，很难分离出结晶状供注射用的制剂，工作遇到了麻烦。麦克洛德宣布的论文，却为班廷和贝斯特、科利普呼唤来了一大批同盟军，全世界各个医学实验室都在进行制取胰岛素的工作。

众人拾柴火焰高，渐渐地研究有了起色。1925年，美国生物化学家阿贝尔，终于制得了胰岛素的结晶。后来，贝斯特、科利普等人也在制取胰岛素技术上，先后取得重要突破。一批一批毒性更小、药性更强的胰岛素，制取出来了。当时，患有糖尿病的患者只需注射一支胰岛素，就可以缓解病情，过一段时间病重再注射一支胰岛素……尽管糖尿病患者的手臂、腿和屁股上，到处都是针眼，甚至没有地方再打针了，可是他们都活着，也不用饿肚子。

　　为减轻糖尿病患者的痛苦，胰岛素的发现者们又开始研制浓缩的胰岛素，它的成功几乎可以使病人完全康复。由于糖尿病在发现胰岛素之前，被视为最难根治的疾病，并且加拿大政府鉴于全球学者无不珍视班廷的发现，所以拨巨款资助班廷，国内外的热心捐款者也纷纷赠款给班廷。

　　1930 年，班廷糖尿病研究院在多伦多成立，班廷出任院长。不幸的是，1941 年 2 月 21 日，班廷因飞机失事不幸遇难于纽芬兰东海岸。

生命起源三部曲

从古至今，有很多说法来解释生命起源的问题。在中世纪的西方，《圣经》上描绘的上帝，在七天之内造就万物之说，也是非常流行的。今天看来，生命起源并不像这些古老传说或神话描绘的那样，但表明了人类长期以来，对生命起源之谜倾注了极大的热情和关注。但生命起源应该是怎样发生的？科学又是怎样对这一千古之谜进行探索的？我们已经取得了哪些进展？还有哪些问题没有解决呢？

生命起源的几种假说

首先我们现在已经有了生命起源的时间概念，是距今 40 亿年到 38 亿年之间。那生命是怎样起源的呢？它在什么地方起源的？这样我们不得不回顾一些有关生命起源的假说。

第一个是创世说，在《旧约全书》的第一章写道，上帝在七天之内创造了世间之万物。在中世纪的西方，大家普遍接受这个观念，可以说一直到现在，这种观念还被很多人接受，当然这不是真的。

第二个是自生论，比如希腊人认为，昆虫生于土壤，春天万象更新，种子从泥土里萌发，昆虫从去年留下的卵壳中破壳而出。但这不是生命的起源，而是生命的延续，可以说这个自生论现在已经被彻底抛弃了。与这个类似的说法，还有比如埃及人认为生命来自于尼罗河，在中国古代也有腐草生萤之说。

第三个有关生命起源的假说，就是有生源论，这在 19 世纪的西方也非常流行。有生源论认为，生命是宇宙生来就固有的，你要问我生命从哪里来的，你首先回答我一个问题，宇宙怎么起源的？物质怎么来的？你回答了物质是怎么来的，就可以说生命是从哪儿来的，其实这是一个不可知论。

第四种是宇宙胚种论，在 20 世纪的后半叶，有生源论逐渐发展到现在的宇宙胚种论，直到现在，有许多科学家认为，生命存在必需的酶，像蛋白质和遗传物质的形成，需要数亿年的时间，在地球早期并没有可以完成这些过程的充足时间段，因为它就两亿年。因此他们认为生命一定是以孢子或者其他生命的形式，从宇宙的某个地方来到了地球，这种观念也是有一定的依据的。

陨石

陨星，即自空间降落于地球表面的大流星体。大约 92.8% 的陨星的主要成分是硅酸盐（也就是普通岩石），5.7% 是铁和镍，其他的陨石是这三种物质的混合物。含石量大的陨星称为陨石，含铁量大的陨星称为陨铁。

20世纪40年代以来，人类用天体物理的手段，在地球之外探测了近百种有机分子，像甲醛、氨基酸等。其中两种天体可能与地球上的生命有关，它们可能给地球带来生命或者有机分子，一种是彗星，一种是陨石。我们知道这两颗天体里边含有大量的有机分子，比如我们把一些彗星称为脏雪球，它们不仅含有固态的水，还有氨基酸、铁类、乙醇、嘌呤、嘧啶等有机化合物，生命有可能在彗星上产生而带到地球上，或者在彗星和陨石撞击地球时，由这些有机分子经过一系列的合成而产生新的生命。当然这种胚种论也存在有两个致命的弱点，一个是生命是否能在宇宙中进行长期的迁移？还能不能够存活？我们知道天体之间的距离是以光年为单位进行计算的，天体之间交流可能需要成千上万年，从一个星球到了另一个星球。那在这种真空里面，暴露在这种大量的宇宙射线之中，活的生命是不是在千万年中还能够继续萌发呢？这是一个最大的问题。第二个从无机分子到有机化合物的过程，比如说彗星上我们看到有机小分子形成，在地球上也能够形成，这是毋庸置疑的。

奥巴林的生命起源三部曲

奥巴林是苏联生化学家，1922年他根据地球和太阳系形成的最新研究资料，提出了生命起源的假说。两年后，他又写出了《生命起源》的小册子，指出："生命起源不是某些幸运机遇的结果……而是物质进化的必然阶段"，"在生物进化之前还存在一个化学进化阶段。"可惜由于语言不通，奥巴林的学说当时并未引起世界的重视。1936年，奥巴林进一步丰富和发展了自己的观点，出版了《地球上生命起源》一书。在书中奥巴林把生命起源的历史分为三个阶段，第一阶段，从无机物生成有机小分子；第二阶段，从有机小分子形成氨基酸、蛋白质、核酸等高分子聚合物；第三阶段，形成具有新陈代谢、能够自我复制的原始生命体，最终产生细胞。

▲生化学家奥巴林

在刚刚形成的原始地球上，大自然进行着惊心动魄、威武雄壮的活动。天空中电闪雷鸣，地面上火山爆发，喷出大量气体和熔岩，太阳发出强烈的紫外线，来自宇宙空间的射线无遮无拦地射向地面，它们结合起来向原始大气进攻。原始大气主要是由甲烷、氨、氢、二氧化碳、一氧化碳、水等组成的还原性大气，这种大气生成了甲醛与氰化氢等醛、醇、酸等有机小分子。随着地球的冷却，水蒸气凝结成雨点，大雨滂沱，形成原始海洋。大气中各种不同的有机物被雨水冲刷下来，落进原始海洋中，成为所谓的"热稀释汤"，这就是奥巴林谱写的生命起源的第一部曲。

生命起源的第二个阶段主要发生在原始海洋中，这是一个非常漫长的过程。降到水中的有机物数量非常丰富，浓度可达1%，就像大自然厨师烹调的一锅"原始营养汤"。水中含有的无机物，能催化各种碳氢化合物的变化，并参与反应成为有机物的组成部分。这些简单的有机物通过各种化学反应，形成氨基酸、糖、核苷酸直到蛋白质和核酸等复杂的化合物。

具有新陈代谢的多分子体系的产生是生命起源中最关键的一个阶段。由非生物变成原始生命是一个质的变化，是生命起源中最难回答也是最引人注目的问题。奥巴林根据胶体在水中凝聚成团聚体的现象，提出在"原始营养汤"中，多肽、多核苷酸和蛋白质等大分子会凝聚成团聚体，这些浸在盐类和有机物中的团聚体可以和外界环境不断进行物质能量的变换，通过"自然选择"，新陈代谢的催化设备日臻完善，核苷酸和多肽之间的密码关系逐步确立，最后由量的积累发生质的飞跃，终于诞生了生命。奥巴林曾用组蛋白和多核苷酸合成了团聚体。

奥巴林把生命的发生看成是自然界长期进化的结果，并首次从整体上建立生命在地球上发生的科学理论，因此被誉为研究生命起源的先驱。

英国学者霍尔丹在1929年也独立发表了类似的见解，认为原始的大气中没有氧，直射下来的强烈紫外线作用于水、二氧化碳、氨的混合物，形成许多有机化合物，最后导致生命的产生。也有人把他们的理论称为奥巴林—霍尔丹生命发展学说。

发现光散射效应

　　水是无色透明的，大气也是无色透明的，但大海是蓝色的，天空也呈现蔚蓝色，这是什么原因呢？第一个对此给予正确解释的是拉曼。拉曼是印度物理学家，他因发现光通过透明物质时波长会发生一定变化，荣获了1930年诺贝尔物理学奖。

年轻有为的拉曼

　　拉曼1888年11月7日出生于印度南部的蒂鲁吉拉伯利，他的家庭信仰印度婆罗门教。拉曼小时候是个神童，12岁就以优异的成绩通过了升学考试，考入马德拉斯大学的一所学院。

　　1904年，拉曼16岁时获得物理学学士学位，他的成绩在全班名列第一，因此获得了学校颁发的物理学金质奖章。三年后，他又顺利获得了数学硕士学位。1906年，拉曼在英国权威科学刊物上发表了第一篇有关数理方面的学术论文。

　　1917年的一天，加尔各答大学副校长穆柯伊爵士在一次集会上，结识了年轻的拉曼。他十分赏识拉曼的才华，当他了解拉曼在独立进行科学研究，已发表了三十余篇很有价值的研究论文时，更加赞叹不已，便邀请拉曼到加尔各答大学就职。

　　在加尔各答大学，拉曼夜以继日地进行声学和光学的研究。很快，他取得了出色的研究成果，引起了英国科学界的注意。当时的印度属于英国的附属殖民地，拉曼心中燃烧着炽热的爱国主义情感，认为欧洲人能办到的事，印度人也能办到。1921年，拉曼代表加尔各答大学出席了在牛津召开的英国大学会议，会上他为皇家学会作的科研报告，备受人们称赞。

▲拉曼

发现光散射效应

　　在取道地中海回国的途中，他偶然听到一对母子的对话，这促成了他科学研究的新转折。轮船穿过直布罗陀海峡进入了一碧万顷的地中海，蔚蓝色的海面风平浪静，一位印度年轻母亲领着八九岁的小男孩，正在谈话——

　　"妈妈，这个大海叫什么名字？"

"地中海!"

"为什么叫地中海?"

"因为它夹在欧亚大陆和非洲大陆之间。"显然,这个小男孩是聪明好学的,他引起了拉曼的注意。

"妈妈,大海为什么是蓝色的?"

碧蓝的海水成了小男孩疑问的对象。慈爱的妈妈一时语塞,她只好向拉曼投去求援的目光。拉曼蹲下身来,亲切地牵着小男孩的手说:"小朋友,海水之所以呈现蓝色,是因为它反射了天空的蓝色。"孩子的问题解决了,可是疑问却压在了拉曼的心头。刚刚回到加尔各答,拉曼立刻着手研究海水为什么呈现蓝色的课题。拉曼把这个日常生活中常见的问题作为光线散射与水分子关系的

▲ 蔚蓝的地中海

典型物理现象,通过大量的实验他获得了成功。在1922年《英国皇家学会会报》上发表了论文,他用细致的分析证明了水分子对光线的散射使海水显出颜色的机理,它与大气分子散射太阳光而使天空呈现蓝色的机理完全相同。拉曼从研究海水蓝色的常识出发,进而深入到分子与光线散射相互作用的科学前沿。

拉曼运用爱因斯坦等人的涨落理论进行研究,观察光线穿过净水、冰块及其他材料时的散射现象,获得了充分的实验数据。最后他成为了一名散射问题专家。

20世纪初,德国科学家普朗克提出了量子论,爱因斯坦继而提出光量子的概念,从这些理论研究的进展中,人们逐渐认识到光的粒子性。拉曼的伟大贡献,就是为科学界最后接受这一观念提供了强有力的证据。

拉曼从1919年开始研究散射问题,他取得的第一项重要成果是形成海水颜色的分子散射理论。1923年4月,他与助手一起研究光被其他物质散射时,分别在固体、液体和气体中发现了一种普遍存在的光散射效应。后来,人们为了纪念拉曼,把这种光散射效应称为"拉曼效应"。拉曼的新发现很快传遍了世界各地,人们普遍认识到这一发现对量子力学和相对论的巨大意义。

拉曼效应的发现为研究物理结构提供了一种有效的手段,因而也为全世界的科学研究开辟了一条新的道路,拉曼因此在1930年荣获了诺贝尔物理学奖。

测不准原理的提出

在牛顿力学中，对一个运动的物体，能够同时准确地测量它的动量和所处的位置，这是毫无疑问的。例如，公路上行驶的汽车，任一时刻的位置和速度都是能够准确地测量到的。不然的话，测速员准确地测到了车速，却不知这时候汽车在哪里，这样奇怪的事在日常世界是不会发生的。

测不准原理的提出

然而，在量子的世界中，微观粒子的动量（速度和质量的乘积）和坐标（或位置）却对应着一系列的可能值，对每一可能值又有一定的出现概率，动量和坐标不再同时具有确定的值。不过，这些不确定量之间又有一定的相互制约关系，这就是由德国物理学家海森伯于1927年提出的测不准原理（或叫不确定原理）。以位置和动量的测量为例，测不准原理指出，在同一个实验中，沿某个方向运动的粒子的坐标的不确定性 Δx 和动量的不确定性 ΔPx 的乘积不能小于普朗克常数（即 $\Delta x \cdot \Delta Px \geq h$）。

按照我们日常生活的经验，测量的精度往往取决于测量技术的高低。可是测不准原理却表明，即使使用最理想化的仪器，测量也不可能超过一定的精度。这又该怎么去理解呢？下面，让我们以电子的测量为例，看看测量时会发生什么样的情况。

现在我们所要做的是，测量电子每一瞬时的速度和位置。由于电子很小，我们准备用一台放大倍数很大的显微镜来观察它。首先要让电子在光照下成为可见的东西，否则就不可能看清它的位置。我们的设想是，选择一个飞行的或是静止的电子，采用适当的光线照射它，当电子反射的光子到达照相底片或眼睛时，我们就能了解到它在某个时间的位置。

▲德国物理学家海森伯

大家知道，显微镜的放大倍数取决于所用光波的波长，因此所选光波的波长是关键。如果选用波长比电子线度（可近似地理解为电子的直径）大很多的光，则会因放大倍数太低而无法观察到电子这么小的粒子。若选用的光的波长与电子线度差不多时，又会发生明显的衍射，从而只能看到明暗交替的衍射环而根本看不清电子，也就是说此时电子的位置就不能确定。为了获得一个清晰的电子的像，就要求光的波长小于电子的线度，看来必须选用频率很高（也就是波长很短）的光波。幸好有 γ 射线，它的频率是足够高了，于是就考虑用它来照射电子。结果怎样呢？在 γ 光照射下，人们通过显微镜去观察电子，却发现显微镜下什么也没有。又出了什么问题呢？

为什么测不准呢？

让我们来分析一下，γ 光的波长为 6×10^{-13} 厘米，可以计算出，一个 γ 光子的动量为 10^{-14} 厘米/秒，而速度高达 1010 厘米/秒的电子的动量也只有 10^{-17} 克·厘米/秒。我们原本打算让 γ 光子照亮电子，没想到 γ 光子的动量竟然是电子动量的 1000 倍！这样，γ 光子照射到电子上，就像火车撞上了婴儿车，电子早不知被光子撞飞到哪里去了！难怪看不到电子呢。看来电子实在太小了，只要被一个 γ 光子打中，就会移动位置。这样一来，就在测量

> ### γ 光子
>
> γ 射线，又称 γ 粒子流，是原子核能级跃迁蜕变时释放出的射线，是波长短于 0.2 埃的电磁波。γ 射线有很强的穿透力，工业中可用来探伤或流水线的自动控制。γ 射线对细胞有杀伤力，医疗上用来治疗肿瘤。2011 年英国斯特拉斯克莱德大学研究发明地球上最明亮的伽马射线，该射线比太阳亮 1 万亿倍，这将开启医学研究的新纪元。

电子的位置的同时，我们却改变了电子的位置。看来，我们的如意算盘只能落空，根本没法按我们的设想去看到电子。微观世界中竟会有如此怪事！

宏观世界中又是怎样的呢？经过计算发现，物体的质量越大，测不准原理对它的影响就越小。例如，物理学家考察了线度为 1 微米、密度为 10 克/厘米 3 且以 1 微米/秒低速运动的尘埃微粒的情况。那么可以计算出测量位置的误差为 10^{-4}，也就是万分之一；速度的误差为 10^{-3}，也就是千分之一。可见，这种理论上的误差是如此之小，根本不会影响实际的测量。用同样方法可以算出，对于更重一些的质量为 1 毫克的粒子，原则上可以在 10^{-12} 厘米的位置和 10^{-12} 厘米/秒的速度范围内同时确定它的这两个量，不确定性对实际测量的影响微乎其微！尺度再大一些的物体，自然就更不必说了。

这些计算数据说明，在测量宏观物体时，我们当然就可以大胆地依据经典理论，而不必担心由测不准原理所带来的小到完全可以忽略的误差。其实，只要联想到实际情况，我们也可以马上凭直觉来理解这一点。我们用望远镜来观测天体时，并不会认为这种观测影响了天体本身的运动。从原则上讲，这并不是因为这种观测不影响天体，而是这种干扰的影响实在太小了，小到根本不会被察觉的程度。对天体来说，望远镜是功率极低的观测仪器，而 γ 光显微镜对于电子就是一个"功率极强"的"干扰源"了。这种干扰已经强到了会改变电子状态的程度，因此就不能再忽视它了。这就好像我们试图用一支巨大的温度计来测量一小杯咖啡的温度，温度计会损失掉咖啡中太多的热量，而使咖啡温度下降，这必然就会使测量结果产生很大误差。这样的蠢事当然不会有人去做。我们只不过是借此将微观世界所发生的事夸张一些，以便于我们更好地理解测不准原理。

我们知道，原子尺度上的能量非常小，因此不难想象，即使是最精巧的测量，也会对被测量的东西产生实质性的干扰，这样测量的结果就不能真实描述测量装置不在时的情况。在这个尺度上，观察者及其仪器成了观测对象的一个不可分割的部分，它们之间就不可避免地存在着相互作用。

另外，我们在观测时，可以发现电子等微观粒子，以粒子形式存在于空间的特定场所，但到观测前的那一瞬间为止，粒子可能是在空间的任何地方。这种可能性是作为几率波在空间传播。这时，对可能性一词就不能再按经典意义理解为粒子实际处于空间的某一点，只是我们不知道究竟在哪一点，或者说我们不能认为它们有确定的经典轨道，在我们对其进行测量之前，它们都是以波动形式出现的。物理学家经过深入研究后指出，上述实验中，观测仪器的失误恰恰就是由于电子的波动性所造成的，因此不能脱离电子波动性的一面来试图单纯地测量电子粒子性的一面。海森伯所提出的测不准原理，揭示了纯粹观察粒子性一面必然受到波动性的局限。

很多人都对量子世界特有的这种不确定性感到不习惯。然而，20世纪30年代初，海森伯的研究生、当代著名物理学家韦斯科夫是这样看待测不准原理的："测不准原理其实应当叫做确定性原理。要是说量子状态有什么不可思议之处，无非是难于用普通语言来表达。"他进一步解释道："当然，我们不能到处追踪一个电子，按照旧的观念去寻找它的下落。但这并不是说电子不存在。电子的存在方式只不过与我们司空见惯的物体的存在方式不同罢了。海森伯的测不准原理，不过是些警戒标志，它告诫说：经典语言，就此止步。在你深入到原子尺度的地方时，你就会遇到困难。你要是用经典概念来描绘量子状态，几率就会出来干涉。"

制服链球菌

在发明了治疗梅毒的有效药物"606"以后，全世界的医学家和化学家参照埃尔利希的方法，继续从事抗菌药物的研制。可是，20 多年过去了，却没有一种疗效显著的新药制造出来。直到 1935 年，德国医生杜马克才发现了一种名叫"磺胺"的新药。这种药对一向认为很难制服的链球菌、葡萄球菌等，具有极强的抑制作用。

发现磺胺的杜马克

最早，杜马克和他的助手们用金、汞等有毒化合物着手制造杀菌药物，没有一点效果。杜马克尝试着用埃尔利希改造砷化合物结构制造"606"的办法，选用一种红色的染料，用化学方法来改变这种染料的结构，得到了好几种物质，然后用它来对付链球菌。这种病菌是猩红热等疾病的根源。

试验进行了无数次，结果都不成功，最后轮到一种红色素——百浪多息来试验，奇迹终于出现了。那些注射了链球菌而没有经过治疗的小白鼠，都死了，而注射了百浪多息的小白鼠都活了下来。多次实验结果都一样，说明这种红色素有杀菌的作用。

可是，用红色素来杀菌，需要的剂量很多，把它用到临床就需要更多。杜马克经过不断试验，改变红色素的化学结构，结果制得了一种白色的粉末，它比红色素的杀菌效力大几十倍。

百浪多息是属于苯磺酰胺类的化合物，能够杀灭细菌，是由于它在人体内能分解成一种比较简单的化合物——对氨基苯磺酰胺（简称磺胺）。接着，杜马克又在兔子和狗等动物身上实验，都显现了磺胺杀灭链球菌的神奇本领，但把它应用于治疗病人还得选择适当的病例。

事情也巧，杜马克的小女儿爱莉莎的手指被刺破，链球菌从伤口进入了血液。经医生医治无效，病情十分危险。杜马克在痛苦中想到了磺胺，它能杀灭小白鼠身上的链球菌，能否用它来试一下，也许能使女儿得救。杜马克给女儿注射了两小瓶磺胺，第二天早晨，小爱莉莎睁开了双眼，不久热度消失，终于恢复了健康。这是磺胺在人

> **埃尔利希**
>
> 埃尔利希（1854 年—1915 年）德国医学家、细菌学家、免疫学家，近代化学疗法的奠基人之一。他的"关于集体组织对染色物质感受性"的论著，为以后研究机体细胞与组织的鉴别染色法打下了基础。他和日本学者秦佐八郎一起发明了治疗梅毒的砷制剂"606"，荣获诺贝尔生物奖、医学奖，为化学疗法的发展作出了重大的贡献。在免疫学上，他创立的"侧链学说"，对于传染病的诊断、治疗与预防提供了一些实用的方法。

体中第一次制服了链球菌。

磺胺简介

在当年，人们病菌感染缺医少药，磺胺药的问世是人类战胜链球菌的福音。磺胺为什么能杀死细菌呢？原来，链球菌的生长，依靠一种叫做对氨基苯甲酸的物质，它的化学结构同磺胺很相似，但是它俩的脾气刚好相反。当病人服用磺胺以后，磺胺被人体内的链球菌吸收，磺胺同细菌体内的酵素结合，阻碍新陈代谢作用，促使细菌死去。

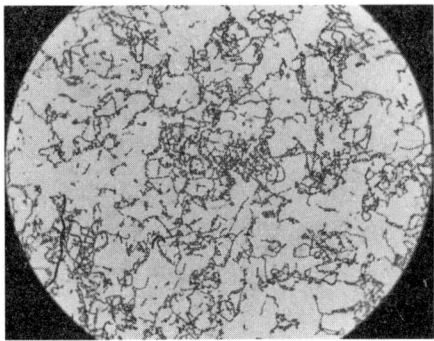

▲链球菌

磺胺是磺胺类药物中最简单的一种，又叫消发灭定。著名的消治龙药膏中就含有磺胺。磺胺类药物是无臭、无味、白色或黄色的粉末。常用的磺胺类药物有磺胺甲氧嗪（又叫消炎片）、磺胺噻唑、酞磺胺噻唑、磺胺嘧啶、磺胺咪、消炎磺、新明磺、制菌磺、吡嗪磺、周效磺胺、柳氮磺胺吡啶等。磺胺类药物主要用来医治各种炎症，如肺炎、脑膜炎或者伤口化脓等症，能够杀死许多凶恶的病菌，如链球菌、肺炎球菌、脑膜炎球菌、淋球菌、葡萄球菌、大肠杆菌、痢疾杆菌等。

可是，人长期服用磺胺药以后，体内有些病菌改变了自己的代谢方式，或者产生了对磺胺的抗药性，使磺胺失去作用，细菌又重新繁殖起来。所以，人们需要能对付更多病菌的药物！

青霉素的发现史

我们在生病时，注射青霉素会使我们很快地好起来。它是如何既能杀死病菌，又不损害人体细胞的呢？注射青霉素之前，医生一般会让我们做皮试，这又是什么原因呢？青霉素对我们还有哪些治疗作用呢？

青霉素的发现历史

青霉素产生之前，人类一直未能掌握一种能高效治疗细菌性感染且副作用小的药物。当时若某人患了肺结核，那么就意味着此人不久就会离开人世。英国细菌学家弗莱明发现了青霉素，专门用来对付细菌性感染。

青霉素的提炼与临床医疗

然而令人遗憾的是，弗莱明一直找不到提取纯度较高的青霉素的方法。于是他将青霉菌菌株一代代培养，但很难从中提取足够的数量供治疗使用。但是他的发现，为后来的科学家开辟了道路。1935 年，英国牛津大学生物化学家钱恩和物理学家佛罗里对弗莱明的发现产生了极大兴趣。钱恩对青霉菌进行培养和分离、提纯和强化，使其抗菌力提高了几千倍，同时佛罗里负责对动物进行观察试验。在佛罗里的领导下，联合实验组开展了紧张的研制工作。细菌学家们每天要配制几十吨培养液，然后将它们倒入许多培养瓶中，在里面接种青霉菌菌种，它们充分繁殖后再被装进大罐里，送到钱恩那里进行提炼。经过努力的提炼工作和紧张的实验，他们终于用冷冻干燥法提取了青霉素晶体。他们获得了能救活一个病人所需的青霉素，而且救活了一个病人，证明了这种药物的无比效能。青霉素杀菌的功效因而得到了证明。

但与此同时，也面临着其他问题。佛罗里清醒地意识到，要使青霉素广泛地应用于临床治疗，必须改进设备进行大规模的生产。但这对联合实验组来说，仅仅是一个无法实现的奢望，而且当时德国飞机正频繁轰炸伦敦，要进行大规模的生产没有任何安全保障。1941 年 6 月，佛罗里带着青霉素样品来到不受战火影响的美国。通过与美国科学家的合作和共同努力，他们制成了以玉米汁为培养

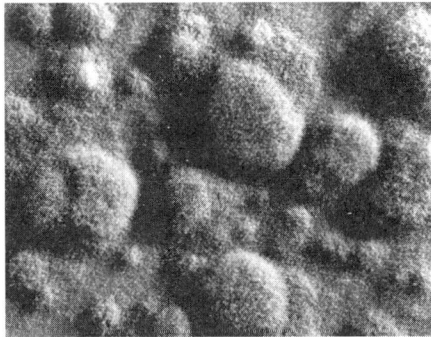

▲人工培育的青霉菌

基，在 24℃ 的温度下进行生产的设备，用它提炼得到的青霉素，不但纯度高，而且产量大。到了 1943 年，制药公司已经发现了批量生产青霉素的方法。当时正值第二次世界大战，这种新的药物对控制伤口感染效果明显。

青霉素的发现和大量生产，及时抢救了许多的伤病员，拯救了千百万肺炎、脑膜炎、脓肿、败血症患者的生命。青霉素的出现，轰动当时世界。为了表彰这一造福人类的贡献，弗莱明、钱恩、弗罗里于 1945 年共同获得诺贝尔医学和生理学奖。

青霉素的简介

青霉素是指分子中含有青霉烷，能破坏细菌的细胞壁，并且在细菌细胞的繁殖期起杀菌作用的一类抗生素。它是从青霉菌培养液中提制的药物，是第一种能够治疗人类疾病的抗生素。青霉素之所以既能杀死病菌，又不损害人体细胞，原因在于分子中含有青霉烷能够使病菌细胞壁的合成发生障碍，导致病菌溶解死亡，而人和动物的细胞则没有细胞壁。青霉素对人类的毒性较小，是化疗指数最大的抗生素。除能引起严重的过敏反应外，在一般用量下，其毒性不甚明显，但它不能耐受耐药菌株（如耐药金葡）所产生的酶，易被其破坏，且其抗菌谱较窄，主要对革兰氏阳性菌有效。

但由于个别人使用青霉素时，会发生过敏反应，所以使用青霉素必须先做皮内试验。青霉素过敏试验包括皮肤试验方法（简称青霉素皮试）及体外试验方法，其中以皮内注射较准确。皮试也是有一定的危险性，死于过敏性休克的约有 25% 病人死于皮试，所以皮试或注射给药时都应做好充分的准备。当换用不同批号的青霉素时，需要重新作皮试。青霉素类抗生素在常见的过敏反应的各种药物中居首位，过敏反应的发生率最高可达 5% 到 10%，主要是皮肤反应，表现为皮疹、血管性水肿，最严重的是过敏性休克。以注射用药的发生率最高。多在注射后数分钟内发生，症状为呼吸困难、发绀、血压下降、昏迷、肢体强直，最后惊厥，抢救不及时可造成死亡。过敏反应的发生与药物剂量大小无关。这就使我们在使用青霉素时要很慎重。

青霉素与我们的生活

第二次世界大战促使青霉素得以大量生产。1943 年，已有足够的青霉素治疗伤兵，1950 年青霉素的产量可满足全世界需求。青霉素的发现与研究成功，成为医学史的一项奇迹。青霉素从临床应用开始，至今已发展为三代。青霉素的出现开创了用抗生素治疗疾病的新纪元。通过数十年的完善，青霉素针剂和口服青霉素已能治疗肺炎、肺结核、脑膜炎、心内膜炎、白喉、炭疽等病。继青霉素之后，氯霉素、土霉素、四环素、链霉素等抗生素不断产生，增强了人类治疗传染性疾病的能力。截至 2001 年年底，我国青霉素年产量已居世界首位，占世界青霉素年总产量的 60%。

随着青霉素在日常生活中越来越广泛地应用，部分病菌的抗药性渐渐增强。为了解决抗药问题，科研工作者们目前正研制药效更强的抗生素，探索阻止病菌获得抵抗基因的方法，并以植物为原料研制抗菌类药物。如果这些探索能够取得成功，将给我们的生活带来更大的变化。

人类登上月球

月球是人们无限向往的星球。月球的年龄到底有多大？通往月球的路在哪里？月球是由什么物质构成的……科学家们一直在孜孜不倦地探索，要把许多问题的答案找出来。"嫦娥奔月"，这是中国古代的神话故事，它反映了人们对那神秘莫测的太空的美好遐想！想立足于地球而把月球上的奥秘完全弄清楚，这当然是不容易办到的。人类必须亲临月球去探险，收集第一手资料，这样才能真正揭开月球的神秘面纱。

有趣的"三级火箭"

虽然登上月球一直是科学家们梦寐以求的愿望，但在过去很少有人相信能把人送上月球。法国著名科学家儒勒·凡尔纳写过一部著作，名叫《从地球去月球》。这部

▲儒勒·凡尔纳

书写得生动有趣，扣人心弦，许多人都很喜欢。但是，当时的多数人也只是带着一颗好奇心去读这本书，并不相信人真的能登上月球。

直到20世纪40年代，现代火箭在德国出现，人类探索月球才有了可能。战败后，德国的火箭专家被分成了两类，美苏两国平分秋色，他们各自从德国虏回了一部分德国的火箭专家。从此，美苏两国开始了夺取火箭技术优势的争夺战。在这两部分德国专家的帮助下，当时美苏两国都有能力制造威力强大的火箭，而且两国都想发射能够绕地球转圈的人造地球卫星，但实践证明，只用一枚火箭是不行的。火箭专家们受到俄国科学家齐奥尔柯夫斯基之前关于"组合火箭"设想的启发，逐渐认识到必须把三枚或更多的火箭连接起来才能达到目的。他们通过反复研究试验，一种新颖别致的"三级火箭"终于被制造出来。这是火箭技术发展史上的一次大飞跃。

为什么要用"三级火箭"呢？因为要把火箭发射到能够围绕地球转圈的高度而又不会被地球的引力拉下来，就要求火箭必须达到很高的速度。要使火箭达到很高的速度，就要携带很多的燃料。燃料带得多，火箭就必须造得很大。火箭造得大，重量就很大，就需要更多的燃料，而采用三级火箭就可以解决这个问题。

由第一级火箭组成火箭的尾部，当它的发动机点火后产生推力，推动整个火箭升空，10分钟后，第一级火箭携带的燃料烧完，也就没有用处了，于是自动脱落，这样

可以减轻整个火箭的负担。与此同时，位于火箭中段的第二级火箭的发动机自动点火，继续上升。由于它甩掉了沉重的第一级火箭，已经变得很轻快了，于是得到了更高的速度。几分钟后，第二级火箭的燃料也用完了，它也没有用处了，于是自动脱落，再次减轻了整个火箭的重量。接着位于火箭头部的第三级火箭发动机自动点火。由于这时它变得更加轻快，因此速度提高得很快。当第三级火箭的燃料被烧尽后，卫星被自动弹射出来，而第三级火箭则自行脱落。这时，发射过程就结束了。

这种独特的工作程序，同运动场上的"接力赛"相似。被弹射出来的卫星已经达到了很高的速度，它依靠自身的惯性在太空中绕着地球不停地进行，在运行中执行它的使命，如照相、侦察、警戒、气象预报、导航、通信等。

"宇宙速度"也有三级

在最后一级火箭与卫星脱离时，卫星本身的速度要有多快，才能绕地球运行呢？物理学家们经过精确的计算，得出这个数值大约等于每秒 7.9 千米，这个速度叫"第一宇宙速度"，也叫"环绕速度"或"圆周速度"。如果小于这个速度，那么卫星就不能绕地球运行，而被地球的引力拉下来。

如果卫星绕地球运行的速度大于每秒 7.9 千米，那么卫星运行的轨道就不再是圆形，而变成椭圆形。速度越大，这种椭圆就拉得越长。当卫星运行的速度达到每秒 11.2 千米时，卫星就不再围绕地球，而会摆脱地球的引力飞向其他行星。每秒 11.2 千米的速度叫"第二宇宙速度"，也叫"脱离速度"。假如能更进一步，使卫星的运行速度达到每秒 16.7 千米，那么卫星就能够摆脱太阳的引力，飞向宇宙中的其他恒星。这个每秒 16.7 千米的速度叫"第三宇宙速度"。

打开通向宇宙的大门

在 20 世纪 50 年代中期，美国与苏联都在准备要发射人造卫星，它们谁都想争这个"第一"。结果，这个荣誉被苏联人争到了。在 1957 年 10 月 4 日，苏联把世界上第一颗人造卫星送上了绕地球运行的轨道。同年 11 月 3 日，苏联又成功地发射了"人造地球卫星 2 号"。

这样，在美国与苏联导弹技术较量的第一个回合中，美国人输了。这件事使美国人感到震惊。为挽回败局，当时的美国总统肯尼迪横下一条心，要在载人登月飞行方面与俄国人一决雌雄。他急不可待地召见了国家宇航局的专家们商量对策，并一针见血地向在场的专家们发问道："就在这 60 年代，我们美利坚合

▲火箭专家冯·布劳恩

众国能不能把人送到月球上去?"总统的话音刚落,享有盛誉的火箭专家冯·布劳恩就斩钉截铁地回答:"能!"总统闻声大喜。从这以后,一个耗资巨大的"阿波罗登月飞行计划",正式列入了美国60年代的"国家目标"。

　　经过紧张的准备、研制和实验工作,在1969年7月20日,美国的"阿波罗"11号飞船首先成功地进行了载人登月飞行,美国航天员阿姆斯特朗和奥尔德林同时踏上了月球。这样,在月球40多亿年的漫长历史中,破天荒第一回留下了人类的足迹。在航天领域的较量中,这一回美国人赢了。

▲阿波罗登月

　　这一伟大创举的成功,冯·布劳恩负责领导研制的巨型三级液体运载火箭"土星5号",起到了极其关键的作用。美国空间技术的发展(可以再追溯到德国火箭技术的发展),是与冯·布劳恩这个名字分不开的,难怪有人把这位天才的火箭专家称赞为"打开通往宇宙大门的人"。

　　美国和苏联研制的巨型火箭都已经达到了第二宇宙速度。它们的宇宙飞船已经分别对火星进行了初步的考察,发回了大量的照片和具有科研价值的资料。

　　如今,中国的神舟系列宇宙飞船也正在向月球进发,相信过不了多久,中国人的足迹也会踏上月球。

发现联合制碱法

1943 年，中国化学工程师学会一致同意将侯德榜发明的联合制碱法命名为"侯氏联合制碱法"。"侯氏联合制碱法"把世界的制碱技术水平推向了一个新高度，赢得了国际化工界的极高评价。

遭遇封锁

17 世纪时，人们在生产玻璃、纸张、肥皂时，已经知道要用纯碱。那时的纯碱是从草木灰和盐湖水中提取的。1791 年，法国医师路布兰首创了一种纯碱制造法，从工厂里生产出纯碱，满足了当时工业生产的需要。可是这种方法并不完善，生产过程中温度很高，因此这种方法还需改进。

1862 年，比利时化学家苏尔维提出了一种以食盐、石灰石、氨为主要原料的制碱方法，称为"氨碱法"或"苏尔维制碱法"。这种方法产量高、质量优、成本低、能连续生产，这就替代了路布兰的制纯碱的方法。但这种新方法被制造商严密控制，一般人得不到生产方法，只能买他们的产品。

20 世纪初，中国的工业发展起来了，也需要大量的纯碱，但因为自己不能生产，只能依靠进口。第一次世界大战时，纯碱产量大大减少，加上交通受阻，外国资本家乘机抬价，甚至不供货给中国，致使中国以纯碱为原料的工厂只能倒闭关门。

立志振兴民族工业

当时在美国留学并取得博士学位的中国学生侯德榜听说外国资本家如此卡中国人的脖子，十分气愤，发誓一定要学好知识，报效祖国，振兴中国的民族工业。

1921 年 10 月，侯德榜应中国近代化学工业的开创者范旭东先生的邀请，回国出任永利碱业公司的总工程师，创建了中国第一家制碱工厂——永利碱厂。当时，由于技术封锁，侯德榜只能靠自己不断研究、试验、摸索制碱方法。经过几年的努力，他们克服了重重困难，终于在 1924 年 8 月 13 日，工厂正式投产了。1925 年，中国永利碱厂生产的"红三角"牌纯碱在美国费城举办的万国博览会上获得了最高荣誉金

▲ 侯德榜

质奖章。侯德榜终于冲破了苏尔维公会的封锁，独立摸索出了苏尔维制碱法的奥秘，使中国的民族工业在渤海之滨发展了起来，实现了自己报效祖国的诺言。

1937年日本帝国主义发动了侵华战争，侯德榜为了不使制碱工厂遭受破坏，把工厂迁到了四川，新建了一个永利川西化工厂。

四川的食盐都是井盐，浓度稀，要经过浓缩才能成为制碱原料，而苏尔维制碱法的致命缺点是食盐利用率不高，有30%的食盐被白白浪费掉，致使纯碱成本很高。因此，侯德榜决定不采用苏尔维制碱法，而采取食盐利用率达90%到95%、同时可生产氯化铵的察安法，可察安法是德国新发明的，当时德日法西斯已暗中勾结，德国不准许侯德榜参观生产现场，而且提出将来不许在东三省销售产品的无理要求。侯德榜对此十分气愤，决心不依靠德国人，自己另开辟新路。

侯德榜首先分析了苏尔维制碱法的缺点，发现原料中各有一半的成分没有利用上，只用了食盐中的钠和石灰中的碳酸根，食盐中的氯和石灰中的钙都没有被利用，怎样才能使另一半变废为宝呢？他设计了许多方案，但是都一一被推翻了。后来他终于想到，能否把苏尔维碱和合成氨法结合起来，也就是说，制碱用的氨和二氧化碳直接由氨厂提供，滤液里的氯化铵用加入食盐的办法结晶出来，作为工厂产品或化肥，食盐溶液又可以循环使用。

为了实现这一设计，在抗日战争的艰苦环境中，在侯德榜的严格指导下，研究人员经过了500多次循环试验，分析了2000多个样品后，终于把具体的工艺流程确定下来。这种新工艺使食盐的利用率从70%一下提高到96%，减少了石灰窑、化灰桶、蒸氨塔等设备，也使原来无用的氯化钙转化成化肥氯化铵，解决了氯化钙占地毁田、污染环境等问题。

1943年，中国化学工程师学会将侯德榜发明的这种制碱法命名为"侯氏联合制碱法"。"侯氏联合制碱法"把世界的制碱技术水平推向了一个新高度，赢得了国际化工界的极高评价。

比上帝还挑剔的泡利原理

20世纪的奥地利，诞生了这样一位天才物理学家，他叫沃尔夫冈·泡利，对相对论及量子力学做出了杰出贡献，并因发现"泡利不兼容原理"而获1945年诺贝尔物理学奖。然而，他生性尖刻，特别爱挑剔，却备受尊敬。

挑剔而受尊敬的泡利

泡利在量子力学方面的主要贡献是发现了泡利不兼容原理。此原理指在原子中不能容纳运动状态完全相同的电子。

有一次，泡利受邀出席国际会议。在会议上，他见到了伟大的科学家爱因斯坦，并倾听了爱因斯坦的演讲。当所有人报以热烈掌声的时候，泡利站起来，很平淡地说："我觉得爱因斯坦不完全是愚蠢的。"

还有一次会议上，泡利听完意大利物理学家塞格雷的报告后，与塞格雷以及很多科学家一起离开会议室时，毫不客气地对塞格雷说："我从来没有听过像你这么糟糕的报告。"当时，所有人都吃了一惊，而塞格雷一言未发。更令人吃惊的是，泡利想了一想，竟然回头对与他们同行的瑞士物理化学家布瑞斯彻说："不过，如果是你做报告的话，情况会更加糟糕。当然，你上次在苏黎世的开幕式报告除外。"对于这种当面的指责，大部分人都感到汗颜，因此对泡利既敬畏又无奈。

除了对同行的事业苛责挑剔外，泡利的尖刻还表现在日常生活中。有一次，泡利想去一个地方，但不知道该怎么走，一位同事好心告诉了他。后来，这位

▲泡利

同事又热心地问他，找没找到那个地方时，没想到泡利讽刺地说："在不谈论物理学时，你的思路应该说是清楚的。"

此外，泡科对自己的学生也毫不客气。有一次，一位学生写完论文请泡利看，过了两天学生问泡利的意见，泡利把论文还给他说："连错误都够不上。"

在泡利生活的年代里，物理学界曾经流传这样一句笑谈，当泡利在哪里出现时，那儿的人不管做理论推导还是实验操作一定会出岔子。这就是有名的泡利效应。因此，他还被埃伦菲斯特称为"上帝的鞭子"。

然而，这样一个人，获得的却是所有人的尊重。因为他的尖刻与挑剔，正是出于对科学的尊重与求真精神。因此，尽管刻薄，泡利的敏锐和审慎挑剔还是得到不少科学家的尊重，其中，玻尔就称他为"物理学的良知"，因为他具有一眼就能发现错误的能力。

他好争论，但绝非不尊重他人的意见。当他验证了一个学术观点并得出正确的结论后，不管这个观点是他自己的还是别人的，他都兴奋异常，如获至宝，而把争论时的面红耳赤忘得一干二净。正是他对真理的庄重态度，才赢得了玻尔、波恩等知名科学家的敬爱。

1945 年，泡利获得了诺贝尔奖，普林斯顿高等研究院为他开了庆祝会，爱因斯坦为此在会上专门演讲表示祝贺。后来，泡利写信给波恩说："当时的情景就像物理学的王传位于他的继承者。"这并不是夸耀和自大，没有人能否认，泡利确实是可以继承爱因斯坦地位的物理学家。

据说，人们十分渴望听到泡利说："哦，这竟然没什么错。"因为这代表着极高的赞许。有人根据泡利的性格，还编了这样一则笑话，说泡利死后去见上帝，上帝把自己对世界的设计方案给他看，泡利看完后耸耸肩，说道："你本来可以做得更好些……"

洪特规则

洪特规则是在等价轨道（指相同电子层、电子亚层上的各个轨道）上排布的电子将尽可能分占不同的轨道，且自旋方向相同。后来经量子力学证明，电子这样排布可能使能量最低，所以洪特规则也可以包括在能量最低原理中。

泡利不兼容原理

泡利在物理学方面的主要贡献是发现了泡利不兼容原理。泡利不兼容原理指原子中不能容纳运动状态完全相同的电子，比如氦原子，它的两个电子虽然在相同的轨道上，伸展方向相同，但是自旋方向是相反的。由此可以得知，在原子的每一轨道中只能容纳自旋相反的两个电子。核外电子排布遵循泡利不兼容原理、能量最低原理和洪特规则。

泡利不兼容原理是量子力学中的一个著名原理。根据此原理，泡利处理了 h/4p 自旋问题，引入了二分量波函数的概念和所谓的泡利自旋矩阵。透过泡利等人的研究，后来的科学家认识到只有自旋半径为整数的粒子才受不兼容原理的限制，从而确立了自旋统计关系，推动了量子力学的建立和发展。

走出迷宫的指针

世界上的任何事物都不是孤立地存在着，而总是与其他事物相互联系着和彼此影响着的。对于从生产实践中不断发展着的现代自然科学和技术科学，我们绝不能用片面的、孤立的、形而上学的观点去对待，而应该努力去探索和发掘不同领域、不同学科之间的内在联系。从不断发展着的科技领域中所提出的问题往往是综合性的，必然要突破学科的框框，打破专业的界限。这就要求发展边缘科学和综合科学。

表面上看来仅仅属于某一狭窄科技领域的成果，却往往与许多其他领域有着深刻的内在联系。信息概念的普遍性意义被发掘出来，以及信息论在应用方面极为广泛的发展，是引人深思的。

信息论的酝酿和诞生

1948 年，美国贝尔电讯实验所的工程师香农在该所主办的专门刊物《贝尔电讯技术杂志》上发表了一篇题为"通信的数学理论"的文章。这篇文章十分专业，很难读懂，其中就包含着现代信息论的主要内容。

表面上看来，信息论的诞生似乎十分突然，西方的一些书刊和文章也着意渲染和夸张这种突然性。其实，信息论也像其他任何学科一样，它的诞生和发展经历了一个酝酿和累积的历史过程，是香农在前人许多工作的基础上总结出来的。

人们在电讯通信的长期实践中，一直力图提高通信系统的效率和可靠性。提高效率，就是尽可能用最窄的频带，以及尽可能快的速度和尽可能减少能量损耗，即提高通信的经济性，提高可靠性就是要力图消除和减少噪音，以提高通讯的质量。

但电讯通信发展到一定阶段后，人们在实践中发现，在一定的条件下，要同时实现上述这两个要求，便会遇到不可克服的困难：要减少噪音的干扰，信息传输速率就得降低；反之，提高了传输速率，就不能有效地避免噪音（这一点，与量子力学中的测不准关系在数学形式上有点类似）。在一定的、具体的客观条件下，想要同时提高电讯通信的效率和可靠性的企图总是失败，说明这种企图不符合客观世界的规律性。

于是有人想到，在限定的条件下，同时提高通讯

▲香农

的效率和可靠性的要求可能存在一种理论上的界限。这样，在电讯通信的实践中提出了发展一种能指导实践的数学理论的要求。

1924 年，奈奎斯特和库普弗缪勒各自独立地提出，电信信号的传输速率与信道频带宽度之间存在一定的比例关系。这种想法在 1928 年被哈特莱推广了。

此外，哈特莱还提出，有可能用信号数的对数来作为信息的量度。信息是可测的，可以用数学方法从数量上加以测度，这是现代信息论的一个重要概念基础。在香农那篇关于信息论的原始论文中也说道："奈奎斯特和哈特莱的文章已奠定了这一理论的基础。"由此可见，信息论不是凭空产生的，而是来源于科学实践。

关于信息可测这一概念，还可远溯至 1827 年由波耳兹曼（1844—1906 年）所提出，1929 年由齐拉德所发展的工作。

此外，在 1918 年，统计学家费歇因为需要一个标准来估计实验数据内的信息被某一给定的统计方法所利用的程度，也作出了一个信息的量度。最后，信息量这个概念由费歇、维纳和香农几乎同时以"熵"的形式从数学上表达出来。

统计学家费歇

费歇是著名的统计学家，毕生创建了很多现代统计学的基础。费歇也是现代人类遗传学的创立者，具有极高的天赋。他创建了复杂实验的分析方法，即现在每天被科学家们使用成千上万次的"方差分析"。他证明了一个称之为似然的函数可以用来研究几乎任一概率模型中的最优估计和检验程序。受农业田间实验的启发，他建立并发展了实验设计的主要思想。

维纳是《控制论》一书的作者，控制论对信息论也有很大影响。第二次世界大战期间，美国为了研制新型武器，动员了许多数学家、物理学家开展了以电子学为中心的军事科学研究。战时及战后，电子计算机和各种武器自动控制的蓬勃发展，刺激了美、英诸国在这方面的研究。

数学家维纳与当时哈佛大学的生理学家罗森卜吕斯试图把现代各学科中关于通信及自动控制的基本问题综合成一门新的学科。他们在很长一段时间内，同各方面的学者举行学术讨论会，终于在 1947 年命名为"控制论"。这种气氛和刺激对近代信息论的发展有不可否认的影响。

香农本人在他关于信息论的原始论文中也以注解的方式提到，他的"通信理论显著地受到维纳很多基本思想和理论的影响"。维纳在《控制论》一书的导言中曾明确地指出："必须发展一个关于信息量的统计理论，在这个理论中单位信息就是对二中择一的事物作单一选择时所传递出去的信息。"

应用数学方法来研究电讯通信，除了上述关于信息可测的概念之外，在香农的工作发表之前，也早已有人对妨碍通信的噪声作过数学方面的研究。

1936 年和 1941 年兰顿就讨论过噪声的波形，发现了噪声峰值与有效率之间的数量关系。1940 年，弗朗兹从数学上讨论了用检波器滤除射频接收机噪声的问题。1943年曼恩及 1947 年泷保夫分别用数学方法对噪声波形作了细致的讨论。

自 20 世纪 40 年代以来，《贝尔电讯技术杂志》上就不断有这方面的论文发表，其中特别值得提出来的是赖斯的两篇论文——《随机噪声的数学》和《随机噪声迭加正弦波的统计特性》。前一篇发表于 1944 年，后一篇发表的时间是 1948 年 1 月，正是信息论诞生前的 6 个月。这方面的工作标志着电讯通信理论已经发展到一个新的阶段——应用数学方法进行理论研究的阶段。这些从电讯通信实践中用数学方法进行总结的工作，就从理论上和思想上为信息论的诞生做好了准备。

上面引述的这些工作，都是应用概率论和数理统计观点，从理论上探求噪声的性质，对信息论中的"有噪声通道"理论，显然有十分直接的影响。

香农是贝尔电讯实验所的电讯工程研究人员，他本人也富有电讯通信方面的长期实践经验，而且早在 20 世纪 30 年代，当他在麻省理工学院做研究生时，就曾进行过将布尔代数应用于接点电路的研究。

香农的导师是白煦教授，白煦教授曾任美国总统罗斯福的科学顾问。白煦成功研究过一台微分分析器，可解微分方程，但其中的元件用的是继电器，因此，每秒只能运算十多次。计算机不能加速运算的原因主要是逻辑算法和开关电路还没有结合起来。

1937 年，香农从理论上阐明了上述问题，完成了两者结合的研究，在白煦教授的指导下写出《接点电路的符号分析》的论文，彻底解决了电子线路实现布尔代数的逻辑运算问题，对发展布尔代数的实际应用起了开创性的作用，也为电子计算机的研制开辟了道路。

多年来，香农一直从事着电讯通信数学问题方面的研究。由此可见，信息论的诞生也是经历了从实践到认识、从认识到实践这样多次的反复才完成的。

在前人大量劳动的基础上，香农总结出了信息论这样一个新的理论和新的学科。香农在他的原始论文中提出了一个数学模型，对于信息的产生和传输这些概念从量方面给予定义，提出了信道和信息量等概念，利用熵的形成导入了信道容量这一新的重要概念，并且确定了信号频带宽度、超扰值和信道传输率三者之间的一般关系（这三者的乘积称为一个"信号体"）。

香农以数学形式表述和证明了一些带有普遍性的结果，表明了这些定义的重要性和有效性。这说明香农的论文在许多方面都超出了前人的研究范围，从而成为对信息论这样一门新学科总结性的奠基石。

信息论诞生之后

香农的"通信的数学理论"这篇奠基性的论文发表之后，几年的时间里，关于"信息论"的文献几乎是以爆炸式的速度增加。同时，信息论也引起了许许多多不同学科的注意和重视，几乎渗入现代自然科学的一切部门。

可是，香农的那篇原始论文，除了电讯通信之外，却并不涉及其他方面，因此后来有人说："它看来的确不像一篇注定要在心理学家、语言学家、生物学家、经济学家、历史学家、物理学家中广泛流行的文章。"就是香农本人在当时也绝没有料到信息论会产生如此广泛而普遍的影响。

香农本人在职业上的实践是电讯工程。长期以来，他所研究的是关于通信的数学问题这个较狭窄、较专门的领域。他的工作没有涉及其他广泛的自然科学领域，也没有参加除了电讯工程以外的其他领域的广泛的实践活动，因此，他不可能先验地预料到信息论在其他自然科学领域中的极其普遍和广泛的应用。

▲ 维纳

在控制论中，信息概念的含义倒是十分广泛的。维纳首先在《控制论》一书中讨论了信息量与热力学第二定律的关系。维纳还说，在《控制论》出版的四年以前（即1944年），他和罗森卜吕斯等一群科学家就认识到有关通信、控制和统计力学的一系列核心问题之间本质上的统一。

维纳原先也是长期从事数学家的工作，一直研究着数学中一个十分狭窄、十分专门的课题——函数分布问题。直到20世纪40年代中期，许许多多不同领域科学研究的发展彼此碰了头，发生了不同学科之间的互相影响、相互渗透和相互综合。这时，维纳参加了罗森卜吕斯在哈佛大学医学院组织的科学方法论讨论会，与各方面的科学家接触，了解到许多不同科技领域的研究成果，这才开阔了眼界，酝酿出"控制论"来。维纳自己说，由于《控制论》的出版，"立即把我从一位有才干的，在自己领域中有良好声誉，但声誉不大的科学家变为人所共知的某种突出的人物。"

这说明，维纳之所以能够认识到信息概念含义的广泛性和普遍性意义，是由于吸取了他人大量的研究成果而加以总结、提高、发展的结果。

由于各个不同科技领域的不断发展，有愈来愈多的人认识到信息这个概念的普遍意义。1949年，威瓦写了几篇通俗的文章介绍信息论，其中特别强调信息这个概念的普遍性。同一年，威瓦把香农的原文与自己的一篇介绍性文章合刊成一书，即以香农原文的题目《通讯的数学理论》为书名，由依利诺大学出版。这本书对学术界的影响竟然比香农发表原始论文的那两期《贝尔电讯技术杂志》大得多。因此，威瓦对于推动信息论的广泛应用，是有功劳的。甚至有人说，威瓦的文章是对信息论的"再发现"。

在这以后，布里渊写了《科学与信息论》一书，详细地讨论了信息论与热力学、物理学以及整个自然科学的关系。郭斯勒汇编的几个论文集，其中所收集的文章也讨论了信息论在化学、生物学与心理学中的各种可能应用。

甚至香农本人后来的工作也与控制论和仿生学有了更为密切的关系。一个著名的例子是他制造的"迷宫之鼠"。这是一种电子动物，它能模拟动物的条件反射、记忆和学习过程，当它在迷宫中多次碰壁后，便能"学习"到"经验"，可以从入口顺利地直达出口而不再去碰壁。

一篇高度专门化的论文产生了如此惊人的后果，这说明信息测度概念满足了当代生产实践中提出来的一个普遍而深切的要求。20世纪40年代以来，通信技术的发展一日千里，新的通信方式不断涌现，其种类已不胜枚举，如微波、长距离波导、激光、光导纤维、对流层、流星、人造卫星等等。通信应用的领域也不断扩展，病人可以吞下诊断器向医师报告病情，自动控制装置可以从月球上将信息发回地球……总之，现在可供利用的巨大的信息量正在高速增长。

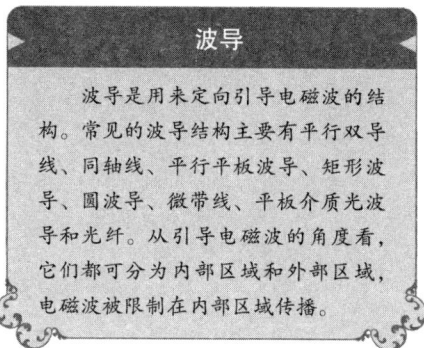

波导

波导是用来定向引导电磁波的结构。常见的波导结构主要有平行双导线、同轴线、平行平板波导、矩形波导、圆波导、微带线、平板介质光波导和光纤。从引导电磁波的角度看，它们都可分为内部区域和外部区域，电磁波被限制在内部区域传播。

于是，信息的表示方法愈来愈成为一个重要而迫切的问题，而信息论正好提供了表示信息的一般原则。同时，自然界存在着不断变化着的复杂的组织系统——生物，而人类本身也在发展那些越来越复杂的系统，例如电子计算机、自动控制系统、自学习机、自繁殖机、机器人，甚至还有人工智能机和自动进化机等等，它们的机能取决于成功而有效的通信联系，而信息论正好提供了信息传递的普遍原则。

信息论对于哲学和认识论也具有重要意义。现在人们已将物质、能量和信息合称为客观世界的三要素。对人类的物质文明来说，三要素则是材料、能源和信息。1982年刘发中的《信息唯物论》一文，对于信息论的普遍性意义说得十分精辟和透彻，文章尤为精彩。

由于信息论的普遍性及其在应用上的广泛性，它与许多新学科都有联系，而且它们共同具有某些统一的因素，这些新学科，诸如控制论、博弈论、运筹学、操作分析、经验设计理论、管理科学、群动力学等。在这些学科的基础上，又进一步发展了系统论和系统工程等新学科。信息论从一篇高度专门化的论文向边缘科学和综合科学发展，这是一个辩证的过程，是20世纪40年代末期以来科学综合发展趋势的必然结果。

介子的发现

1949 年冬，日本物理学家汤川秀树获得诺贝尔物理学奖，日本举国上下一片沸腾，洋溢着欢乐喜悦的气氛。这是日本战败后，从未有过的场面。知识界更是群情振奋，欢歌笑语……汤川秀树成为日本人人皆知的伟大的名字。

汤川秀树的经历

汤川秀树是日本物理学家，由于"在有关核力的理论工作的基础上预见了介子的存在"而获得 1949 年度的诺贝尔物理学奖。他是第一个获得诺贝尔物理学奖的日本人，这标志着明治维新后的第 80 个年头，日本已脱离幼年和少年期而进入了青年期，同时也标志着日本在科学发展水平方面已赶上了西方，他们怎能不兴奋呢？那么，汤川秀树是怎样取得如此辉煌的成就，走到科学的前沿阵地的呢？让我们看看他的科学足迹吧！

▲汤川秀树

汤川秀树，原名小川秀树，1907 年 1 月 23 日出生于日本首都东京。父亲小川琢治是京都大学的地理学教授，他家有 4 个儿子和 2 个女儿。汤川秀树是三儿子。4 个儿子后来都成为教授，两个女儿后来也都嫁给了教授，堪称为教授之家。汤川秀树后来成为医学家汤川玄洋的养子，所以由小川秀树改名为汤川秀树。

汤川秀树从小受到了良好的家庭教育，父亲常常带他到山间林地领略大自然的风光，还给他讲解古希腊自然哲学家的思想。在父亲的影响和教育下，少年的汤川秀树就树立了朴素的唯物主义思想，养成了注重实践，向大自然提出问题，然后努力寻求答案的学习作风。

他五六岁时即从外祖父那里学读中国的古代典籍，少年时代便开始博览群书，日本和西方的古典作品都是他涉猎的对象，使他拥有了一种兼容并蓄、富于独创的治学方法。

他从小学到中学，学习成绩一直名列前茅，尤其是英语成绩比较突出。他对语言十分偏爱，又自学了德文，这为以后的科学研究奠定了坚实的基础。中学毕业后，他以优异的成绩考入日本著名的京都大学。1929 年，大学毕业后，汤川秀树受聘在大阪大学任教，1932 年担任京都大学物理学讲师。1933 年至 1936 年，他转任大阪大学讲师。

这时，物理学正值变革时期，普朗克的量子论揭开了现代物理学的序幕，把物理学引入了原子时代。卢瑟福打开了原子秘宫，原子物理学获得了飞速发展，新的发现层出不穷。1932 年，查德威克发现了中子。接着，德国物理学家海森堡和苏联物理学家伊凡宁柯，又相继提出了原子核是带正电的质子和不带电的中子组成的模型，使人们清楚地认识到，物质是由原子构成，原子是由原子核和核外电子组成，而原子核是由质子和中子组成的。这使人类的认识水平开始从宏观向微观过渡。但是，在这个理论中，还有两大难题尚未得到解决，一是原子核既然不含电子，那么 β 蜕变中的电子又是怎样从核中发射出来的呢？二是质子既然带正电荷，质子与质子间就必然存在静电斥力，为什么原子核中的质子和质子、质子和中子能够紧密地结合起来而成为一个坚固的"球"——原子核，而不因强大的静电斥力飞散开呢？

▲查德威克

第一个问题是由费米在 1933 年提出的 β 衰变理论解释的，即放射性元素之所以放出 β 粒子（电子），是由于原子核内的一个中子变为一个质子，同时放出一个电子和一个中微子的缘故。第二个问题便成了一个悬而未决的疑难。

向疑难发起挑战

正在大阪大学任讲师的汤川秀树，下定了决心去解决这一问题。早在中学时代，汤川秀树就对物理学产生了浓厚的兴趣，特别是 1923 年现代物理学奠基人爱因斯坦到日本访学，通过新闻媒体使他对爱因斯坦有了初步了解。这位科学伟人成了他心中的偶像，激发了他献身物理学事业的信心。

有一天，他找到了一篇介绍量子理论的文章，看了半天，汤川秀树却没有弄懂什么叫量子。诚然，那时不要说中学生，就是在日本科学界能够真正理解这门学问的人也是寥寥无几。可是，汤川秀树没有知难而退，决心把它弄个水落石出。他几乎走遍了京都的书店，终于找到了一本普朗克的著作《理论物理引

▲费米

论》，他欣喜若狂。这本著作成了他的好伙伴，他一边查德文字典，一边阅读着，终于弄懂了量子理论。

考入京都大学后，他异常兴奋，以为在这里定能大开眼界，学到许多有关原子物理的新知识。遗憾的是当时京都大学物理系还没有专门从事量子力学研究的人，这使他大失所望。一天，他所敬仰的东京大学教授长冈半太郎到京都大学进行"今昔物理学"专题讲座，他系统地描述了1900年以来物理学的一些重大发现。汤川秀树听了既兴奋又新奇，这使他打开了学术视野，激发了他自学的信心。

4月，正是日本樱花盛开的季节，整个京都都沉浸在浓郁的春意之中。春意盎然的风光并没有招来汤川秀树的喜爱，是他不爱春色吗？不是，是因为他更爱科学。在他看来，萧然寂静的图书馆比春光更迷人，因为那里是无穷无尽的知识海洋。当图书馆员看到汤川秀树和朝永振一郎，每天都在这里查阅一些新出版的国外杂志，尤其是德文刊物时，对他们感到非常钦佩！他根本不会想到后来这两位学生都相继获得了诺贝尔奖。

是的，天才出自勤奋，他们没有名师指导，没有系统正规的课本，他们互相帮助，一起探讨，以顽强的毅力向量子力学的高峰不断冲击，不畏艰辛地向这门科学的顶峰攀登。

汤川秀树渐渐地不满足了，欧洲的学说一个接一个地诞生，物理世界的奥秘一个接一个地被揭开，自己总是跟着人家的后面赶着学，怎么可能做出成绩呢？赶超世界先进水平的决心开始在他的心中涌起。果不其然，汤川秀树通过自学攻破了原子物理学的堡垒，到达了科学的顶峰。

1935年，汤川秀树找到了原子核中的质子和质子、质子和中子能够紧密地结合在一起的原因。他提出在原子核中存在一种新型的场力，叫做核力，它既不同于电磁力，也不同于万有引力。这种场力与电磁场力十分类似。电磁场力可以认为是在带电粒子之间交换光子形成的，而核力则也可以认为是在核子之间交换一种粒子形成的。原子核之所以坚不可摧，就是这种力的作用。

因此，有名的"介子理论"从此诞生在东方的物理王国。介子理论明确了这样一个问题。自然界中应该有一种质量为电子的200～300倍的粒子，是质子或中子质量的1/6到1/8，它可以带电，也可以不带电，就是这种粒子形成了核力。由于它的质量介于电子和质子质量之间，所以起名叫做"介子"。正是介子使质子克服了它们之间的同性电斥力而和中子紧紧地组成了原子核。汤川秀树指出，介力场围绕着质

▲安德森

子、中子，正像电磁场围绕着电子一样，当电子受到碰撞而发生运动时，它周围的电磁场就会以光的形式播散出来，当一个质子或中子受到碰撞时，也会放出介子，所以从宇宙射线中应该可以发现介子。这一理论提出后，没有得到日本学术界的高度重视。大家认为，汤川秀树只是一个大学的小讲师，重大的科学发现怎么会在他的手中产生呢？

1937 年，一个令人振奋的消息传到了日本，日本学术界顿时沸腾起来。美国物理学家安德森等人利用威尔逊云室，在宇宙射线中发现了一种是电子质量大约 200 倍的新粒子，从而使汤川秀树的理论得到了证实，介子理论随即受到了日本乃至全世界学术界的重视。东方的一颗科学明星顷刻间升在日本的上空。1939 年，他被聘为京都大学教授；1940 年汤川秀树荣获日本科学院帝国奖金；1943 年又被授予文化勋章，成为日本科学院院士和日本物理学会会员。

然而，人们发现，宇宙射线中的粒子，即 u 介子与核子根本没有关系，它只能发生弱相互作用，不参与强相互作用。于是，1942 年，汤川秀树又提出了一种新的假设，认为宇宙射线中的那种介子不直接与核子有关，而是一种较重的介子衰变而成的，这种较重的介子与核子发生强相互作用。

1947 年，英国物理学家鲍威尔用超灵敏的仪器，终于在宇宙射线中发现了汤川秀树预言的较重的介子，并命名为介子，介子就是由它在很短的时间内衰变而成的。1948 年，美国伯克利实验室人工生产出各种介子，至此汤川秀树的介子理论得到了普遍承认。由于汤川秀树提出了 π 介子理论，对原子物理学的贡献卓著，1949 年他获得了诺贝尔物理学奖。

从汤川秀树"π 介子理论"的提出，到介子的发现，标志着人类对物质的认识又向前跨进了一步，使人类认识从原子核进入到基本粒子的领域，所以，汤川秀树的理论是具有划时代意义的。美国物理学家奥本海默曾说："汤川秀树博士预言介子的存在，是最近 10 年来为数甚少的极富科学成果的理论之一。"

1948 年，在奥本海默的邀请下，汤川秀树到美国普林斯顿高等学术研究院参加核物理研究小组，1949 年改任哥伦比亚大学教授，直到 1953 年回到日本，后任京都基础物理研究所所长。他于 1956 年创办的《理论物理学进展》杂志，是国际上最出色的物理学学术期刊之一，发行到世界各地。

▲奥本海默

1981 年 9 月 8 日，汤川秀树因病去世。为了纪念汤川秀树的科学功绩，京都大学修建了汤川纪念馆。

板块构造学说的提出

　　几十年前，魏格纳曾设想大陆壳硅铝层像船一样，在大洋壳硅镁层上漂东移西，但事实证明这种设想是不对的。海底扩张说问世后，这个难题迎刃而解了，大陆壳不是在洋底上漂移，而是同下面的岩石圈部分一起，被软流圈物质拽引着移动，就像放在传送带上的行李被运动着的传送带运走一样。

海

　　海底既然正在扩张，那就表明占地球表面约四分之三的海底面积在不断增大，海底是地壳的一部分，那是不是意味着地壳在不断增大，地球像吹气的气球那样在膨胀变大呢？同样，既然岩浆在不断地从地球内部经大洋中脊的裂谷涌出，那地球内部的岩浆会不会越来越少，最终使地球变成一个空心球呢？

　　但是，这两种情况都不会发生，因为大洋中脊不断增生的海底地壳，又在地球的另外一些地方重新回到地幔的最上层，在性质比较柔软和较易流动的软流圈中消亡。这些地方就是位于大洋边缘、陆地或岛屿外侧的海沟。20世纪50年代以来，关于全球地震活动带的研究进一步证实了这一点。

　　全世界每年要发生许多次地震。值得注意的是，这些地震在空间上分布极不均匀，明显地呈带状。地球上有三大主要地震多发地带，即太平洋周围、地中海—喜马拉雅—印尼沿线和大洋中脊。地震带又可以分成两种：一种是比较窄的也可以说是比较弱的带，跟洋中脊裂谷的位置完全一致，反映了大洋岩石圈增生带即新洋底生成带的位置；另一种是比较宽的也可以说是比较强的带，跟海沟的位置相符（地中海到喜马拉雅一线除外），正是大洋岩石圈消亡带的位置。

地震的发生方式

　　各地震带上的大地震发生方式有单发式和连发式之分。前者以一次8级以上地震和若干中小地震来释放带内积累的能量；后者在一定时期内以多次7至7.5级地震释放其绝大部分积累的能量。地震带内显示的各种不同的地震活动性与该地震带地壳介质的性质、构造形式和构造运动强弱有关。

　　20世纪40年代，美国地质学家贝尔奥夫对南美沿着海沟连续分布的地震带进行了研究分析，从地球表面上看，这条带有几百千米宽。他搜集了南美近几十年来发生的地震震源资料，发现靠近海沟的地震震源比较浅，越往大陆内地，震源越深；中等深度的地震震源位于70至400千米的深处；最深震源的深度可达300至700千米，处于安第斯山之下。更有意思的是，这些震源正好都在一个从海沟向着大陆底部倾斜的剖面上，这个斜面的倾角为

58°至75°。

当时人们还不知道有海底扩张现象，当然更不知道跟海沟相伴的地震带与远在千里之外的大洋裂谷带有什么关系。到了20世纪60年代，海底扩张说已被大多数人相信，大陆漂移说越来越容易被人接受，大洋岩石圈在海沟消亡的问题也提了出来，这时人们自然地就把这一切跟全球地震带的研究联系起来。得到的结论很清楚：老的洋壳（大洋岩石圈）移动到海沟边，顺着震源带（震源所在的斜面）向陆壳（大陆岩石圈）底部俯冲下去（因此又叫俯冲带）；洋壳俯冲时，造成的巨大摩擦力引发了一系列地震。

板块构造说的提出

到此为止，经过广泛验证，海底扩张说已经深入人心，并且得到了引申。它像一条神奇的绳索，把自大陆漂移说形成以来地球科学中零零散散的环节一个一个地联系起来，形成了一个新的完整而系统的学说，这个学说就是板块构造学说，也叫全球构造学说。

大陆漂移说着力研究的是大陆，海底扩张说着力研究的是海洋，板块构造学说从大陆和海洋两个方面去统一认识全球的构造，它是从宏观上阐述地球上层发生的各种构造运动的学说。

"板块"这个名词是加拿大地质学家威尔逊在1965年提出来的，他在研究50年代发现的规模巨大的太平洋底水平横向断裂带——转换断层时提到了"板块"。他认为，由于绵延数万千米的洋中脊的存在，由于深海沟、转换断层等一系列深大断裂的存在，地球的岩石圈已经不再是一个完整的壳体，而是被分割成大小不一的块体了，这种块体就叫"板块"。1967年至1968年间，法国地质学

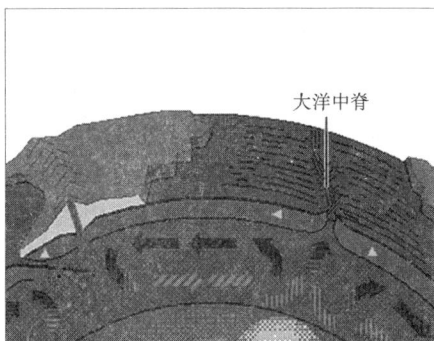
▲板块构造示意图

家勒比雄和美国同行麦肯齐、摩根等在大陆漂移、地幔对流、海底扩张等学说的基础上，概括了当时地球科学特别是海底科学的发现，分别提出了板块构造说。

板块构造说认为，板块是地球岩石圈构造的基本自然单元，厚约100千米，一般都包含有陆壳和洋壳，"漂浮"在地幔的软流圈上，每年移动1厘米至10厘米。板块构造学说建立之初，勒比雄把全球岩石圈分成六大板块，即太平洋板块、亚欧板块、非洲板块、印度洋板块、美洲板块和南极洲板块。后来，随着研究工作的深入，大板块又被分成若干个中小板块。

板块的边界，按它们的运动方式和应力状态可以分成发散型边界、汇聚型边界和剪切型边界3种。发散型边界位于洋中脊裂谷系，边界两侧的板块相背而去，这里是板块的增生带，也即新大洋岩石圈形成的地方。汇聚型边界两侧的板块相向运动，两

者相遇，或者是海洋板块俯冲到大陆板块之下形成海沟，或者是两个大陆板块碰撞形成褶皱山脉。剪切型边界就是转换断层，这种断层垂直洋中脊，断层两边的板块都从洋中脊向外扩张，由于扩张速度不同而发生了相对的水平错动，把洋中脊两侧的地磁异常条带切割成段。目前，已在太平洋发现门多西诺转换断层有 1150 千米的水平错动，这是大陆漂移说的直接证据。

每个板块强度很大，内部稳定，板块的边界是构造运动最活跃、最剧烈的地方，板块之间的相对运动是造成全球构造运动的基本原因，正是各个板块在不断拼合和分开的过程中改造着地壳的面貌。

让我们来看看板块是如何移动的。太平洋板块的右面是美洲板块，包括南北美洲和大西洋的一半，到大西洋中脊为止。大西洋中脊的右面是非洲板块，包括大西洋的另一半和非洲。所有的板块岩石圈都漂浮在软流圈上，软流圈物质按一定方向流动，从而带动上浮的板块也按这个方向移动。由于美洲板块左移，非洲板块右移，致使它们的边界线——大西洋中脊被撕开形成裂谷，软流圈的岩浆经常由此涌出，两大板块在这里分离、扩张，同时由裂谷带增生的新洋壳来填补它们的空缺。

岩石圈

岩石圈是地球上部相对于软流圈而言的坚硬的岩石圈层，厚约 60 千米至 120 千米，为地震高波速带，包括地壳的全部和上地幔的上部，由花岗质岩、玄武质岩和超基性岩组成。其下为地震波低速带、部分熔融层和厚度 100 千米的软流圈。对岩石圈的认识，分歧很大，有人认为岩石圈与地壳是同义词，而与下部软流圈即上地幔有区别，但岩石圈与上地幔是过渡关系，而无明显界面；有人认为岩石圈至少应包括地壳和地幔上层。

在太平洋板块的中部也有洋中脊，岩浆也不断地从洋中脊的裂谷带涌出，并使太平洋板块的一部分向美洲板块方向移动。美洲板块左移，太平洋部分板块右移，两者相遇，导致太平洋板块弯曲向下俯冲到美洲板块的下面，插入软流圈中消失，而两大板块的接触处则形成一条几千千米长的深海沟，其地形陷入成"V"形。当太平洋板块向美洲板块的下方俯冲时，在两大板块的接触线上，必然会产生巨大的挤压、摩擦，使接触线附近的岩石破裂、断折，从而发生地震，所以地震带总是同板块的边界尤其是海沟的位置相一致。比如南美的智利全境、整个日本列岛，都位于两大板块的接触线上，所以地震频繁。又如著名的圣安德列斯断层，被认为是太平洋板块相对于北美洲板块向西北方向滑移的产物，所以位于其上的美国旧金山市特别受到大地震的威胁。

太平洋板块俯冲插入软流圈后，由于软流圈的温度大大超过岩石的熔融温度，插入的板块逐渐熔化成岩浆；又由于强烈的摩擦、挤压使美洲板块的边缘产生大量裂缝，于是岩浆就会沿着这些裂缝上升并在地壳或洋底喷出。结果，在曲折的海岸线之外形成了成串的火山岛，在大陆的边缘发生了一系列的火山活动。可见，火山和火山活动也是板块碰撞俯冲的产物，并同地震一样呈带状分布。下插太平洋板块会对美洲板块产生水平方向的压力，这压力使早先在大陆边缘形成的沉积层发生褶曲，从而在地表形成一系列山脉。雄踞在今美洲西岸的落基山和安第斯山就是这一作用的产物。

上面讲的都是太平洋西岸的例子，但它代表了整个环太平洋带的情况。我国位于亚欧板块东缘，我国东部（包括贺兰山、六盘山）、四川西部、云南东部诸山一线以东的广大地区，都处在环太平洋带作用的影响之下。

板块构造是地震、火山活动和造山运动的起因，它的能量来源是地幔内铀、钍等放射性元素衰变所放出的热量。同样，推动巨大的岩石圈板块在地幔上部软流圈上移动的力量，归根到底也来源于这种热能。巨大的热能使组成地幔的物质软化甚至熔融，变得较易流动，其中靠近岩石圈的地幔物质散热较快，相对温度较低，体积收缩而密度变得较大。相反，地幔深部的物质则因温度较高体积膨胀而密度变小，密度小的物质上浮，密度大的物质下沉，结果就形成了地幔物质的上下对流。漂浮在软流圈上的岩石圈板块，就是随着地幔物质的对流而被拽引着移动的。参与对流的物质，有可能是整个地幔的物质，也可能是仅限于地幔上层软流圈的物质。

DNA 的发现

DNA 技术在生活中有很多应用，我们了解最多的就是利用 DNA 进行亲子鉴定。DNA 的唯一性，使我们每个人都成为世界上与众不同的唯一个体。目前，人类已经能够根据生物个体的遗传基因对 DNA 进行复制。

什么是 DNA

我们对 DNA 可能并不陌生，但 DNA 是什么呢？DNA 是英文 Deoxyribonucleic acid 的缩写，又称脱氧核糖核酸，是染色体的主要化学成分，同时也是组成基因的材料。在繁殖的过程中，父代把它们 DNA 的一部分（通常一半，即 DNA 双链中的一条）复制传递给子代，从而完成性状的遗传，因此，DNA 又被称为"遗传微粒"。原核细胞的拟核是一个长 DNA 分子，真核细胞核中有不止一个染色体，每条染色体上含有一个或两个 DNA，不过它们一般都比原核细胞中的 DNA 分子大，而且与蛋白质结合可组成遗传指令，以引导生物发育与生命机能运作，主要功能是长期性的资讯储存，有人将其比喻为"蓝图"或"食谱"。DNA 中包含的指令，是建构细胞内其他的化合物，如蛋白质与 RNA 所需的。细胞中，带有遗传信息的 DNA 片段称为基因，其他的 DNA 序列，有些直接以自身构造发挥作用，有些则参与调控遗传信息的表现。那么 DNA 又是如何被发现的呢？

▲DNA 的双螺旋结构模型

DNA 双螺旋结构的分子模型的发现

说到 DNA，就必须得提到 50 多年前发现 DNA 双螺旋结构的功臣——剑桥大学的两位年轻的科学家弗朗西斯·克里克和詹姆斯·沃森。他们于 1953 年在老鹰酒吧宣布了一个新的发现：DNA 是由两条核苷酸链组成的双螺旋结构。

让我们看看他们的发现历程。早在 1868 年，人们就已经发现了核酸。蛋白质的发现比核酸早 30 年，发展迅速，进入 20 世纪时，组成蛋白质的 20 种氨基酸中已有 12 种被发现，到 1940 年则全部被发现。沃森在英国剑桥大学卡文迪什实验室学习，在此期间沃森认识了克里克，他们都认为 DNA 比蛋白质更重要。两个人讨论学术问题时，激发出了对方的灵感，他们认为解决 DNA 分子结构是打开遗传之谜的关键，只有借助于精确的 X 射线衍射资料，才能更快地弄清 DNA 的结构。他们把这个观点告诉伦敦国家工学院的物理学家威尔金斯，威尔金斯接受了他们关于 DNA 结构是螺旋形的观点。从 1951 年 11 月至 1953 年 4 月的 18 个月中，沃森、克里克同威尔金斯、富兰克林之间有过几次重要的学术交流。之后具有一定晶体结构分析知识的沃森和克里克认识到，要想很快建立 DNA 结构模型，只能利用别人的分析数据。经过紧张连续的工作，他们很快完成了 DNA 金属模型的组装。在这个模型中，DNA 由两条核苷酸链组成，它们从相反的方向沿着中心轴相互缠绕在一起，很像一座螺旋形的楼梯，两侧的扶手是两条多核苷酸链的糖—磷基因交替结合的骨架，而踏板就是碱基对。为了验证这个观点的正确性，他们需要把根据这个模型预测出的衍射图与

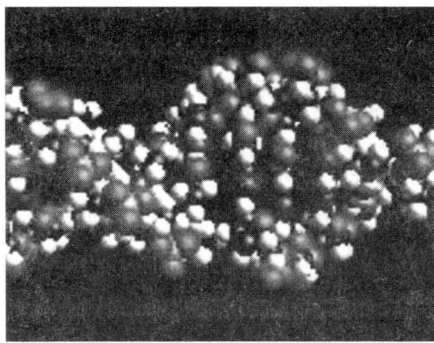

▲DNA 的氢化合键

X 射线的实验数据作一番认真的比较。不到两天时间，威尔金斯和富兰克林就用 X 射线数据分析证实了双螺旋结构模型是正确的。他们因此与弗雷德里克·威尔金斯共享了 1962 年的诺贝尔生理学或医学奖，至此 DNA 双螺旋结构的分子模型被完全发现。

DNA 双螺旋结构的分子模型发现的意义

沃森和克里克的发现轰动一时。DNA 双螺旋模型认为，必须由两股核苷酸碱基的任意排列顺序来决定高度有序的 DNA 三维结构。它由两条右旋但反向的链绕同一个轴盘旋而成，活像一个螺旋形的梯子，生命的遗传密码就刻在梯子的横档上。这个的模型，为破译生物的遗传密码提供了依据，导致遗传工程学的出现，因而一门称作"分子生物学"的新科学诞生了。此后，用人工的方法将生物体内的 DNA 分离出来，经过重新组合搭配后再放回生物体内，创造出新的品种，成为 20 世纪下半叶最活跃的领域。之后的科学研究会展现了这一发现的更广泛的应用，将对我们的生活产生更深远的影响。

DNA 技术的应用

DNA 技术在生活中有很多的应用。我们了解最多的就是亲子鉴定。司法中的亲子鉴定包括遗产继承纠纷要确定是否亲生关系、离婚后抚养权纠纷、认领被拐卖儿童、强奸犯的认定等。个人进行的亲子鉴定包括失散的家庭成员认亲、遇难者（空难、海啸等）身份无法辨认、怀疑子女不是亲生、怀疑医院产房或育婴室调错新生儿等。亲子鉴定中目前用得最多的是 DNA 分型鉴定。这十分方便，因为人的血液、毛发、唾

液、口腔细胞等都可以用于亲子鉴定。DNA 鉴定在发达国家还广泛用于其他的身份识别，具有不可替代的精确性，如克林顿"拉链门事件"中的证据确定以及 911 恐怖袭击后罹难者的身份辨认等。DNA 检验技术在侦查工作中应用越来越普遍，为侦破案件提供了支持，也为打击犯罪提供了强有力的刑事证据。例如，使用一定仪器，就可从生物检材中检验出人体的 DNA 成分，用于嫌疑人识别。这里说的生物检材，包括血液、毛发、牙齿、骨骼、指甲、脏器、唾液、精液、乳汁、汗液、尿液、粪便和呕吐物等，它们是人体的构成成分或人体分泌物、排泄物。

克隆技术的早期研究过程

克隆是英文"clone"一词的音译，其本身的含义是无性繁殖，是利用生物技术由无性生殖产生与原个体有完全相同基因组的后代的过程，即由同一个祖先细胞分裂繁殖而形成的纯细胞系，该细胞系中每个细胞的基因彼此相同。科学家把人工遗传操作动物繁殖的过程叫克隆，把这门生物技术叫克隆技术。

克隆技术有着很长的研究历史，它已经历了三个发展时期：第一个时期是用一个细菌很快复制出成千上万和它一模一样的细菌，而变成一个细菌群，即微生物克隆；第二个时期是生物技术克隆，比如用遗传基因——DNA 克隆；第三个时期是由一个细胞克隆成一个动物，即动物克隆，在 1997 年 2 月英国罗斯林研究所维尔穆特博士科研组公布体细胞克隆羊"多莉"培育成功之前，胚胎细胞核移植技术已经有了很大的发展。

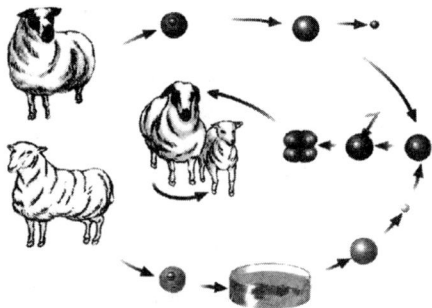

▲ 克隆羊的过程

克隆技术的研究成果

目前已经有很多的克隆动物品问世，比如克隆猕猴、猪、牛、鼠、兔、马、狗等。1998 年 7 月，美国夏威夷大学等报道，由小鼠卵丘细胞克隆了 27 只成活小鼠，其中 7 只是由克隆小鼠再次克隆的后代，这是继"多莉"以后的第二批哺乳动物体细胞核移植后代。但是尽管克隆研究取得了很大进展，目前克隆的成功率还是相当低的，譬如，克隆出 70 只小牛，则是在 9000 次尝试后才获得成功，并且其中的三分之一在幼年时就死了；而多利出生之前研究人员经历了 276 次失败的尝试。而对于某些物种，例如猩猩，目前还没有成功克隆的报道。所以克隆技术要实现延长人类寿命等对人类有益的目标，还需要进一步的研究。

克隆技术的利与弊

克隆技术可以提供给人类更多的帮助。比如 1999 年，美国科学家用牛卵子克隆出珍稀动物盘羊的胚胎，我国科学家用兔卵子克隆了大熊猫的早期胚胎，这些成果说明克隆技术有可能成为保护和拯救濒危动物的一条捷径。另外，克隆技术在扩大良种动物群体、提供足量试验动物、生产可供人移植的内脏、研制高水平的新药、推进转基因动物研究、攻克遗传性疾病器官等研究中发挥了重要的作用。

克隆技术是一把双刃剑，有利必有弊。克隆将减少个体间遗传变异，通过克隆产生的个体具有同样的遗传基因、同样的疾病敏感性，一种疾病可以毁灭整个由克隆产生的群体。可以设想，如果一个国家的牛群都是同一个克隆产物，一种并不严重的病毒就可能毁灭全国的畜牧业。另外，在生态层面，克隆技术导致的基因复制会威胁基因多样性的保持，克隆技术将使生物的演化出现一个从复杂到简单的逆向颠倒过程，而这对生物的生存是没有好处的。

此外，克隆出转基因动物提高了疾病传染的风险。如果一头生产药物牛奶的牛感染了病毒，这种病毒就可能通过牛奶感染病人。克隆技术是一种昂贵的技术，需要大量的金钱和生物专业人士的参与，失败率非常高，虽然现在有了更先进的技术，但成功率也只能达到2%到3%，技术难题还有待深入的研究。

克隆技术面临的最大难题不是技术方面，而是来自人类伦理方面。人的成长是在两性繁殖、双亲抚育的状态下完成的，几千年来一直如此，克隆人的出现，社会该如何面对，克隆人与被克隆人的关系到底是什么样的呢？我们也很难设想，当一个人发现自己在世界上还有和自己完全相同的一个复制品时，他（她）会有什么感受呢？

宇称不守恒定律的发现

　　1956 年，两位年轻的美籍中国物理学家李政道和杨振宁推翻了在物理学界被奉为"金科玉律"的"宇称守恒定律"，提出了"宇称不守恒定律"，为人类在探索微观世界的道路上开辟了新的领域。这一震撼国际物理学界的重大发现，使这两位年轻人一起登上了 1957 年诺贝尔物理奖的领奖台，成为最先获得这项殊荣的龙的传人。

"宇称不守恒定律"

　　为什么国际物理学界如此看重这两位青年科学家的发现呢？我们先来简单地了解一下什么是"宇称不守恒定律"。

　　原来在 1932 年中子被发现以后，人们认识到原子核是由带正电荷的质子和不带电的中子组成的。可是电荷是相互排斥的，许多带正电荷的质子是怎样紧紧地维系在一个小小的原子核里的呢？当时，有位名叫海森堡的科学家解释说，在原子核内，一个质子在遇到另一个质子之前，就已经通过交换变成了一个中子，所以双方可以共处在一个核里了。因为这个变化发生得非常快，所以原子核能保持着稳定。1935 年，日本物理学家汤川秀树根据海森堡的理论提出，原子核由质子和介子组成。正是这种称为介子的粒子使原子核形成一个固体。1947 年，汤川秀树所预言的介子被英国物理学家鲍威尔在宇宙射线中找到了。汤川秀树因此获得了 1949 年的诺贝尔物理学奖。1952 年，科学家又在宇宙射线中发现了两种新粒子——K 介子和超子。这使人们在认识电磁力、万有引力和核强相互作用力之外，认识了一种相对应于核强相互作用力的弱相互作用力。在此之前，物理学家们一致公认创立于 1924 年的"宇称守恒定律"的正确性。可是现在麻烦来了，因为新发现的 K 介子有时会变成三个 π 介子，使这个等式不成立。是不是"宇称守恒定律"出了问题呢？但面对被视为"金科玉律"的"宇称守恒定律"，科学家们都退却了，谁也不敢迈出冒险的一步。

什么是"宇称"

　　所谓"宇称"，就是描述微观粒子体系运动或变化规律左右对称性的量。这一定律的含义是粒子相互作用前的总宇称，等于相互作用后所形成的新粒子的宇称。

　　似乎是历史有意把这一开创新纪元的重任交给两位黄皮肤的龙的传人。1956 年的一天，李政道与杨振宁在纽约的上海饭店会餐。在餐桌上，他们不约而同地谈到了共同感兴趣的有关 K 介子和"宇称守恒定律"的话题。真是英雄所见略同，他们越谈越投机，彼此的见解，都使对方迸发出新的思想火花。于是，他俩欣然决定共同合作，一起进行原子核和基本粒子的研究。他们精诚团结，在一番深入研究之后，大胆提出了一种新的理论，认为"宇称守恒定律"只在强相互作用和电磁相互作用下才是正确的，但在弱相互作用中就不成立了。他们冲破了爱因斯坦的相对论，共同提出了弱相互作用中"宇称不守恒定律"。他们的思想顿时震惊了全世界。

为了证实自己的理论，李政道和杨振宁邀请有"中国的居里夫人"之称的女物理学家吴健雄用实验检验。吴健雄一口答应，她来到华盛顿国家标准局，领导一批优秀的科学家，利用现代化的设备，进行这项重要的物理实验。

这是一次高难度的实验，需要在严格的超低温条件下进行，又涉及到许多复杂的因素，稍有疏忽就可能导致实验的失败。吴健雄整天钻在实验室里，有时连续一星期不分白天黑夜地在实验室里观测、记录、分析、研究，不敢有一丝马虎。辛勤的劳动终于换来了丰硕的成果。1957 年 1 月 4 日，这是难忘的一天，经过无数次的实验，吴健雄证实了宇称在弱相互作用中不守恒定律的正确性。

▲吴健雄

李政道、杨振宁的新发现说明，宇宙间的万事万物不一定都存在对称的关系。这一新的理论对于研究宇宙的构造和物质的构造都具有不可估量的重大意义，被认为是"科学史上的一个转折点"。

骄子的故事

一项伟大的发现，联系起三位科学骄子，他们成才的故事非常精彩。

李政道，1926 年 11 月生于上海。他从小喜欢读书，每天总是不知疲倦地沉浸在书海里。有一次，母亲为他准备好了洗脚水，催他去洗脚，可他满脑子思索着刚才书上的内容，洗脚时竟下意识地把手放在洗脚盆里搅了搅，全然忘记了洗的应该是脚。

1945 年春季的一天，在浙江大学读大一的李政道，经人介绍认识了被人称为"物理学界伯乐"的吴大猷教授。吴教授慧眼识才，将他转入自己任教的西南联大，亲自带教了一年后，又推荐他报考芝加哥大学的博士研究生，随著名物理学家费米学习物理。1954 年，刚满 24 岁的李政道，取得了博士学位，之

▲李政道

后被美国许多大学请去工作。1956 年，年仅 30 岁的李政道，成为哥伦比亚大学最年轻的教授，但他并没有陶醉在自己的成就里，仍然孜孜不倦地探索着，向物理学的高峰攀登。在他获得诺贝尔奖的 20 年后，他又提出了一种新理论，论证了制造一种"核物质"的可能性。他称这种"核物质"为"超密核子"，它比铅重 50 倍，是一种"有700 至 1 万个稳定质子数的新元素"。他的这一新理论，引起了科学界极大的重视。因为李政道的预言一旦实现，意味着会有更多能量极大的"新原子核"产生，有着重要的意义。

此外，李政道还提出了"非连续性力学"的新理论，以及"自由夸克永难发现"的新论点，对高能物理的发展都有重要意义。李政道博士在国际物理学界被认为是一位具有天才科学家爱因斯坦特质的，能作"超时代大胆想象"的科学天才。

比李政道大 4 岁的杨振宁出生于安徽合肥一个中学教师的家庭。当他还是 10 个月的婴儿时，他的父亲杨武光就以优异的成绩通过考试去美国留学。在母亲的教育下，杨振宁从小刻苦学习。1938 年，只上完高中二年级的杨振宁竟以高分考进西南联大。在大学期间，杨振宁用功学习，如饥似渴地求知。在学校附近的小茶馆里，杨振宁经常和他的几个要好的同学讨论物理学问题，尤其是量子力学问题，他们争辩个不停，晚上宿舍熄灯后点起蜡烛再辩，争辩使他对量子力学有了精深的了解。杨振宁大学毕业后，又考进联大的研究生院攻读，取得硕士学位后，他不远万里去美国投在物理学大师费米和泰勒的门下，成为一名优秀的青年科学家。

1949 年，杨振宁和导师费米共同提出了基本粒子结构型，即费米—杨振宁模型。1954 年，他和助手米尔斯合作，提出了规范场的数学结构，即杨—米规范场，解决了爱因斯坦后半生 30 年没有解决的难题。杨振宁在物理学领域取得了一个又一个的光辉成就，为炎黄子孙在国际科学界争了光。

▲杨振宁

用实验验证"宇称不守恒定律"的吴健雄，1912 年 5 月 31 日，出生于江苏太仓的浏河镇。同所有的成功科学家一样，勤奋、拼搏和持之以恒，是她取得辉煌成就的法宝。她在南京中央大学读书时挑选宿舍大楼最后一排的最后一间，为的是少受外界影响。她常常反扣房门，读书到深夜，学校熄灯以后她仍点上蜡烛，有时竟为一道难题通宵达旦。那时经常有几百人一起上的大课，这对那些只想混张大学文凭的公子小姐来说，自然是逃课的好机会。因为黑压压的一片，老师怎么查得清谁来谁没来呢？有些学生即使来了，也总爱坐在最后，这样看小说、交头接耳更方便。吴健雄总是早早地带上课本和笔记本，在大教室前挑中间的位置坐下来。久而久之，这个座位就成了她的专座。

　　作为一名实验物理学的专家，吴健雄一生完成过两项轰动物理学界的实验报告。一项就是验证"宇称不守恒定律"的实验，另一项实验报告写成于1959年，当时，加利福尼亚理工学院的著名物理学家基尔曼再三恳求她用试验证明他和另一位物理学家提出的"向量电流的守恒性"理论。由于工作忙，她一直到1962年才动手做这个实验，并且在这年的年底证明了这一理论的正确。当时，美国、苏联、瑞士等许多世界一流的科学家都在进行这项实验，但都失败了，只有吴健雄取得了成功。

　　李政道、杨振宁、吴健雄这三位举世闻名的科学家尽管加入了美国籍，但他们依旧是中华民族的骄傲。

杀死病毒的干扰素

抗生素是一种家喻户晓的消灭细菌的良药，对各种凶险的细菌性传染病，它都能有效地控制或消灭。可是，对于只有细菌1%大小的病毒，人们却没有对付它的更好办法。肝炎、感冒、水痘等几十种病毒，长期危害着人类的健康，人们期待着一种能杀死病毒的良药出现。于是，科学家们向病毒发起了总攻。

干扰素的发现

1957年，英国的科学家艾萨克斯和林登曼发现，任何一种病毒感染生物时，生物的细胞就会产生和释放出一种物质。这种物质具有非常奇妙的作用，它能干扰和抑制病毒"为非作歹"，他们把这种物质称为"干扰素"。

这一发现震动了科学界。经过20多年的研究，初步弄清了干扰素的性质和防病的作用。干扰素是由不同氨基酸按一定数目和排列次序组成的复合体，其中起抗病毒作用的是蛋白质部分。临床试验证明，干扰素对感冒、肝炎、麻疹、带状疱疹、角膜炎、水痘、狂犬病等病毒所引起的疾病都有一定的疗效。1972年，美国医学委员会对志愿参加试验的感冒病人，每天注射350万单位的干扰素，病人疗效显著。斯坦福大学医学院给严重的水痘病人每天注射百万单位的干扰素，病人很快就痊愈了。

干扰素为什么能抑制病毒呢？原来，当人体细胞感知病毒来侵扰时，就会释放出干扰素。它很快附在病毒上，在病毒体内产生两种酶，一种酶能把吟酸盐引进病毒，使它无法合成蛋白质，另一种酶会破坏病毒里的核酸，使它失去繁殖力。

有些国家的研究表明，干扰素对恶性肿瘤细胞也有抑制作用，是抗癌的生力军。干扰素对人体的免疫能力也有刺激作用，能增进抗体的产生，从而加强人体巨噬细胞杀伤侵入病菌的功能。

1975年，瑞典卡劳林斯卡研究所的医师曾在21个患严重骨癌的病人身体做试验，给他们每天注射200万单位到300万单位干扰素，每周3次，过了18个月，病人寿命延长，药效显著。法国医疗研究机构用干扰素治疗肺癌，也取得了一定的疗效，使一些肺癌病人延长了寿命。目前使用的一些抗癌药物，毒性大，在杀死癌细胞的同时，也会杀伤正常细胞。而干

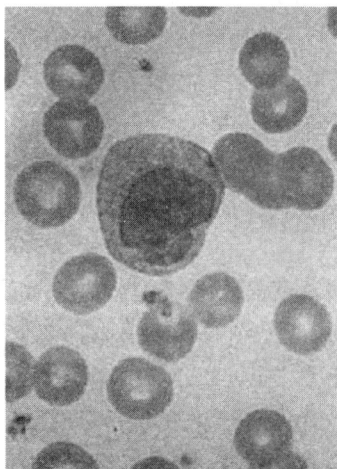

▲ 巨噬细胞

扰素是细胞本身的一种自然产物，对正常细胞的毒性小，使用安全。

研制干扰素

可惜，干扰素的获得极不容易。目前，它是从人体血液中提取的，每提炼 100 毫克就需要用 3 万升人体血液，因此价格昂贵，而且不能进行大量生产。据法国医疗单位计算，治疗一个感冒病患者要花费 1 万法郎，而医治一个癌症病人，就得耗费 5 万法郎。

芬兰科学家肯特尔利用输血站的一种副产品——白细胞层为原料，用病毒作为干扰素诱生剂，生产出粗制干扰素，然后制成干扰素的注射剂。中国医学科学院病毒所等也用类似的方法制成了干扰素，质量已达到

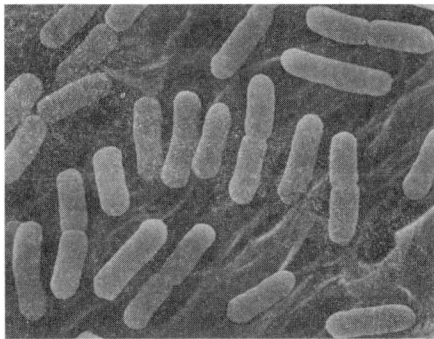
▲ 大肠杆菌

国际标准。人类对干扰素的认识不断深化。美国的一个科研机构的科研人员初步查明了组成干扰素的 13 个氨基酸结构。日本癌症研究所的专家又进一步弄清了干扰素的主体部分，是 166 个氨基酸的遗传基因。

1979 年，瑞士苏黎世大学生物学教授和一些科研人员根据遗传基因的结构原理，从生物体白细胞中取出同干扰素相适应的遗传基因，移植到大肠杆菌中，终于用生物化学方法大量产出了干扰素，为人工培养制取干扰素开创了一条新的简易途径。此外，美国科学家在了解了干扰素的化学分子结构后，正在用人工合成的方法来制造干扰素。

盖莫夫的理论研究

盖莫夫卓越的理论研究，帮助了其他人荣获诺贝尔奖的重大实验成果。盖莫夫本人虽未获得诺贝尔奖，但他在理论上的开创性工作，熠熠生辉，功绩永垂科学史册。

证明宇宙爆炸论的微波辐射

话说盘古尚未开天辟地之时，宇宙"浑如鸡子"，也就是混混沌沌，好像一个鸡蛋一样。这个"鸡蛋"，就是宇宙蛋。后来盘古手执板斧，从蛋内劈开蛋壳。盘古"日长一丈"，天也"日高一丈"。于是，"气之轻清者，上浮而为天；气之重浊者，下凝乃成地"。这才有了日月星辰大地，形成了气象万千的宇宙。

这盘古开天的故事，只不过是《山海经》中记载的一段神话，但现代自然科学中，也有一种"宇宙蛋"学说。按照这个学说，宇宙起源于一团原始的超密物质，比利时天文学家勒梅特在20世纪20年代就称它为"宇宙蛋"。后来，"嘭"的一声"大爆炸"，"碎片"横飞，逐渐演化成为各种星系，形成了后来的宇宙。

▲天文学家勒梅特

1946年，闻名遐迩的美籍俄裔理论物理学家兼科普作家盖莫夫，在比利时天文学家勒梅特的基础上，进一步发展和完善了宇宙的大爆炸起源学说。这位盖莫夫喜欢从理论上探讨宇宙和大自然的"最根本"问题。盖莫夫兴趣广泛，不但研究过宇宙起源问题，而且研究过生物界最基本的问题之一——遗传密码，从排列组合的计算中最先提出了三联体密码子假说。盖莫夫在科学研究中选题的气魄、眼力和远见，是值得人们借鉴的。上述他的两项开创性理论研究工作，后来都帮助了其他人获得了诺贝尔奖。

1964年，美国著名的贝尔电讯实验室在新泽西州荷姆尔德城附近的克劳福特山上，装设了一架不寻常的、庞大的天线。两位科学家彭齐亚斯和威尔逊，就用这架天线进行射电天文学研究。他们操纵着自动控制装置，把天线束指向天空的各个方向。结果发现，收到的噪声总是稍微高于原来预计的数值。是电子线路里产生的热噪声吗？他们将接收的功率与一个浸泡在温度低至绝对温度4K左右的液氦里的人工噪声源输出的功率相比较，证明噪声并不来自电子线路。

这种神秘的微波噪声，竟然非常稳定。无论是白天还是黑夜，也无论是春夏秋冬，都同样存在。真是幽灵般的噪声，它们是从哪里来的呢？人们发现，在天线的"喉部"涂盖了一种"白色介电质"，原来那是鸽子粪！有一对鸽子曾在天线的喉部筑过巢。人们捉住了鸽子，把它们送到贝尔实验室的威潘尼基地放掉。几天之后，又有鸽子来了，只好再捉，并采取坚决措施，防止它们再来。可是，鸽子已经在天线喉部拉了许多粪便，形成了一层"白色介电质"。

天线上的鸽子粪当然有可能成为电噪声源。1965年初，工作人员拆卸开天线的喉部，清除了不速之客鸽子制造的"白色介电质"。奇怪，那幽灵般的微波噪声却丝毫也没有减弱，后来又想出了各种办法，都不能驱除这个噪声幽灵。彭齐亚斯和威尔逊终于弄明白了，这个噪声幽灵原来来自宇宙！在天空的任何一个方向上，都可以接收到这种稳定不变的微波噪声。这说明宇宙背景中普遍存在着一种均匀的（或各向同性的）微波辐射。

▲彭齐亚斯

相当于3K的宇宙背景微波辐射的发现，是科学上一项重大的成就。可是，当时彭齐亚斯和威尔逊并不明白他们这项发现的重大意义。这项发现实际上是宇宙"大爆炸"起源学说的一个有力证明。那个各向同性的3K宇宙背景微波辐射，是宇宙大爆炸时所留下的"余烬"！

1948年，阿尔发和赫尔曼根据盖莫夫发展的大爆炸理论预言了宇宙微波辐射背景的存在。20世纪60年代，皮伯斯在美国普林斯顿研究院的迪克启发下，在这方面作进一步研究。皮伯斯在一次学术报告中详细讲述了这项研究，报告的内容又由特纳转告了另一位科学家伯克。

在宇宙微波背景辐射发现后不久，彭齐亚斯因为一件其他事情给伯克打了个电话。伯克接着就问起彭齐亚斯，他们的天空射电测量进行得怎样了。彭齐亚斯回答说："测量进行得很顺利，只是测量结果中有些东西弄不明白。"伯克立刻告诉彭齐亚斯，普林斯顿研究院的物理学家皮伯斯和迪克等的想法也许可以解释他们从天线接收到的宇宙微波噪声。

于是彭齐亚斯随后就给迪克打电话。这时，彭齐亚斯才认识到自己和威尔逊发现的宇宙背景微波辐射的重大意义。经过商定，他们决定在天体物理杂志上

▲威尔逊

各自发表一篇通讯。彭齐亚斯和威尔逊宣布他们的射电天文学观测结果，而由迪克、皮伯斯和威金森共同署名的文章则从宇宙学上进行理论解释。

这两篇研究通讯发表后，在科学界引起了巨大的反响。由于对盖莫夫发展的宇宙大爆炸起源学说提供了有力的证据，彭齐亚斯和威尔逊荣获 1978 年度的诺贝尔物理学奖。

彭齐亚斯和威尔逊的这项发现，在一定程度上具有偶然性。他们的观测并不是在宇宙起源研究的理论指导下进行的，而是在发现了结果之后，才由宇宙学家们给出理论上的解释。理论物理学家们如果能更早一些洞悉射电天文学实验手段对于验证大爆炸宇宙起源学说的重大意义，也许早就会指导实验工作者去发现宇宙背景微波辐射了。那样，诺贝尔奖的桂冠，就会落到他们头上。

美国著名的理论物理学家温伯格想起自己在这项发现宣布之前的态度，就感到有几分懊悔。他说："我想，大爆炸理论之所以没有导致对宇宙微波辐射背景的探索，是因为在当时，物理学家很难认真对待任何一种早期宇宙理论。这方面的困难本来只要稍微努力就可以克服的，然而最初的三分钟在时间上离我们是如此遥远，温度和密度条件又是如此陌生，以致我们在应用普通的统计力学和核物理学的理论时，总觉得很不自在。"

如果温伯格能在宇宙起源理论上早作"自在"的研究的话，说不定成果就会出在他手上。话说回来，温伯格毕竟不愧为伟大的物理学家。他长期从事统一场论方面的理论探讨，终于在弱电统一方面取得了重大的突破，而在 1979 年与萨拉姆共同荣获了诺贝尔物理学奖。

遗传密码

▲ 尼伦伯格

关于盖莫夫的故事还没有说完。这位著名的理论物理学家兼科普作家，兴趣颇为广泛。除了宇宙大爆炸起源理论之外，他还研究过生物的遗传密码理论，从排列组合的计算中最先提出三联体密码子假说，促进了这方面的实验研究，从而使尼伦伯格等人获得 1968 年的诺贝尔生理学或医学奖。

鼠生鼠，兔生兔，种瓜得瓜，种豆得豆。生物体内的遗传物质——脱氧核糖核酸（DNA）分子携带的遗传信息，决定了生物子代与亲代之间的相似。遗传信息以密码的形成储存在 DNA 分子中，DNA 分子通过转录核糖核酸（RNA）而间接地控制蛋白质的生物合成，从而决定生物的遗传性状。

DNA 和 RNA 分子都由四种核苷酸单体组成，而蛋白质分子则由20种不同的氨基酸所组成。4种核苷酸如何组成密码子来决定20种氨基酸呢？如果一个核苷酸决定一个氨基酸，仅可决定4种，这远不够。两个核苷酸决定一个氨基酸的话，则可决定 $4^2 \sim 16$ 种，仍不足20种。三个核苷酸则能决定 $4^3 \sim 64$ 种氨基酸，绰绰有余。若四个核苷酸决定一个氨基酸，就可决定 $4^4 \sim 256$ 种氨基酸，那就太浪费了。据此，盖莫夫提出三联体密码子的假说，即由三个核苷酸决定一个氨基酸。

在此基础上，克里克利用吖啶黄插入诱变的实验，证明遗传密码子确为核苷酸三联体。20世纪60年代中期，尼伦伯格等人用人工合成的核糖核酸作为模板在活体外进行氨基酸掺入实验，从而解读出了全部64种三联体与20种氨基酸的对应关系（其中包括3个终止密码）。

大自然的天书——遗传密码，就这样被揭晓了。国外有人将遗传密码比喻为"罗赛塔石碑"，这是在埃及尼罗河畔发掘出来的一块镌刻着难以解读的古代文字的石碑。遗传密码的实验解读，比罗赛塔碑文的解读引起了更大的轰动，尼伦伯格等人也于1968年荣获诺贝尔奖。

盖莫夫荣获科普奖

盖莫夫卓越的理论研究，帮助了其他人荣获诺贝尔奖的重大实验成果。盖莫夫本人虽未获得诺贝尔奖，但他在理论上的开创性工作，熠熠生辉，功绩永垂科学史册。

盖莫夫不但是一位杰出的理论物理学家，而且热心于科普工作。从20世纪30年代起，他经常为《科学的美国人》、《美国科学家》、《今日物理学》等杂志撰稿，还写了许多脍炙人口的科普作品，如《物理世界奇遇记》、《从一到无穷大》、《地球小传》、《月球》、《物质、地球和元素》、《太阳的生与死》等，文笔生动有趣，被译成多种文字出版，深受各国读者欢迎。盖莫夫也由于在这方面的卓越贡献，于1956年荣获联合国教科文组织的卡林格科普奖。

发现海底扩张

对 20 世纪 60 年代地球科学大变革作出重要贡献的人，以及与这个大变革有关的地学新发现很多，但一般认为，在这个过程中起了关键推动作用的人，是美国普林斯顿大学老练的科学家赫斯和美国海军研究所的科学家迪茨。

海底扩张说的创立

第二次世界大战期间，赫斯在美国海军供职。他考察海底地貌时，发现了海底平顶山，并且测得在海沟附近的平顶山有向大陆一侧倾斜的趋势，预示着它有可能沿着深海沟的坡面滑下去。另外，20 世纪 50 年代全球裂谷系的发现，海底热流值的测定，以及海底沉积物年龄的测定，都引起了他的兴趣和深思。赫斯和迪茨都相信霍姆斯和威宁·曼尼兹的地幔对流说，于是他们就用地幔对流的观点来归纳以上海洋科学所取得的成就。

地幔对流说

一种说明地球内部物质运动和解释地壳或岩石圈运动机制的假说。它认为在地幔中存在物质的对流环流。在地幔的加热中心，物质变轻，缓慢上升，到软流圈顶转为反向的平流，平流一定距离后与另一相向平流相遇而成为下降流，继而又在深处相背平流到上升流的底部补充上升流，从而形成一个环形对流体。对流体的上部平流驮着岩石圈板块做大规模的缓慢的水平运动。在上升流处形成洋中脊，下降流处造成板块间的俯冲和大陆碰撞。

他们认为，连续分布在各大洋中脊轴部的裂谷带，向下可以穿过岩石圈到达软流圈，洋中脊的热流值大，正好说明由于地幔的对流使岩浆沿着裂谷带缓缓上升；岩浆冷却后，再慢慢地凝固成薄的新海底地壳。这个过程不断地进行，就会造成海底扩张，于是必然有相当数量的老海底进入地幔熔化消亡，才能维持海底地壳面积的基本平衡。他们认为，位于海洋岸边和岛屿附近的海沟便是海底地壳消亡的场所，因为呈 V 字形的深海沟缺少沉积物和热流值大大低于洋中脊的事实，都说明它确实在不断地下沉。海底地壳不断产生而又不断消亡的说法，还得到当时其他一些海底科学成就的支持。

于是，海底扩张的概念逐渐地明确起来了。赫斯在 1960 年发表了一篇题为《海洋盆地的历史》的报告，阐述了自己的见解，1962 年，该报告正式出版。同年，迪茨也在英国《自然杂志》上发表论文，提出了类似的假说，并明确提出海底扩张的概念。

按照海底扩张学说建立起来的模式，地幔中有对流存在，地幔物质从地壳裂缝中上升，形成洋中脊；洋中脊裂谷带如同两个朝相反方向转动的传送带"分手"的地方，海洋地壳在这里被撕裂拉开，炽热岩浆从这里慢慢溢出，尔后冷凝成新的海洋地壳；洋中脊裂谷不断地喷涌出岩浆，新的海洋地壳不断地形成，同时地幔对流体则像传送带似地牵引着已经裂开的洋中脊两边的海洋地壳，以相同的速率不断地向两边扩展；不断扩展的海洋地壳来到海沟，碰到大陆地壳便落入"万丈深渊"，下沉钻进地幔中，而大陆地壳紧靠海洋地壳的前缘，则被挤压抬升形成山脉或岛弧。这样，海洋地壳不断地生成、减灭，"新陈代谢"，它永远是年轻的。洋壳一般每过两三亿年就要更新一次，虽然大陆可以被撕裂、拼接或前缘发生变形，但它是永存的，海洋却不是永恒的单元。

这样的模式也可以形象地同一锅煮沸了的粥相比拟。粥好比是软流圈物质，比较轻的地壳相当于粥锅里浮在表面的泡沫，随着粥的烧开，泡沫被带到锅边，就像由于软流圈物质的对流，把海洋地壳带到海洋岸边的海沟处一样。当然，软流圈物质大不同于我们日常生活中见到的流体物质，它是一种接近于熔化的岩石，仅仅以每年几厘米或最多十几厘米的速率运动着，但这就够了，经过几千万甚至上亿年的积累，总的效果可以扩张移动达几百甚至上千千米。

海底扩张说的证实

用什么来证实这一点呢？古地磁研究为海底扩张说提供了强有力的证据。埋藏在岩石里的"化石罗盘"，为我们记录了岩石形成时地磁场的三要素。1906年，法国的布容首次发现，某些岩石里"化石罗盘"的指向（即热剩磁的方向）正好与现代地磁场的方向相反，也就是当时地磁场的磁性极向同现代地磁场的磁性极向正好是颠倒的，这种状况被称做"极性倒转"。

开始人们以为这是罕见的特别现象，但后来发现这种"极性倒转"的岩石越来越多，以至达到了约占所研究岩石的一半，这就不可能再以"个别现象"来对待了。虽然现代科学还不能很好地解释这种地磁场极性倒转的原因和过程，但是地磁学家们已经相信，古地磁场在历史上有过正向、反向的交替，极性倒转是地磁场历史发展过程中的一个基本规律。

既然地磁场的极性倒转是个规律，而岩石的绝对年龄又是不难测定的，那么把这两者结合起来，就能知道地磁场发生极性倒转的年代。1963年，美国地质调查所的考克斯等人提出了第一张地磁反向年代表。这张表经过不断修正，表明在近450万年的时间里，地磁场极性发生了3次倒转，正、反极性可分4个时期，每个极性期内还有若干次短暂的倒转。1968年，美国科学家海茨勒又进一

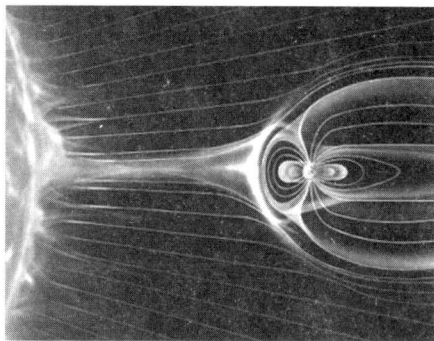
▲地磁场

步做出了近7600万年统一的171次地磁反向年代表。根据这张地磁反向年代表，人们不仅可以知道哪个年代地磁场的极性发生了倒转，反过来根据岩石古地磁极性的测定结果，还可以大体上确定岩石的年龄，把对岩石古地磁极性变化的研究成果应用到海底，结果促成了对海底扩张学说的确认。从20世纪50年代起，人们就开始了对各大洋海底磁场的测量。第一批比较精确的海底磁场测量的成果，于1958年做了报道，接着各大洋的海底磁场图被绘制出来。人们发现，在大洋中脊，对称地分布着南北走向的条带状磁场，而且强弱相间地排列。当时就有人推测，磁条带与洋中脊平行，两者之间必定有某种联系，但究竟有何种联系尚不得而知。总之，当时人们对这种强弱相间的条带状磁场的成因，还未能作出圆满的解释，到了1963年，英国剑桥大学的研究生凡因和他的导师马休斯，通过对印度洋的卡尔斯堡磁测资料的研究，发表了《洋脊上的磁异常条带》一文，对磁条带的形成作出了新的解释。然而，直到3年后，他们的这些见解对推动地球科学大变革的重大意义才被世人所认识。

凡因和马休斯解释的基本点，是把海底"化石罗盘"的形成、地磁场的极性倒转和海底扩张三者巧妙地结合了起来。他们认为，岩浆不断地沿着洋中脊裂谷带推上来，冷却凝固成岩石时，其中的磁性物质就获得了与当时地磁场方向一致的磁性；新的岩浆不断涌出，已凝固的岩石不断地远离洋中脊而去，在这个过程中地磁场极性多次倒转，结果就在洋中脊两侧形成了磁异常条带。这就是说，强弱相间的磁异常条带，不是由于海底岩石磁化强度的不均匀性造成的，而是海底扩张和地磁场极性倒转联合作用的结果。正因为海底在扩张过程中，处于冷凝状态的岩石被正反方向相间的地磁场所磁化，所以才会测量到强弱相间的磁异常条带。

地磁场的起源

地球存在磁场的原因，普遍认为是由地核内液态铁的流动引起的。最具代表性的假说是"发电机理论"。1945年，物理学家埃尔萨塞根据磁流体发电机的原理，认为当液态的外地核在最初的微弱磁场中运动，像磁流体发电机一样产生电流，电流的磁场又使原来的弱磁场增强，这样外地核物质与磁场相互作用，使原来的弱磁场不断加强。由于摩擦生热的消耗，磁场增加到一定程度就稳定下来，形成了现在的地磁场。

凡因和马休斯提出的模式是以海底扩张为前提的，而各大洋以洋中脊为对称轴线平行分布的磁异常条带的普遍存在，反过来对海底扩张假说又是一个极大的支持和确认。

几乎与他们同时，加拿大的摩利和拉罗切利也提出了类似的见解。后来，凡因和加拿大的威尔逊还指出，以洋中脊为轴线对称分布的磁异常条带，它们的宽度与年龄有关，结合地磁反向年代表，即可算出新海底单侧扩张的速率为每年2厘米。我们也知道，洋中脊处的岩石喷出不久，年龄较小，而越向外侧的岩石年龄越老。大西洋中脊附近的岩石，年龄都小于2000万年，而最外侧岩石的年龄已超过8000万年。

20世纪60年代，用海底扩张说阐述海洋问题的论文如雪片飞来。在许多专门的地学会议上，"您相信海底扩张吗?"简直成了专家们见面时的口头禅。到了1967年至1968年间，海底扩张说已经赢得了绝大多数人的支持。

"百闻不如一见"。1974年，美国地质学家巴勒茨和法国同行肖克罗等为了深入了解海底，乘坐"阿尔文"号深潜器，下潜到亚速尔群岛西南124千米的大西洋中脊裂谷带进行考察，带回了好几吨深海岩石标本，拍摄了几千张海底照片，他亲眼目睹了裂谷底布满喷出不久的新鲜熔岩，从而有力地证实了海底扩张学说。更有趣的是，他们还意外地发现在海底有一簇簇的生物群落，生活着管状蠕虫、小蛤、蟹、巨贝等生物，它们给寂静的海底带来了勃勃生机。

▲加拉帕戈斯群岛

以后科学家们又多次深潜海底。1978、1979年，他们深潜到东太平洋加拉帕戈斯群岛附近的海底裂谷，看到的场景更让人眼花缭乱：从裂谷底的裂隙中喷溢出来的热泉水，遇到海水迅速冷却，沉淀固结起来的矿物像一个个烟囱竖立在海底；在热喷泉附近，视力退化了的短颚蟹在笨拙地横行，大得出奇的褐色贝、贻贝正半张着嘴捕猎食物，数量众多的红嘴小虫到处乱爬，鲜花模样的海葵竞相"开放"……

又冷又黑的海底怎么会出现"绿洲"呢？科学家们认为，主要是因为有了裂谷中涌出的热水泉。热水泉为海底"绿洲"提供了热源，使这里的海水增温12~17℃；热水泉也为海底"绿洲"准备了营养源，它所提供的含硫化合物是细菌的好食料，而有了细菌就有吃细菌的浮游生物，有了浮游生物又有吃浮游生物的其他海洋生物……于是，一个特殊的海底生物链形成了。太神奇了，原来这些海底"绿洲"是海底扩张的产物！

合金的发现

合金是由金属与非金属或多种金属组成的，具有金属特性的金属材料。合金通常具有熔点低、导电性和导热性差、硬度和强度大、耐腐蚀等特点，这些特点是相对于合金的组分而言的。人类使用合金的历史已有数千年，我国在公元前 2000 年左右进入青铜时代，就开始大量应用青铜器，青铜就是一种合金。随着科技的发展，现代合金的性能越来越优异，常用的合金有铁合金、铜合金、铝合金、锡合金等。

铁合金

由铁和其他金属或非金属组成的合金就是铁合金。在铁合金里，铁的含量比较高，其他组分的含量比较低，并且其他组分对合金的性能有着重要影响。铁是地球上含量

▲青铜器

较多的元素之一，铁和各种铁合金应用非常广泛。人类使用铁的历史已有 3000 多年，我国在春秋时期进入铁器时代，开始大量使用铁器。生铁、碳钢、锰钢、硅钢、钨钢、铬钢都是属于铁合金。

1. 生铁，也称铸铁，是主要由铁和碳组成的铁碳合金，其中碳的含量在 2.0% 到 4.3% 之间，还含有少量的硅、锰、硫、磷等成分。生铁比较脆，塑性差，可铸不可锻，我们日常取暖使用的暖气片就有用生铁铸造的。过去，楼房里使用的排污管道也是生铁铸造的。生铁可分为炼钢生铁、铸造生铁和球墨铸铁等种类。

炼钢生铁硬而脆，一般用作炼钢的原料，因其断面呈白色，所以也称白口铁。炼钢生铁里的碳主要以碳化铁的形态存在。铸造生铁一般用于铸造各种铸件，如铁管，因其断面呈灰色，所以也称灰口铁，铸造生铁中的碳以片状石墨的形态存在，石墨具有润滑作用，因而铸造生铁具有良好的切削、耐磨和铸造性能。球墨铸铁具有优良的切削、耐磨和铸造性能，具有一定的弹性，其机械性能接近钢，广泛用于制造各种机械零件，球墨铸铁里的碳以球形石墨的形态存在。

2. 碳钢，也称碳素钢，是主要由铁和碳组成的铁碳合金，其中碳的含量小于 2.0%，还含有少量的硅、锰、硫、磷等成分。按照含碳量的不同，碳钢可以分为低碳钢、中碳钢、高碳钢三类，其中低碳钢的含碳量小于 0.25%，中碳钢的含碳

量大于0.25%、小于9.6%，高碳钢的含碳量大于0.6%、小于2.0%。按照磷、硫的含量的不同，碳钢可以分为普通碳钢、优质碳钢和高级优质碳钢三类，其磷、硫的含量依次降低。碳钢中碳的含碳量越高，则碳钢的硬度和强度越高、塑性越差。

3. 锰钢是在碳钢中加入一定量的锰制成的合金。锰钢中锰的含量一般为13%，这种锰钢被称为高锰钢。当锰钢中锰的含量在3%左右时，锰钢就像玻璃一样脆，这种锰钢被称为低锰钢。高锰钢的硬度和强度大，耐磨损性好，没有磁性，可用于制造坦克的履带板、保险箱的箱体、推土机和挖掘机的铲斗齿、防弹板、滚珠轴承等需要抗冲击、耐磨损的部件。

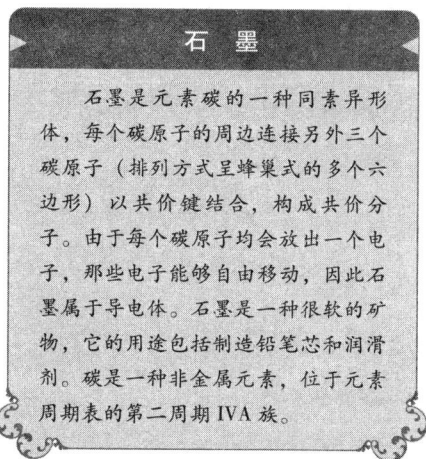

石墨

石墨是元素碳的一种同素异形体，每个碳原子的周边连接另外三个碳原子（排列方式呈蜂巢式的多个六边形）以共价键结合，构成共价分子。由于每个碳原子均会放出一个电子，那些电子能够自由移动，因此石墨属于导电体。石墨是一种很软的矿物，它的用途包括制造铅笔芯和润滑剂。碳是一种非金属元素，位于元素周期表的第二周期ⅣA族。

4. 硅钢主要由铁和硅组成，其中硅的含量在3%左右。硅钢具有比较好的电磁特性，主要是作为功能材料用于制造各种电机的铁芯，如变压器的铁芯就是用硅钢片制成的。

5. 钨钢主要由铁和钨组成，其中钨的含量一般在9%至17%之间。钨钢的硬度和强度很大，耐高温性能优良。钨钢的硬度是碳钢的两倍，并且钨钢在温度达到1000℃时的硬度和常温时的硬度几乎没有变化。钨钢常用于制造枪炮管、工业刀具等。钨是一种密度大、熔点高的金属，密度达每立方米19.1吨，是铁的密度的2.4倍多，熔点达3410℃。全世界90%的钨用于制造钨钢，我国是钨储量最丰富的国家，钨储量居世界首位。

6. 铬钢主要由铁和铬组成，铬的含量一般在12%～30%。铬钢的最大特点是耐腐蚀，我们使用的不锈钢就是铬钢。不锈钢在我们日常生活中应用很广，如不锈钢餐具、不锈钢管。

▲ 不锈钢餐具

铜合金

由铜和其他金属或非金属组成的合金就是铜合金。在铜合金里，铜的含量比较高，其他组分的含量比较低，并且其他组分对合金的性能有着重要的影响。纯铜呈紫红色，又称紫铜或红铜。铜合金主要有三种，分别是黄铜、白铜和青铜。

黄铜主要是由铜和锌组成的，呈黄色，其中锌的含量一般在30%至50%之间。含锌30%的黄铜常用于制造弹壳，俗称弹壳黄铜或七三黄铜。含锌40%的黄铜俗称六四黄铜，应用也很广泛。

白铜主要由铜和镍组成，呈银白色，镍的含量一般为25%左右。由于镍属于稀缺的战略物资，所以白铜的价格比较贵，通常用于制造精密机械、电工仪器、电子元件、医疗器械、工艺品等。

青铜最早是指由铜和锡组成的铜合金，后来把除黄铜、白铜外的铜合金都称为青铜，通常在青铜的名字前加上主要添加元素的名称，如锡青铜、铅青铜、铍青铜、磷青铜等。青铜是人类应用最早的一种合金，人类使用青铜的历史已有数千年，我国在公元前2000年左右开始大量使用青铜。1975年，在甘肃东乡林家马家窑文化遗址出土了一把青铜刀，这是目前在我国发现的最古老的青铜器，距今约5000年。锡青铜、铅青铜和铝青铜的强度比较大，耐磨损性和耐腐蚀性比较好，用于制造轴承、齿轮等机械装置。铍青铜和磷青铜的弹性和导电性好，用于制造精密弹簧和电连接元件。

铝合金

我们在日常生活中经常接触到铝合金，如建筑物的门窗的框就有许多是铝合金做的。现在工业上应用的铝合金主要有铝锰合金、铝镁合金、铝镁铜合金、铝镁硅铜合金、铝锌镁铜合金等。铝在地球上的含量居全部化学元素的第三位（仅次于氧和硅）、全部金属元素的第一位，铝合金保持了铝的密度比较小、导热性比较好的特点，而且强度和硬度明显提高，在航空工业、汽车工业、建筑业等领域具有广泛的应用。

▲ 锡合金

锡合金

锡合金中最常见的是锡焊料，锡焊料以锡铅合金为主，有的还含少量的锑。含铅38.1%锡焊料俗称焊锡。锡焊料可用于电器元件的焊接和某些容器的密封。

更多的合金

随着科学技术的进步，各种各样的新型合金材料被不断开发出满足了人类生产、生活的需要，如形状记忆合金、铝锂合金等。形状记忆合金在一定的温度条件下和外力作用下会变形，并且外力去掉后这种变形能保持住，当温度条件改变到一定程度后，就会恢复原来的形状。例如，有一种用形状记忆合金做成的弹簧，当把它放在凉水里并把它拉长后，它就能够保持住这种变形，如果再把它放到热水里，它就会缩短，恢复原来的形状。铝锂合金是20世纪80年代初期开发的新型合金材料，密度比普通的铝合金小、强度比普通的铝合金大，广泛应用于军用和民用飞机制造业。目前，许多先进的军用飞机和民航飞机都使用了铝锂合金。

走进微观世界的纳米技术

现代生活中，经常能听到纳米材料。从电视广播、书刊报章、互联网络，我们一点点认识了"纳米"，这个既陌生又熟悉的事物确实对我们产生影响。那么什么是纳米技术？纳米技术又研究什么问题呢？纳米材料又与平常的材料有什么区别呢？

纳米技术

纳米技术的全称是纳米科学与技术，是研究结构尺寸在 1 至 100 纳米范围内材料的性质和应用以及原子、分子和其他类型物质的运动和变化的学科。而纳米是长度单位，原称毫微米，就是 10^{-9} 米，即 10 亿分之一米，也就是 4 倍的原子大小，更形象一些就是万分之一的头发粗细。实现对整个微观世界的有效控制是人们研究和开发纳米技术的目的。纳米技术是一门综合学科，交叉性很强，研究的内容涉及现代科技的许多领域。

纳米技术的研究内容

纳米技术有广泛的研究内容，包括创造和制备优异性能的纳米材料，探测和分析纳米区域的性质和现象，设计、制备各种纳米器件和装置。当前纳米技术的研究和应用主要在电子和计算机技术、环境和能源、微医学与健康、航天和航空、材料和制备、生物技术和农产品等方面。纳米科技目前主要包括纳米电子学、纳米机械学、纳米化学、纳米生物学、纳米材料学等学科。随着人类对纳米科技的深入研究，人们认识和改造微观世界的水平达到了前所未有的程度。

纳米材料的特点

当物质到纳米尺度后，大约是在 1 纳米到 100 纳米这个范围空间，物质的性能就会发生突变，出现特殊性能。这种既不同于原来组成的原子、分子，也不同于宏观的物质的特殊性能构成的材料，就是纳米材料。第一个真正认识到它的性能并引用纳米概念的人是日本科学家，他们在 20 世纪 70 年代用蒸发法制备超微离子，并通过研究发现铁钴合金做成大约 20 纳米到 30 纳米大小，磁畴就变成单磁畴，它的磁性要比原来高 1000 倍。一个导热、导电的铜、银导体做成纳米尺度以后，它就失去原来的属性，变成了既不导热、也不导电的属性。

20 世纪 80 年代中期，人们就正式把这类材料命名为纳米材料。采用纳米技术研制的器材和设备，具有结构简单、可靠性高、成本低等诸多优势。物质达到纳米尺度以后，它的特性就可以被改变，而利用这些改变就可以使纳米技术为生活服务。

纳米材料在生活中的应用

在科学界的努力下，"纳米"走进了百姓的生活，渗透到人们的衣、食、住、行中。化纤布料制成的衣服因摩擦容易产生静电，在生产时加入少量的金属纳米微粒，就可以摆脱烦人的静电了。同样，由于人体长期受电磁波、紫外线照射，会导致各种疾病的发病率增加或影响正常的生育能力。科技人员将纳米大小的抗辐射物质掺入纤维中，制成了可阻隔95%以上紫外线或电磁波辐射的"纳米服装"，而且不挥发、不溶水，持久保持防辐射能力。现代的居室环境开始讲究环保，传统的涂料耐洗刷性差，时间一长，墙壁就会变得斑驳陆离。现在有了加入纳米技术的新型油漆，不但耐洗刷性提高了十多倍，而且有机挥发物极低，无毒无害无异味，有效解决了建筑物密封性增强所带来的有害气体不能尽快排出的问题，使人们免受装修污染的危害。

纳米技术在医学方面也能大显身手。把药物与磁性纳米颗粒相结合的纳米药物给病人服用后，这些纳米药物颗粒可以自由地在血管和人体组织内移动。通过在人体外部施加磁场加以导引，还可以使药物集中到患病的组织中，药物治疗的效果会大大提高，真正做到使药物对病区"指哪儿打哪儿"。纳米颗粒还可用于人体的细胞分离，也可以用来携带 DNA 治疗基因缺陷症。同样还可利用纳米药物颗粒定向阻断毛细血管，从而"饿"死癌细胞。目前已经用磁性纳米颗粒成功地分离了动物的癌细胞和正常细胞，在治疗人的骨髓疾病的临床实验上获得成功。

在航天领域，纳米技术的应用前景也十分广阔。2005 年俄罗斯发射了一颗远距离探测地球的纳米卫星，仅重 5 千克，它的体积比家

白色污染遭遇挑战

为了解决污染环境的"白色垃圾"，科学家将可降解的淀粉和不可降解的塑料通过特殊研制的设备粉碎至"纳米级"后，进行物理结合。用这种新型原料，可生产出 100% 降解的农用地膜、一次性餐具、各种包装袋等类似产品。农用地膜经 4 至 5 年的大田实验表明：70 到 90 天内，淀粉完全降解为水和二氧化碳，塑料则变成对土壤和空气无害的细小颗粒，并在 17 个月内同样完全降解为水和二氧化碳。专家评价说，这是彻底解决白色污染的实质性突破。相信随着纳米技术的发展，人类能有效地治理污染，保护我们的家园。

用奶粉桶略大一些。这颗卫星上的数码相机照片分辨率可达 50 米上，拍摄视野宽度达 290 千米。地面控制人员可频繁地与"纳米卫星"联系，就像用手机打电话那样快捷。卫星上的无线电发射器可以将照片传回地面，购买这颗卫星使用权的用户只要用小型接收站就可以自己接收卫星信息。由于纳米卫星的生产成本低，而且又有极强的军事用途和生存能力，所以得到了许多国家的青睐。很多国家都对这方面的研究加大了投入。

温室效应的发现

　　"温室效应"这个词让人们想到最多的就是环境污染、全球变暖。到底什么是温室效应呢？它与全球变暖又有着什么样的联系呢？

温室效应的含义

　　温室的意思大家并不陌生，它有两个特点：温度较室外高，不散热。生活中我们可以见到的玻璃育花房和蔬菜大棚就是典型的温室。温室效应，又称"花房效应"，是大气保温效应的俗称。大气中的二氧化碳浓度增加，阻止地球热量的散失，使地球的气温升高，因其作用类似于栽培农作物的温室，故名温室效应。

温室效应的形成

　　地球的表面有着厚厚的大气层。大气能使太阳短波辐射到达地面，但地表向外放

▲城市污染

出的长波热辐射线却被大气吸收，这样就使地表与低层大气温度增高，形成温室效应。如果大气不存在这种效应，那么地表温度将会下降。反之，若温室效应不断加强，全球温度也必将逐年持续升高。据估计，如果没有大气，地表平均温度就会下降到－23℃，而实际地表平均温度为15℃，这就是说温室效应使地表温度提高38℃。这维持着地球表面的温度，使之适宜人类的生存。在这种语境中，温室效应是一个中性词，指的是大气层中时刻存在的一种自然现象。

　　但是从工业革命之后，人类排入到大气的吸热性强的二氧化碳等温室气体逐年增加，因而使温室效应随之增强，并且温室气体已经引起了全球气候变暖等一系列严重问题。这种情况引起了全世界各国的广泛关注，所以地球表面变热的现状的研究使人们更加关注因环境污染引起的温室效应。其主要是由于现代化工业社会过多燃烧煤炭、石油和天然气，这些燃料燃烧后放出大量的二氧化碳气体进入大气造成的。当然，形成温室效应的气体很多，除二氧化碳外，还有其他气体，如甲烷、一氧化氮。

温室效应的影响

环境污染引起的温室效应会产生严重的危害后果。美国国家航空和航天局的最新数据显示，因为温室效应而使全球变暖，格陵兰岛每年流失的冰体积达221立方千米，时下的流失速度是1996年的两倍。2002年，南极洲的拉森B冰架断裂，这块面积达3250平方千米的巨型"冰块"在35天内融化得不见踪影。科学家预测，如果地球表面温度的升高按现在的速度继续发展，到2050年全球温度将上升2℃至4℃，如此一来，南北极地冰山将大幅度融化。南北极的冰山融化还会导致一系列的后果。首先是使海平面大大上升，一些岛屿国家和沿海城市将淹于水中。这将淹没沿海陆地，造成土地资源浪费，特别是沿海城市与耕地资源。全球第一个被海水淹没的有人居住岛屿即将产生——位于南太平洋国家巴布亚新几内亚的岛屿卡特瑞岛，眼下岛上主要道路水深及腰，农地也全变成烂泥巴地。将被淹没的城市中包括几个著名的国际大城市，纽约，上海，东京和悉尼。同时两极冰层融化将使淡水资源及储备减少。所以其后果将不堪设想。

▲温室效应导致冰山融化

全球变暖也会造成温度带改变，热寒带扩大，温带缩小，气候反常，海洋风暴增多，给农业造成损害，同时土地干旱，沙漠化面积增大也会使海洋受到很大影响，海洋生物生活环境遭到改变，大量死亡或被迫迁徙，给渔业带来一定损害。

温室效应与全球变暖

大家最关心的问题就是温室效应与全球变暖的关系。"温室效应"与"全球变暖"的含义曾经是等同的，现在两者的含义却有了很大的不同。全球变暖是指一种有可能避免的大气环境问题，是一种生态破坏。它的形成有多种因素，概括起来包括人口剧增、大气环境污染、海洋生态环境恶化、有毒废料污染、酸雨危害等因素。但温室效应未必会导致全球变暖，研究发现地球周期性公转轨迹由椭圆形变为圆形轨迹，距离太阳的远近会发生变化，地球接受太阳的热量也会发生变化。根据某科学家的研究，地球的温度曾经出现过高温和低温的交替，也是有一定的规律性的。但不可否认的是，温室效应是全球变暖的原因之一。

如何遏制全球变暖

如今温室效应导致的全球变暖，对地球、人类已经造成了恶劣的影响，那么我们该如何遏制温室效应呢？产生这些恶劣影响的原因是燃烧煤、石油、汽油等化石燃料，使产生的二氧化碳在大气层中迅速积聚，比二氧化碳少得多但同样是有害的氯氟化碳等气体也迅速增多，所以遏制全球变暖就要减少二氧化碳的排放量，这是涉及全球的问题，需要所有国家联合起来，一起做出努力。为了遏制全球变暖，防止全球性的灾害发生，1997 年 12 月，在日本京都召开的《联合国气候变化框架公约》缔约方第三次会议通过了《京都议定书》。这个条约旨在限制发达国家温室气体的排放量以抑制全球变暖，所以当前第一步也是最重要的一步就是贯彻、落实自 2005 年 2 月 16 日起生效的《京都议定书》。发达国家应该更积极承担起责任，在技术、资金等方面给发展中国家以一定的帮助。

《京都议定书》的减排规定

到 2010 年，所有发达国家二氧化碳等 6 种温室气体的排放量，要比 1990 年减少 5.2%。具体说，各发达国家从 2008 年到 2012 年必须完成的削减目标是：与 1990 年相比，美国削减 7%、欧盟削减 8%、东欧各国削减 5% 至 8%、加拿大削减 6%、日本削减 6%。新西兰、俄罗斯和乌克兰可将排放量稳定在 1990 年水平上。议定书同时允许挪威、澳大利亚和爱尔兰的排放量比 1990 年分别增加 1%、8% 和 10%。

我们个人也能从自我做起，来减少大气中过多的二氧化碳。一方面我们要保护好森林和海洋，比如不让海洋受到污染以保护浮游生物的生存，不乱砍滥伐森林。我们还可以通过植树造林，节约纸张，不践踏草坪，减少使用一次性方便木筷等行动来保护绿色植物，使它们多吸收二氧化碳来帮助减缓温室效应。另一方面需要人们选择"低碳"的生活方式，尽量节约用电（因为发电烧煤），少开汽车；海洋中的浮游生物和陆地上的森林可以吸收大量的二氧化碳，尤其是热带雨林。所以，在日常生活中，我们要关注环境保护，创造绿色家园。

发现量子力学的"核心秘密"

量子理论表明，在比原子小的"粒子"的尺度上，物体被认为是既有波动性又有粒子性，没有任何东西是确定的。这种量子力学观点，使人们认清了化学的本质，并使化学得到发展。

量子理论的发展

在 20 世纪 20 年代中期，量子理论有两次发展，而且几乎是同时发生的，这两次发展一次是以粒子方式，另一次是以波的方式。以粒子方式取得进展的突出人物是海森伯，以波的方式取得进展的代表人物是物理学家狄拉克。狄拉克仅比海森伯小几个月，1902 年 8 月 8 日生于英格兰的布里斯托。

奥地利物理学家薛定谔是另一位发展新量子理论的先驱者。他从德布罗意电子波的思想出发，建立了波动形式的量子理论，试图避开电子在原子中从一个能级向另一个能级的神秘跃迁，重新回到波理论的经典思想上来。

狄拉克证明了所有这些思想实际上是彼此等价的。即使是薛定谔的形式，其方程中也仍然包含着"量子跃迁"。薛定谔对此很反感，并对他曾经参与和发展的这一理论评价道："我不喜欢它。我真希望我没有做过与之有关的任何事情。"有意思的是，由于大多数物理学家在求学的早期就学习了薛定谔的波动方程，而且习惯于用它。自从量子力学建立以来，在解决粒子问题比如解释光谱时，正是薛定谔的波动方程应用最广。

量子力学的"核心秘密"

为了能对量子理论的图像有个较好的理解，现举一个在很久之后被美国物理学家费恩曼称为量子力学的"核心秘密"的例子，这就是著名的"双孔实验"。

在这个例子中，你可以设想是发射一束光或是一束电子流，使它通过屏幕上的两个小孔。当光通过这两个小孔时，波纹在屏幕的另一面从每个小孔成扇形展开，并在第二个接收屏上形成叫做干涉的图案，就像你同时向静静的池塘中扔两颗石子所见的水面上的干涉图案一样。早在 19 世纪，这个基本的实验就

▲美国物理学家费恩曼

证明了光具有波动性。

但如果发射的是单个粒子（比如电子），而且通过双孔一次只发射一个，按照日常的经验，你可能认为会在接收屏幕上积聚成两个堆，一个孔后面一堆。电子不同于可见光，为了能看清电子在接收屏幕上的状况，必须用适合检测的屏幕（像电视机屏幕那样的）。如果电子是粒子，对应于电子通过每一个孔，屏幕上理应显示出两个亮斑，然而事实上并非如此。

究竟发生了什么事呢？当单个粒子按实验要求从这边发射后，打到对面检测屏幕上时，你自然会认为每个粒子只能通过这一个孔或者那一个孔。的确，每个粒子在检测屏上只出现一次闪光，作为一个粒子，这表明它已到达检测屏。然而，当成千上万个粒子一个接一个地被发射出去后，在检测屏上就会出现异乎寻常的闪光图案。粒子的行为并不像你按照日常经验所想象的那样，不是在两个孔后面有两个亮斑，而是为人熟悉的只有波才有的干涉图案！这就好像是每个粒子一次通过两个孔，与它自己发生干涉一样，它想到哪个地方，就到那里为图案的形成做出自己的贡献。看来，量子的本质，在行进中是波，而在到达（和分离）时是粒子。

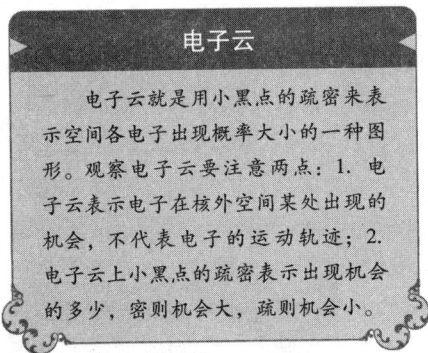

> **电子云**
>
> 电子云就是用小黑点的疏密来表示空间各电子出现概率大小的一种图形。观察电子云要注意两点：1. 电子云表示电子在核外空间某处出现的机会，不代表电子的运动轨迹；2. 电子云上小黑点的疏密表示出现机会的多少，密则机会大，疏则机会小。

像光的波粒二象性一样，这个例子表明了量子世界的另一个特点——概率的作用。在量子世界中，没有任何东西是确定的。比如，在单个电子通过双孔实验中的双孔之前，不可能让实验者说出电子到达接收屏幕的精确位置。你只能根据量子法则计算概率，即它落在干涉图案的某个具体位置的机会。量子过程所遵守的机会法则，和我们平常玩的掷色子有些类似，这使得爱因斯坦在评论中表示了他对这一理论的反感："我不能相信上帝是在掷色子。"

既然如此，我们怎么能认为"待在"原子中的一个电子一定是在它的"轨道"上"运行"，而不是"到达"了探测器呢？在过去的几十年中，物理学家的标准说法是，电子不能在靠近原子核的空间中的任何一点有确定位置，但是每一个电子可能在原子核周围的一个"壳层"上，一个壳层就是一个"轨道"。这个轨道被认为是"几率云"，代表找到电子的机会。如果某种测量精确到足以确定电子的准确位置，在某一时刻电子的确到达这个确定位置，就表明它本身是个粒子。它所能到达的位置完全是随机的，因为它可以自由选择。但一旦观察完成，电子又立刻融化为几率的迷雾，而且这种行为代表了所有量子的本质。

量子理论表明，在比原子小的"粒子"的尺度上，物体被认为是既有波动性又有粒子性，没有任何东西是确定的，实验的结果取决于机会，但这些奇异的理论却有实际的应用。由于原子对外界其他原子来讲，其界面是它的电子云，并且化学就是研究不同原子的电子云之间相互作用的学科。正是这种量子力学观点，使人们认清了化学的本质，并使化学得到发展。这表明这种新的量子力学确实是有效的。

阿波罗号登上月球

阿波罗载人登月工程是美国国家航空和航天局在二十世纪六七十年代组织实施的载人登月工程，或称"阿波罗计划"。迄今为止，阿波罗登月是历时最长、规模最大、投资最多、最富传奇性的太空探险行动，它为人类走上其他星球开创了划时代的先河！

阿波罗号登月工程

登月方案包括论证飞船登月飞行轨道和确定载人飞船总体布局。从"阿波罗"号飞船的3种飞行方案中选定月球轨道交会方案，相应地确定由指挥舱、服务舱和登月舱组成飞船的总体布局方案。

▲阿波罗号宇航员

为登月飞行进行准备了4项辅助计划，它们分别是：

1. "徘徊者"号探测器计划（1961年—1965年）。共发射9个探测器，在不同的月球轨道上拍摄月球表面状况的照片1.8万张，以了解飞船在月面着陆的可能性。

2. "勘测者"号探测器计划（1966年—1968年）。共发射5个自动探测器在月球表面软着陆，发回8.6万张月面照片，并探测了月球土壤的理化特性数据。

3. "月球轨道环行器"计划（1966年—1967年）。共发射3个绕月飞行的探测器，对40多个预选着陆区拍摄高分辨率照片，获得1000多张小比例尺高清晰度的月面照片，据此选出约10个预计的登月点。

4. "双子星座"号飞船计划（1965年—1966年）。先后发射10艘各载2名宇航员的飞船，进行医学—生物学研究和操纵飞船机动飞行、对接和进行舱外活动的训练。

"阿波罗"号飞船

在执行阿波罗登月计划的10年时间里，共进行了17次飞行试验，包括6次无人亚轨道和地球轨道飞行、1次载人地球轨道飞行、3次载人月球轨道飞行、7次载人登月飞行（其中6次成功，1次失败）。

"阿波罗11号"飞船于1969年7月20日至21日首次实现人登上月球的理想。此后，从1969年11月至1972年12月，美国相继发射了"阿波罗"12、13、14、15、

16、17 号飞船，其中除"阿波罗 13 号"因服务舱液氧箱爆炸中止登月任务（两名宇航员驾驶飞船安全返回地面）外，共有 12 名宇航员均登月成功。

阿波罗 11 号登月的过程

1969 年 7 月 16 日，巨大的"土星 5 号"火箭载着"阿波罗 11 号"飞船从美国肯尼迪发射场点火升空，开始了人类首次登月的太空征程。美国宇航员尼尔·阿姆斯特朗、埃德温·奥尔德林、迈克尔·科林斯驾驶着阿波罗 11 号宇宙飞船跨过 38 万千米的征程，承载着全人类的梦想踏上了月球表面。这确实是一个人的小小一步，但却是整个人类的伟大一步。他们见证了从地球到月球梦想的实现，这一步跨过了 5000 年的时光。

▲人类在月球上行走

阿波罗号登月成功的意义

阿波罗登月的成功，无疑具有伟大的科学和技术意义，因为它是人类第一次离开地球到达别的星球，是人类向太空渗透的新里程碑，是一次飞跃。在人类向太空继续渗透、探索宇宙的奥秘时，月球还将成为桥头堡。登月的成功，为人类开辟了新的疆域，为开发利用月球上的资源创造了条件。科学家们表示，他们对月球以及整个太阳系的了解很多都是由阿波罗 11 号的宇航员证实和揭示出来的，此外对带回来的月球岩石和尘埃的研究也起了很大作用。时至今日，月球对人类太空科技的发展已经越来越重要。

阿波罗登月计划完成之后，美国决定在以后的几十年内不再进行登月。这样，为登月飞行研制的精良技术设备，其中包括土星运载工具、飞船和许多实验设备就不再需要了，这一事件曾引来各种议论。至于美国为什么要做出这样的决定，至今仍是一个谜。

艾滋病的发现

　　20世纪80年代初，世界上出现了一种令人极为恐怖的传染性疾病，这就是艾滋病（AIDS），人们称其为"当代黑色瘟疫"。自1981年6月美国首次发现这种病后，相继在美洲、非洲、大洋洲、亚洲陆续发现这种疾病的流行，并且很快就在全球140多个国家和地区迅速蔓延。如今几乎到处都有它的魔影。可怕的艾滋病严重地影响着人们的正常生活和社会的安宁。

艾滋病广布世界

　　据联合国艾滋病规划署和世界卫生组织估计，截至1997年全球艾滋病感染者总数已超过3000万人，有1290万艾滋病病毒感染者已演变为艾滋病人，其中1170万人死亡。更值得注意的是，已发现的艾滋病病毒感染者，仅仅是实际感染者的1/20。

　　1979年至1980年间，在美国的洛杉矶、纽约和旧金山等沿海大城市，出现了一些男性同性恋者患卡氏肺囊虫病和卡波济氏肉瘤。这是一种在健康情况下很少见到的绝对异常的怪病。但是这种怪病是什么原因引起的呢？它意味着什么呢？当时尚不清楚，只好先冠以"综合征"的名称。

　　1981年6月，设在美国亚特兰大的"疾病控制中心"的一份报告宣称，洛杉矶有5名年轻男性同性恋者患了一种从未见过的、严重威胁生命的怪病。患者年龄最小的29岁，最大的也只有36岁。他们共同的特点是，发病前都很健康，发病却很突然，多以发烧，伴随干咳、呼吸困难、白血球数目减少，还有霉菌感染等。当时医生诊断为由卡氏肺囊虫引起的新的流行病——典型的肺炎。病情来势凶猛，尽管采用最现代化的方法治疗，也无济于事，特别是霉菌的感染反复发作，无法根治。5位患者从发病住院，只有三四个月就都被夺去了年轻的生命。

　　随后，一份来自纽约的另一份报告，报道了另外26个不寻常的病例，这些男青年患者得的是另一种罕见的疾病——卡波济氏肉瘤。这是多发于赤道非洲的恶性肿瘤，常见于60岁以上老年人的血管病。不久，美国旧金山的报告称，当地也出现了罕见病突发的怪现象。顷刻间，"恶魔降临"的消息震惊了世界，人心一片惶恐。

　　对于这种谜一样的怪病，科学家最初称其为"同性恋者遭到损害的综合病症"。后来发现该病症同时存在着免疫衰弱，便取名为"与同性恋者有关的免疫缺乏症"。当时颇有权威的美国亚特兰大"疾病控制中心"，比较详尽地分析了洛杉矶5位患卡氏肺囊虫病和纽约26名患卡波济氏肉瘤病例，并正式命名为"获得性免疫缺乏综合征"，其英文缩写是"AIDS"，中文译为"艾滋病"，从此，艾滋病（AIDS）在世界范围内变成了惊恐的同义词。

发现艾滋病病毒及其来源

自首次发现艾滋病以来，探寻艾滋病病原体成了生物医学家们共同攻坚的焦点。因为只有找到病原体，才能进一步查清它的传播途径、发病规律，为预防和治疗艾滋病提供科学依据。那么，艾滋病的病原体究竟在哪呢？

最初人们只知道，性接触是艾滋病感染的一个重要途径，后来发现接受血制品治疗的血友病人也受到了感染。科学家推测血液或血制品可能是艾滋病感染的又一途径。但是血制品的制备过程中，为避免细菌和霉菌的感染，都过滤过。由此可知，艾滋病病原体能通过过滤器，显然是一种病毒。

最初涉嫌怀疑的病毒有巨细胞病毒、乙型肝炎病毒、腺病毒等，其中尤其是乙型肝炎病毒（HBV），其流行病学模式和艾滋病十分相似，但后来这一推测被推翻了。接着

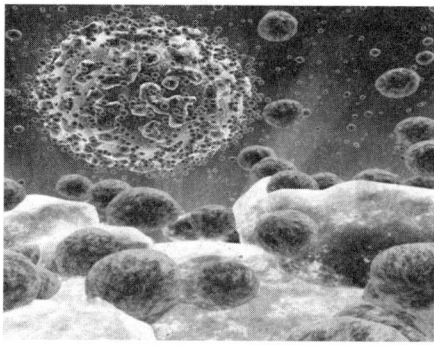

▲艾滋病病毒

又怀疑过一种逆转录病毒和人类的白血病毒 HTLV－1，但流行病学无法论证这种观点。尽管寻觅艾滋病病毒犹如大海捞针，希望十分渺茫，但科学家们一直在努力。

第一个发现艾滋病病毒的是法国巴黎巴斯德研究所的卢克·蒙塔格尼教授为首的研究小组。他们从一个同性恋伴淋巴结病变的患者身上发现了这一病毒，并进一步培养，在电子显微镜下观察了这种新病原。他们称其为淋巴结病相关联合病毒（LAV），并于 1983 年 5 月在权威的《科学》杂志上报告了这一重大发现，只是当时很少有研究者承认这一惊世发现。

与此同时，美国甲立癌症研究所的罗伯特·盖勒教授及同事们在 48 名艾滋病人中也分离出了艾滋病病毒。通过血标本检测病毒的试验，证明此病毒就是艾滋病病毒，并命名为人体嗜 T 淋巴细胞逆病毒Ⅲ型（HTLV－Ⅲ）。1984 年 5 月 4 日盖勒也在《科学》杂志上公布这一重大成果，接着加利福尼亚大学的杰伊利维等人的研究中则指出，艾滋病的病原体是 ARV（艾滋病联合后病毒）。

艾滋病病毒的发现，为斩断艾滋病魔爪，带来了希望。

由于艾滋病最先在美国发现，有人认为它的发源地就在美国。可后来发现，在非洲中部得这种病死亡的人早已有之，只不过当地落后的医疗条件，使人们根本不知道是什么原因造成那么多人死亡。那么，究竟艾滋病的病源来自哪里呢？科学家在非洲探寻中，把目标投向了人类的远亲——灵长类动物猴子。

美国加利福尼亚大学灵长类动物研究中心，从非洲野外的恒河猴群中，发现了艾滋病的流行。受检动物均有细胞免疫功能异常，有的出现恶性淋巴瘤或类似卡波济氏肉瘤等症状。1983 年，研究人员首次从患有艾滋病的恒河猴血液中分离出病毒，培养后将病毒接种于正常猴体内，被接种的猴也发生了艾滋病。

接着，美国哈佛大学公共卫生系的迈伦·埃塞克斯博士在他的实验室里，从 200 只供研究的非洲绿猴体内，检出 70 只带有与人的艾滋病病毒极为相似的病毒。他提出了一个大胆假设：或许是中非地区生活着的一种绿色长尾猴，它们体内的病毒传染给人类，而引起了艾滋病。埃塞克斯博士推测了这一过程，首先非洲绿猴把艾滋病病毒传染给居住在扎伊尔金沙萨的海地人，再由移居到美国的海地人带到了美国，随后，又传播到欧洲，从此蔓延到全世界。估计这个过程经过了 20 年至 40 年时间。这一假设引起了科学家们的极大关注。

艾滋病蔓延迅速、病情凶险，尚无特异的有效疗法，病死率十分高。因此，艾滋病已成为当今世界十大致命性疾病之一，目前国际临床尚无治愈的报道。

防治艾滋病

从首次发现艾滋病到如今，科学家对艾滋病的研究已经取得了很大进展，比如分离出了艾滋病病毒（HIV），查明了特征，查清了它的传播途径。因此，只有采取"预防为主"的方针，切断传染源，才能"治艾有望"。特别是现已查明，艾滋病不是通过呼吸和饮食传染的，蚊子叮咬也不传染，这就使它的流行受到很大的限制，艾滋病并不可怕。

为了有效控制艾滋病的流行，形成全球范围内控制艾滋病的磅礴气势，1987 年 4 月，世界卫生组织已将每年的 12 月 1 日定为世界艾滋病日，并制定了预防艾滋病传播的全球计划。这个计划归纳起来就是，广泛进行全社会的教育，改变人们的不良行为；建立和健全防治艾滋病机构，控制传染源，防止病毒继续扩散；鉴于 3/4 的艾滋病毒感染者是因为不健康的性行为引起的，因此既要预防血及血制品的传染，也要预防性接触的传染，严禁吸毒；防止母婴传染等等。

目前世界上数以万计的艾滋病专家找到了一些治疗艾滋病的良方妙计。比如近年来已经广泛用于临床的一种叫做 AZT 的药物，能切断病毒的繁殖过程，控制病毒的增生与复制。又如以前用于治疗线虫病的苏拉明制剂，也有抑制艾滋病病毒繁殖的作用。中国派往非洲的医疗队，利用中草药制剂在治疗艾滋病过程

> **天花**
>
> 天花是由天花病毒引起的一种烈性传染病，也是到目前为止，在世界范围内被人类消灭的第一种传染病。天花是感染痘病毒引起的，无药可治，患者在痊愈后脸上会留有麻子，"天花"由此得名。天花病毒外观呈砖形，约 200 纳米×300 纳米，抵抗力较强，能对抗干燥和低温，在痂皮、尘土和被服上，可生存数月至一年半之久。

中，已经取得了明显效果。

当然，要从根本上防治艾滋病，还得靠我们的传统武器——预防接种，实际上这也是最有效的武器。科学家想用基因工程的方法把病毒整合到某种动物的细胞核内，让它繁殖出无害的病毒作为疫苗，这是一个有希望的途径，但道路并不平坦，离成功还有一定距离。

时至今日，科学家忠告，要远离艾滋病，确保健康的良策是洁身自爱、自尊自重，拒绝毒品是保护自己的可靠武器，保证社会安宁的基本措施。不过，人们相信，犹如对待天花、霍乱这样的传染病一样，不久的将来科学一定能制服新时代的黑色瘟疫——艾滋病。

人类自由进出太空

1981 年 4 月 12 日，第一架航天飞机哥伦比亚号发射，宇航员翰·杨和克里平揭开了航天史上新的一页。1983 年 6 月 18 日，女宇航员莎丽·赖德乘挑战者号上天飞行，名列美国妇女航天的榜首。1983 年 8 月 30 日，"挑战者"号航天飞机首次实现黑夜发射，6 天后又在黑夜降落，宇航员队伍中的布拉福德是第一位"登天"的黑人。

像火箭又像飞机的航天飞机

航天飞机是一种新型的航天运输工具，它既能像火箭那样垂直起飞，并且在进入轨道后像飞船那样运行；又能在从太空进入大气层以后，像普通飞机那样进行机动飞行，并像普通飞机那样在机场上降落。一架航天飞机可以重复使用许多次，而不是像火箭那样只能使用一次。

航天飞机的飞行速度和高度都比普通飞机大得多。拿速度来说，目前最新式的战斗机的最大飞行速度也不过是声音传播速度（每秒 340 米）的 3 到 4 倍，而航天飞机在发射升空后，可以在 45 分钟内飞到地球上的任何地方执行任务。就飞行高度而言，目前最先进的高空侦察机也不过能飞 30 千米至 40 千米，而航天飞机的飞行高度可达几百千米，甚至上千千米。正因为航天飞机能够飞得高，而高空的空气稀薄、阻力小，所以能飞得很快。

▲ 发射航天飞机

航天飞机每次可以在天上飞行一个星期。如果多带一些食品、水、氧气等，那么它飞行时间还可以延长，甚至可以在天上飞行一个月。航天飞机上有一个驾驶舱和一个货舱。驾驶舱可以容纳 3 名到 7 名航天员，货舱用来载货，在战时也可以用来运送兵员。航天飞机在军事上具有广泛的应用，可以用来捕获和破坏敌方的卫星，部署、检查和修理己方的卫星；还可以用来进行军事侦察，必要时还可以执行战略轰炸的任务。

由于航天飞机可以重复使用，用途广泛，与火箭及宇宙飞船比起来更能节省经费，因此引起了世界各国广泛的兴趣。美国从 1972 年就开始研制航天飞机，它的第一架航天飞机"哥伦比亚"号于 1981 年 4 月 12 日发射成功。到 1986 年 1 月 28 日"挑战者"号航天飞机发生空中爆炸为止，美国的航天飞机在太空先后飞行过 24 次。1988 年 12

月2日，美国又发射了"亚特兰蒂斯"号航天飞机。苏联多年来也一直在加紧研制航天飞机。1988年11月15日，苏联的第一架航天飞机"暴风雪"号发射成功。这架航天飞机按预定计划绕地球转了两圈，在发射的当天就安全地降落到拜科努尔航天中心机场。

进入20世纪80年代以来，一股"航天技术热"正在世界范围内兴起。除美国和苏联以外，英、法、德、日等国也相继提出了着眼于未来的航天发展计划，这些计划都把军事应用放在第一位。

第二代航天飞机——空天飞机

由于美、英、法、前苏、日、德等国的专家们都认为，现有的航天飞机太昂贵（前苏联"暴风雪"号航天飞机的造价为100亿美元；美国为了把"发现"号航天飞机改装一下，就花掉25亿美元），并且太笨重，不够灵活，于是都在着手研制小型的航天飞机。

其中美国提出的"第二代航天飞机"的设计方案，引起了人们的普遍兴趣。这种第二代航天飞机与第一代不同，它不仅可以像普通飞机那样降落，而且能像普通飞机那样起飞（而不是像第一代航天飞机那样通过垂直发射起飞）；它既能在大气层以内航行（航空），也能在大气层以外航行（航天），所以人们就把这种飞行器叫"航空航天飞机"，简称"空天飞机"。

这种空天飞机在30千米到100千米的高空飞行时，飞行速度可以达到音速的12倍到25倍。如果乘坐这种空天飞机从美国纽约飞到北京，只需2个小时就够了，而乘坐目前速度最快的喷气式客机要用15个小时以上。由于空天飞机的飞行速度快，推进效率高，耗油率低，因此它的运输费用估计只有目前美国航天飞机运输费用的1/10左右。然而空天飞机是航空航天相结合的项目，需要研制国在航空和航天领域同时具备很高的技术水平，其次它也是一个耗资巨大的项目，需要非常惊人的投入。

灾变中进化的生物

　　1994 年 7 月 16 日至 22 日，一颗命名为苏梅克—列维 9 号的彗星断裂成 21 个碎块（其中最大的一块宽约 4 千米），这些碎块以每秒 60 千米的速度连珠炮一般向木星撞去。这次彗木相撞使天文学家们激动不已，它可能是人类所能观察到的第一次大规模天体相撞。

彗木相撞的天文奇观

　　科学家们计算，在太阳系中，像这次彗木相撞的天文奇观大约要隔数百万年乃至上千万年才会出现一次，它为人类更深刻地了解宇宙的奥秘，揭示地球上生命的起源及进化（如对恐龙的灭绝的争论）提供了千载难逢的机会。

▲彗木相撞想象图

　　这颗彗星是美国天文学家尤金·苏梅克和卡罗琳·苏梅克夫妇以及天文爱好者戴维·列维在 1993 年 3 月 24 日利用美国加州帕洛玛天文台的 46 厘米天文望远镜发现的，故以他们的姓氏命名。根据对其运行轨道进行的计算，这颗彗星曾于 1992 年 7 月 8 日运行到距木星表面仅 4 万千米的位置。由于受木星引力的影响，彗核断裂成 21 个可反光的碎块，远远望去像是一串光彩夺目的珍珠悬挂在茫茫宇宙中。

　　苏梅克—列维 9 号彗星的第一块含有岩石和冰块的碎片于格林尼治时间 7 月 16 日 20 时 15 分以每小时 21 万千米的速度落入木星大气层，释放出相当于 2000 亿吨 TNT 炸药的能量。撞击后产生的多个火球绵延近 1000 千米，发出强光。人们通过天文望远镜，看到木星表面升腾起宽阔的尘云，高温气体直冲至 1000 千米的高度，并在木星上留下了如地球大小的撞击痕迹。科学家们测定在彗木相撞前的一段时间内，木星发出的强电磁波比平时强 9 倍，撞击时溅落点温度瞬间上升到上万摄氏度。

新灾变论的兴起

　　尽管自那次通古斯大爆炸以后迄今尚未发生过外星体撞击地球的事件，但地球并不是平安无事的。天文学家们经过观测发现，在火星的外侧和木星的内侧有一个由数目众多的小行星构成的小行星带。它们一般都是按照正常轨道运行，但是总有那么一些不安分守己的分子悄悄逃跑，进入近地轨道，给地球带来威胁。1989 年曾有一颗小行星与地球擦肩而过，引起人们一阵紧张。

这次彗星与木星撞击史无前例地震撼了人类，在一定程度上改变了人类的思维方式。有人曾经测算过，如果这次撞击发生在地球上，我们人类的命运或许就像恐龙一样。木星和地球都是太阳系的行星，从某种意义上来说，发生在木星上的事情，完全也有可能发生在地球上。

彗木对撞事件，使很多人相信了新灾变论，相信天外灾变事件是完全可能的。灾变也是自然界的一种正常现象，同时人们也认识到，新灾变论并不是对达尔文的进化论的否定，而是对它的补充和发展。生物界的进化是在渐变和激变中交替进行的，灾变和激变是统一的。

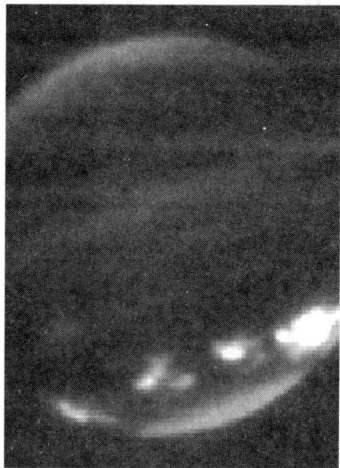
▲被彗星撞击时的木星

光导纤维的出现

光导纤维是一种能传光的纤维材料，简称光纤，属于功能材料，通常是用具有传光性能的光学玻璃细丝或光学塑料细丝做成的，主要应用于光纤通信领域。光导纤维通信是现代远距离有线通信的主要方式之一。

光导纤维

第一代光导纤维是多模光导纤维，其芯子直径约为 50 微米。第二代光导纤维是单模光导纤维，其芯子直径一般在 10 微米以下。多模光导纤维的纤芯的直径大，入射的光进入纤芯的角度多，向前传播的路径也多；单模光导纤维的纤芯直径小，入射的光进入纤芯的角度少，只允许一种最基本的模式即基模的传播，其他高次模均被淘汰。

光学玻璃

光学玻璃能改变光的传播方向，并能改变紫外光、可见光或红外光的相对光谱分布的玻璃。狭义的光学玻璃是指无色光学玻璃；广义的光学玻璃还包括有色光学玻璃、激光玻璃、石英光学玻璃、抗辐射玻璃、紫外红外光学玻璃、纤维光学玻璃、声光玻璃、磁光玻璃和光变色玻璃。光学玻璃可用于制造光学仪器中的透镜、棱镜、反射镜及窗口等。由光学玻璃构成的部件是光学仪器中的关键性元件。

光导纤维主要是由芯子（俗称玻璃芯）和芯子外面的包层（俗称玻璃套）构成。芯子的材料主要是二氧化硅，即石英，还掺有少量的氧化锗或氧化磷，目的在于提高光的折射率。芯子的外面有一层包层，这层包层一般是用纯的二氧化硅做的，有时在其中加入少量的氧化硼或氟元素，目的在于降低光的折射率。这样，芯子和包层对光的折射率是不同的，光才能在芯子里传输。

光导纤维包层的外面一般还涂有一层涂敷材料，涂敷材料外面一般还包有一层塑料外套，用以增强光导纤维的机械强度。在实际应用中，通常用多层保护材料把若干束光导纤维包裹在一起，这就是光缆。光导纤维主要有四种，分别是玻璃光导纤维、塑料光导纤维、玻璃塑料混合光导纤维、液体芯光导纤维。玻璃光导纤维的芯子和包层都是用高级光学玻璃做的，传光性好，柔软性差。塑料光导纤维的芯子和包层都是用高级光学塑料做的，传光性相对较差，柔软性好。玻璃塑料混合光导纤维的芯子是用高级光学玻璃做的，包层是用高级光学塑料做的，传光性和柔软性都比较好。液体芯光导纤维的芯子是光学性能非常好的液体，如四氯乙烯液体，包层是用高级光学玻璃做的，传光性好，由于液体材料容易提纯，因此生产工艺相对比较简单。

光导纤维可用于通信、观察、测量、监控、照明、加温等用途，广泛应用于工业、农业、交通、医疗、国防等领域。

光导纤维的应用

光导纤维通信是利用激光在光导纤维中的传输而进行通信，即利用光波传递信息，是现代远距离有线通信的主要方式，具有容量大、抗干扰能力强、价格便宜、节约资源等优点。

在20世纪60年代中期之前，人们做光导纤维通信试验时，发现光在传输过程中的损耗非常厉害，无法实现光导纤维通信的实用化，以至于人们对光导纤维通信失去了信心，这是因为那时的光导纤维中含有的有害杂质比较多，并且光导纤维的结构也不合理。1966年，英籍华裔科学家高昆提出，只要能大幅度降低光导纤维中的有害杂质，并且把光导纤维做成双层结构，就可以大幅度降低光在传输过程中的损耗，延长光的传输距离。根据这一理论，4年后，美国生产出了损耗为每千米20分贝的光导纤维。此后，光导纤维通信技术发展很快，现在已得到普及。目前，我国已经建成连接全国各大、中城市的国内光导纤维通信网，并且在中日、中美之间铺设了海底光缆。

光导纤维内窥镜是一种新型医疗观察装置，可用于观察患者体内的病变情况，具有观察清晰度高、患者痛苦小等优点。光导纤维内窥镜是利用光导纤维能传输光的特点，用强冷光源作为光源，把柔软的光导纤维送入患者体内，对患者体内的病变情况进行观察。

光导纤维技术是现代尖端技术之一，光导纤维材料的广泛应用，特别是光导纤维材料在有线通信上的应用，是新技术革命的特征之一，光导纤维通信被看作理想的有线通信手段。目前，包括我国在内的许多国家把光导纤维通信作为有线远距离通信的主要手段，并且在有线近距离通信中也大量使用光导纤维，这将使我们的通信网络的速度和容量有质的提高，从而从根本上改变我们的工作、生活方式。

激光的发现

要了解激光的产生原理，就必须了解八个概念。这八个概念了解了，激光的产生原理也就基本上明白了。这八个概念分别是低能级、高能级、基态、激发态、受激吸收、自发辐射、受激辐射、粒子数反转。

激光的产生原理

1. 低能级和高能级

原子是由原子核和围绕原子核运动的核外电子构成的，核外电子在原子核外的排布遵循能量最低原理，即核外电子总是尽可能地先把距离原子核较近的层布满，然后才排到距离原子核较远的层。距离原子核越近的核外电子，其能量也越低，能量越低越稳定是自然界的普遍规律。距离原子核较近的层叫低能级，距离原子核较远的层叫高能级。

什么是激光

激光的理论基础起源于大物理学家爱因斯坦。1917年爱因斯坦提出了一套全新的技术理论"光与物质相互作用"，这一理论是说在组成物质的原子中，有不同数量的粒子（电子）分布在不同的能级上，在高能级上的粒子受到某种光子的激发，会从高能级跳到（跃迁）到低能级上，这时将会辐射出与激发它的光相同性质的光，而且在某种状态下，能出现一个弱光激发出一个强光的现象。这就叫做"受激辐射的光放大"，简称激光。

当我们说原子从低能级（或高能级）跃迁到高能级（或低能级）时，通常指的就是核外电子从低能级（或高能级）跃迁到高能级（或低能级）。当我们说处于高能级的原子时，通常指的就是由于某种原因，核外电子在没有把低能级布满的情况下就跑到高能级上的原子。

2. 基态和激发态

当核外电子总是先把低能级布满，然后才排布到高能级时，这种状态就是原子的基态。实际上原子的基态既包括核外电子处于基态，还包括原子核处于基态，但除了核反应外，原子核总是处于基态，所以通常把核外电子的基态等同于原子的基态，原子的基态有时也称为核外电子的基态。

当原子得到能量后，如吸收光或电，就会从低能级跃迁到高能级，这时就会出现一种情况，即核外电子在没有把低能级布满的情况下就跑到高能级上了，这种状态就是原子的激发态，原子的激发态有时也称为核外电子的激发态。

原子的基态只有一个，而激发态则有多个，这是因为原子（或核外电子）吸收不同量的能量后能跃迁到不同的高能级上。

3. 受激吸收、自发辐射和受激辐射

受激吸收、自发辐射和受激辐射是光的吸收和发射的三种基本过程。当原子得到能量后，如吸收光、电等，就会从低能级跃迁到高能级，例如，从基态跃迁到激发态，这个过程称受激吸收。

处于激发态的原子在没有任何外界作用的情况下，总是会从高能级跃迁到低能级，同时发出光子，这种发光的过程称自发辐射，普通光主要就是自发辐射发出的光。在没有任何外界作用的情况下，原子在某个激发态上的平均停留时间叫该激发态的寿命。不同的原子的各个激发态的寿命各不相同，有的不到万分之一秒，有的可达数年。

处于激发态的原子还可以在外界的作用下，如光照，从高能级跃迁到低能级，同时发出光子，这种发光的过程称受激辐射，通常用光照的方法引发受激辐射。受激辐射所发出的光子和引发受激辐射的光子在频率、相位、运动方向等方面是一模一样的。激光就是受激辐射发出的光。

4. 粒子数反转

在通常情况下，发光物质中的原子的能级是呈金字塔分布的，即能级越低（最低是基态）的原子，其数量越多；能级越高的原子，其数量越少，甚至为零。人们可以使用一定的方法，通过受激吸收，使发光物质中处于高能级的原子在数量上超过处于低能级的原子，这种状态叫做粒子数反转，粒子数反转状态是一种很不稳定的状态。

了解了上述八个概念，我们就不难理解普通光的产生原理和激光的产生原理。

其一，不处于粒子数反转状态且含有处于激发态原子的发光物质，这种发光物质是普通发光物质。当普通发光物质中的一个处

▲ 激光

于激发态的原子发生自发辐射而放出一个光子时，这个光子有可能被另外一个处于激发态的原子吸收并引发受激辐射，发出另外一个一模一样的光子，还有可能被另外一个能级较低的原子吸收并造成受激吸收，具体结果取决于吸收这个光子的原子是处于较高能级还是处于较低能级。由于普通发光物质中能级越低（最低是基态）的原子的数量越多、能级越高的原子的数量越少甚至为零，所以造成受激吸收的可能性就要比造成受激辐射的可能性高，因受激辐射而发出的光子的数量就少于因自发辐射而发出的光子的数量，因此普通发光物质主要靠自发辐射发出普通光。

普通光是由多种颜色的光混合而成的，并且是向多个方向发出的。光的颜色取决于光的频率，而光的频率取决于处于激发态的原子从高能级跃迁到低能级时两个能级

之间的能量差。在普通发光物质中，处于激发态的各个原子，在自发辐射时高能级和低能级之间的能量差各不相同，并且自发辐射的各个原子彼此不相关发出的光子的运动方向多种多样。所以这些处于激发态的原子在自发辐射时就会发出多种频率和多种方向的光，多种频率和多种方向的光就混合成普通光。

其二，处于粒子数反转状态的发光物质。在处于粒子数反转状态的发光物质中，当一个处于激发态的原子发生自发辐射而放出一个光子时，这个光子有可能被另一个处于激发态的原子吸收并引发受激辐射，发出另外一个一模一样的光子，还有可能被另一个能级较低的原子吸收并造成受激吸收。具体结果也是取决于吸收这个光子的原子是处于较高能级还是处于较低能级。由于处于粒子数反转状态的发光物质中，处于高能级的原子在数量上超过处于低能级的原子，所以造成受激辐射的可能性就要比造成受激吸收的可能性高，因受激辐射而发出的光子的数量就多于因自发辐射而发出的光子的数量，大量的因受激辐射而发出的在频率、相位、运动方向等方面一模一样的光子，就会在一定方向上形成具有一定强度的、单色性好的光，这样的光经过一定的技术手段加强后就成为激光。

激光的优点

激光的优点是相对于普通光而言的。与普通光相比，激光具有单色性好、方向性好、光亮度高、闪光时间短等优点。

1. 单色性好

光的颜色取决于光的频率，而光的频率与光的波长成反比。太阳光是一种混合光，其波长范围覆盖从紫外线到红外线的整个波段，所以谈不上单色性。人们平时使用的氖灯、氦灯、氩灯、氢灯等所谓的单色光源，以氪灯的单色性最好，其发出的红光的波长范围能窄到 9.5×10^{-5} 纳米，这差不多相当于头发平均直径的七亿分之一，而氦氖激光器输出的红色激光的波长范围能窄到 2×10^{-9} 纳米，大约是氪灯发出的红光的波长范围的五万分之一。

2. 方向性好

普通光是向各个方向发出的，如果要让普通光朝着一个方向发出，就要用聚光装置，如凹面反射镜把普通光聚集起来。即使这样，聚集后的普通光的发散角度仍然比较大，当传播比较远的距离后，所形成的光斑也就比较大。激光是向一个方向发出的，发散角度极小，能小于 5.73×10^{-5} 度（即 10^{-6} 弧度），接近平行，即使传播比较远的距离，所形成的光斑也比较小。

3. 光亮度高

所谓光亮度，通俗地理解，就是光的密集程度，就是光的能量密度，就是在单位时间内、在单位面积上聚集的光的能量，就是在单位面积上聚集的光的功率。某些大功率激光器输出的激光的光亮度能比太阳光的光亮度高百万亿倍，可以与氢弹爆炸瞬间的强烈闪光相媲美，所以即使激光的功率比较小，也能在一个点上产生摄氏数万度甚至摄氏数百万度的高温。

4. 闪光时间短

在实际应用中，人们常常需要闪光时间很短的光，用这样的光可以使我们了解非常快的变化过程，像光合作用的时间间隔往往小于千亿分之一秒。普通光的闪光时间很难缩短，像照相机用的闪光灯，其闪光时间是千分之一秒左右，而脉冲激光的闪光时间可以小于百万亿分之一秒。

激光技术的应用

激光技术的用途非常广泛，无论是在我们普通人的日常生活中，还是在普通人很少接触的科研、国防等领域，激光技术都有广泛的应用。

1. 激光技术在信息领域的应用

半导体激光器是光纤通信的两项关键技术之一，另一项关键技术是光纤放大器。光纤通信具有容量大、能耗低、抗干扰能力强、价格低廉、节约能源等优点。

我们平时使用的 VCD 光盘、DVD 光盘是利用激光技术进行信息存储的，其原理是利用激光在盘面上所烧录出的特性，如微小的凹凸不平或不同的结晶状态而存储信息的，具有存储容量大（可达数十吉字节）、存储寿命长（可达上百年）等优点。通过微小的凹凸不平来存储信息的光盘是只读型或写后只读型光盘，这种光盘不能反复擦写；通过不同的结晶状态来存储信息的光盘是可擦写型光盘，这种光盘可以反复擦写。

利用激光技术可以进行全息摄影。全息摄影能记录下被摄对象的立体形象，这与传统的平面摄影不同，还可以利用激光技术进行高精度的精密测量，例如，测量 8000千米远的目标，误差只有 2 厘米。再如，用激光探测钢球表面的加工质量，可以探测出0.02 毫米的微小裂纹。此外，我们平时使用的激光打印机和印刷行业使用的激光照排都是激光技术在信息领域的应用。

2. 激光技术在工业领域的应用

激光技术在工业领域具有重要的应用。在 20 世纪 90 年代初期，用激光给手表的轴承打孔，1 秒钟可以加工 15 只左右，合格率达 99%。用激光加工内燃机汽缸和涡轮机叶片等部件上的密集小孔，加工费用可以降低

▲激光打印机

75% 左右。用激光切割不锈钢，工作效率可以提高 5 倍。用激光对材料进行淬火处理，可以使材料的硬度和耐磨性提高 10 倍。现在，激光加工作为先进的制造技术，已经广

泛应用于汽车工业、电子工业、航空工业、冶金工业、机械工业等领域，在提高产品的质量和成品率、提高劳动生产率、降低污染、减少材料消耗等方面起着越来越重要的作用。

3. 激光技术在农业领域的应用

用激光照射农作物种子，能够培育出新的农作物品种。我国已用激光技术培育出若干个水稻、小麦、大豆、油菜、番茄、棉花等农作物新品种，提高了这些农作物的品质和亩产量。我国曾经引进一种优质桃树，但引进后的这种桃树的坐果率很低，后来用激光照射的办法使引进后的这种桃树的坐果率达到85%以上，并且果子的品质也有显著提高。还可以用激光照射鸡蛋、鱼卵等卵生动物的受精卵，提高其孵化率。

4. 激光技术在医疗领域的应用

在外科手术中可以用激光做手术刀。激光手术刀在切割人体组织时，切割速度快、没有机械接触，患者的痛苦小，这点在切骨手术中特别明显，用传统的方法切骨的速度很慢，而用激光手术刀切骨的速度很快，减轻了患者的痛苦。激光手术刀在切割人体组织时，能利用高温很快地把比较小的血管凝固、封闭起来，起到快速止血的作用，这对提高手术的成功率具有重要意义。例如，血管瘤中的血管密集，用普通手术刀切除血管瘤时，极易出血，甚至危及生命，所以用普通手术刀切除血管瘤的难度很大，成功率也很低，而用激光手术刀切除血管瘤时，由于激光手术刀的快速止血效果好，因此成功率可达98%。

用激光照射某些疾病的病变部位，具有比较好的治疗效果，例如湿疹、神经性皮炎等，都可以用激光照射病变部位的方法来治疗，并且具有比较好的效果。

5. 激光技术在科研领域的应用

用强激光引发核聚变是核物理学和核能开发技术的重要研究内容，用大功率激光器作为核聚变点火装置的前景非常看好。一个国家在这个方面的应用水平的高低，被看作是这个国家的激光技术在科研领域应用水平的标志。1986年，我国建成了用于核聚变研究的"神光"强激光装置，该装置利用了许多取得了世界前列的研究成果。

激光化学是激光技术应用于化学领域而产生的学科，主要研究内容是分子在激光的作用下所呈现的化学结构、化学性质等，应用于化学合成、分离提纯、化学检测、催化等领域。

激光光谱分析是激光技术应用于光谱分析领域而产生的学科，其优点是灵敏度和分辨率高，可以用极少量的样品，如1微克的样品分析出结果。激光光谱分析已成为与物理学、化学、生物学、地质学等学科密切相关的学科。

6. 激光技术在国防领域的应用

激光技术在国防领域的应用包括两个方面，一是在国防 C4ISR 领域的应用，也就是在国防信息领域的应用，如国防通信中使用的激光通信技术（包括光纤通信技术）、激光制导武器上使用的激光制导技术、坦克上使用的激光测距技术等；二是激光武器，即直接用比较强的激光杀伤敌方的有生力量、损毁敌方的装备。

激光技术的发展趋势

概括地说，激光技术的发展趋势主要有三个方向，一是提高激光器的输出功率，二是缩小激光器的体积或重量，三是研制所输出的激光的波长更短的激光器。

在激光引发核聚变领域和战略激光武器领域，激光器的输出功率是至关重要的。若激光器的输出功率太小，就难以产生足以引发核聚变反应的高温高压、难以使远距离目标受到有效损伤。1986 年，我国建成了用于核聚变研究的"神光"强激光装置，该装置属于脉冲激光器，脉冲持续时间为十亿分之一秒，输出功率为 10 亿千瓦，在十亿分之一秒的时间内能输出 1000 焦耳的能量，这能够在一个很小的点上产生极高的温度和极高的压力，足以引发核聚变反应。随着采用核裂变反应装置做泵浦源、输出激光的波长极短并且功率极大的核泵浦 x 射线激光器和核泵浦 γ 射线激光器的研制成功和应用，人类将在大功率激光器的研制和应用上进入崭新的发展阶段。

在信息领域和战术激光武器领域，除了对激光器的输出功率有一定的要求外，还对激光器的体积或重量有一定的要求，在信息领域甚至对激光器的体积或重量有严格的要求，在这些领域中，如果激光器的体积或重量比较大，就难以推广应用。在信息领域中，用半导体激光器做泵浦源的固体激光器与其他光学泵浦激光器相比，具有使用寿命长、转换效率高、体积和重量小等优点，被人们称为第二代激光器，应用在激光测距、图像传输、排版印刷等领域中。美国于 1992 年开始研制的一种机载战术激光武器，使用的激光器也是用半导体激光器做泵浦源的固体激光器，并结合了先进的冷却技术。这种战术激光武器系统的总重量仅为 1000 千克，功率却高达 1000 千瓦，可拦截多种空中目标。

▲机载战术激光系统

激光的波长与激光的能量密度成反比，即波长较短的激光的能量密度较大、波长较长的激光的能量密度较小。激光的能量密度就是在单位时间内、在单位面积上聚集的激光的能量。常用的化学泵浦激光器，其所输出的激光的波长较长，如氟化氢泵浦激光器所输出的激光的波长为 2.7 微米左右，氟化氘泵浦激光器所输出的激光的波长为 3.8 微米左右。后来，人们研制出了所输出的激光的波长为 1.3

微米的氧化碘泵浦激光器，这种激光器可用于制造机载激光武器。x 射线激光器和 γ 射线激光器所输出的激光的波长极短，能够接近原子的尺度，甚至能够接近质子和中子的尺度，并且能量密度极大，这两种激光器通常只有用核爆炸装置做泵浦源才能工作。随着 x 射线激光器和 γ 射线激光器的研制成功和应用，人类将开辟出激光应用的全新领域。

附录：科学发现大事记

约公元前 6 世纪，泰勒斯（Thales，公元前 624—546 年）记述了摩擦后的琥珀吸引轻小物体和磁石吸铁的现象。

公元前 6 世纪，《管子》中总结出了和声规律，阐述了标准调音频率，具体记载三分损益法。

约公元前 5 世纪，《考工记》中记述了滚动摩擦、斜面运动、惯性浮力等现象。

公元前 5 世纪，德谟克利特（Democritus）提出万物由原子组成。

公元前 400 年，墨翟在《墨经》中记载并论述了杠杆、滑轮、平衡、斜面、小孔成像及光色与温度的关系。

公元前 4 世纪，亚里士多德（Aristotle，前 384 年至前 322 年）在其所著《物理学》中总结了若干观察到的事实和实际的经验。他的自然哲学支配西方近 2000 年。

公元前 3 世纪，欧几里得（Euclid）论述了光的直线传播和反射定律。

公元前 3 世纪，阿基米德（Archimedes，前 287 至前 212 年）发现了杠杆原理和浮力定律，研究过重心问题。

公元前 3 世纪，古书《韩非子》记载了司南；《吕氏春秋》记有慈石召铁。

公元前 2 世纪，刘安《前 179 年至前 122 年》著《准南子》，记载用冰作透镜，用反射镜作潜望镜，还提了到人造磁铁和磁极斥力等。

1 世纪，古书《汉书》记载尖端放电、避雷知识和有关的装置。

王充（27 年至 97 年）著《论衡》，记载有关力学、热学、声学、磁学等方面的物理知识。

希龙（Heron，62 年至 150 年）创制蒸汽旋转器，是利用蒸汽动力的最早尝试，他还制造过虹吸管。

2 世纪，托勒密（C. Ptolemaeus，100 年至 170 年）发现大气折射。

张衡（78 年至 139 年）创制地动仪，可以测报地震方位，创制浑天仪。

王符（85 年至 162 年）著《潜夫论》分析人眼的作用。

5 世纪，祖冲之（429 年至 500 年），改造指南车，精确推算 π 值，在天文学上精确编制《大明历》。

8 世纪，王冰（唐代人）记载并探讨了大气压力现象。

11 世纪，沈括（1031 年至 1095 年）著《梦溪笔谈》，记载了地磁偏角的发现，凹面镜成像原理和共振现象等。

13 世纪，赵友钦（1279 年至 1368 年）著《革象新书》，记载了有他作过的光学实验以及光的照度、光的直线传播、视角与小孔成像等问题。

16 世纪，诺曼（R. Norman）在《新奇的吸引力》一书中描述了磁倾角的发现。

1583 年，伽利略（Galileo Galilei，1564 年至 1642 年）发现了摆的等时性。

156 年，斯梯芬（S. Stevin，1542 年至 1620 年）著《静力学原理》，通过分析斜面上球链的平衡论证了力的分解。

1600 年，吉尔伯特（W. Gilbert，1548 年至 1603 年）著《磁石》一书，系统地论述了地球是个大磁石，描述了许多磁学实验，初次提出摩擦吸引轻物体不是由于磁力。

1605 年，弗·培根（F. Bacon，1561 年至 1626 年）著《学术的进展》，提倡实验哲学，强调以实验为基础的归纳法，对 17 世纪科学实验的兴起起了很大的号召作用。

1609 年，伽利略，初次测光速，未获成功。

1609 年，开普勒（J. Kepler，1571 年至 1630 年）著《新天文学》，提出开普勒第一、第二定律。

1619 年，开普勒著《宇宙谐和论》，提出开普勒第三定律。

1620 年，斯涅耳（W. Snell，1580 年至 1626 年）从实验中归纳出光的反射和折射定律。

1632 年，伽利略《关于托勒密和哥白尼两大世界体系的对话》出版，支持了地动学说，首先阐明了运动的相对性原理。

1636 年，麦森（M. Mersenne，1588 年至 1648 年）测量了声的振动频率，发现了谐音，求出了空气中的声速。

1638 年，伽利略的《两门新科学的对话》出版，讨论了材料抗断裂、媒质对运动的阻力、惯性原理、自由落体运动、斜面上物体的运动、抛射体的运动等问题，给出了匀速运动和匀加速运动的定义。

1643 年，托里拆利（E. Torricelli，1608 年至 1647 年）和维维安尼（V. Viviani，1622 年至 1703 年）提出了气压概念，发明了水银气压计。

1653 年，帕斯卡（B. Pascal，1623 年至 1662 年）发现静止流体中压力传递的原理（即帕斯卡原理）。

1654 年，盖里克（O. V. Guericke，1602 年至 1686 年）发明抽气泵，获得真空。

1658 年，费马（P. Fermat，1601 年至 1665 年）提出光线在媒质中循最短光程传播的规律（即费马原理）。

1660 年，格里马尔迪（F. M. Grimaldi，1618 年至 1663 年）发现光的衍射。

1662 年，波意耳（R. Boyle，1627 年至 1691 年）在实验中发现波意耳定律，14 年后马略特（E. Mariotte，1620 年至 1684 年）也独立地发现此定律。

1663 年，格里开做马德堡半球实验。

1666 年，牛顿（I. Newton，1642 年至 1727 年）用三棱镜做色散实验。

1669 年，巴塞林那斯（E. Bartholinus）发现光经过方解石有双折射的现象。

1675 年，牛顿做牛顿环实验，这是一种光的干涉现象，但牛顿仍用光的微粒说解释。

1676 年，罗迈（O. Roemer，1644 年至 1710 年）发表了他根据木星卫星被木星掩食的观测，推算出光在真空中的传播速度。

1678 年，胡克（R. Hooke，1635 年至 1703 年）阐述了在弹性极限内表示力和形变之间的线性关系的定律（即胡克定律）。

1687 年，牛顿在《自然哲学的数学原理》中，阐述了牛顿运动定律和万有引力定律。

1690 年，惠更斯（C. Huygens，1629 年至 1695 年）出版了《光论》，提出光的波动说，导出了光的直线传播和光的反射、折射定律，并解释了双折射现象。

1714 年，华伦海特（D. G. Fahrenheit，1686 年至 1736 年）发明水银温度计，定出第一个经验温标——华氏温标。

1717 年，J. 伯努利（J. Bernoulli，1667 年至 1748 年）提出虚位移原理。

1742 年，摄尔修斯（A. Celsius，1701 年至 1744 年）提出摄氏温标。

1743 年，达朗伯（J. R. d'Alembert，1717 年至 1783 年）在《动力学原理》中阐述了达朗伯原理。

1744 年，莫泊丢（P. L. M. Maupertuis，1698 年至 1759 年）提出最小作用量原理。

1745 年，克莱斯特（E. G. V. Kleist，1700 年至 1748 年）发现储存电的方法；次年马森布洛克（P. V. Musschenbroek，1692 年至 1761 年）在莱顿又有同类发现，后人称之莱顿瓶。

1747 年，富兰克林（Benjamin Franklin，1706 年至 1790 年）发表电的单流质理论，提出"正电"和"负电"的概念。

1752 年，富兰克林做风筝实验，引天电到地面。

1755 年，欧拉（L. Euler，1707 年至 1783 年）建立无粘流体力学的基本方程（即欧拉方程）。

1760 年，布莱克（J. Brack，1728 年至 1799 年）发明冰量热器，并将温度和热量区分为两个不同的概念。

1761 年，布莱克提出潜热概念，奠定了量热学基础。

1767 年，普列斯特利（J. Priestley，1733 年至 1804 年）根据富兰克林所做的"导体内不存在静电荷的实验"，推得静电力的平方反比定律。

1775 年，伏打（A. Volta，1745 年至 1827 年）发明起电盘。

1775 年，法国科学院宣布不再审理永动机的设计方案。

1780 年，伽伐尼（A. Galvani，1737 年至 1798 年）发现了蛙腿筋肉收缩现象，认为是动物电所致，1791 年才发表此发现。

1785 年，库仑（C. A. Coulomb，1736 年至 1806 年）用他自己发明的扭秤，从实验中得到静电力的平方反比定律。在这以前，米切尔（J. Michell，1724 年至 1793 年）

已有过类似设计，并于 1750 年提出磁力的平方反比定律。

1787 年，查理（J. A. C. Charles，1746 年至 1823 年）发现气体膨胀的查理—盖·吕萨克定律。

1788 年，拉格朗日（J. L. Lagrange，1736 年至 1813 年）出版《分析力学》。

1792 年，伏打研究伽伐尼现象，认为此现象是两种金属接触所致。

1798 年，卡文迪什（H. Cavendish，1731 年至 1810 年）用扭秤实验测定万有引力常数 G；伦福德（Count Rumford，即 B. Thompson，1753 年至 1841 年）发表他的摩擦生热的实验报告，这些实验报告是反对热质说的重要依据。

1799 年，戴维（H. Davy，1778 年至 1829 年）做真空中的摩擦实验，以证明热是物体微粒的振动所致。

1800 年，赫谢尔（W. Herschel，1788 年至 1822 年）从太阳光谱的辐射热效应中发现红外线。

1801 年，里特尔（J. W. Ritter，1776 年至 1810 年）从太阳光谱的化学作用中，发现紫外线。杨（T. Young，1773 年至 1829）用干涉法测光波波长，提出光波干涉原理。

1802 年，沃拉斯顿（W. H. Wollaston，1766 年至 1828 年）发现太阳光谱中有暗线。

1808 年，马吕斯（E. J. Malus，1775 年至 1812 年）发现光的偏振现象。

1811 年，布儒斯特（D. Brewster，1781 年至 1868 年）发现偏振光的布儒斯特定律。

1815 年，夫琅和费（J. V. Fraunhofer，1787 年至 1826 年）开始用分光镜研究太阳光谱中的暗线。

1815 年，菲涅耳（A. J. Fresnel，1788 年至 1827 年）以杨氏干涉实验原理补充惠更斯原理，形成惠更斯——菲涅耳原理，圆满地解释了光的直线传播和光的衍射问题。

1819 年，杜隆（P. 1. Dulong，1785 年至 1838 年）与珀替（A. T. Petit，1791 年至 1820 年）发现克原子固体比热是一个常数，约为 6 卡/度·克原子，史称杜隆·珀替定律。

1820 年，奥斯特（H. C. Oersted，1771 年至 1851 年）发现导线通电产生磁效应；毕奥（J. B. Biot，1774 年至 1862）和沙伐（F. Savart，1791 年至 1841 年）由实验归纳出电流元的磁场定律；安培（A. M. Ampère，1775 年至 1836 年）通过实验发现电流之间的相互作用力，1822 年进一步研究电流之间的相互作用，提出安培作用力定律。

1821 年，塞贝克（T. J. Seebeck，1770 年至 1831 年）发现温差电效应（塞贝克效应）；菲涅耳发表光的横波理论；夫琅和费发明光栅；傅里叶（J. B. J. Fourier，1768 年至 1830 年）出版《热的分析理论》，详细研究了热在媒质中的传播问题。

1824 年，S. 卡诺（S. Carnot，1796 年至 1832 年）提出卡诺循环。

1826 年，欧姆（G. S. Ohm，1789 年至 1854 年）确立欧姆定律。

1827 年，布朗（R. Brown，1773 年至 1858 年）发现悬浮在液体中的细微颗粒不断地作杂乱无章运动，这是分子运动论的有力证据。

1831 年，法拉第（M. Faraday，1791 年至 1867 年）发现电磁感应现象。

1833 年，法拉第提出电解定律。

1834 年，楞次（H. F. E. Lenz，1804 年至 1865 年）建立楞次定律；珀耳帖（J. C. A. Peltier，1785 年至 1845 年）发现电流可以致冷的珀耳帖效应；克拉珀龙（B. P. E. Clapeyron，1799 年至 1864 年）导出相应的克拉珀龙方程；哈密顿（W. R. Hamilton，1805 年至 1865 年）提出正则方程和用变分法表示的哈密顿原理。

1835 年，亨利（J. Henry，1797 年至 1878 年）发现自感，1842 年发现电振荡放电。

1840 年，焦耳（J. P. Joule，1818 年至 1889 年）从电流的热效应发现所产生的热量与电流的平方、电阻及时间成正比，称焦耳—楞次定律（楞次也独立地发现了这一定律）。其后，焦耳先后于 1843 年、1845 年、1847 年、1849 年，直至 1878 年，测量热功当量，历经 40 年，共进行四百多次实验。

1841 年，高斯（C. F. Gauss，1777 年至 1855 年）阐明几何光学理论。

1842 年，多普勒（J. C. Doppler，1803 年至 1853 年）发现多普勒效应；迈尔（R. Mayer，1814 年至 1878 年）提出能量守恒与转化的基本思想；勒诺尔（H. V. Regnault，1810 年至 1878 年）从实验测定实际气体的性质，发现与波意耳定律及盖·吕萨克定律有偏离。

1843 年，法拉第从实验证明电荷守恒定律。

1845 年，法拉第发现强磁场使光的偏振面旋转，称法拉第效应。

1846 年，瓦特斯顿（J. J. Waterston，1811 年至 1883 年）根据分子运动论假说，导出了理想气体状态方程，并提出能量均分定理。

1849 年，斐索（A. H. Fizeau，1819 年至 1896 年）首次在地面上测光速。

1851 年，傅科（J. L. Foucault，1819 年至 1868 年）做傅科摆实验，证明地球自转。

1852 年，焦耳与 W. 汤姆生（W. Thomson，1824 年至 1907 年）发现气体的焦耳-汤姆生效应（气体通过狭窄通道后突然膨胀会引起温度变化）。

1853 年，维德曼（G. H. Wiedemann，1826 年至 1899 年）和夫兰兹（R. Franz）发现，在一定温度下，许多金属的热导率和电导率的比值都是一个常数（即维德曼-夫兰兹定律）。

1855 年，傅科发现涡电流（即傅科电流）。

1857 年，韦伯（W. E. Weber，1804 年至 1891 年）与柯尔劳胥（R. H. A. Kohlrausch，1809 年至 1858 年）测定了电荷的静电单位和电磁单位之比，发现该值接近于真空中的光速。

1858 年，克劳修斯（R. J. E. Claüsius，1822 年至 1888 年）引进气体分子的自由程概念。

1859 年，麦克斯韦（J. C. Maxwell，1831 年至 1879 年）提出气体分子的速度分布律。基尔霍夫（G. R. Kirchhoff，1824 年至 1887 年）开创光谱分析，其后通过光谱分析发现铯、铷等新元素。他还发现发射光谱和吸收光谱之间的联系，建立了辐射定律。

1860 年，麦克斯韦发表气体中输运过程的初级理论。

1861 年，麦克斯韦引进位移电流概念。

1864 年，麦克斯韦提出电磁场的基本方程组（后称麦克斯韦方程组），并推断电磁波的存在，预测光是一种电磁波，为光的电磁理论奠定了基础。

1866 年，昆特（A. Kundt，1839 年至 1894 年）做昆特管实验，用以测量气体或固体中的声速。

1868 年，玻尔兹曼（L. Boltzmann，1844 年至 1906 年）推广麦克斯韦的分子速度分布律，建立了平衡态气体分子的能量分布律——玻尔兹曼分布律。

1869，安德纽斯（T. Andrews，1813 年至 1885 年）从实验中发现气—液相变的临界现象。希托夫（J. W. Hittorf，1824 年至 1914 年）用磁场使阴极射线偏转。

1871 年，瓦尔莱（C. F. Varley，1828 年至 1883 年）发现阴极射线带负电。

1872 年，玻尔兹曼提出输运方程（后称为玻尔兹曼输运方程）、H 定理和熵的统计诠释。

1873 年，范德瓦耳斯（J. D. Van der Waals，1837 年至 1923 年）提出实际气体状态方程。

1875 年，克尔（J. Kerr，1824 年至 1907 年）发现在强电场的作用下，某些各向同性的透明介质会变为各向异性，从而使光产生双折射现象，称克尔电光效应。

1876 年，哥尔茨坦（E. Goldstein，1850 年至 1930 年）开始大量研究阴极射线的实验，导致极坠射线的发现。

1876—1878 年，吉布斯（J. W. Gibbs，1839 年至 1903 年）提出化学势的概念、相平衡定律，建立了粒子数可变系统的热力学基本方程。

1877 年，瑞利（J. W. S. Rayleigh，1842 年至 1919 年）出版《声学原理》，为近代声学奠定了基础。

1879 年，克鲁克斯（W. Crookes，1832 年至 1919 年）开始一系列实验，研究阴极射线。斯忒藩（J. Stefan，1835 年至 1893 年）建立了黑体的面辐射强度与绝对温度关系的经验公式，制成辐射高温计，测得太阳表面温度约为 6000℃；1884 年玻尔兹曼从理论上证明了此公式，后称为斯忒藩 - 玻尔兹曼定律。霍尔（E. H. Hall，1855 年至 1938 年）发现电流通过金属，在磁场作用下会产生横向电动势的霍尔效应。

1880 年，居里兄弟（P. Curie，1859 年至 1906 年；J. Curie，1855 年至 1941 年）发现晶体的压电效应。

1881 年，迈克耳孙（A. A. Michelson，1852 年至 1931 年）首次做以太漂移实验，得零结果，由此产生迈克耳孙干涉仪，灵敏度极高。

1885 年，迈克耳孙与莫雷（E. W. Morley，1838 年至 1923 年）合作改进斐索流水中光速的测量。巴耳末（J. J. Balmer，1825 年至 1898 年）发表已发现的氢原子可见光波段中 4 根谱线的波长公式。

1886 年，真正意义上的现代汽车首次试车。

1887 年，迈克耳孙与莫雷再次做以太漂移实验，又得零结果；赫兹（H. Hertz，1857 年至 1894 年）做电磁波实验，证实了麦克斯韦的电磁场理论，同时，赫兹发现光电效应。

1890 年，厄沃（B. R. Eotvos）做实验证明惯性质量与引力质量相等。里德伯（R. J. R. Rydberg，1854 年至 1919 年）发表碱金属和氢原子光谱线通用的波长公式。

1893 年，维恩（W. Wien，1864 年至 1928 年）导出黑体辐射强度分布与温度关系的位移定律；勒纳德（P. Lenard，1862 年至 1947 年）研究阴极射线时，在射线管上装一薄铝窗，使阴极射线从管内穿出进入空气，射程约 1 厘米，人称勒纳德射线。

1895 年，洛仑兹（H. A. Lorentz，1853 年至 1928 年）发表电磁场对运动电荷作用力的公式，后称该力为洛伦兹力；P. 居里发现居里点和居里定律；伦琴（W. K. Rontgen，1845 年至 1923 年）发现 X 射线。

1896 年，维恩发表适用于短波范围的黑体辐射的能量分布公式。贝克勒尔（A. H. Becquerel，1852 年至 1908 年）发现放射性；塞曼（P. Zeeman，1865 年至 1943 年）发现磁场使光谱线分裂，称塞曼效应。洛仑兹创立经典电子论。

1897 年，J. J. 汤姆生（J. J. Thomson，1856 年至 1940 年）从阴极射线证实电子的存在，测出的荷质比与塞曼效应所得数量级相同，其后他又进一步从实验确证电子存在的普遍性，并直接测量电子电荷。

1898 年，卢瑟福（E. Rutherford，1871 年至 1937 年）揭示铀辐射组成复杂，他把"软"的成分称为 α 射线，"硬"的成分称为 β 射线；居里夫妇（P. Curie 与 M. S. Curie，1867 年至 1934 年）发现放射性元素镭和钋。

1899 年，列别捷夫（А. А. Лебедев，1866 年至 1911 年）用实验证实了光压的存在；卢梅尔（O. Lummer，1860 年至 1925 年）与鲁本斯（H. Rubens，1865 年至 1922 年）等人通过空腔辐射实验，精确测得辐射能量分布曲线。

1901 年，斯提出逸度的概念；法国格林发明格林试剂。

1902 年，经过四年的艰苦努力，居里夫妇从沥青铀矿渣中提出了放射性元素镭。

1903 年，英国卢瑟福和索迪提出放射性嬗变理论；莱特兄弟飞机试飞成功。

1906 年，俄国茨维特发明色层分析法；德国费歇尔提出蛋白质的多肽结构理论，并合成出分子量为 1000 的多肽。

1909 年，丹麦化学家瑟伦森提出 PH 值概念；美国贝克兰制成酚醛树脂。

1911 年，英国卢瑟福根据 α 粒子穿透金箔的散射实验，提出带核原子模型。

1912 年，丹麦玻尔提出量子化的原子模型；德国能斯特提出热力学第三定律；德国劳厄发现晶体对 X 射线的衍射，证明了 X 射线是电磁波；德国化学家霍夫曼人工合成橡胶成功；瑞典赫维西和德国帕内特创立放射性示踪原子法；德国克拉克和罗莱特制成聚乙酸乙烯酯。

1913 年，工业合成氨成功（德国哈伯 Haber，1868 年至 1934 年）；英国索迪提出同位素概念；美国法扬斯发现镁 – 234；英国莫斯莱证实核内正电荷数与原子序数相等；德国博登斯坦提出"链反应"概念；英国汤姆逊和阿斯顿发现氖有稳定同位素氖 – 20 和氖 – 22。

1916 年，路易斯·柯塞尔和兰米尔提出原子价理论；德国开始用空气中的氮气大批生产氨和尿素；美国路易斯提出"共价键"理论；美国朗缪耳导出吸附等温方程。

1919 年，英国阿斯顿发明质谱仪并利用质谱仪研究同位素；英国卢瑟福用 α 射线轰击氮，首次实现了人工核反应。

1920 年，德国施陶丁格提出高分子链线型学说。

1921 年，德国哈恩发现同质异能素。

1922 年，丹麦布朗斯台提出共轭酸碱理论；捷克海洛夫斯基发明极谱法。

1923 年，法国德布罗意提出实物微粒的波粒二象性的概念；美国路易斯提出路易斯酸碱理论；英国德拜和德国许克尔提出强电解质稀溶液静电理论。

1924 年，德国赫尔曼和黑内尔制成聚乙烯醇。

1925 年，美国泰勒提出催化的活性中心理论。

1926 年，卜耶隆提出离子缔合概念。

1927 年，俄国谢苗诺夫、英国刑歇伍德提出支链反应理论，用以说明燃烧爆炸过程；德国哥尔特施米特提出结晶化学规律。

1928 年，英国海特列、伦敦和奥地利薛定谔提出分子轨道理论；德国狄尔斯和阿尔德发现双烯合成。

1929 年，俄国巴兰金提出多位催化理论；德国贝特和范弗雷克提出晶体场理论；美国乔克和江斯登发现天然氧是三种同位素的混合物，从此物理学上改用氧 – 16 = 16 作为原子量标准，而化学上仍沿用原来的标准，直到 1961 年国际上才改用 C – 12 = 12 作为统一标准；德国布特南特等人分离并阐明性激素的结构。

1931 年，美国鲍林和斯莱特提出杂化轨道理论。

1932 年，美国尤里发现重氢和重水；查德威克在人工核反应中发现中子。

1933 年，鲍林提出分子结构共振理论；春克尔制成丁苯橡胶。

1934 年，约里奥·居里夫妇用钋的 α 粒子轰击硼、铝和镁等，发现人工放射性；英国福西特等制成高压聚乙烯；英国卢瑟福发现氚；库恩提出高分子链的统计理论。

1935 年，成纤维问世（尼龙 – 66）（美国人卡罗泽斯）；美国艾林、英国波拉尼和埃文斯提出反应速率的过渡态理论；英国亚当斯和霍姆斯合成离子交换树脂。

1937 年，美国化学家劳伦斯用回旋加速器第一次人工制造出一种新元素——锝；德国拜尔制成聚氨酯；英国帝国化学工业公司开始生产软质聚氯乙烯。

1938 年，德国哈恩和史特拉斯曼发现铀的裂变。

1939 年，美国杜邦公司开始生产尼龙纤维，从此化学纤维开始取代天然纤维。

1940 年，德国化学家菲舍尔揭示了叶绿素化学结构的奥秘；美国西博格、艾贝尔森和麦克米伦等用人工核反应制备超铀元素 93 号镎和 94 号钚，揭开了人工合成新元素的序幕；美国塞格雷发现元素砹。

1941 年，弗洛累分离出纯青霉素，被用于医药。

1942 年，侯氏制碱法研究成功，对氨碱法做了重大改革；美国费米等人利用铀核裂变释放出中子及能量的性质，发明热中子链式反应堆，是大规模应用原子能的开始；美国佛洛里和哈金斯提出高分子溶液理论。

1943 年，挪威哈塞尔发展了构象的概念；美国瓦克斯曼从链霉素菌析离出链霉素。

1944 年，美国西博格等人人工合成超铀元素镅、锔；美国伍德沃德合成奎宁碱；美国西博格建立锕系理论。

1945 年，美国洛斯阿拉莫斯实验室用铀－235 和钚－239 制成第一颗原子弹；美国马宁斯基和格林丁宁分离出金属钷。

1949 年，美国汤普森、吉奥索和西博格人工制得金属锫。

1950 年，鲍林提出蛋白质的 α－螺旋体结构；英国巴斯顿提出构象分析理论；美国汤普森、斯特里特、吉奥索和西博格人工制得金属锎；瓦克斯曼、杜轧尔和芬雷等分别分离出瑞霉素、金霉素、土霉素；俄国卡尔金提出非晶态高聚物的三种物理状态（玻璃态、高弹态和粘流态）。

1952 年，美国特勒等发明了氢弹，实现了轻元素的热核爆炸；美国吉奥索等从氢弹试验后的沉降物中发现了锿和镄元素；美国欧格尔提出络合物的配位场理论；日本福井谦一提出前线轨道理论；英国詹姆斯和马丁发明了气液色谱。

1953 年，德国人齐格勒使乙烯的催化常压聚合成功；英国克里克和美国华特生根据 X 射线数据，提出了脱氧核糖核酸的双螺旋结构模型。

1954 年，意大利塔纳合成聚丙烯成功。

1955 年，英国桑格测定了胰岛素的一般结构（氨基酸的排列顺序）；美国汤普森、吉奥索和西博格人工制得金属钔；美国奇异公司首次人工制得钻石；澳大利亚沃尔什正式提出利用原子吸收光谱的分光光度分析法。

1956 年，瑞典西噶格班等人制成第一台 X 射线激发的电子能谱仪，从而创立了光电子能谱法；英国帝国化学工业公司开始生产活性染料。

1957 年，英国肯德鲁测定了鲸肌红蛋白的晶体结构；英国凯勒制得聚乙烯单晶并提出高分子链的折叠理论。

1958 年，德国穆斯鲍尔发现了 γ 射线荧光共振谱；俄国弗廖洛夫和美国吉奥索等人分别制得锘；美国古德里奇公司制得顺式聚异戊二烯。

1960 年，伍德沃德合成了叶绿素；美国耶诺提出放射免疫分析法。

1961 年，美国生物化学家尼伦贝格首次破译出生物遗传密码，发现了核酸中的碱基与蛋白质中的氨基酸之间的本质联系；美国吉奥索等制得锘；国际纯粹与应用化学联合会通过相对原子质量基准碳 12。

1962 年，英国巴利特合成了氙的氟化物；美国梅里菲尔德发明多肽固相合成法。

1963 年，美国皮尔孙提出软硬酸碱理论。

1964 年，俄国弗廖洛夫制得 107 号元素。

1965 年，中国科学院生物研究所、有机化学研究所、北京大学化学系等单位协作，人工合成了牛胰岛素，这是世界上第一次人工合成蛋白质；美国武德瓦特和德国霍夫曼提出分子轨道对称守恒原理。

1968 年，美国吉奥索等人工制成 104 号元素；俄国弗廖洛夫等制成 105 号元素。

1969 年，比利时普里戈金提出耗散结构理论；"阿波罗 11 号"飞船首次登月。

1972 年，美国伍德沃德等合成了维生素 B12；美国家考那拉等人使用模板技术合成了具有 77 个核苷酸片的 DNA。

1974 年，俄国弗廖洛夫等和美国吉奥索等科学家分别制得 106 号元素。

1976 年，李普斯科姆的硼烷结构的研究取得成功；俄国弗廖洛夫等科学家宣布发现第 107 号超铀元素。

1981 年，建立和发展关于化学反应性能的前线轨道理论和分子轨道对称守恒原理；中国科学家合成了世界上第一个具有完整生物活性的核糖核酸—酵母丙氨酸转移核糖核酸。

1982 年，德国化学家明岑贝格人工制得第 109 号元素。

1984 年，德国化学家明岑贝格人工制得第 108 号元素。

1990 年，哈勃空间望远镜成功发射。

1996 年，首只克隆羊"多利"出生。